はしがき

太古の昔、人はさまざまな目的から水上を移動する道具として舟を発明しました。そして、船の発達とともにそれを動かすための知識と技術を学んできました。その過去から連綿と受け継がれてきた船舶の運用術をシーマンシップといいます。帆船が活躍した大航海時代に確立したともいわれるシーマンシップは、単なる技術だけではなく、組織として船舶を運航する場合の責任や役割といったものも含めた、安全に航海を成就するための機能の総称です。それは決して大型船だけのものではなく、船と名の付くものには必ず必要となるものです。

本書、ボートクルーシーマンシップマニュアルは、米国沿岸警備隊(United States Coast Guard : USCG)が任務を遂行するうえで必要となる小型船舶の運航に関する承認済みの方法と手順が記載されたものです。その記載は、艇長の責任からボートの特性、気象海象、さらに海中転落者の救助方法まで、小型船舶の運航に必要となるありとあらゆるものが網羅されています。

日本における小型船舶の安全運航にかかわる教育は小型船舶の資格取得時に行われることが多く、そこで使われるテキストの内容は免許を取って乗り出すための最低限の知識、技能を修得させるもので、残念ながら本書のような資格取得後に実践で必要となる知識が羅列されたマニュアルは国内には存在しません。

そういった状況下、日本水上安全・安全運航サミット(Japan Boating and Water Safety Summit : JBWSS)において、このような良書を日本にも紹介したいと考えるに至りました。

JBWSS は、(一社)水難学会、(一財)日本海洋レジャー安全・振興協会、(公財)マリンスポーツ財団が連携協議会を組み、国土交通省海事局、海上保安庁、(公社)関東小型船安全協会、株式会社舵社との共催で実施する会議で、米国で開催される同様のサミット(International Boating and Water Safety Summit : IBWSS)を範にとり、これと連携しながら日本の水上安全、安全運航を官民が一体となって考えていこうとするものです。

本書の存在は、米国安全運航教育団体の K38 代表であるショーン・アラディオ氏から連携協議会メンバーにもたらされたもので、その内容は、公的に小型船舶を利用する者に限らず、すべての小型船舶操縦者の安全運航に有益な情報であるため、この度、日本語版を作成して発行することといたしました。

本書が少しでも多くの小型船舶操縦者の目に触れ、安全運航に寄与できることを願っております。

おわりに、日本語版発行に当たって多大な協力をいただいた海上保安庁交通部安全対策課、監修を快くお引き受けくださった海上保安大学校の長澤 明名誉教授および(公社)日本航海学会・シーマンシップ研究会・会長の竹本孝弘東京海洋大学教授に深くお礼を申し上げる次第です。

2020 年 7 月

JBWSS 連携協議会

目　次

目次を以下の通りカテゴリー分けしている

【USCG】
米国沿岸警備隊または補助隊の規則、制度、基準、実施方法、装備の取り扱いなど

【安全：○○】
日本でも安全対策上、参考となりうる項目

【参考：○○】
参考として知っておけばよい知識

※安全、参考はさらに以下の通り細分（例；【安全：知識】

知識：ボート乗船者など関係者が広く知っておくべく一般知識

運用：操縦や運用方法および救助方法に関する知識

航海：航海方法や航海計器などの取り扱いに関する知識

米国：規則や装備基準など日本にはそのまま適用はできないが参考となるもの

目次

【注記】

以下の各章は、USCGあるいは米国特有の事項なので、日本語版制作にあたり省略した。

Chapter 2.補助隊の任務とパトロール

Chapter 11.通　信

Chapter 13.航路標識

Chapter 15.捜索救助（SAR）

Chapter 19.航空運用

Introduction

シーマンシップは、ボートの乗組員が安全で効率的な運航を行うため重要な役割を果たす。運航は個別の法令に従い行われるが、よきシーマンシップの背景となる基本原則が存在する。このマニュアルは、シーマンシップの原則とそれらをどのようにボートの運航に適用するかを解説するためのもので、クルーの任務と責任、応急手当、艇の扱い、通信、気象と海象、艇の特性、理論、マリナーが時間をかけた経験で身に付けた技術などが含まれている。

本マニュアルの目的は、最高に安全で効率的な運航の方法、技術および指針となる情報を、危険な任務を果敢に遂行するコーストガードのクルーに示すことである。

本文中に現れる**(警告)**、**(注意)**、**(注釈)**および**(覚え方)**の意味は以下の通り。

(警告)　負傷や死亡を避けるため遵守すべき事項

(注意)　機材を損傷しないため遵守すべき事項

(注釈)　重要な運用手順や技術

(覚え方)事柄を覚えやすくするための工夫

Chapter 1. ボートクルーの任務と責任【USCG】

コーストガードおよび補助隊のボートクルーの任務は技術と知識を要する。本章ではクルーの一般的な任務および任務の完遂に必要な当直の要領について述べる。クルーの一般的な任務の概要は本章で示すが、曳航や落水救助など個別任務の割り当てと実施要領はほかの章で述べる。

Section A. ボートクルー

コーストガードのボートには三つの基本配置がある。

・ 艇　長
・ 機関員（補助隊にはこの配置がない）
・ クルー（乗組員）

A.1. クルー編成の決定

クルーの編成は以下を考慮して決定する。

・ ボートの種類
・ 任務の目的
・ 規則による最少人員数

A.2. 最少クルー

標準型のボートに必要な最小クルーは長官の指令で決められており、例えば 47 フィート型の動力救命艇（Motor Life Boat : MLB）には最低 4 名（艇長、機関員および 2 名の乗組員）が必要である。管区および地区の司令官は、部隊に配置された標準型以外のボートの最小クルーを規定している。コーストガードおよび補助隊はクルーとして 2〜6 名を乗り組ませることができる。標準型以外のボート、補助隊のボートおよび大型船の搭載艇では、艇長ほか 1 名でクルーを編成することが多い。

A.3. 資格認証

乗組員、機関員および艇長は、「USCG ボート運用訓練（BOAT）マニュアル」Volume I および Volume II の規定により資格認証を受ける。

A.4. 補助隊（略）

Section B. ボートクルーの任務

コーストガードおよび補助隊のボートクルー訓練計画は、実際の航海が最高の訓練であるという考えに基づいている。本節ではボートクルーが行う任務およびそのために必要な技能と知識の概要を述べる。ボートクルーを目指す者には、任務を理解しチームの一員として働くことを理解することが基本である。

訓練生

B.1. 概　要

訓練生とは、コーストガードの現役隊員、補助隊員または予備役隊員のいずれかであって、クルー（乗組員）を目指す者である。訓練生はボートに乗船し、実際の任務を間近に観察・経験することで、クルー（乗組員）としての実務能力を習得する。

B.2. 知識と技能

訓練生の任務は、クルー（乗組員）の実務を習得し安全に実行することである。それらの任務は、ボートに乗り組んだ資格者の監督下で実施する。

クルー

B.3. 概 要

クルー（乗組員）は艇長の指揮のもとで安全に任務を遂行する。クルー（乗組員）の配置は以下の通りである。

- 操 舵
- 見張り
- 曳航監視
- 守錨当直

クルー（乗組員）は以下の任務にも従事する。

- 曳航索と係留索の作業
- 救助泳者としての活動
- 応急手当の実施
- ダメージコントロール機材の操作

これらの配置は、将来の任務と責任に関する訓練となる貴重な機会である。

B.4. 知識と技能

命令を迅速かつ効果的に実行するため、クルー（乗組員）には以下の知識と技能が必要である。

- スパイキ（Marlin Spike）とロープの取り扱い
- レーダーを含む航海術の基本および操船
- 生存、安全およびダメージコントロールのための機材
- 当直と通信
- 応急手当

B.4.a. リスク管理

ボートの特性と限界および属具類の所在を熟知することは、危機の際に重要である。各種の緊急事態対応手順の訓練を頻繁に行うことで、クルーはとるべき行動を習得できる。すべてのクルー（乗組員）は緊急事態を常に想定し、仮定の質問に答えることで実際の対応が即時に行えるよう努めなくてはならない。

B.4.b. 現場状況の理解

クルー（乗組員）は担当地域（Area of Responsibility : AOR）と呼ばれる活動地域（Local Operating Area : OPAREA）に関する知識を有しなくてはならない。

機関員

B.5. 概 要

クルー（乗組員）の任務と責任に加え、ボートの機関員は航海中の推進装置と補機についての責任を有する。ほかにも停泊中の修理や整備の責任も有している。

B.6. 知識と技能

機関員に求められる知識と技能は、艇長に匹敵する広範なものである。機関員は機関の故障などが発生した場合、適切な対応を迅速に取らなくてはならない。クルー（乗組員）の基本技能に加え、機関員には以下の知識と技能が求められる。

・ エンジンの性能と機能全般に関する完全な知識
・ 主機関の発停操作と各種機能の保全
・ 機関と電気系統の監視と異常の検知および対応
・ ポンプ、エダクター（真空排水管）、舵などの補機の使用
・ 艇内の応急用具を使用した火災、乗り揚げ、衝突などの際の被害の軽減

艇 長

B.7. 概 要

航行中のコーストガードのボートには、その型の艇の運用を部隊指揮官が承認した艇長を乗り組ませなければならない。艇長はボートとクルーについて責任を有する。艇長の任務は特別のものである。艇長の責任の範囲と重さは大型船の航海当直士官に匹敵する。コーストガードは、クルーに対するリーダーシップ、チームの連携およびリスク管理の能力を効果的に発揮する艇長の能力に全幅の信頼を置いている。艇長の責任と権限は「USCG 規則 1992」に規定している。艇長の責任は重要度の順に以下の通りである。

・ 乗船者とクルーの安全の確保および指揮
・ ボートの安全な運用と航海
・ 任務の完遂

艇長は以下の場合に対応しなくてはならない。

・ 人命財産への危険
・ 法令違反（補助隊を除く）
・ 航路標識の障害

B.8. 知識と技能

艇長に求められる知識と技能は広範にわたる。艇長は適切な判断力、知性および行動力を発揮しなくてはならない。艇長はクルーとボートの安全についての決定をしなくてはならない。クルーの基本技能に加え、艇長には以下の知識と技能が求められる。

・ 当直および任務遂行時（曳航、霧中航行、海中転落など）のクルーの効果的な調整、命令および指導
・ 状況に応じた法令や部隊指揮官または上級機関からの指示の適切な執行（安全な航海、安全速力、法執行、援助の実施など）
・ ボートの性能限界の理解：運航可能な海象状況、最大風速、曳航できる最大サイズなど

・ ボートの運航
・ クジラの回遊海域、希少生物、海洋生物の保護区など、地域についての海図や刊行物による知識
・ ボートの安全な運用技能
・ リスクの探知、評価、軽減、管理といったリスク管理の原則を理解し、意思決定に生かせること（視界不良時の安全速力、非常時の曳航索切り離し、クジラとの衝突を避けるための速力と操船など）。保護海中生物にかかる規則などの適切な運用（クジラの周辺での速力、接近方法、クジラとの衝突の通報様式、絡まった海洋性哺乳類を発見した場合の対応手順など）

サーフマン

B.9. 概 要

サーフマンは、高い技術と経験を有する操船技能者で、動力救命艇（MLB）や特殊目的艇（Special Purpose Craft : SPC）を高い寄せ波の中で運用できる。サーフマンは、クルーをそのような厳しい状況で運用する訓練を行うことができる。

サーフマンは、MLB あるいは SPC が配置された基地で以下の責任を求められる。

・ 危険な状況でのクルーの管理
・ あらゆるレベルでの訓練の監視（サーフマンは新しく艇長になる者を訓練し、技能と経験を伝えなくてはならない）
・ 荒天時における重要なリスク管理と意思決定
・ 人員と機材の即応性の監督
・ 荒天時における当直

B.10. 知識と技能

サーフマンは、MLB または SPC の艇長の経験を有しなくてはならない。艇長の基本技能に加え、サーフマンは以下の知識と技能を有しなくてはならない。

・ 海流、天候、流体力学に関するひと通りの理解とそれらが地域の入り江などの状態にどのように関連するかの知識
・ ボートの操船と波浪中での運用術
・ クルーの安全確保と緊急時の手順

Section C. 当直時の責務

艇長の指揮により、クルー（乗組員）は本節で述べる各種の当直任務を行う。

見張り当直

C.1. 概 要

「国際および国内航海に関する航法規則」は、「すべての船舶は、周囲の状況及び他の船舶との衝突のおそれについて十分に判断することができるように、視覚、聴覚及びその時の状況に適した他のすべての手段により、常時適切な見張りをしなければならない。」と規定している。

(注釈) 任務として明示されていない場合であっても、すべてのクルーは別命がない限り見張りを行わなくてはならない。

C.2. 人員配置

艇長は上記の要件を満たすため、見張りを適切に配置しなくてはならない。見張りは視覚、嗅覚、聴覚によって認知したもののすべてを艇長に報告しなくてはならない。疑問に感じた場合はまず報告する。厳重な見張りは、遭難、法執行、汚染防止といった対応を要する状況の特定はもちろん、まずはボートが危険を避けるための最初の手段である。見張りを行う対象の例には以下がある。

・ 船 舶
・ 陸 地
・ 障害物
・ 灯 火
・ ブ イ
・ ビーコン
・ 変色水
・ サンゴ礁
・ 霧中信号
・ クジラ類
・ ウミガメ

(注釈) 任務を割り当てる際、艇長が個々の経験や能力を考慮することは最も重要である。過去、クルーへの任務の不適切な割り当てによって致命的な結果を招いたことがある。

C.3. 見張りの指針

見張りを適切に行うため、以下の指針に従わなくてはならない。

・ 与えられた任務に集中し、緊張感を保つ
・ 任務中は持ち場を離れない
・ 余分な会話で他者を妨害しない（ある程度の会話は疲労を軽減し緊張を維持するのに役立つ）。報告は大きな声で明確に行う
・ なにかを視覚、嗅覚または聴覚で認識したがはっきり確認できない場合、その時点での認識を報告す

る。艇長が確認するまで報告を反復する
- 状況により視覚、嗅覚または聴覚が働かない場合、艇長にその旨を報告して指示を待つ
- 浮遊物などの発見したものはすべて、何度も報告済みのものであっても再度報告する
- 任務の理解に努める。理解できない場合、追加の情報を求める

C.4. 見張りの配置

見張りは接近する船舶を最も見やすく、海上の物体を捜索しやすい位置に艇長が配置する。艇長は以下の手順で見張りを配置する。

ステップ	方　法
1	見張りを効果的かつ安全に行える速力を選択する
2	航海中の条件下で効果的かつ安全に見張りを行える位置に配置する（視界制限状態、船速、海象、気象など）
3	雨天、降雪、船首に飛沫が上がる状態などのときは、視界制限が最小になる位置に見張りを配置する
4	捜索時は可能な場合 2 人の見張りを配置する。見張りはそれぞれが船首から船尾までを見通せるよう両舷に配置する
5	見張りが吹き飛ばされ、海中に転落しない安全な位置を選択する
6	周辺でのクジラの視認や、ボートが沿岸から 3 海里以内を航行している場合、見張りはクジラやウミガメを早期に発見して衝突の危険を避けるための必要最低限の見張りの任務が維持されるべきである

C.5. 見張り用具

適切な見張りでは、双眼鏡、サングラス、暗視装置など、早期発見に利用できるすべての機材を活用する。双眼鏡は遠距離で物体を発見するための最適なツールである。遠距離から対象物を発見でき、接近に従って詳細な情報を得ることができる。双眼鏡の利用で肉眼での視認距離を延ばすことができるが、視野角は狭くなる。見落としがないよう、双眼鏡と肉眼を適宜切り替える。好天下では海面反射のため水平線の相当部分が見にくくなる。サングラスによって目の疲れとぎらつきを抑えることができる。

暗視装置はわずかな光で物体を検出でき、夜間の見張りに役立つ。十分な背景光があれば、無灯火の物体の発見にも役立つ。強い光に向けると装置を損傷することがあるので使用に注意が必要である。

C.6. 目標の発見

見張りは視覚、嗅覚または聴覚で発見したものを詳細に報告しなくてはならない。物体の種類（船舶、ブイ、防波堤）がまず重要だが、追加の詳細情報は、艇長の意思決定の助けになる。物体の特徴として以下があげられる。

- 色
- 形　状
- 大きさ

見張りは、夜間に灯火の色を識別しなくてはならないので、クルー（乗組員）には正常な色覚が必要

である。

(注釈)海洋性哺乳類とウミガメは発見しやすい。発見の手がかりは、噴気、背ビレ、頭部、水しぶき、甲羅、尾ビレなどである。

C.7. 相対方位

見張りは、相対方位を用いて報告する。ほかの物体の相対方位は船体からの相対位置で決まる。相対方位は正船首方向の 000°から始まり、時計回りに数値が 359°まで増加する。右正横方向は 090°、正船尾方向は 180°、左正横方向は 270°になる。

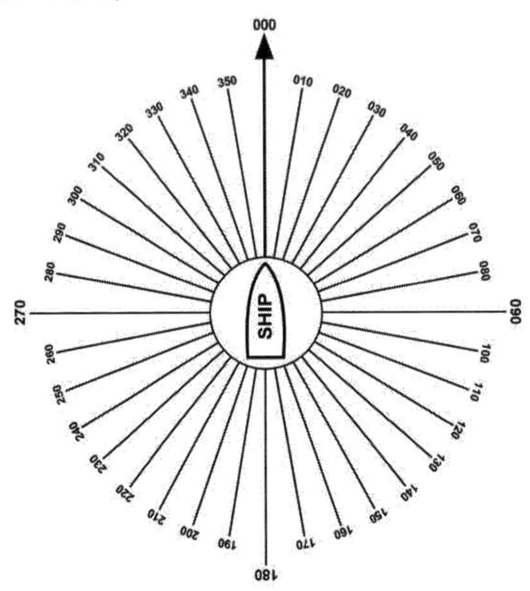

Figure 1-1 相対方位

相対方位の報告では、以下が重要である。

1 方位の基準となる主要方位を確認する。ボートの周囲の方位円を 10°刻みで頭に描く。

2 方位は常に 3 桁数値で報告し、各桁を明確に区別して発音する。数値を間違えないよう、以下のように発音する。

0 ZERO　1 WUN　2 TOO　3 THUH-REE　4 FO-WER

5 FI-YIV　6 SIX　7 SEVEN　8 ATE　9 NINER

3 相対方位は以下のように報告する。

000° ZERO ZERO ZERO　　010° ZERO WUN ZERO

045° ZERO FO-WER FI-YIV　　090° ZERO NINER ZERO

135° WUN THUH-REE FI-YIV　　180° WUN ATE ZERO

225° TOO TOO FI-YIV　　260° TOO SIX ZERO

270° TOO SEVEN ZERO　　315° THUH-REE ONE FI-YIV

C.8. 位置角

天空の物体は相対方位と位置角で位置を特定する。航空機の位置角は、ボートから見た水平線からの高さ方向の角度で表す。水平線は 0°で直上は 90°または「天頂」である。位置角は 90°を超えることはない。

位置角は1桁または2桁で報告し、数値の前に“Position Angle（位置角）”の語を前置する。

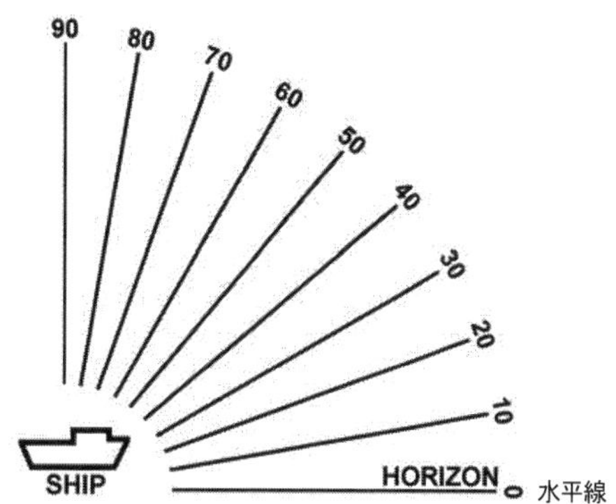

Figure 1-2 位置角

C.9. 距 離

距離はヤード単位で報告する。水平線、陸地、そのほかの基準点までの距離を知っていれば距離が推定できる。基準点からの距離を分割し、ほかの物体までの距離が推定できる。ヤードによる距離は数値の桁を区切って報告するが、百または千の位のヤードを報告するときは下のように発音する。

50 FI-YIV ZERO

500 FI-YIV HUNDRED

5000 FI-YIV THOUSAND

C.10. 報告の実施

見張りは発見物の状況と相対方位、位置角（空中の場合）、距離（ヤード）で報告し、以下の順で行う。

・ 物体の名前または状況
・ 方 位
・ 位置角（空中の場合のみ）
・ 距 離

（報告例）

船首から340°方向、距離2,000ヤードに変色水を発見した場合

「変色水、方位 THUH-REE FO-WER ZERO、距離 TOO THOUSAND」

280°方向、船首相対方位30°の水平線上で距離9,000ヤードに航空機を発見した場合

「航空機、方位 TOO ATE ZERO、位置角 THUH-REE ZERO、距離 NINER THOUSAND」

C.11. スキャニング

目視による見張りの方法をスキャニングという。スキャニングは物体を視線の段階移動で探すための方法である。優れたスキャニング技術によって見落としがなくなる。スキャニングにより眼の疲労も軽減できる。体系的なスキャニング技術の習得は重要である。スキャニングには二つの方法がある。

・ 左から右に視線を往復する
・ 上から下、下から上に視線を移動する

いずれの場合も視線は段階的に移動し、視野をオーバーラップさせて見落としを少なくする。

ステップ	方　法
1	物体を探す場合、空、海および水平線をゆっくり左から右、上から下に往復スキャンする
2	スキャニングでは水平線を直視せず上方を見る。視線を固定して頭を左右に移動させることにより、視界内で静止している物体が動いているように見えて見やすくなる。10°ステップでスキャンし、視野を多少オーバーラップさせるのが手法の一つである
3	疲労や退屈、周囲の環境がスキャニングに影響する。例えば、コントラストに乏しい状況で長時間スキャニングを行うと、焦点がずれてくる。これを防ぐため、ときどき船首部などの近くの物体に焦点を合わせて見るとよい

C.11.a.　霧中のスキャニング

霧の中では視覚よりも聴覚のほうが先に探知することがある。早期の発見は重要である。霧中では視認距離が低下するため双眼鏡は有効でなく、拡大された狭い視野よりも広い視野を確保するほうがよい。騒音などに妨害されない位置に見張りを配置することが重要である。可能であれば、通常は船首が最適位置である。濃霧の場合は船尾方向を担当する見張りも配置するべきである。

夜間の見張り当直

C.12.　概　要

見張りの任務は昼夜を問わず同じだが、夜間の見張りでは安全への注意が一層重要である。夜間は水平線上に航海灯を発見することは容易だが、岩、浅瀬、ブイなど無灯火の物標の発見は困難になる。視力の反応は夜間は緩慢になり、動かないものよりも動くものを見つけやすくなる。

C.13.　指　針

見張りの指針は夜間の見張りにも適用する。

(注釈)暗視装置は、昼間と異なる種類の光線に反応するセンサーを用いている。

C.14.　暗順応

明るい照明の部屋から暗い部屋に移動すると最初は視力が低下する。暗い部屋にとどまるにつれて視力は回復し、部屋に入ったときには見えなかったものが見えるようになる。眼が弱い光線に対応するにつれて視力が徐々に戻ることを暗順応という。暗い場所で作業する前には暗い場所で目を慣らすか、航海の開始前に赤いレンズの眼鏡を30分間装用するのがよい。眼が順応したあとは明るい光に眼を当てないようにしなくてはならない。短い閃光でも夜間の視力に悪影響を与えることがある。海図台や居室の灯火には閃光灯と同様に赤いフィルターを取り付け、航海中の夜間視力を保護しなくてはならない。

(注釈)夜間の航海では明るい光を見ないようにし、照明は赤色の光を用いる。

C.15.　夜間のスキャニング

夜間の見張りでは水平線を細かく区切ってスキャンし、眼をそれぞれの区切りに順応させる。物を見るときは直接ではなくその周辺を見るようにする。周辺視野を活用することで、直接見るよりも明瞭に見える。発見したら双眼鏡で特定する。早期の発見には電子暗視装置を使うとよい。

C.16. 霧中の夜間

夜間の霧の中では航海灯などの光源は霧に反射して見えにくくなる。これにより、ボートの周囲のものを発見する見張りの能力が低くなる。夜間の霧中航行では一層の注意が必要である。近距離の物体を識別する場合を除き、スポットライトは使用しないほうがよい。

操舵当直

C.17. 概 要

操舵当直または操舵員は以下の責任を有する。

・ ボートの安全な操船
・ 針路の維持
・ 艇長の操舵指示の実行

操舵当直は、艇長または指名されたクルー（乗組員）が行う。すべてのクルーは操舵および操船方法を学び、ボートを操舵システム（予備を含む）と機関で操船できなくてはならない。

C.18. 指 針

操舵員の指針は以下の通り。

・ 命令および針路の指示を艇長に確認する
・ 艇長の指示を復唱する
・ 艇長の指示を実行する
・ 針路を 5°以内に保つ
・ 交代するまで舵にとどまる
・ 命令によってのみ操舵する。ただし、浮遊物による推進器や舵への損傷避けるための若干の修正は必要である
・ 舵効きを失った場合に非常用操舵装置を操作する
・ 交代時にあらゆる関連情報を伝達する

曳航当直

C.19. 概 要

曳航当直は通常ボートの船尾で行う。曳航当直の主任務は、曳航索と被曳航船の状態を常時監視することである。詳細は Chapter 17 を参照すること。

C.20. 指 針

当直時の指針は以下の通り。

・ 機器の故障など、あらゆる異常の艇長への迅速な報告
・ 曳航の状態（安定追従、傾斜、ヨーイングなど）
・ 擦れ当てが正常な位置にあること
・ 艇長の指示通りの曳航索の調整
・ 甲板上の不要物整頓と不要人員の排除

・ 曳航索の跳ね返りに備えた曳航索付近の整頓
・ 緊急離脱のタイミングと方法の理解

C.21. 危険の察知

曳航当直は常に危険を警戒し、以下のような危険の兆候を報告しなくてはならない。

・ ヨーイング：操縦不能のボートは片方に傾き、両方に転覆の危険がある
・ 被曳航船の傾斜の増大
・ 安定追従：曳航船と被曳航船の間には制御を維持し曳航索の破断を防ぐための適切な距離が必要である
・ 被曳航船の浸水
・ 疲労や補強板がないことなどによる甲板設備の損傷
・ 疲労や擦れなどの損傷による曳航索破断の兆候
・ 急な減速で被曳航船が追突しそうになること
・ 被曳航船側のクルー（乗組員）の配置
・ プロペラや舵に絡まる恐れのある曳航索のゆるみ

C.22. 当直の維持

曳航当直は、被曳航船の係留または当直交代まで維持し、交代時は重要な情報をすべて次直に伝達する(擦れ当ての状態や被曳航船のヨーイングなど)。

守錨当直

C.23. 概 要

ボートが錨泊する場合は守錨当直を編成する。当直者は錨索が擦れず錨が引けていないことを確認する。当直配置の各人は周辺他船に対する見張りも行う。錨泊中でも他船が衝突する可能性がある。錨泊手順の詳細はChapter 10、Section Hを参照すること。

C.24. 指 針

守錨当直の指針は以下の通り。

・ 錨索の張り具合を常に確認する
・ 錨索が擦れていないか点検する
・ ボートの船位を最低15分ごとまたは艇長が指示するそれ以下の間隔で確認する
・ 方位と距離の変化をただちに艇長に報告する
・ 接近する船舶をただちに艇長に報告する
・ 風向風速の顕著な変化を報告する
・ 潮流、潮汐の変化を確認する
・ そのほかの異常を報告する

C.25. 擦れ当ての監視

錨泊が完了したら錨索に擦れ当てを取り付ける。擦れ当てが正しく当たって錨索が擦れていないことを確認するのは守錨当直の任務である。

C.26. 走錨の監視

錨が引けていないか確認する方法は二つある。

- 錨索の張り具合を確認する
- ボートの船位を確認する

錨が海底で引けていたら、錨索に振動が感じられることがある。ボートの船位は定期的に位置を確認する必要がある。上記2点は常に実施しなくてはならない。

C.27. 船位の確認

漂流や走錨していないことを確認するため、船位を常に確認することが重要である。

- コンパス方位を45°以上の角度を空けた三つの物標から取得する。いずれかの方位が変化している場合、ボートが漂流し始めていることを示す。
- レーダーを装備してれば、三つの物標からの距離を測定する。いずれかの距離が変化している場合、走錨している。
- GPSを装備しているボートでは、船位を記録する。緯度経度の数値は定期的に確認すること。数値が変化している場合、船位が変わっていることを示している。
- 方位と距離の確認の都度そのことを記録する。船位と水深も定期的に記録する。このためのノートは小さいものでよい。水深または船位が変化している場合、錨が引けている場合がある。風向や流れの向きが変化した場合、ボートは錨の周りを振れ回る。振れ回りの円は錨が中心になり、半径はボートの長さに錨索（鎖）の長さを加えたものになる。

  （例：40フィートのボート ＋150フィート繰り出された錨索 ＝ 半径190フィートの振れ回り円）

  振れ回り円内にほかの船舶や水面下の障害物が存在しないようにしなくてはならない。ボートの位置を確認する場合、振れ回り円内に収まっていることを確認しなくてはならない。

Chapter 3. クルーの身体要素

本章ではすべてのクルーが満たすべき体力の基準およびクルーが海上のボート運用で対応する特有の状況などについて述べる。極度の高温や低温などの気象状況、疲労、船酔いといった多くの要素が組み合わさり、クルーの業務活動の負担となる。これらの要素を理解することで、クルーは航海中における最高レベルの能力を維持することができる。

Section A. 体力の基準【USCG】

すべてのコーストガードのクルーは以下の体力基準を満たしていることが求められる。体力基準はクルーが厳しい条件での業務遂行に必要な体力、柔軟性および耐久性を有していることを確認するために必要なものである。これらの基準を理解することにより、職員は自己の体力レベルを正確に把握し、必要に応じた向上を図ることができる。Table 3-1 に最低基準を示す。

Table 3-1 体力の基準

男　性	腕立て伏せ	上体起こし	長座体前屈	1.5 マイル走	12 分間水泳
30 歳以下	29	38	16.5"	12:51	500 ヤード
～39 歳	24	35	15.5"	13:36	450 ヤード
～49 歳	18	29	14.25"	14:29	400 ヤード
～59 歳	15	25	12.5"	15:26	350 ヤード
60 歳以上	13	22	11.5"	16:43	300 ヤード
女　性	腕立て伏せ	上体起こし	長座体前屈	1.5 マイル走	12 分間水泳
30 歳以下	23	32	19.25"	15:26	400 ヤード
～39 歳	19	25	18.25"	15:57	350 ヤード
～49 歳	13	20	17.25"	16:58	300 ヤード
～59 歳	11	16	16.25"	17:55	250 ヤード
60 歳以上	9	15	16.25"	18:44	200 ヤード

（注釈）・12 分間水泳のテストチャートは Dr. Kenneth Cooper's の研究による
・腕立て伏せと上体起こしは 1 分間で行う
・1.5 マイル走または 12 分間水泳は必須の基準である

A.1. 腕と肩の強さ

腕と肩の力は 1 分間の腕立て伏せの回数で測定する。

1 分間腕立て伏せ	段 階	手 順
1 分間にできるだけ多くの回数を行う。	1	両腕を肩幅に広げる
	2	男性は手とつま先だけを設置、女性は膝を付けてもよく、手は肩よりも少し前に出す
	3	上げたときは肘を完全に伸ばす
	4	下げたときは、胸を拳一つ分の間隔まで体を地面に近づける
(注釈)背は常に真っすぐに伸ばす		

A.2. 腹部と体幹の強さ

腹部と体幹の強さは 1 分間の上体起こしの回数で測定する。

1 分間腹筋運動	段 階	手 順
1 分間にできるだけ多くの回数を行う。	1	仰向けに寝て膝を曲げ、かかとを臀部から 18 インチ離して平たく床に付ける。指を軽く頭の横に付ける。両手は運動中頭から離さない **(注釈)**脚は固定してもよい
	2	肘が膝に付くまで状態を曲げ、肩甲骨が床に付くまで戻す
	3	臀部が床から離れないこと **(注釈)**上げの姿勢時は休憩してもよい

A.3. 柔軟性

柔軟性は、上面に端を 15 インチとするヤード目盛りを刻んだ箱に足を向けて座り、上体を曲げて規定の長さに達することができるかどうかで測定する。

長座体前屈	段 階	手 順
ヤード尺を箱の上面に置き、15 インチの目盛りが箱の端に来るようにする。	1	ウォームアップし、十分にストレッチを行う
	2	靴を脱ぎ、箱に向かって脚を伸ばして座り、足を箱に平たく付ける **(注釈)**15 インチマークが両足の間にあり、ヤード尺の 0～15 インチ目盛りが膝の前方に伸びるようにする
	3	両足を、8 インチを超えない程度に開く
	4	両手を上下に重ねて合わせ、指を伸ばす
	5	膝を伸ばし、手は離さない
	6	息を止めて前方に倒れ、ヤード尺にできるだけ手を近づける
	7	0.5 インチ単位でリーチを測る
	8	最低基準をクリアするため、3 回まで試技をしてよい

A.4. 持久力

持久力は規定の時間内の 1.5 マイル走または 12 分間に規定の距離を泳げるかどうかで測定する。

1.5 マイル走	段 階	手 順
持久力テストでは 1.5 マイル走と 12 分水泳のいずれかが求められる。	1	テストの 2 時間前から喫煙も食事も控える
	2	ウォームアップし十分なストレッチを行う
	3	年齢ごとに規定された時間内に 1.5 マイル走る（歩いてもよい）
	4	可能であれば、訓練を受けたペース伴走者かラップの読み上げによる支援を得る
	5	最初はペースを抑え、テストで消耗し尽くす走り方をしない
	6	テスト終了後は 5 分間歩いて疲労回復を促す
12 分間水泳	段 階	手 順
12 分間水泳は持久力テストの選択種目である。	1	ウォームアップし十分なストレッチを行う
	2	年齢ごとに規定された距離を 12 分間以内に泳ぐ
	3	泳法は任意で、途中休憩してもよい

A.5. 毎年の体力検定

部隊の福祉部門や独立の支援司令部調整官により、体力検定は毎年行うべきである。これらの担当官は毎年テストを実施するだけでなく、部隊または個々の職員向けに体力増進の指導を行う。

Section B. クルーの疲労【安全：知識】

クルーの生理学的な健康は、コーストガードの任務の遂行に重要な役割を果たす。クルーは最悪の条件下で市民の援助を行う。彼らは時として身体または精神的な限界に達していると感じることがある。

B.1. 疲 労

精神的および身体的な疲労は、厳しい気象条件下の運用で最大の危険要素である。疲労によって注意力、集中力および判断力は大きく低下する。これによって行動力が低下し、安全の注意事項を見落とすようになる。疲労が発生する原因には以下の例がある。

- 酷暑や極寒下での業務
- 海水飛沫を浴びる風防を通して長時間見続けることによる眼の緊張
- 待機して平衡を維持する労力
- 緊 張
- 騒音環境
- 日光への曝露
- 体調不良
- 睡眠不足
- 退 屈

クルーやほかの乗船者の安全は常に最優先の事項である。

B.2. クルーの責任

クルーの安全と健康福祉は艇長の最重要責任事項である。艇長はクルーのストレスの兆候に常に気を配り、疲労を認知し、必要な措置をとらなくてはならない。クルーは相互に気を配り、過度の疲労が蓄積しないようにしなくてはならない。各自が通常の会話に反応し、ルーティンを正しく実施しているかを常に観察しなくてはならない。

B.3. 症 状

疲労の主な症状は以下の通りである。

・ 集中力低下と集中継続時間の減少
・ 精神的混乱や判断の誤り
・ 操船技量と注意力、聴覚、視覚の低下
・ イライラの増加
・ 活動能力の低下
・ 安全への関心の低下

これらの症状はいずれも判断の誤りや手順の間違いの原因となり、任務の遂行とクルーの安全に悪影響を与える。疲労の影響が大きくなる前に排除することが重要である。疲労は誤った決断につながり、「気にしない」という慎重を欠いた態度を取りがちになる。

B.4. 疲労の防止

艇長は、クルーが能力の適切な限界を超えて働こうとする場合に生じる危険に注意しなくてはならない。艇長は疲労で生じる間違いを排除するよう努めなくてはならず、艇長は疲労でクルーの活動が阻害された場合、支援の要請をためらってはならない。疲労を防止する方法には以下のようなものがある。

・ 適切な休息
・ 気象条件に対応した適切な服装
・ クルーの任務交代
・ 状況に適した食料と嗜好品
・ ほかのクルーの疲労の兆候の観察

B.4.a. 環境条件

平穏な気象条件であっても、クルーはみな気象の急変に備えた服装をしなくてはならない。寒冷時の体温保持と酷暑時の涼感は疲労防止に役立つ。環境条件によっては次のような疲労要因もある。

・ 船酔い
・ 太陽のぎらつき
・ 時 化
・ 降水・降雪
・ 機関の振動

Section C. 船酔い【安全:知識】

船酔いは視覚と内耳の不平衡で起きる不快感や吐き気である。本節では船酔いの症状と防止方法について述べる

C.1. 船酔いの原因

精神的、肉体的なストレスやボートのローリングまたはピッチングが船酔いの原因となる。海図作業などの集中力を要する作業は船酔いを助長する。

C.2. 症 状

ボートの動揺、特に船首がローリングしている場合、不快感や吐き気が顕著に発生する。船酔いの典型症状は以下の通りである。

・ 不快感と吐き気
・ 唾液分泌の増加
・ 顔面蒼白化
・ 発 汗
・ 眠 気
・ 全般的な体力低下
・ 胃の不快感

(注意)船酔い止めの薬には眠気を誘発するものがあるので、医療専門家に相談するとよい。

C.3. 船酔いの防止と薬の服用

酔い止め薬の服用以外に船酔いを抑える方法がある。

・ 狭い空間にいない
・ 甲板上で新鮮な空気に触れる
・ 遠くの水平線や海岸線を見ることでボートの動揺から注意をそらす
・ 喫煙を避ける

船酔いはスコポラミン・パッチなどの酔い止め薬によって防止または軽減できる。特に船酔いに弱いクルーは、いつ任務に対応を命じられるかわからないため、当直中は常時酔い止めを服用すべきである。薬は出港直前に服用したのでは任務中に十分効果を発揮しない場合がある。

(注意)以下の制限のいずれかに当てはまる場合、酔い止め薬を服用しないこと。

C.4. 服用の制限

酔い止め薬は、「服用指針」 COMDTINST 6710.15 (series) によって制限される場合がある。特に、以下に該当する場合は酔い止め薬を投与してはならない。

・ 医師による管理がない場合
・ アルコール摂取から 12 時間以内
・ 妊娠しているクルー

Section D. 致死性の気体【安全:知識】

クルーには任務中か否かを問わず、常に致死性の気体にさらされ、死亡するリスクがある。一酸化炭素（CO）は無色無臭の気体で、ボートの運用中に遭遇する最も一般的な致死性気体である。

D.1. 一酸化炭素が発生する条件

CO 中毒の発生条件には以下のようなものがある。

・ 燃料の燃焼
・ 閉鎖区画
・ 船舶の航行中
・ 火 災

D.1.a. 燃料の燃焼

以下を使用して燃料が燃焼するときに一酸化炭素が発生する。

・ ガソリンまたはディーゼルエンジン
・ 可搬型排水ポンプ
・ プロパンまたはアルコールストーブ
・ アセチレンの灯火
・ 石油ストーブ

D.1.b. 閉鎖区画

閉鎖された操舵室や換気されていない甲板下の区画では、以下の条件下で急速なCO中毒が発生する。

・ 炎を発生する暖房器具を使用し、閉鎖区画で睡眠をとる
・ 機関運転中の機関室で作業をする
・ 正常に作動しない排気システムによって閉鎖区画に気体が蓄積する

（注釈）致死性気体の影響の可能性がある区画に置かれた場合、呼吸可能な空気は甲板の近くに存在する。甲板を這うように移動し、出口に向かうこと。

D.1.c. 船舶の航行中

COが発生するのはボートが停止している場合に限らない。例えば、追い風によって排気が操舵室に還流することがある。操舵室の構造によっては、風で生じた渦により排気が船内に逆流する。

D.1.d. 火災

火災で生じた二次生成物が燃焼し、危険な気体が発生することがある。鎮火したばかりの火災であっても危険である。火災はシアンガスなどきわめて致死性の高い気体を同時に発生することがある。これは、ある種類のプラスチック、内装材、クッション、電子絶縁材料などが燃えるときに発生する。

D.2. 症 状

致死性気体による中毒の症状には以下のようなものがある。

・ 動 悸
・ めまい
・ 耳鳴り

- 涙、眼の痛み
- 頭　痛
- 皮膚のピンク変色

D.3.　予防法

常に船内の良好な換気を保つ。以下のように、船の排気の影響を排除するのは重要かつ容易である。

- 多少の針路修正を行う
- 増速する
- 窓を開ける
- 扉に隙間を空ける　など

D.4.　中毒者の処置

ガス中毒者への対処には判断と決断力が求められる。中毒患者は自ら処置することはできない。迅速に以下の処置が必要である。

- 一酸化炭素などによる中毒が疑われる場合、新鮮な空気の場所に移動してただちに医療援助を受ける
- 患者に意識がない場合、単独で対処しようとしてはならず、自身も影響を受けて無用な中毒被害を生じることになる。患者が呼びかけに応じるかを確かめ、反応がない場合支援を要請し、支援が到着するまで清浄な空気の場所で待機する

Section E.　騒　音【安全:知識】

単調で連続的な騒音は人間の機能に悪影響を与える。

E.1.　疲労要素としての騒音

大音量の騒音は聴力を失わせ、過度の疲労につながる。艇長は騒音がクルーに与える影響に常に留意する必要がある。

E.2.　騒音の制御

騒音を制御する方法には以下のようなものがある。

- 多少機関の回転数を変える
- 雑音が出ないように無線機を調整する
- 騒音が 85 デシベルを超えるときは聴力保護具を使用し、104 デシベルを超える場合は二重保護具を使用する（デシベルの尺度は Figure 3-1）

(注釈)閉鎖された機関室で業務や見回りに従事する場合、聴力保護具が必要である。

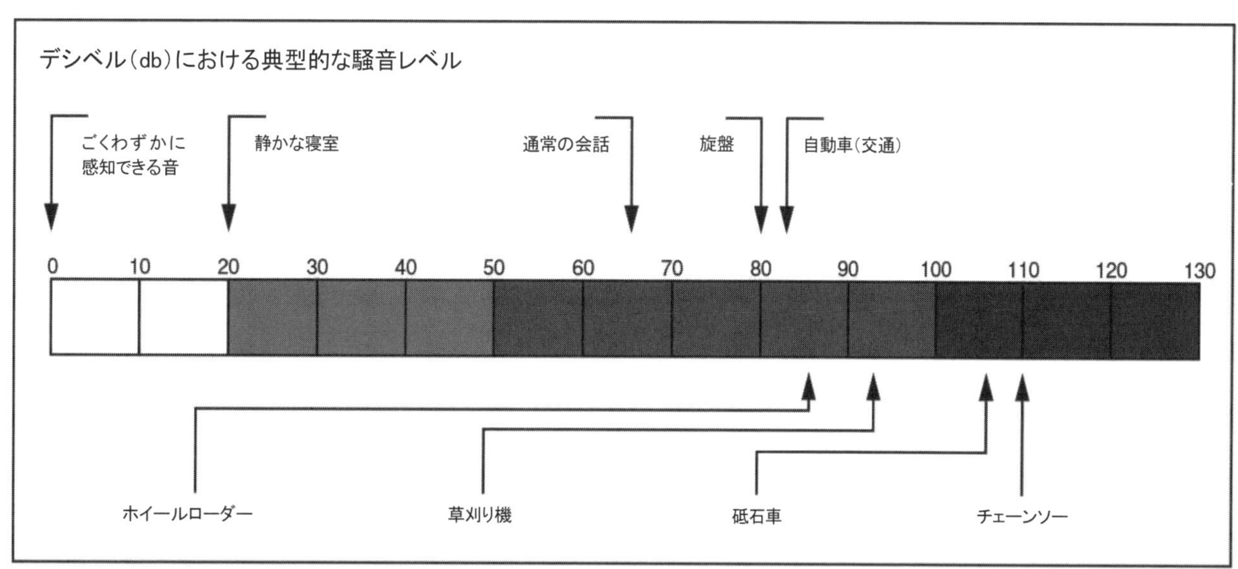

Figure 3-1 デシベルの値

Section F. 薬物とアルコール

アルコールや薬物を摂取すると、反応が鈍くなり、周囲との調和を失い、呂律が不安定になって眠気や船酔いを誘発し、自信過剰的態度を示したりするようになる。二日酔いも同様にイライラ、眠気、船酔い、集中力欠如などの原因となる。二日酔いの状態で任務に従事するクルーはコーストガードの規則に違反しており、自己およびほかの職員を危険にさらしていることになる。

F.1. 処方薬

処方薬はクルーに悪影響を与え、能力を減殺する可能性がある。ある種の薬はアルコール同様の能力減殺作用がある。さらに、多くの薬はアルコールと同時に服用すると悪影響の相乗効果を生む。クルーは、常に指揮者に対し、業務遂行に影響する可能性のある薬の服用状況を申告しておかなくてはならない。

F.2. アルコール

アルコールの中枢神経麻痺作用はよく知られており、社会で最も頻繁に使用または乱用される薬物である。少量であっても血中のアルコールは判断力、反射、筋肉のコントロールなどを大きく損なわせ、睡眠の休息効果を減じる。体内のアルコールのレベルは摂取の頻度と量、飲酒後の経過時間および個人の体重によって異なる。クルーにとって、厳しい任務の要求に対応するためには体内のアルコールレベルがゼロであることが重要である。血中からアルコールが検出される、または二日酔いの症状を示しているクルーは、業務の従事を制限する理由となる。アルコールの代謝には個人差があり、アルコール飲料 2 杯分の代謝には最低 8 時間、3 杯分の場合 12 時間以上必要である。この時間が業務再開に必要な安全余裕時間である。

F.3. タバコ

タバコに含まれるニコチンは即効性のある毒物である。過度の喫煙は神経を麻痺させ、視力に悪影響を及ぼす。タバコの燃焼で発生する一酸化炭素は酸素よりも早く血流に吸収され、高度への適応力を低下させる。タバコの煙も呼吸器系に悪い刺激を与える。

F.4. カフェイン

コーヒー、紅茶そのほかのソフトドリンクに含まれるカフェインは体に悪影響を与える。コーヒー2杯に含まれる量のカフェインで血流と呼吸はかなりの影響を受ける。少量であればコーヒーは神経の刺激剤と考えられるが、多量の摂取は神経を不安定にさせ、集中力の低下や頭痛、めまいなどを引き起こす。日常的にカフェインを摂取する習慣のある人は、摂取の中断や減量によって頭痛を起こしやすく、鋭敏さを失うことがある。

Section G. 低温の影響【安全:知識】

本節では寒冷気象下で業務を行う際の注意事項について簡単に述べる。冷たい雨、降雪、暴風雪および強風は、地域によっては予兆なく急に発生する。こうした状況の遭遇への備えと、寒冷が安全に及ぼす影響を理解することは重要である。

寒冷気象の影響

(警告)体温の過度の喪失は通常気象時でも発生する場合があり、低体温症になる恐れがある。

G.1. 低温気象下での業務

低温気象下で体温を維持しつつ業務を実施するのには困難が伴う。気温の低下につれて衣類は湿気を帯び、体温の喪失を防ぐための断熱が必要になる。

(警告)長時間風を受けると低体温症や凍傷の恐れがある。

G.2. 風

風は体温に影響を与える。風にさらされている部位から直接体の熱が奪われる（wind chill)。外気に直接触れている皮膚は顕著に体温が低下し、水分の蒸発によって外気温以下に下がる。

G.3. クルーの疲労

時化と低温と降水が合わさることによってクルーの状態は急速に悪化する。こうした複合的な状況ではクルーの疲労が急に発生する。低温により集中力と身体能力が低下するため、低温の疲労が原因になっている事故は多い。比較的程度のゆるい低温下でもクルーの反応時間は長くなり、これも低体温症の症状の一つである。

低体温症

G.4. 体 温

低体温症は体内温度の喪失である。人間の平常の体内温度は98.6°F（39℃）で、身体の機能によって常時この温度付近に保たれており、多少の上下変動であっても身体機能は影響を受ける。寒すぎると身体に悪影響があり、少しであっても体内温度の喪失は能力の低下につながる。

(警告)低体温症の患者には決して経口でものを与えてはならず、特にアルコールは厳禁である。

G.5. 症 状

低体温症の症状には以下のようなものがある。

- 顔面蒼白
- 皮膚が触ると冷たい
- 瞳が拡大し、光に正常に反応しなくなる
- 協調運動の低下
- 中毒時のように呂律が回らなくなる
- 思考の一貫性の欠如
- 意識を失う
- 筋肉が硬直する
- 脈拍が弱くなる
- 呼吸が遅く弱くなる
- 心臓の鼓動が不規則になる

低体温症患者は身体が震えるが、常にそうではない。患者が震えている場合、低体温症が初期よりも進行している場合がある。

G.6. 予防法

悪寒と低体温症はクルーの安全と業務能力に影響するため、予防が重要である。コーストガードは、ボートクルーに低体温症を防ぎ、業務能力を維持するための衣類を支給している。これらの衣類は適切に着用するとともに、機能を維持するため定期的に手入れを行わなくてはならない。

G.7. 個人用低体温症保護具(PPE)の着用免除

指揮官(CO)または当直士官(OIC)は、海象が平穏な場合の日中など、低体温症のリスクが小さい場合は状況に応じて保護衣の着用を免除することができるが、必要なPPEは船内に備えておかなくてはならない。

(注釈) 着用免除の状態であっても、低体温症防止具は船に搭載しておかなくてはならない(搭載艇が母船の視界内で運用している場合を除く)。艇長は、荒天に遭遇または荒天が予想される場合など、着用免除の状態でなくなったときはクルーに低体温症防護衣を着用させなくてはならない。

G.8. 処 置

低体温症の処置はChapter 5「応急処置」に記述する。

凍 傷

G.9. 凍傷の原因

凍傷は氷の結晶が体の組織内に生成する現象である。凍傷は外気温が20°F(-6.6℃)を下回ると発生が顕著になる。凍傷の発生原因には以下のようなものがある。

- 低温によるストレス(風、外気温、水との接触)
- 血流の阻害
- 保護具の非着用

・ 皮膚の曝露

G.10. 症 状

凍傷患者は患部に痛みを伴う冷感と皮膚感覚の喪失を訴える。蝋のような白色または黄色っぽい白色で、硬く冷たい無感覚の患部が発生進行する。患部が解け始めると激烈な痛みが発生し紫色に膨れ始めるか、水膨れになる。凍傷にかかりやすい部位は、手、足、顔、耳たぶなど、心臓からの血流が遠い末端部分である。凍傷には低体温症患者と同様の措置を施す。

(警告)以前凍傷にかかったことのある者は、同一箇所の凍傷にかかりやすい。

G.11. 予防法

低温に起因する負傷や疲労を防ぐには、防寒衣料が必須である。防寒衣料には保温ブーツ、毛の靴下、目出し帽、手袋、フリースやパイル製の防寒下着（ポリプロピレン）などがある。低温環境下では艇長は出港前にクルーと凍傷の危険性について確認しておかなくてはならない。

衣類の重ね着

G.12. 第 1 層—湿気の吸収

体温を維持するには乾いた状態が必須である。肌に触れる衣類は湿気を吸収または排出しなくてはならない。綿の下着は水分を吸い込んで保持し、蒸発によって体温を奪うため適当ではない。ウールは濡れた状態でも良好な断熱効果を持つが、乾きにくいので理想的とは言い難い。ポリプロピレンなどの最新の合成吸湿繊維は湿気を含まず、皮膚から湿気を吸い取って外部に放出する。こうした衣類は単独で着用してもよいし、寒気が著しい場合はほかの上衣と組み合わせても機能する。

G.13. 第 2 層—断熱

繊維の断熱効果は空気をどれだけ内包できるかによるため、目の荒い素材は目の細かい素材よりも優れている。また、薄い衣類を 2 枚着用するほうが、同一素材の厚いものを 1 枚着るより有効である。2 枚目の服が空気を蓄えて体温を保持し、下の層から湿気を吸収する。ウールまたは綿の衣類は、湿気を吸収する衣類の上に着用する第 2 層としては使用できるが、合成のフリースやパイル生地の重ね着のほうが、効果が高い。フリース製のカバーオールがこうした例である。

G.14. 第 3 層—防水

外衣は風と水分を防いで内側の衣類が機能するようにできている。保護カバーオール、ドライスーツ、防水合羽などを選ぶとよい。ドライスーツと防水合羽には断熱材がないので、寒冷時は断熱衣料を追加する必要がある。同様に、ドライスーツは空気を通さないので、第 2 層に吸湿素材を着用して発汗を逃がす必要がある。

G.15. 体の末梢部

体温は体の末端、特に頭部から大半が失われるため、それらの部分を十分に保護することが重要である。適切な重ね着は重要だが、衣類がかさばらないように薄いものを重ねるか、オールインワン素材の衣類を利用するのがよい。頭部に関しては、ウールキャップでもよいが、吸湿性の高い覆面やキャップを単独で、またはウールキャップの下に着用すると、乾いて暖かい状態を維持できる。降水時にはレインハット、フード、ソウウェスター（暴風雨帽）などの着用を検討すべきである。手袋は防水で、吸湿インナー付きのものがウール製のものより優れている。降水時のフットウェアはラバー製のロングブーツに限る。ウールや綿、フリース製の靴下の中に吸湿発散性のインナーソックスをはくのが最も暖かい。中敷き（インソール）は非吸湿性でなければならず、通気孔を備えたものでもよい。

Section H. 日光と熱射の影響【安全:知識】

クルーは太陽に長時間さらされることの危険を認識しなくてはならず、それによる能力の低下を防止する対策を取らなくてはならない。強い光線と高温はクルーの疲労を増加させ、能力を低下させる。本節では、クルーの活動中に発生する太陽光線と高温の影響について述べる。

(注釈) 高温が原因の負傷の処置は Chapter 5 応急処置に記載されている。

熱　傷

H.1. 概　要

継続的に日光にさらされると熱傷や熱痙攣、脱水症状などを引き起こす。皮膚を保護しないと老化が進行し、皮膚がんのリスクが高くなる。

H.2. 症　状

熱傷の症状は皮膚の赤い膨れや水疱である。光線曝露のほかの症状として発熱、胃腸の不具合、不快感、皮膚の変色などがある。

H.3. 予防法

長時間日光にさらされる場合、クルーは予防措置を取らなくてはならない。まずは日陰に入ることだが、日光は海や砂の表面で反射するため、直射を避けるだけでは十分でない場合がある。紫外線防御指数（SPF）が 15 以上の日焼け止めローションを使用するべきである。つばの付いた帽子や UV 保護サングラスなどの日光対策具を着用するのがよい。

H.4. 処　置

熱傷は日光に数時間さらされるまで顕著に発症しない。処置としては、冷却した濡れタオルを患部に当てるのがよい。皮膚の温度を下げることは非常に重要である。皮膚の湿度を保つとともに、塗布した薬に注意することが必要である。日焼け止めローションは香料、アルコール、油脂を含んでおり、熱傷を悪化させる。応急処置用スプレーはとりあえずの処置としては有効である。

脱水症状

(警告) 薬剤師に処方されない限り塩分錠剤を服用してはならない。発汗や失われた塩分、電解質の量にかかわらず、塩分錠剤では改善しない。

H.5. 概　要

航海中に脱水症状にならないためには十分な水分の摂取が不可欠である。体内の水分が失われる最も顕著な原因は腎臓を通じた排出である。量は少ないが、皮膚からの発汗や呼吸を通じても失われる。結果、平均的な健康成人は、1日2〜3リットルの水を必要とする。高温下では体内の水分は急速に失われる。お茶、アルコール、コーヒー、ソフトドリンクなどは水分の喪失を促進するので飲まないほうがよい。体内の水分同様、欠かせないのは電解質である。電解質は塩分イオンの科学的な呼称である。電解質は細胞の電位を維持し、筋肉を動かす電気パルスを伝える重要なものである。電解質は発汗によって最も顕著に失われる。通常の飲食をしていれば、十分な電解質を保つことができる。

H.6. 症 状

健康な成人は水分と電解質の要求を満たさなくてはならない。水分と電解質が代謝しないと人体は脱水症状を起こす。アルコールとカフェインの摂取は脱水症状を促進する。最初はのどの渇きと不快感を覚え、その後、動作が鈍くなり食欲が減退する。水分喪失が進むと、眠気を催し体温が上昇する。水分喪失で体重が5%減少すると、むかつきを感じ始める。6〜10%が失われると症状は以下の順で進行する。

・ 口腔の渇き
・ 眠 気
・ 頭 痛
・ 呼吸困難
・ 手足の疼き
・ 皮膚蒼白
・ 言語が不明瞭
・ 歩行不能
・ 脚と胃の痙攣

H.7. 予防法

新鮮で清潔な水を飲むのが、体内水分を補い脱水症状を防ぐ簡単かつ最良の方法である。フルーツジュース、スープ、水など、飲用可能な水分ならなんでもよいが、塩分を含まないほうがよい。クルーは暑く湿度の高い天気の日中は十分な水を飲むべきである。水分の調達が長時間できない場合、十分な水分の携行は必須である。

(警告)意識を失っている者に経口で強制的に水分を摂取させてはならない。

H.8. 処 置

脱水症状の兆候は顕著ではないので、炎天下ではクルーは相互の様子に注意しなくてはならない。クルーは業務中の水分補給に努めなくてはならない。直射日光の下では業務を交代制にして日陰に入ることが脱水症状の予防に効果的である。クルーが脱水症状になった場合、日光と熱から遠ざけ、ただちに医療機関で診察を受けるべきである。軽度の脱水症状であっても、同一の活動や環境を継続すると重度に至る。

熱性発疹（汗疹）

H.9. 概 要

汗疹は暑く湿度の高い船内や陸上で生じやすい。涼しい天気でも衣服を過剰に着ていると発生する。

H.10. 症 状

汗疹は以下の原因で生じる。

・ 身体の発汗機能の低下
・ 皮膚からの蒸散冷却の減少

汗疹は睡眠を阻害し、効率が低下して疲労が蓄積し、熱による痙攣などの不調も起こしやすくなる。汗疹の症状には以下のものがある。

・ ピンク色または赤色の皮膚の病変
・ 皮膚の発疹
・ 執拗な強いかゆみ

H.11. 予防法

艇長とクルーは汗疹による悪影響に注意し、暑い場所では症状に留意しなくてはならない。熱の影響を受ける業務ではクルーを涼しい場所の業務と交代させるのが汗疹の予防に効果的である。

H.12. 処 置

汗疹が発生したら、クルーをただちに暑い場所から遠ざける。熱による不調が重症化する前に処置し、患部に冷たい濡れたタオルを当てる。

熱痙攣

H.13. 概 要

熱痙攣は痛みを伴う収縮で、過度の水分と塩分喪失で起こる。通常体温時または熱による疲労時にも単独で発症する。ストレスを受けた筋肉は熱痙攣を起こしやすく、特に末梢部や腹部が弱い。

H.14. 症 状

脚が極端に伸び、過度の発汗が生じる。患者は不快と痛みを訴える。

H.15. 予防法

前述の熱性疾患対処の指針を実施すること。

H.16. 処 置

熱痙攣を発症した患者を涼しい場所に移動させ、楽な姿勢で横にし、冷たい飲料で水分を補給する。スポーツドリンクなどの電解質を含む飲料は有効だが過度の塩分摂取はよくない。痙攣を起こした筋肉にヒートパックやマッサージを施してはならない。症状が継続する場合はただちに治療が必要である。

熱中症

H.17. 概 要

熱中症は暑く湿度が高いときに運動しすぎると大量の発汗で体内水分が失われて発生する。体内水分の喪失により主要臓器への血流が減少する。熱中症では高い湿度や過剰な衣類の着用で汗が本来のように蒸発せず、体が効果的に冷却されない。

H.18. 症 状

熱中症の患者は衰弱して発汗する。患者の皮膚は蒼白になり、心臓の鼓動が激しくなって不快と頭痛を感じ、落ち着きなく動き回る。

H.19. 予防法

前述の熱性疾患対処の指針を実施すること。

H.20. 処 置

ただちに応急処置を施し、(できれば担架で) 適切な治療が可能な場所に搬送する。

熱射病

H.21. 概 要

熱射病は発汗作用と体温管理機能が失われて生じる緊急な治療を要する状態である。熱射病または日射病は強い日差しの下や機関室のような暑い場所で発生する。熱射病の発症はきわめて急速に起こる。

H.22. 症 状

熱射病の主な症状には以下のようなものがある。

・ 皮膚が赤くなり、乾燥した触覚になる（発汗が停止）
・ 体温が 105°F（40.5°C）を超える
・ 頭　痛
・ 脈拍が弱く速くなる
・ 意識の混乱、乱暴、調和の欠如、錯乱、意識不明
・ 脳の損傷（迅速な医療処置ができなかった場合）

H.23. 予防法

前述の熱性疾患対処の指針を実施すること。

(警告) 実施中の任務などのいかんにかかわらず、熱射病事故は緊急治療を要する事態として扱わなくてはならない。

H.24. 処 置

熱射病は、熱による不具合の中で最も重症で、ただちに生命の危険がある。熱射病の死亡率は高い。熱疲労は、熱平衡機能の能力を超えた状態だが、熱射病では熱平衡機能自体が失われ、放熱と汗の蒸発経路が閉塞している場合に起こる。患者はただちに処置しないと死に至る。涼しい場所に患者を慎重に移動し、医療機関の援助を求めるのが最良の対処である。

熱への弱さ

H.25. 概 要

高温多湿環境での激しい身体活動に慣れていない者は特に熱に弱い。体重過多も熱に弱い原因となる。

H.26. 衣類と装備

水分を通さない衣類は呼吸しないので、熱に起因する不調を大きく助長する。衣類は蒸発による冷却効果を妨げる働きをする。合成繊維の多くは、蒸発で熱を逃がすために必要な吸収と発散を低下させる。衣類と装備は制服と体表面の間で空気が十分に移動できるように着用しなくてはならない。シャツの襟や袖口、ズボンの裾を開くことで換気を助ける。しかしながら、衣服をゆるく開いて着用することは、作動中の機械の周辺では危険で許容できない場合がある。強い太陽光の下や機関室などの放熱源の付近では、

風通しのよい衣類を着用することで身体への放射熱の負荷を軽減できる。このような場所でない場合、外衣を脱ぐことで体温を下げることができる。透湿性のない衣類は避けなければならない。そうした衣類を着用しなくてはならない場合、体に急速に熱がこもることに十分注意しなくてはならない。透湿性のない衣類を着用している場合、熱による不具合は急速に進行する。

H.27. 発 熱

熱によって起こる病気は体内に熱がこもる原因となる。熱ストレスの前に発熱があると、熱を受ける許容時間が短くなる。

H.28. 疲 労

疲労の蓄積はゆっくりと進行する。進行に気づかないと、熱による不調に陥りやすくなる。

H.29. 前段階の熱関連症

軽度の熱関連症であっても重症化することがある。予防措置は水分と塩分の補給である。

H.29.a. 水 分

身体は、発汗や排尿により生じる脱水症状と電解質の不平衡を防ぐのに必要な量の水分を必要とする。大量の発汗があった場合、1 時間あたり 0.5 リットル以上の水分を摂取する必要がある。水分は少量を 20～30 分おきなどのように頻繁に摂取すべきである。

H.29.b. 塩 分

通常の食生活では 1 日 15～20g 程度の塩分を摂取する。これは熱関連の症状を防ぐためには十分な量である。

Chapter 4. チームコーディネーションとリスク管理【USCG】

本章では、ヒューマンエラーとリスクベースの意思決定について述べる。両者は安全なボート運航に大きく影響する。ヒューマンエラーは過去から現在まで、ボートの事故の主原因である。不十分なリスク管理によってボートとクルーに不要のリスクが生じてきた。技術的な知識と技能だけでこれを防ぐことはできない。ヒューマンエラーを認識、軽減および修正し、継続的に安全リスクを評価管理するにはチームワークが必要である。

賢明なシーマンと、ヒューマンファクターの研究者は、ヒューマンエラーに起因する事故の可能性を低減させるための 7 項目の重要な技術を実践し、著してきた（本章の Section A)。これらの技術の中には、安全リスクを管理し、チームの活動を向上させる重要なプロセスが含まれており、それらは総合して「チームコーディネーション」と称される。含まれるプロセスは、リスク管理、クルーのブリーフィングおよびデブリーフィングである。

本章では、チームの調整、リスク管理、クルーのブリーフィングおよびデブリーフィングをボート運航の基本要素と位置付け、技能、性能要件、艇長の責務および各人の訓練要件について説明する。また、リスク管理、クルーのブリーフィングおよびデブリーフィングについても述べる。これらの技能とプロセスを推進向上させるため、チームコーディネーションの達成度は、デブリーフィング、即応性（Ready for Operation : RFO）点検および標準化チームの実地監査によって評価すべきである。

Section A. チームコーディネーション

チームは共通の任務を達成するため技能を発揮する人間の集団である。本節ではチームコーディネーションによって以下を達成する方法について述べる。

- ヒューマンエラーの防止
- 安全リスクの管理
- チームの活動を継続的に向上させるための指示

A.1. チームの構成員

艇長と機関員、乗組員で編成されるボートクルーはチームだが、それはより大きなチームの一部でもあり、ほかのメンバーとの相互協力なしに任務を実行することはほとんどない。

- 業務調整官（当直士官または義務役員）
- そのほかの割り当てられた沿岸警備隊の資産（航空機、ボート、およびカッター）
- そのほかの政府、商業、および民間団体（連邦、州、および地方の公務員）
- サルベージ業者と、善きサマリア人（緊急時に手助けする善意の市民）
- “顧客”

この場合、“顧客”は業務の対象となる個人または船舶を、業務はボートを運航させる理由を指す。

A.2. 艇 長

艇長には二つの異なる役割がある。

・ ボートのチームの責任者
・ 上位のチームの一員

ボートの任務の大半は安全上のリスクがあり、ボートのチームと上位のチームとの効果的な調和が事故防止の要である。

A.3. チームコーディネーションのスキル

チームを調和させる手段を効果的に使うためには、チームの構成員、艇長およびボートクルーが 7 つの調和スキルを常に活用することが必要である。これらスキルの活用は、優れたリーダーのよい習慣である。これらのスキルは、クルーのストレスと安全リスクが高い状態において、常に変化し続ける複雑な任務を通じて実証済みである。道路の交通規則と同様、チームコーディネーションとリスク管理を適切に行えば、任務遂行の安全余裕を維持できる。チームを調和させる 7 つのスキルは以下の通りである。

[リーダーシップ]

・ ボートの活動を指揮・指導する
・ クルーがチームとして働くよう刺激を与える
・ クルーの活動についてフィードバックを与える

[任務の分析]

・ 計画の立案
・ リスクの管理
・ クルーの編成とブリーフィング（事前打ち合わせ）
・ 任務の割り当て
・ 任務の実施効率の監視とクルーのデブリーフィング（報告と反省）

[適応性と柔軟性]

・ 変化する要求に対応するための方針や活動の修正
・ 活動を最適に維持するためのストレス、負担および疲労の管理
・ 他者と共同して効率的に業務を行う

[状況認識]

ボート、艇長、クルーおよび任務の状況を常時把握する

[意思決定]

利用できる情報をもとに、論理的で健全な判断を実行する

[意思疎通]

情報、指示および命令を確実にやり取りし、有益なフィードバックを行う

[自己主張]

・ 誤りに納得するまで主張を続け、問題解決に積極的に参加する
・ 主張や行動を適時に行う

Section B. チームコーディネーションの基準

チームコーディネーションの基準は、業務調整官、艇長およびクルーがすべての任務を安全に遂行するために期待される行動について規定している。艇長の責務では、艇長がチームの調和とリスク管理を行うための必要最低限の行動を示す。これら基準および責務は、クルーのデブリーフィング、即応性（RFO）点検および標準化チームの実地監査によって評価すべきである。

リーダーシップの基準

B.1. クルーの責任

クルーのチームとしてのリーダーシップの要点は以下の通りである。

- クルーが互いを尊重する。任務に関して自由に発言し、質問のできるオープンな雰囲気を形成する
- 任務の内容を問わず、最も多くの情報を持っている者を意思決定参加させる
- 意見の不一致があった場合、艇長とクルーは不一致の理由を直接議論する
- 重要なのは問題の解決である。解決策は妥当なものとして艇長とクルーが不平を言わず受け入れるものにする

B.2. 艇長の責任

艇長の責務は以下の通りである。

- ボートクルーに対して責任を持ち、明快で分かりやすい命令を与える
- クルーの安全状況を把握する。自ら安全を監視できない場合は担当者を指名する
- クルーの負担を把握してバランスを取り、クルーのストレスを管理する
- 意見に対して自由に議論する
- 任務の状況変化をクルーに伝える
- 活動状況に関してクルーに建設的なフィードバックを適時に行う
- 業務調整官に対してボートの状況を適時に報告する

任務分析の基準

B.3. クルーの責任

任務分析の基準の概要は以下の通りである。

順番	内　容
1	業務調整官、艇長、およびクルーが任務の目的を理解する
2	業務調整官と艇長が任務の実施計画を検討する
3	問題の所在を簡単に議論する
4	リスクの評価、無用なリスクの排除および許容できないリスクの低減について検討する
5	クルーに計画を説明し、クルーは意見を述べる
6	役割を各人に割り当てる
7	業務調整官と艇長により緊急時対応計画を作成する

8	追加の情報があった場合、計画を更新する
9	想定外の状況が発生した場合の対応を準備しておく
10	艇長はクルーの行動についてデブリーフィングを行う
11	長所と弱点を把握し、今後の業務に備えた修正を指示する

B.4. 艇長の責任

艇長の責務は以下の通りである。

- 出港前の計画の一部として、任務の目的と危険要素を業務調整官と検討する。任務のリスクと、艇長が負うリスクの限界を理解する
- 不要なリスクを負わず、許容できないリスクへの対応方針を持つ
- 任務の目的をクルーに説明して任務を理解するための議論を行い、クルーの意見を把握する
- 状況や任務の目的の変化に対応して計画を修正する
- デブリーフィングによって改善すべき点を見出す

適応性と柔軟性の基準

B.5. クルーの責任

適応性と柔軟性の基準に関するボートクルーの責務は以下の通り。

- 注意を散漫にしない。クルーは互いの集中に留意し、状況の把握に必要な行動をとる
- 艇長は任務に必要な情報と行動を決定する。不要な情報は選別排除する
- 安全な任務遂行のため、クルーの役割に優先順位を付す。ボートクルーは互いの負担に留意する。特定のクルーの負担が大きい場合、負担を再配分する
- 業務調整官と艇長は、クルーの疲労、独りよがり、高ストレスなどに気を配る

B.6. 艇長の責任

艇長の責務は以下の通り。

- 自分のストレスや間違った思考に陥るパターンを把握しておく。一時的な興奮で、不都合な情報を恣意的に排除する傾向に無意識に陥ったときに修正行動をとる
- 夜間や 18 時間を超えて起きていた場合の疲労の影響よる判断の誤りがないよう、艇長とクルーの行動をクロスチェックする
- クルーの自己満足や高ストレスに留意し、クルーのストレスに対して積極的に必要な措置をとる
- クルーの過負荷に留意し、必要に応じて作業を再配分する
- クルーの精神状態が安全上問題と考える場合、業務調整官に連絡する

状況認識の基準

B.7. クルーの責任

ボートクルーチームの状況認識の基準は以下の通り。

順番	手順
1	艇長は業務調整官とクルーに任務の状況を説明する（現在の業務や所在など）
2	状況認識の変化が言葉で表される
3	クルーまたは業務調整官がリスクを伴う決断や行動を行わなくてはならないと認識し、艇長に進言する。業務調整官は艇長のリスクを伴う判断をチェックする役割を担う
4	業務調整官がボートまたはクルーが許容できないリスクを取ろうとしている場合、積極的な行動で状況をコントロールする（ボートの停止、減速、新たな勢力の追加など）
5	ボートクルーは活動の誤りを相互に確認する。誤りは当事者に連絡し、修正行動をとる
6	艇長は有効な見張りを維持する

B.8.　艇長の責任

艇長の責務は以下の通り。

- 任務の目的、既知のリスクおよび業務実施計画を理解しないまま出港しない
- クルーに任務の計画と割り当てられた役目を確実に理解させる
- 計画の誤りとクルーの過ちに常に留意する。同様に、クルーに艇長の決定と行動をチェックさせる
- 状況の変化に注意を払う。実際の状況が認識と異なることを示す矛盾した情報や、曖昧な情報に常に注意を払う
- 業務調整官とクルーに定期的に状況を報告する

意思決定の基準

B.9.　クルーの責任

ボートクルーチームの意思決定の基準の概要は以下の通り。

- 艇長の決断は、利用可能なあらゆる方面の情報を積極的に活用する意思を反映したものであること
- 大半の決断はタイムリーだが、ストレスの影響を受けている
- 大半の決断は状況に適切に対応したものだが、クルーはリスクを見落とし、または過少評価していることがある
- ボートクルーは有害な思考を表に出さない（権威に反抗、無敵性、軽率さ、男らしさ、あきらめなど）
- 艇長が目的を変更して実施の前に状況が悪化した場合でも任務は変わらず遂行され、損失も生じない

B.10.　艇長の責任

艇長の責務は以下の通りである。

- 現状と情報を評価し、任務の目的達成に必要な勢力を決定する
- 時間を利用して緊急対応や代替手段を計画する
- リスクと利得を常に比較衡量する。状況に応じた最適の行動を選択する
- 決定が意図した結果を生むよう状況を監視する

意思疎通の基準

B.11. クルーの責任

ボートクルーチームの意思疎通の基準の概要は以下の通り。

- ボートクルーと業務調整官は、必要に応じて任務に関し意思疎通を図る。標準用語を使用する
- 通報などを受けた者は受信したことを確認する。受報者は、理解できない場合質問する
- 情報送信者は、重要な情報に対する反応がない場合、了解の確認を求める
- クルーの任務に変更があった場合、総員がこれを認識する。艇長はリスクを伴う決断を業務調整官とクルーに伝え、時間があればクルーにその理由およびクルーが必要になる修正を伝える
- 業務調整官とクルーは、リスクを伴う決定を理解したことを確認する。情報を明らかにするため、誰でも質問してよい

B.12. 艇長の責任

艇長の責務は以下の通り。

- クルーに指示を与えるとき、および外部と通信するときは標準用語を使用する
- 情報と指示をクルーに与えたときは伝達先のクルーが了解したことを確認する
- リスクに関する認識を業務調整官とクルーに伝える

自己主張の基準

B.13. クルーの責任

ボートクルーチームの自己主張基準の概要は以下の通り。

- 業務調整官、艇長およびクルーは計画や行動について疑問を感じたり、ボートが危険になっていると感じたりした場合は随時質問を行う。こうした質問はリスクのある意思決定に関連することが多い
- 艇長は、リスクのある決定をする材料が必要な場合、クルーまたは業務調整官に対して意見を求める
- クルーまたは業務調整官は艇長の求めに対し、関連のある情報を簡潔かつタイムリーに提供する。任務に関する疑問に関しては全員が平等である
- 提案は批判せず傾聴する
- 任務の負担が過重な場合は支援を求める

B.14. 艇長の責任

艇長の責務は以下の通り。

- 間違いや不適切な判断を認知したときは明確に指示する
- 艇長は、以下の判断をしたときは業務調整官に連絡する

  リスクのレベルが変化した

  任務がボートの能力を超える

  クルーの負担や疲労が課題になっている
- クルーの意見を求める
- クルーの質問や懸念を尊重する

Section C. リスク管理のプロセス

リスク管理は任務の計画から実行を通じて行わなくてはならない。リスク管理は任務分析スキルの一部であり、許容できない安全リスクを発見し管理するためのプロセスである。あらゆる任務の局面（出港作業中、航行中、現場対処中、係留中など）にリスクが存在し、すべてのリスクが明らかになっているわけではない。すべての局面でリスクは適切に管理される必要がある。リスク管理の例には、通信機器や航海計器の適切な操作や運用手順の確実な実行がある。効果的なリスク管理は技術的知識と経験に大きく依存する。

C.1. リスク管理の 4 ルール

リスク管理のプロセスを適切に用いるため、チームは以下のルールを実行しなくてはならない。

C.1.a. ルール #1

リスク管理を任務の計画と実行に組み込む。

- リスク管理は反復継続するプロセスである
- リスク管理は積極的に実行することで最大効果を生む。リスクに関する新たな情報を得たとき、リスクを管理する能力が問われる。艇長とクルーは周囲に気を配り、ボートが帰港して任務が終了するまで安全について配慮しなくてはならない

C.1.b. ルール #2

無用のリスクを許容しない。

- 無用のリスクは任務の安全な遂行に寄与しない。無用のリスクとは、代替手段を考慮せずクルーとボートの能力を超えて業務を行うことである
- そのボートが唯一の任務遂行手段で、緊急事態への対処が安全より重要と意思決定者が考えたときにしばしば無用のリスクを冒す
- 無用のリスクを冒すことは、人命と政府や民間の財産を賭けにさらすことである

C.1.c. ルール #3

リスクを伴う決定を適切なレベルで行う。事故はしばしばリスクの程度を各人が認識していないときに発生する。

- リスクの理解は技術的知識と経験に大きく依存する。このため、リスクのある決定は思考が明晰で技術面に優れ、状況を理解している者が行わなくてはならない
- 業務調整官と艇長は、リスクのある決定をチームとして行わなくてはならない。

C.1.d. ルール #4

利益がコストを上回る場合はリスクを許容する。無用なリスクの排除とは、そのリスクが任務遂行のため許容できるか否かを判断することである。

- 任務の責任者がリスクの責任を負う
- 場合によっては、任務の指示書が許容可能なリスクを示していることがある（人命救助のための負傷や機材の損傷の許容など）。しかしながら、高ストレス下では許容可否の境界は曖昧である
- リスクのある決定には、思考が明晰で技術的知見があり、状況を理解している者が加わらなくてはな

らない

・ リスクと利益の衡量判断では、業務調整官と艇長がチームとして機能しなくてはならない。

C.2. リスク管理のプロセス

ボート運航中の継続的なリスク管理では、以下の7のステップを繰り返し行う。

C.2.a. Step 1

任務の目的を明確に定める。

C.2.b. Step 2

ボートとクルーに関する危険の可能性を認識する。危険とは、機材、環境またはチームに関係するすべての事象である。

・ 機　材：機材は正常に機能しており、任務中正常に機能し続けるか？

・ 環　境：気象、海象、岸との距離、船舶通航量、航路標識などが任務に影響を与えるか？

・ 人　員：チームは適切な訓練を受けており、任務を遂行する能力があるか？ 疲労は蓄積していないか？ 自己満足に陥っていないか、身体または精神的なストレスを受けていないか？

危険を見落とさないため、クルー、艇長および業務調整官がチームで検討しなくてはならない。以下のリスクが検討対象になる。

[計　画]

・ 計画を作成するための十分な時間と情報があるか？ 計画作成に時間をかけるほど多くの情報が利用可能になり、リスクは低下する。任務が複雑になるほど時間をかけて計画を作成しなくてはならない。

[事案の複雑さ]

・ 任務は事象の連続である。それらの事象の複雑さはどうか？ 高度なノウハウが必要か？ 平常事案であっても多くは複雑である。事案がノウハウを多く必要とするほど、不都合が発生する可能性は増大する。夜間は特に事案の複雑さが増し、リスクが増大する。

[勢力の選定]

・ そのボート、艇長およびクルーが任務遂行に最適か？ 準備を完了しているボートは最適勢力か？ 艇長とクルーの資格、経験および生理的な健康状態に加え、ボートの能力と即応態勢を事案の複雑さと環境条件に比較し、勢力を選定しなくてはならない。

[通信と監督]

・ 外部との通信と監督：ボートは業務調整官やほかの部隊と良好な通信を維持できるか？ 業務調整官はボートの活動状況を常時把握して安全を確認できるか？ 通信が貧弱だと、必要な情報が意思決定者に届かない。リスク管理が不十分になり、安全の確認が困難になる

・ ボート内での意思疎通：クルーは騒音の中で命令を聞きとることができるか？クルーは正確ではっきりした言語により、簡潔明瞭に意思を通じているか？

・ ボートクルーの監督：ボートクルーが任務を実行する資格があっても、艇長による監督はリスクを軽減するために必要である。安全のリスクが高いほど、艇長の観察と確認への集中が必要になる。艇長が活動に従事していると注意が散漫になりやすく、中～高リスクの状況では効果的な安全監督者とみなすべきでない

[環境条件]

・ 航海中および到着現場の現在および今後予想されている条件は、ボートとクルーの能力を超えるものでないか？ 環境が変化したらリスク管理は修正が必要である

C.2.c. Step 3

リスクは「厳しさ」、「危険性」および「さらされる度合い」の関数である。

・ 厳しさ：損失の度合いをいう。不具合が発生したとき、人員の負傷や機材の損傷はどのようになるか
・ 危険性：上記の結果が発生する可能性をいう
・ さらされる度合い：人員や機材が危険状況にさらされる時間をいう

リスクの段階は、各リスクの厳しさ、危険性およびさらされる度合いによって評価する。リスクの認識をクルー、艇長および業務調整官の間で検討することが有益である。

段　階	内　容
高リスク	・ リスクを常時コントロールできない ・ 人員の負傷と機材の損傷が予想される ・ ボートまたはクルーが能力を超えて活動している ・ リスク許容の可否が任務の目的に依存する ・ 高リスクは業務調整官に連絡しなくてはならない ・ 汎用ボートで寄せ波の海域に入域するのがこの例である
中リスク	・ リスクを常時コントロールできる ・ 状況が安定し、クルーが手順を守り、ボートが正しく機能すれば損失は想定されない ・ ボートとクルーが能力の範囲内で活動している
低リスク	・ リスクは必要に応じて常時コントロールできる ・ 十分な安全余裕があり、余裕が減少したら目的を修正するので、損失は想定されない ・ ボートとクルーが能力の範囲内で活動している ・ 万全のクルーで慣れた海域を、安全な速力で昼間の視界良好な条件で航行するなど

C.2.d. Step 4

無用なリスクは排除しなくてはならない。リスクを許容可能レベルに低下させるにはどのような変更が必要か？ これは以下により検証できる。

・ 計画の進行速度の変更（減速など）
・ 指揮命令（より詳細なガイダンスや監督など）
・ 任務の作業（単純化など）
・ 作業のタイミング（連続作業と並行作業、昼間作業と夜間作業など）
・ ボートの要件（より高性能など）やクルーの能力（より経験豊富など）
・ 投入するボートの数（予備艇など）やクルーの数（人数の追加など）
・ 必要な装備や防護装備

検討事項がボートに関する事項に限られている場合、選択肢は少ない。このステップでは、大きなチームがリスクを低下させる選択肢を検討しなくてはならない。大きなチームは追加可能な勢力を保有しており、リスクを対応勢力で分散させ、より有能な勢力にリスクを転嫁できる。

C.2.e. Step 5

業務調整官は、リスクが任務の目的に照らして許容可とする艇長の判断を検証したか？リスクが許容できないと考えた場合、リスクが許容できるレベルまで任務の目的を修正することは可能か？

C.2.f. Step 6

リスクと利益の衡量に基づき、最適の選択肢を実現するように決定は行われる。決定を実行する場合、クルーはどのような結果が期待されるかの説明を受ける。

C.2.g. Step 7

行動によって期待する結果が得られたか？ 任務に伴うリスクは変化しているか？ 変化していれば、それらを管理するためのステップを反復実行する。

Section D. 日常のブリーフィングとデブリーフィング

ボートが出港する前には簡単なブリーフィングが必要である。艇長とクルーのブリーフィングは想定される状況について共通認識を持ち、任務のルールを設定する助けになる。任務終了後には簡単なデブリーフィングを持つべきである。デブリーフィングは活動を評価し、各人とチームの成果を認識する最良の機会になる。正しく実行すればデブリーフィングは継続的な改善の貴重なツールになる。これにより、「物事を正しく行う」から「正しいことを正しく行う」方法を知ることへの道筋を示すことができる。

(警告) ボートクルーは、指輪、腕時計、ネックレスなど、業務装備や制服と無関係で、吊り上げ、曳航、甲板作業などで引っかかる恐れのある宝飾類を身に着けることは禁止されている。当直士官と艇長はこのことを出港前のブリーフィングで伝達し、艇長は甲板作業の開始前にそれらを外していることを確認しなくてはならない。

D.1. クルーの日常ブリーフィング

クルーの日常のブリーフィングには以下の内容を含める。

・ 任務の目的
・ 職務と責任
・ チームワークのための積極的雰囲気
・ 改善目標

D.1.a. 任務の目的

任務の目的、入手している情報および任務に関するリスク、活動計画をブリーフィングに含める。

D.1.b. 職務と責任

職務と責任は明確に割り当てる。業務調整官の意図を艇長が理解し、クルーに伝達する。クルーが内容や、やり方について異なる認識を持たないようにしなくてはならない。

D.1.c. チームワークのための積極的雰囲気

チームワークのための前向きな雰囲気を醸成する。クルーが互いを再確認し、間違いを指摘し、有益な情報があるときは明確に告げ、理解できないことは質問するよう促す。

D.1.d. 改善目標

クルーコーディネーションにおいて必要な、前回のデブリーフィングで認識した改善点をいくつか挙げる。改善すべき内容はできる限り明確にする。

D.2. クルーの日常デブリーフィング

クルーの日常デブリーフィングには以下の内容を含める。

- 主な活動
- 活動状況の評価
- 活動の結果
- 改善目標の達成評価
- 改善目標の設定

D.2.a. 主な活動

主要な活動についてまとめる（準備、航海、現場作業など）

D.2.b. 活動状況の評価

以下のような主要な活動についての活動状況を評価する。

- クルーのブリーフィング
- 航海の区切り
- 沿岸砂洲の横断
- 船舶への接近
- 人員の移送
- 割り当てられた任務の危険要素

D.2.c. 活動の結果

艇長とクルー（可能な場合は指揮官を含む）が、活動の結果に影響した行動やリスク判断について意見を交換する。これはプロとして成長し知見を深めるためのものである。

D.2.d. 改善目標の達成評価

改善目標が達成できたかどうかを検証する。

D.2.e. 改善目標の設定

クルーの調和に関する改善点を設定、確認または修正する。設定や変更は、指揮官の知識と指導に基づいて行う。

Chapter 5. 応急手当【安全：知識】

本章では、海上での応急手当と負傷者などの搬送について述べる。応急手当は、専門家による対処の前に行う必要処置であり、以下を含む。

・ 迅速な応急の援助
・ 救命措置
・ 更なる負傷と状況の悪化の防止
・ 生命力と感染抵抗力の維持
・ 必要に応じた患者の搬送

Section A. クルーの役割

応急手当の知識と技能はボートのクルーに必須である。訓練されたクルーによる緊急事態への専門的な対処は、負傷者の生と死や、一時的な負傷と恒久的な障害との境界を分ける。

A.1. 責 任

コーストガードは、クルーが応急手当の資格の有無にかかわらず、緊急対応の役割にある場合は受けた訓練に応じた応急手当を施すことを認めている。部隊の指揮官は常に緊急医療の状況を把握しなくてはならない。また、重症の場合、クルーは基地の当直者を通じて適切な医療機関に連絡し、支援を要請する。基地では 911 番（日本では 119 番に相当）や地域の消防署などの緊急医療サービスを要請し、クルーは以下の応急手当を行う。

・ 状況の把握
・ 救助者が訓練を受け、適切に装備しているかを考慮する
・ 自己を負傷や感染から防護する
・ 静粛を保つ
・ 迅速に行動する
・ 基地に連絡し、必要に応じて緊急医療サービスを要請する

A.1.a. 状況の把握

事態への対応に当たり、まずは現場の状況を確認する。危険な現場には、裸電線や有害気体、火災、血液や体液などに対する適切な準備が完全にできるまで進入してはならない。救助者は、応急手当に先立って負傷者の周辺を安全にすることが重要である。応急手当中に救助者が負傷すると、すでに困難である状況が一層複雑になる。

A.1.b. 患者の初期診断

クルーは負傷者の状況全般から、手持ちの資器材で対処可能か、更なる支援の要請が必要であるかを判断する。更なる本格的な手当を必要とする重症の場合、ただちに連絡して地域の緊急医療サービスを要請するべきである。初期診断で重要なのは以下の情報である。

・ 患者の人数

・ 患者の状態
・ 負傷の原因（種類）
・ 患者の意識の状態
・ ショック症状の有無や状態
  ・銃創や高所からの転落、重度の火傷、衝突事故による重傷などで発生したものではないか
  ・荒天への長時間の曝露、脱水症状、栄養不全などで患者の健康状態が損なわれていないか

(注釈) 本節では、重傷で専門治療が必要な場合について述べる。重症の場合、たいていはクルーの医療対応の範囲を超えていると判断される。

(警告) 人間の血液に防護具なしで接触したクルーは、ただちに状況を指揮官が指定する医療部門に連絡し、専門の指示を受けなくてはならない。

A.1.c. 感染防護具

人間の血液はB型肝炎やHIVなどの感染するウイルスを含んでいる可能性がある。クルーは汚染の度合いに応じて使い捨て手袋などの保護具を使用するなど、人間の血液に直接触れないよう万全の注意を払わなくてはならない。コーストガードのボートの基地には、多数負傷者事案に対応するための危険な体液からの保護具が備えてある。呼吸器系の感染が疑われる場合は、マスクや眼球保護具も着用すべきである。血液に触れた手袋などは細心の注意を払って廃棄すべきである。医療機関や緊急処置室から助言が得られる。コーストガードの部隊は医療廃棄物の処理についての情報を備えておくべきである。

A.2. 負傷者の処置と搬送

ボートから医療機関への負傷者の搬送は、クルーが日常的に扱う重要な事案である。多くの場合、負傷者に個別の治療を施すことは、不可能ではないが困難である。したがって、クルーは負傷者を適切な治療を施すことができる場所に、迅速かつ安全に搬送するための基本的知識を持たなくてはならない。

A.2.a. 艇長の責務

患者への治療は早いほどよい。更なる負傷やショック、不要な痛みを与えることなく患者を迅速に搬送することは艇長とクルーの責任である。

A.2.b. 患者の移動

患者の移動は慎重に行い、不注意は許されない。緊密なチームワークと細心の注意が必要である。担架に乗せるなどの単純で明らかに見える手順であっても訓練と調和と技能が必要である。

負傷者の搬送で注意すべき重要な点は以下の通りである。

・ 適切な医療機関の要請ができるよう基地に連絡する
・ 可能であれば、所見が終了しすべての負傷者が添え木などで適切に処置されるまで移動させない
・ 頭部や頸部の負傷が疑われる場合、搬送するまで固定する
・ 患者を動かすまでに支援を求める
・ 患者に意識がある場合、常に事前に手順を説明する
・ 患者の移動は慎重丁寧に最小限度で行う
・ ほとんどの場合、患者の移動は横臥の状態で行う

Section B. ショック症状への対処

ショックは適切な処置によって軽減できる。クルーがショックへの対処を理解していることは重要である。ショックは負傷を伴い、患者の重症への対応能力が低下している場合がある。外傷がなくてもショック自体が生命への危険となりうる。クルーはショックを引き起こす症状と原因に注意する。

ショック症状

B.1. 概 要

ショックは生理的または精神的な機能低下症状である。ショック症候群は処置の経過中に変化し、負傷の状況によって毎回異なる。ショックの兆候と症状は急速に進行することもあれば、原因発生後数時間かけて進行することもある。症状には前兆がある。ショックにはいくつかの種類があり、発生を知り即時の対処をすることは重要である。症候群の中には発症しないか、発症しても顕著でないものがある。

(注釈) ショックは応急手当中いつでも発生する。手当中は状態を常時把握し観察しなくてはならない。

B.2. 原 因

ショックを引き起こす原因の例

- トラウマ〔出血、blunt（転落、打撲など）、骨折、火傷〕
- アレルギー反応
- 低体温症
- 薬　物
- 毒　物
- 心臓麻痺
- 糖尿病
- 激　情

B.3. 症 状

症状には以下のようなものがある。

- 落ち着きのなさ
- 意識が薄くなる
- のどの渇き
- 不快感
- 脱力感
- 不安感
- 恐怖感
- 眠　気

次の兆候を含む。

- 脈拍―弱く速い
- 呼吸―浅く、速く不規則

・ 皮膚―冷たく発汗している
・ 瞳孔―開いている
・ 意識の状態―普通の状態（外見だけの場合がある）から意識不明まで幅がある。

B.4. 診 断

ショックの強い症状や兆候は皮膚の色、脈拍、呼吸および意識の状態から判別できる。次の表にショックの強い症状を示す。

部位	通常時	ショック時
皮膚	大人の皮膚は通常乾燥して過度に蒼白ではなく、触ったときに湿った感触ではない	皮膚は蒼白になり、触ると冷たく湿っている
眼	動きや光に反応する	瞳孔が開いている
脈拍	大人の脈拍は規則的で強く、1 分間に 60～100 回程度である	ショック患者は落ち着きがなく、脈拍は通常より速くて弱い。1 分間に 100 回を超えることが普通である
呼吸	大人の呼吸数は通常、毎分 16～24 回である	強い呼吸障害では毎分 16 回以下、または不規則で速く毎分 24 回以上である。呼吸困難を避けるため、ただちに処置することが必要である
意識	患者の意識レベルが通常状態でない場合、ただちに医療処置を要する状態を示す	通常状態（外見だけの場合がある）から意識不明まで幅がある

B.5. 処 置

ショックを認めた場合、クルーは必要な応急処手当を施し、その後ショックを最小限にとどめるための措置を適宜行う。

B.5.a. 応急手当

ショックの応急手当は、患者の動きを制限して横に寝かせ、症状を観察する。意識不明の場合は緊急医療サービスを要請し、蘇生措置をとる。心肺蘇生措置（CPR）不要の場合や暑すぎない場合、患者は寝かせたまま保温し、ほかの負傷の有無を確認する。

B.5.b. 処置の継続

患者のショック症状を緩和するため、必要な追加処置を最後まで実施しなくてはならない。

・ 「要緊急措置」などの医療タグを確認する
・ 既往歴を入手する（熱関連症、糖尿病、アレルギー、服薬歴）
・ 基地に連絡し、指示があった場合は搬送する
・ 指示を受け、その訓練を受けている場合は特別な処置を施す
・ 頭部の負傷や呼吸の障害がない場合は背を下にして患者を寝かせ、脚部を 8～10 インチ浮かせる。ほかの負傷の有無に注意すること（Figure 5-1）

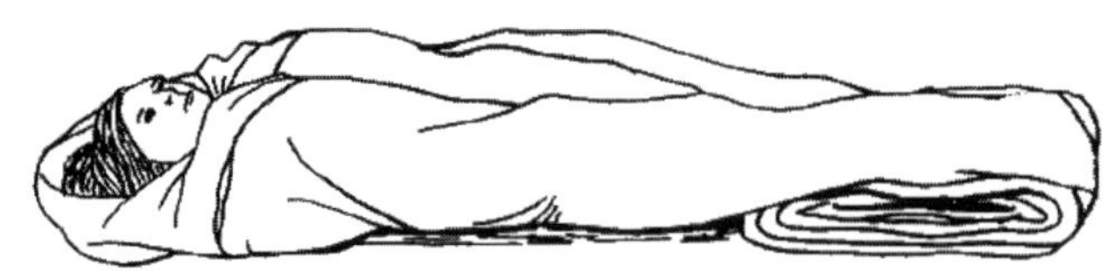

Figure 5-1 末梢部を高くする

- 指示があり、可能であれば CPR を行う
- 毛布で保温する。暑い場合は温めない
- 意識がある場合は要求により唇を湿らせる
- 飲食をさせてはならない
- アルコールを与えてはならない
- 丁寧に扱う

アナフィラキシーショック

B.6. 概 要

アナフィラキシーショックは急激なアレルギー反応である。この種類のショックに弱い人は常時その旨を表示しておくべきである。感覚反応は接触数秒以内に発生し、数分で死に至る。医療機関に状況の重大性を伝えられるよう、アナフィラキシーショックの兆候と症状を知っておくことは必須である。

B.7. 原 因

アナフィラキシーショックは、魚介類の摂食やある種のベリー類の消化、ペニシリンなどの薬物の経口服用などによって発生する。クマバチやスズメバチの刺傷や薬物の注射、運動、寒冷、花粉やほこりの吸い込みによっても反応は発生する。

B.8. 症 状

アナフィラキシーショックの症状には以下のようなものがある。

- 皮 膚：かゆみ、麻疹、赤変
- 口唇、舌、足、のど、手などの腫れ
- 呼吸の変化：息切れ、短呼吸、咳
- 胃腸の変調：不快感、吐き気、腹部の痙攣、下痢
- 頭 痛
- 精神状態の変化
- 意識の喪失

症状の発生は急速で数秒以内に起こる（2 時間程度かかることもある）。アナフィラキシーの兆候はショックと同様である。

B.9. 診 断

アナフィラキシーショックは深刻な、ときに生命にかかわるアレルギー反応であり、原因物質との接触

後数秒以内に発生する可能性がある。原因物質は経口または接触によって体内に取り込まれる。アナフィラキシーショックは患者の外見やバイタルサインの変化によって知ることができる。次の表はアナフィラキシーショックの可能性を示す兆候である。

部位	通常時	ショック時
皮膚	大人の皮膚は通常乾燥して過度に蒼白ではなく、触ったときに湿った感触ではない	皮膚は蒼白になり、触ると冷たく湿っている
眼	動きや光に反応する	瞳孔が開いている
脈拍	大人の脈拍は規則的で強く、1 分間に 60～100 回程度である	ショック患者は落ち着きがなく、脈拍は通常より速くて弱い。1 分間に 100 回を超えることが普通である
呼吸	大人の呼吸数は通常毎分 16～24 回である	強い呼吸障害では毎分 16 回以下、または不規則で速く毎分 24 回以上である。呼吸困難を避けるため、ただちに処置することが必要である
意識	患者の意識レベルが通常状態でない場合、ただちに医療処置を要する状態を示す	通常状態（外見だけの場合がある）から意識不明まで幅がある
体内		不快感、吐き気、腹部痙攣、下痢

B.10. 処 置

アナフィラキシーショックでは原因物質へのアレルギー反応に対抗する薬の服用が必要である。患者がエピネフリン・キットを持っている場合、クルーが訓練を受けていれば服用を補助する。患者にはショック対処が必要で、場合によっては CPR を施す。観察経過と措置はすべて記録し、基地は状況を認識しつつ医療サービスを要請する。患者の反応にかかわらず医療措置は施すべきである。アナフィラキシーショックは非常に重大で、数分で死に至ることがある。

Section C 蘇生法と緊急事態

呼吸が停止した場合、秒数を数える。呼吸停止から 4～6 分で死に至るため、ただちに蘇生処置を行わなくてはならない。ボートクルーは蘇生法を習得して実技を維持するため、毎年訓練に参加しなくてはならない。補助隊のクルーは、義務ではないが資格を有するインストラクターの訓練を受けて証明の効力を維持することが推奨される。呼吸が停止する原因には溺水、窒息、感電、ガス中毒、心臓麻痺、薬物の過剰投与、のどの詰まりなどがある。

蘇生法の手順

C.1. 概 要

蘇生法は生命または意識を回復する手法の総称である。生命を回復する方法には人工呼吸、心臓マッサージおよび CPR がある。

C.2. 人工呼吸

正常な呼吸機能を回復させる人工呼吸には mouth-to-mouth、mouth-to-nose、mouth-to-stoma の 3 種類がある。ストマは、声帯を切除した人が呼吸に使用する首の下部分の開口である。

C.3. 心臓マッサージ

心臓マッサージは脳への血流を回復するための方法である。

C.4. 心肺蘇生（CPR）

CPR は、呼吸と心拍が停止している者に対し、人工呼吸と胸部の圧迫により行う。陸上の民間緊急医療サービスでは CPR を現場で行いつつ、緊急に患者を病院に搬送して蘇生を行う手順になっている。しかしコーストガードの海上 SAR（捜索救助）活動では対応に長時間を要するため、蘇生に求められる時間を超えるのが普通である。さらにコーストガードでは、リスク管理の決定において、ボートと航空機の救助クルーの側に増大するリスクを、患者の利益と比較検討することも求められる。リスクには、航空機や船艇の事故、職員の負傷および血液感染症の危険がある。さらに、救助者とその家族の側に、無駄な蘇生努力に対する感情的なリスクも存在する。コーストガード緊急医療サービスでは、CPR を行わない、または継続しない場合の判断基準を作成している。患者が低体温症である場合にはそのための手順を実行する。

順　番	内　容
1	患者の周辺を安全にする
2	手袋、ポケットマスクなどの一般的対応用具を確認する
3	患者を軽く叩き、“Are you OK ?”と呼びかけて反応を確認する
4	反応がなければ緊急医療サービスに連絡する
5	背を下にして患者を寝かせる
6	頭を傾けてあごを上げ、気道を確保する
7	「見る、聞く、感じる」を 5～10 秒間行う ・ 見る：胸郭の上下動を見る ・ 聴く：口や鼻から呼気が出入りしているかを聴く ・ 感じる：口や鼻から息が出ているかを確かめる。呼吸の兆候がない場合、患者の気道を妨げているものがないか確認し、再度気道の確保を行う
8	それでも呼吸のしるしがない場合、2 秒間の人工呼吸を 2 度行う
9	「見る、聞く、感じる」を行い、呼吸の回復を監視しつつ、血流の兆候を確認する（動き、皮膚の色の回復）
10	呼吸や循環の兆候がない場合、米国心臓協会または米国赤十字が定める CPR の手順を実施する
11	患者が蘇生した場合、ショック対処を行い、状態を監視する
12	最初の蘇生後に患者の心停止や呼吸停止が再発した場合、step 3 以降を繰り返す

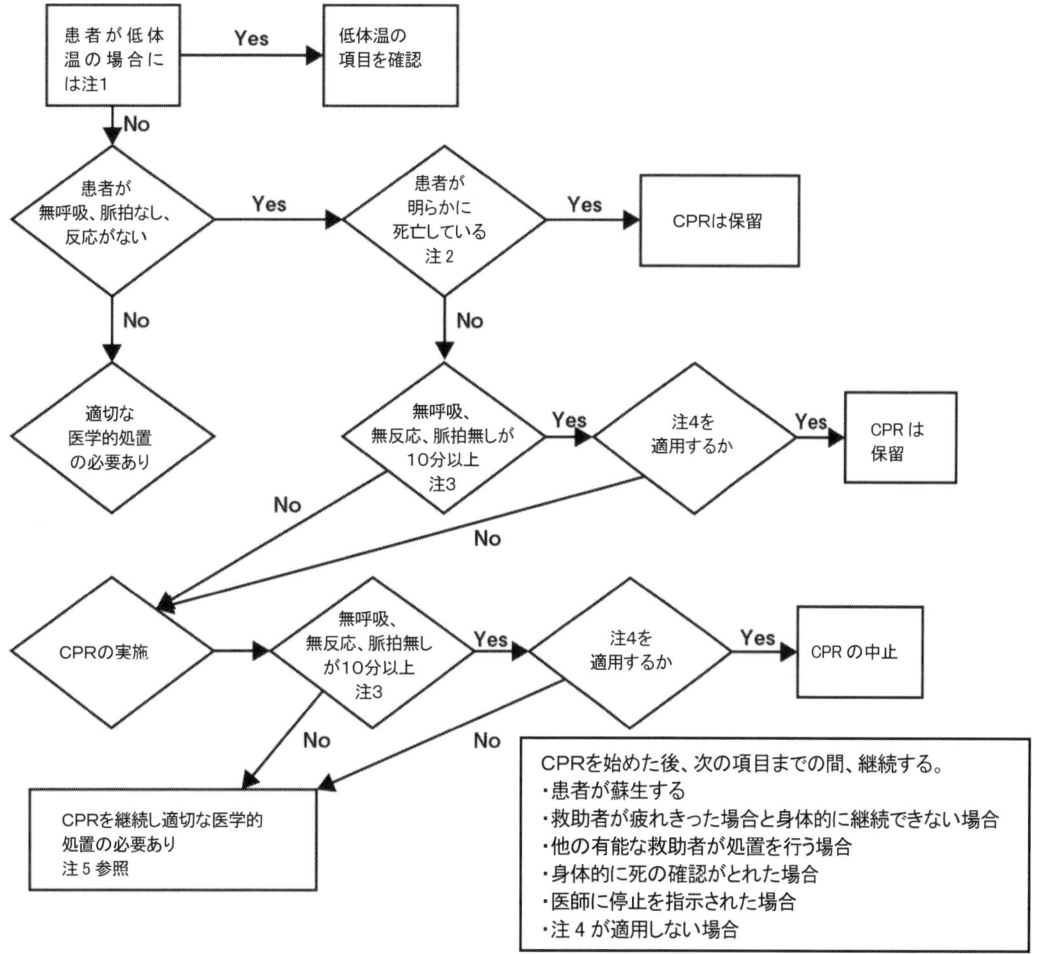

1. 低体温は、深部体温が 35℃(95°F)未満の場合と定義される。低体温症の疑いのある患者には、低体温療法に従った処置を施す
2. 明らかに死亡している患者には、断頭、焼却、主要な器官(心臓、肺、脳または肝臓)が分離されている、または明らかに死後硬直している場合が含まれる。
3. コーストガードの緊急医療サービス提供者は、頸動脈または心臓の頂点に 60 秒間パルスがない(利用可能な場合、心臓モニターを使用する場合があります):気道が開いているにも関わらず 60 秒間の呼吸がない(可能であれば、聴診器を使用して確認する必要があります)
 胸骨のこすりと腱反射がない:瞳孔反射(いわゆる、光に反応しない瞳孔であり、固定され拡張されたままである)。および角膜反射はない。無反応の原因となる薬物の過剰摂取の証拠はない。
4. SAR活動または緊急医療搬送で、高レベルの医療施設が 30 分以上離れており、医師との接触が不可能で、患者は18 歳以上であるか。
5. 患者が明らかに死亡していない場合、コーストガードの緊急医療サービス提供者はCPRを開始し続けます。民間の緊急医療サービス提供者は疲労しており、CPRは継続できません。民間の緊急医療サービス提供者は、別の有資格緊急医療サービス提供者によって救済されます。死亡は、医師から停止するよう指示された援助者または医師によって決定されます。

Figure 5-2　成人に関して CPR を行わない、または中止する判断

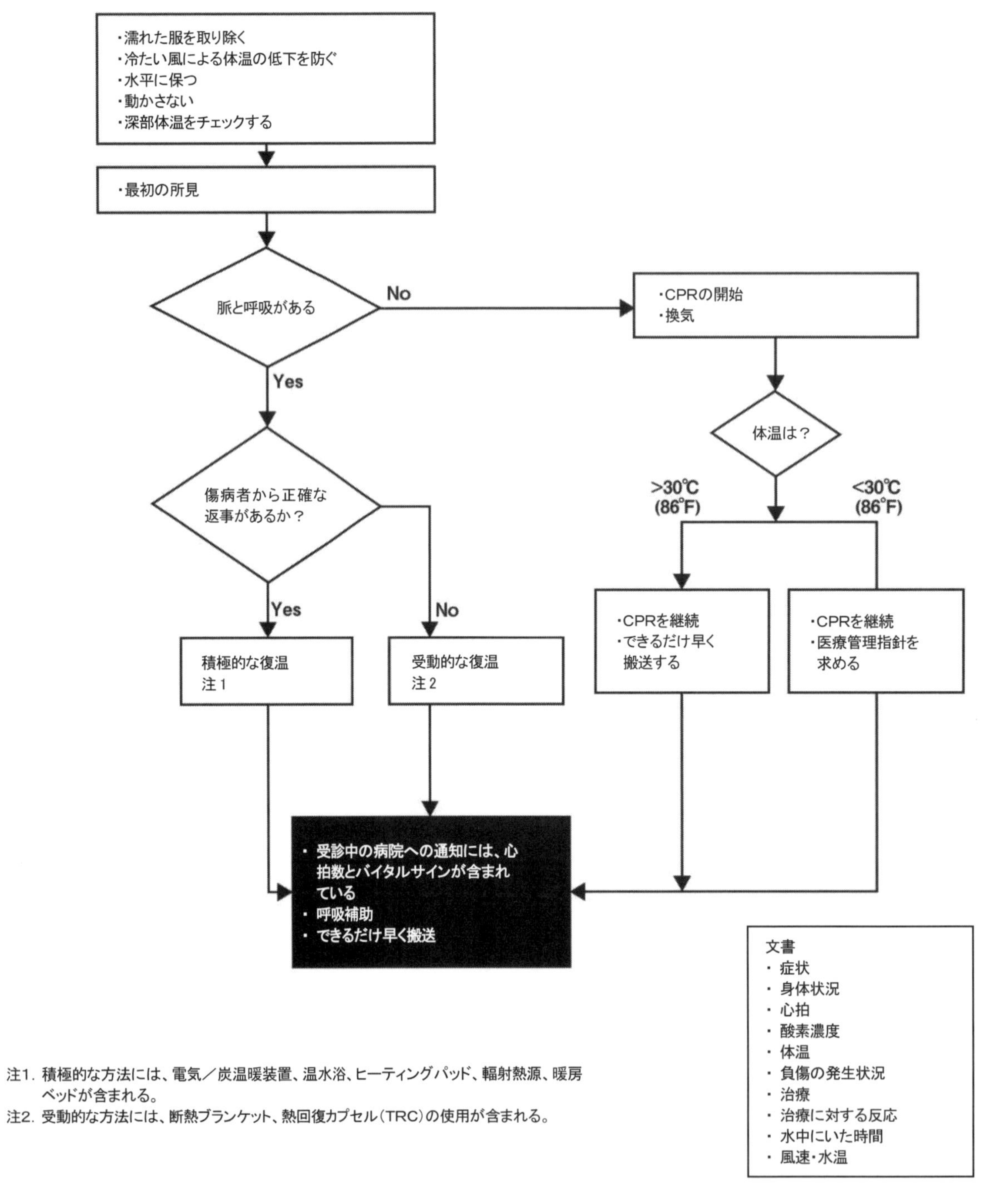

Figure 5-3 低体温症の基本対応手順

C.4.a. 気道確保の手順

異物の詰まりなどで気道が閉塞されると、呼吸ができなくなり、人工呼吸の処置もできなくなる。のどが詰まった場合、以下の手順を実行する。

手順	内　容
1	患者が呼吸または咳ができる場合、患者が異物をのどから吐き出すか、自分で呼吸ができないか、状況を監視する
2	呼吸ができない場合、緊急医療サービスに連絡する
3	以下の手順で、のどからの異物の排出を試みる ・ 子供の場合は背中を叩く ・ 肥満者や妊婦は胸を押す ・ 腹部を押す（ハイムリック法） ・ 異物を吐き出すか、患者が反応しなくなるまで上記を繰り返す
4	異物が排出できない場合、背を下にして患者を寝かせ、頭部を傾けあごを上げる方法で気道を確保し、「見る、聴く、感じる」で呼吸を確認する
5	呼吸が回復しない場合、人工呼吸を試みる。うまくいかない場合、頭を据え直し再度試みる
6	二度目も不成功の場合、CPR を行うため事前の口腔内確認を行う
7	腔内を指で掃引（成人のみ）してもよいが、異物をさらにのどに押し込まないよう注意する
8	異物を取り除いたら、気道と呼吸、血流（血液循環）を確認する。呼吸が回復しなければ人工呼吸を行う。呼吸または血流が回復しなければ CPR を開始する

心臓麻痺

C.5. 概　要

心臓麻痺は、患者の心臓が停止して死亡する重大な危険にあるため、常に緊急医療事態と考えるべきである。ただちに医療支援が必要である。

C.6. 症　状

心臓麻痺には多くの症状があり、いくつかは患者自身が自覚しない。以下は心臓麻痺の症状のすべてだが、心臓麻痺はそれらの症状を顕示するとは限らない。

- 肋骨、腕、首およびあごの下で心臓を握られるような強い痛み
- 大量の発汗
- 短い呼吸
- 強い不安感
- 不快感と嘔吐
- 口唇、爪、皮膚が蒼白になる

C.7. 処　置

心臓麻痺の処置は以下の通り。

- 患者を静かに休ませる
- 酸素を吸入させる（使用可能で訓練を受けている場合）
- 患者を楽な姿勢にする。患者は呼吸が短くなると上体を起こそうとすることがある
- ただちに医療援助を求め、地域の緊急医療サービスを要請する

・ 患者がニトログリセリンなどを服用していないか確認する。服用している場合は処方通りに服用しているかを確認する
・ 患者に対し、救援が向かっていることや、病院への搬送がただちに行われることを告げる
・ 安全かつ迅速に病院に搬送する

脳卒中

C.8. 概 要

脳卒中は、脳の血管に影響を及ぼす出血や血栓ができることである。脳卒中は軽度のものから重篤なものまであり、脳卒中患者の搬送は別の負傷を生じないよう慎重に扱い、ただちに医療機関に支援を求める。

C.9. 症 状

脳卒中の主な症状は以下の通り。

・ 意識不明
・ ショック
・ 意識の混乱
・ 眠 気
・ 体の片側に起こるしびれや脱力感
・ 発 作
・ 片側の視力減退

ただし、脳の損傷が軽度の場合は以下の症状のみとなる。

・ 頭 痛
・ 顔面下垂
・ 呂律が回らず四肢が不自由になる

C.10. 処 置

脳卒中の処置は以下の通り。

・ 緊急医療サービスを要請する
・ ただちに医療援助を受ける
・ ショック症状として手当を施す
・ 患者が呼吸困難な場合、気道を確保し人工呼吸を行う

Section D 外傷、骨折および火傷

緊急事態において、クルーは大出血を伴う負傷、骨折および火傷の患者に応急措置を施さなければならない。初動対応を行う者として、ボートクルーは専門医療援助が行われるまで患者を落ち着かせ、動かさず、生かしておかなくてはならない。

包　帯

D.1.　包帯の種類

包帯は、怪我や手当部分、添え木などを保持し、負傷部分を動かないようにして保護するための編んだ長い布である。緊急医療キットの滅菌包帯を使用することが望ましい。大型の清浄な布も包帯、添え木止め、吊り布として使用できる。応急手当キットには各種の包帯が備えてあり、異なる多くの状況に対応できる。例えば、広い面積を覆い、吊り布としても使用できるもの、出血を止めるための厚い当て布として使えるものなどがある。包帯の種類と用途を下の表に示す。

包帯の種類	用　途
止血帯	モスリン布の止血帯は胸部または腹部の負傷に用いる。大きなタオルや布で代用できる。止血帯を患部に当ててピンなどで保持する。呼吸を妨げるほどきつく巻いてはならない
ガーゼ包帯	ガーゼは体のどの部分にも便利に使用できる。患部に巻くのが最も一般的な方法である
絆創膏	絆創膏などは、小さく汚れていない怪我の処置に便利である
三角巾	三角巾は頭部や手足などの広い面積を覆うのに便利である。また、骨折などで腕や手を吊るためにも使える。三角巾は細長く巻いて包帯としても使用できる。八の字包帯、添え木止め、止血帯などにも有用である。折りたたんで長くした包帯は、応急止血や処置部分の保護にも使える

D.2.　包帯による処置

包帯の使用には二つの原則がある。

・　包帯は、処置時も、あとから腫れてきたときにも、血流を妨げないように、ゆるく巻く
・　ゆるすぎては用をなさない

D.3.　血　流

循環を妨げないため、以下のようにする。

・　腕や脚に添え木を当てるときは指先やつま先が出るようにする
・　患者が無感覚やしびれを訴えた場合、すぐに包帯をゆるめる
・　腫れや色の変化、指先とつま先の冷えに注意する

出　血

D.4.　出血の種類

出血とは、動脈、静脈または毛細血管が損傷してそこから体外に血液が失われることである。出血にはいくつかの種類がある。ボートクルーは出血を迅速に止めるため、基本的な出血の種類を知っておかなくてはならない。

D.4.a.　動脈出血

動脈出血は、明るい赤色の血液が動脈から心拍と同期して勢いよく噴出する特徴がある。

D.4.b. 静脈出血

静脈出血は深紅色の血液が静脈から一定の状態で流れ出す特徴がある。

D.4.c. 毛細血管出血

毛細血管からの出血は、負傷した部分の毛細血管から明るい赤色の血液がしみ出てくる特徴がある。

D.5. 血液感染の防止

B 型肝炎や HIV などの血液感染のリスクを考慮するべきである。リスクは適切な個人用保護具（PPE）を用いることで管理できる。ラテックスやビニール製の手袋を使用しなくてはならない。状況によってはさらに高度な機材が必要である。クルーがこうした状況の対処訓練を受けていない場合、基地に連絡して適切な訓練を受けた要員の派遣を受ける。クルーは適切な保護具なしに対処してはならない。

D.6. 一般的な医学上の注意

クルーが人間の体液類（血液、火傷の浸出体液、唾液、尿、排泄物など）に接触する恐れのある場合、保護手袋や眼鏡により適切な防護措置をとるべきである。ほかにもマスクや保護衣、保護エプロンなどの使用がある。すべての場合において、手や汚染部分を水と石鹸で完全に洗う。手袋を使用した場合であっても同様である。

D.7. 止 血

大量出血を止めることは常に緊急である。体内の血液は約 4.7 リットルしかなく、動脈からの出血により短時間で死亡する。

(警告) 血液など感染の危険がある液体に接触することを防ぐため、応急手当時は常に清潔な使い捨ての手袋を着用すること。

D.7.a. 直接圧迫止血法

最も効果的な止血方法は負傷部を直接圧迫することである。このためには、手袋をはめた手のひらを傷の上に当てて押さえる。使い捨ての消毒済み手袋を使用する。出血を減らすには負傷部位を心臓よりも高くする。これは患者が痛みを伴わずに姿勢を変えることができる場合に限る。直接圧迫で止血できない場合、傷と手のひらの間に厚い布や当て物を使用する。

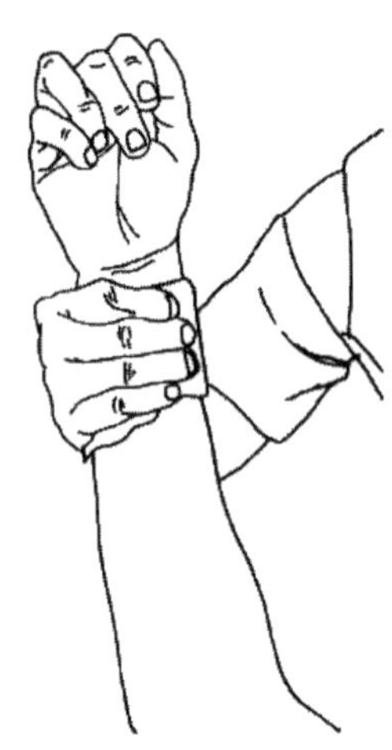

Figure 5-4 直接圧迫止血法

D.7.b. 圧迫点(間接圧迫止血法)

直接圧迫でも出血が続く場合や動脈出血が多い場合、圧迫点に指での圧迫を行う方法がある。圧迫点は動脈血が多く流れている骨の上の部分である。これらの部分を抑えることで負傷部位への血流を抑えることができる。

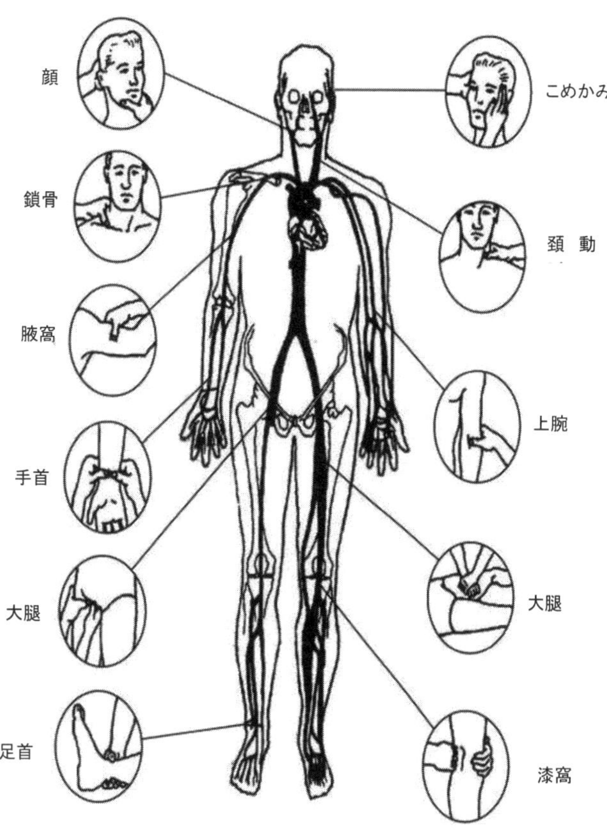

Figure 5-5 止血圧迫点

(注意) 間接圧迫止血法は四肢への血流を阻害することになるため、押さえる場合は慎重に行う。圧迫点を押さえるのは直接圧迫の代替手段ではなく、両者は同時に行わなくてはならない。圧迫点とそれらの関連部分および押さえ方は以下の通り。

圧迫点	場　所	押さえ方
側頭部	頭部	脳への血流を止めるので、30 秒以上押さえない
顔面	顎骨の下側の峰部分	顔面の出血を止めるため、1～2 分間程度押さえる
頚動脈	頚部の中心線の気管から延びる	出血部に向けて指を滑らせ、大動脈の拍動を探る。指を動脈に当て、親指は頚部の後ろに当てる。指を握って圧力を加える。頚部の両側を同時に押さえないこと。この方法は脳への血流を止めるので、数秒間だけ行う

鎖骨下部	鎖骨くぼみの奥にある	肩の厚い筋肉層を親指で押し、鎖骨の上で動脈を押さえる
上腕部	上腕下部	上腕直下部の動脈を骨の上で下から押さえる
腕	腕と肘の内側の溝。肘の間接付近に 2 カ所ある	患者の腕を、親指を外側、ほかの指を内側にしてつかみ、握って圧力を加える（Figure 5-6）
腕のとう骨と尺骨	とう骨は前腕手首付近の親指側にある。尺骨は小指側である	両方の点を手で押さえて止血する。手首の出血を止めるにはとう骨を押さえる
大腿部	鼠蹊部の前面中央と骨盤の 2 カ所にある	下肢からの大出血や四肢切断部からの出血を抑える。手のひらのヒール部で骨盤上の動脈を軽く押さえる
膝部	膝の裏側	脚からの出血を止める
足の甲	足首	足とつま先からの出血を止める

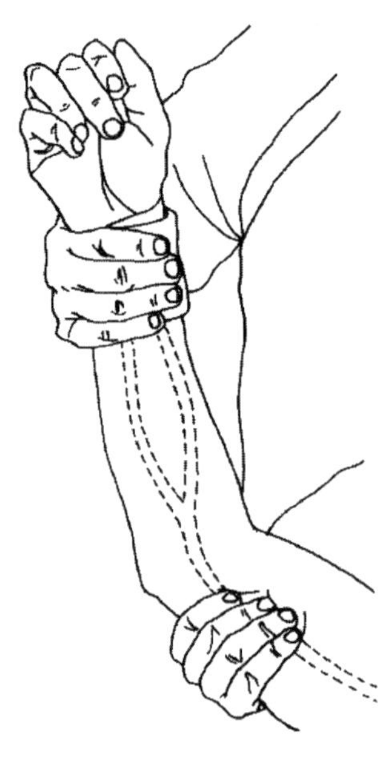

Figure 5-6 腕の動脈

D.8. 処 置

出血の処置は以下の通り。

処　置	手　順
包帯処置	可能であればガーゼなどの布を患部に当てて清潔な包帯を巻く。血が染み出るようなら包帯を取らない。さらにその上に包帯を巻いて保護する。直接圧迫したあとで体の末端部を高くすると、たいていの出血は止まる
圧迫包帯	圧迫包帯は体の各所を手で押さえる代わりになる。圧迫包帯の中央部を患部の当て布の上に位置させて処置する。包帯を体の周りに巻き付け、当て布の上で端末を結ぶ（Figure 5-7）

負傷部位を上げる	直接圧迫で出血が止まらない場合、骨が折損していなければ負傷部位を高くする
圧迫点	手袋をはめた手のひらのヒール（手首近くの小指側の膨らみ）で直接圧迫する。腕を伸ばして体を傾け、体重で圧迫する
止血帯	いずれの方法でも大出血が止まらず、患者に出血で生命の危険がある場合、止血帯を使用する。止血帯は通常腕または脚のみに使用する。止血帯は体の末梢部の周囲に巻いて締め付け、動脈からの出血を止めるものである。止血帯が必要な場合はコーストガード標準応急キットのものを使用する。ない場合はバックル付きの編みベルトなどを使用する

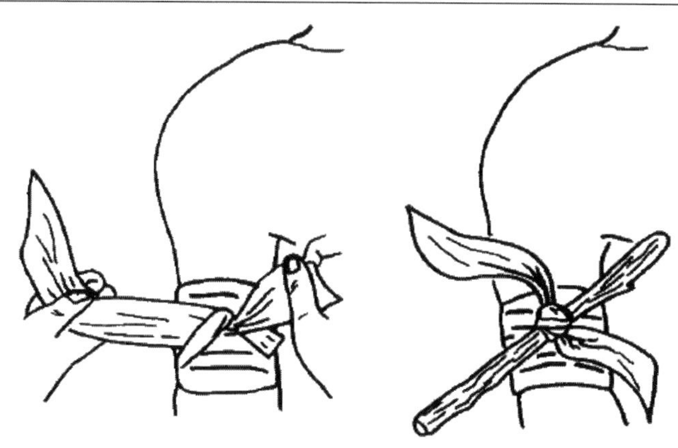

Figure 5-7 圧迫包帯

(警告) 止血帯の使用は非常に危険で、患者が出血で死の危険がある場合にのみ使用する。止血帯は出血を止める限度以上に締め付けず、添え木や包帯で隠さないこと。

D.8.a.　止血帯による手当

止血帯の使い方は以下の通り。

手順	処　置
1	止血帯を負傷部位の 2～3 インチ上の部分で傷に触れないように当てる。傷が関節部またはその付近の場合、止血帯を関節の上に直接当てる
2	止血帯を四肢の周りにきつく 2 度巻いて固定する
3	止血帯の位置と処置した時刻を記した記録紙を患者に付しておく。止血帯は常に外から見えるようにしておく。記録を付けておくことができない場合、患者の額に油性ペンや口紅などで T の字を書き、処置した時刻も記す
4	止血帯の使用を決めて処置したら、決してゆるめてはならない
5	ショック症状の処置を継続し、ただちに医療機関の支援を受ける

骨　折

(注意) 骨折は救助の現場で対応することが多い。骨折をただちに発見して適切な処置をする能力を身に付けることは重要である。これができない場合、骨折が重症化してほかの負傷の原因にもなる。

D.9. 骨折の種類

骨折とは骨が折れるか、骨にひびが入ることである。応急処置としてボートクルーは骨折には 2 種類があることを知らなくてはならない。

・ 複雑（開放）骨折

骨が折れて開放した負傷が見えている。骨は傷から外に突き出し、骨折が明らかに見て取れる。

・ 単純（閉鎖）骨折

開放した負傷はないが、骨が折れるか、ひびが入っている。閉鎖骨折の手当をする場合は注意が必要で、不用意に手当をすると開放骨折になって血管を傷付け、ほかの負傷の原因になる。

D.10. 症 状

骨折が生じていることを示す症状には以下がある。

・ 痛み、腫れ、負傷部位の変色
・ ずれ（変形）および負傷部位の動作が困難
・ 患者の知覚（折れる音やひねりの感触）

D.11. 骨折の処置

骨折が疑われる場合、そうでないとわかるまで骨折として扱う。骨折の処置は以下の通り。

手順	処 置
1	骨折部を真っすぐに戻さない。負傷箇所に無理が掛からないようにする。四肢の折れている部分を慎重かつ丁寧に扱う
2	負傷部分を保護して固定する。複数の骨折がないかを確認する。変形や動作困難がないことに騙されてはならない（多くの骨折で患者はある程度四肢を動かすことができる）。負傷箇所の上下で折れた骨と関節を固定する
3	添え木を当てる前に骨折部の脈拍を確認する
(警告) 止血帯を添え木や包帯で隠さない	
4	骨折を固定するため添え木を当てる。固定できれば添え木はどのようなものでもよい。可能であれば、骨折した腕を患者の胸部に、また脚の場合はほかの脚に当て、それらを添え木として固定にする。患者を動かす前に添え木を施し、負傷箇所を動かさない。添え木はしっかりと固定するが、血流を妨げない。添え木には十分な当て物をする。指先とつま先が出るようにし、血流を頻繁に確認する
5	患者にショック症状の処置をする（本章の Section B を参照）。処置の間はショック症状の発生に注意する。骨折や治療の痛みによって当初は見られなかったショックが生じることがある

D.12. 骨ごとの処置

人体には 206 個の骨がある。それらの中には、機能あるいは重要な臓器や動脈の近くにあることなどから、折れたりした場合に特別の処置を要するものがある。

D.12.a. 脊 髄

脊髄の損傷が疑われる場合、慎重な手当と注意深い管理が必要になる。脊髄が損傷すると後遺症が残り、死に至ることもある。脊髄損傷の処置は以下の通り。

手順	処　置
1	脊髄損傷が疑われる患者は、可能な限り早く脊髄を動かないように固定する
2	ただちに医療機関の支援を受ける
3	最後まで患者を動かさない
4	患者を平らな場所に寝かせ、頭部を動かさない
5	患者を搬送する場合、硬い担架に固定し顔を上にして搬送する
6	適切な訓練を受けていない限り、首と脊髄損傷に添え木を当てない

D.12.b. 頭 蓋

頭がそれ以上損傷しないようにすることが重要である。頭蓋の骨折や貫通創の有無を確認するため時間を浪費すべきでない。頭部の負傷を扱う場合、以下に注意する。

手順	処　置
1	患者をできる限り安静にする
2	患者を保温し、飲料や痛み止めなどを与えない
3	吸収性の材料で直接圧迫しないように出血を止める
4	ただちに医療援助を要請する

D.12.c. 四 肢

患者の四肢に骨折が疑われる場合、以下の処置を施す。

手順	処　置
1	添え木を当てる前後で指先やつま先の脈拍や感覚を確かめる。どちらかがない場合、完全に折れている可能性が高い。添え木が骨に直接当たったり、固定がきつすぎたりしないように注意する。必要に応じて感覚と脈拍が回復するまでゆるめる
2	可能であれば負傷箇所に添え木を当てて真っすぐにする。これができない場合、四肢をそのままの状態で固定するように添え木を当てる
3	骨の端が皮膚から露出している場合、その部分を清潔な布で多い、慎重に添え木を当てる

D.12.d. 前 腕

前腕骨折では以下の処置を行う。

手順	処　置
1	十分な当て物を付けた添え木を、肘から手首までの上下に当てる
2	包帯を施す
3	前腕を胸の前に吊り布で支持する（Figure 5-8）

Figure 5-8 前腕の骨折

D.12.e. 上 腕

上腕の骨折は以下の処置を行う。

手順	処 置
1	肩付近の骨折では、タオルか当て布を脇の下に当てて、腕と体を包帯で巻き、前腕を吊る
2	上腕中部の骨折では、腕の外側の肩から肘に添え木を当て、腕を体に固定し前腕を吊る
3	肘付近の骨折では腕を一切動かさず、その状態のまま添え木を当てる（Figure 5-9）

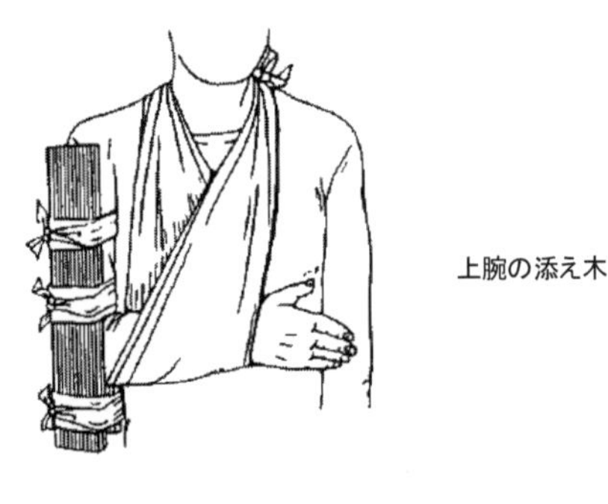

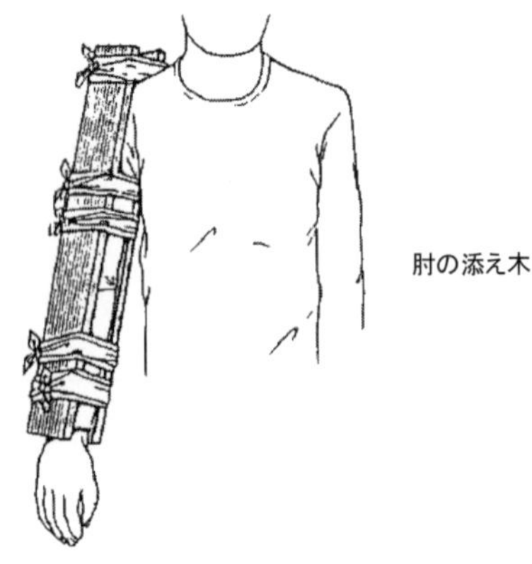

Figure 5-9 上腕の骨折

D.12.f. 大腿部

大動脈と大きな筋肉があるため、大腿部の負傷は大怪我のことがしばしばあり、けん引添え木が必要になる。迅速な医療援助が必要で、処置の管理には緊急医療サービスや高い訓練を受けた要員が必要になる。緊急医療サービスや資格者がいない場合、以下の処置を行う。

手順	処　置
1	2 本の添え木で外側を脇の下から足まで、内側を股から足まで固定す
2	添え木を足首、膝、尻の下、骨盤の周囲およびわきの下で固定する
3	両方の脚を固定する。固定し終わるまで患者を移動しない（Figure 5-10） この負傷はしばしば大きなトラウマを生じ、大腿骨が動脈から剥離すると出血を生じる。ショック症状がないか患者をよく観察し、脚を動かさない

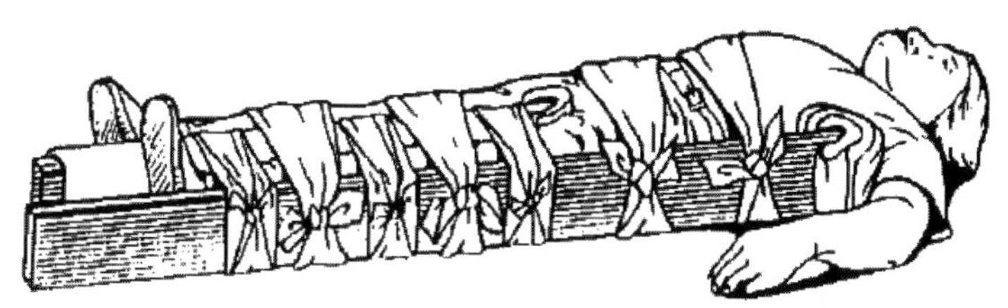

Figure 5-10 太ももの骨折

D.12.g. 下　肢

下肢の骨折は以下のように処置する。

手順	処　置
1	3 本の添え地で両側と下を固定する
2	添え木は、膝と足首の部分で特に十分な当て物をあてがう
3	脚の下から枕で両側を巻いて固定し、両側に添え木を当てる（Figure 5-11）

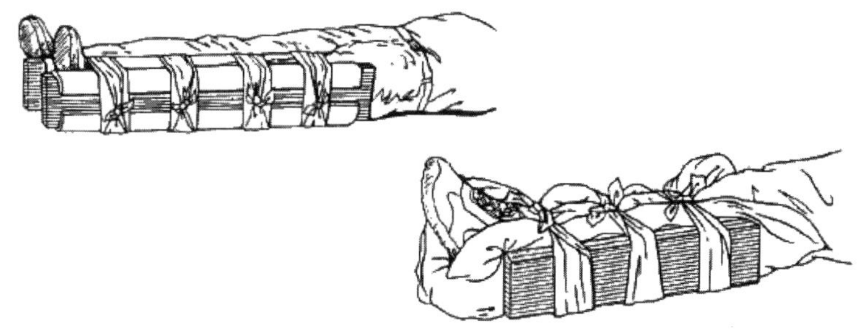

Figure 5-11 下肢の骨折

D.12.h. 鎖 骨

鎖骨を固定するため以下の処置を行う。

手順	処 置
1	負傷している側の前腕を胸の前に置き、手のひらを内側に向けて親指を上げ、手を肘より 4 インチ高くする（Figure 5-12）
2	その位置で腕を吊る
3	腕を包帯で上から数回巻いて体に固定する

Figure 5-12 鎖骨の骨折

D.12.i. 肋 骨

肋骨の骨折は非常な痛みを伴い、折れた骨が肺を傷付ける恐れがあるため非常に危険である。患者が泡立った血の混じる咳をしている場合、肺を損傷している。ただちに医療対処が必要であり、緊急医療サービスを要請すべきである。クルーが「肋骨が折れている」と考えても、患者自身が痛みを訴えない場合、痛みに関してはなにもすべきではない。酸素が使えてクルーが訓練を受けている場合、患者を座らせて酸素を吸入させることで呼吸が楽になる。肋骨の骨折が疑われる患者は高い優先度で医療機関に搬送すべきである。

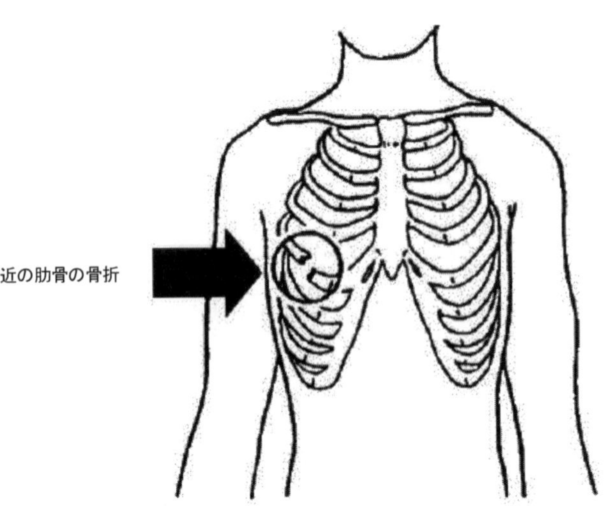

Figure 5-13 肋骨の骨折

D.12.j.　鼻 骨

鼻を損傷した場合、以下の処置を行う。

手順	処　置
1	止血を行う
2	意識がある場合、患者を座らせて前に傾け、鼻の両側を軽く押さえる
3	痛みを和らげて腫れを抑え、出血を止めるため、急冷剤や氷嚢で冷やす
4	意識を失った患者は横に寝かせ、気道を確保する

D.12.k.　顎 骨

あごの周辺を負傷した場合、呼吸が妨げられる。以下の処置を行う。

手順	処　置
1	下顎を引いて舌を前に出す
2	4 本紐付きの包帯をあごの下に当て、紐の 2 本を頭の上で結ぶ
3	ほかの 2 本を後頭部で結び、包帯があごを上部後方に引き上げるようにする

包帯はあごを支持して固定するが、のどを圧迫してはならない。意識不明の患者は横に寝かせるが、意識のある患者は座らせる。

(警告)骨盤骨折患者を丸太のように巻いてはならない。

D.12.l.　骨 盤

骨盤を負傷した患者にはショック症状の処置を行うが、やむを得ない場合を除き、動かしてはならない。患者を動かす場合は、脊髄損傷患者と同様に扱う。

・ 足首と膝の部分で両脚を包帯で一緒に巻き、枕を尻の両側に当てて固定する
・ 患者を担架に固定する。骨盤の負傷は大きなトラウマと見えない出血を伴う場合がある。患者がショック症状や大量の内出血を生じていないか観察する

火　傷

D.13.　火傷の原因

火傷の原因には以下のようなものがある。

・ 高　温
・ 薬　品
・ 日　光
・ 電気ショック
・ 放射線被ばく

(注釈)原因を問わず、患者は火傷でショックを起こすことがある。

D.14.　火傷の分類

火傷には軽いかゆみ程度のものから、生命にかかわる重大なものまである。適切な応急手当を迅速に施

せば火傷による障害を軽減し、重大な状況で生死を分けることができる。ボートのクルーは火傷の種類と程度を迅速に見極めることが重要である。一般的に、火傷は程度よりも大きさが重要である。火傷は深さまたは皮膚の損傷度合いによって分類される。以下は一般的な火傷の分類である。

・ 1 度
・ 2 度
・ 3 度

D.14.a. 1 度

最軽度が1度の火傷である。これは皮膚の外層が多少赤くなる程度で、温かさを感じ軽い痛みがある。

D.14.b. 2 度

2度の火傷は外皮から皮膚の内層に及ぶが、皮膚が再生できなくなるほどではない。火ぶくれを生じて強い痛みがあり、赤色を呈して温かさを感じる。

D.14.c. 3 度

3度の火傷は皮膚の深部に達し、外皮から内層まで損傷が及ぶ。強い痛みがあり、神経の末端が損傷しているため、2度の火傷の症状は見られない。呈色は皮膚が死んだ白色から黒色（焼損）まで幅がある。治癒には数カ月を要し、皮膚の組織が死ぬ。完全治癒には通常、皮膚の移植を必要とする。

(注釈) 呼吸器の火傷は重大で、焦げたまつげ、かすれ声、のどの痛み、咳に血が混入などの所見で判断できる。

D.15. 火傷の応急手当

以下により、成人患者の体表面の何パーセントが火傷で損傷しているかを大まかに推定する

・ 胸 部 = 8%
・ 背 中 = 8%
・ 片 腕 = 9%
・ 片 脚 = 18%
・ 頭 部 = 9%
・ 性 器 = 1%

火傷では以下の応急手当を施す。

・ 火傷の原因を除去する。くすぶっている衣類を取り除く。火傷に固着している黒焦げの衣類を取り除こうとしないこと
・ 電気ショックによる火傷の場合、患者を電気ショックから遠ざける
・ ショックを防ぐか低減させる処置を施す
・ 感染を防止する
・ 軟膏を火傷に塗布してはならない

上記の一般的事項に加え、火傷の程度によっては以下の処置を行う。

火傷の程度	応急手当
1度	・ 痛みが引くまで冷水につける ・ 薬品を20分以上洗い流す ・ 清潔な消毒布で覆う

2度	・ 1度の火傷と同じ処置を施す ・ 火ぶくれを取り除かない ・ 乾いた清潔な貼り付かない素材で覆う ・ 深部に至る2度の火傷には、3度の火傷の処置を行う
3度	3度または深い2度の火傷には以下を行う ・ 空気に触れないように患部を覆う ・ 患部を冷却する ・ くすぶっていない限り衣類を取り除かない ・ 顕著でない場合もショック症状があるものとして処置する ・ 常に医療措置を受ける ・ 患者の気道を確認する ・ 5分おきにバイタルサインを確認する ・ 飲食させない ・ 患部に氷を当てない ・ 患部に軟膏を塗布しない。呼吸器の火傷は常に緊急医療事態として扱う

D.16. 薬品による火傷

薬品による皮膚や眼の火傷は、火炎、蒸気、高温液体などの場合と同様の症状を生じる。

手順	対処法
1	大量の水で速やかに薬品を完全に除去する
2	患部を20分間以上流水にさらす
3	眼に火傷をしている場合、眼を20分程度流水にさらす
4	両目を清潔で乾いた布で保護し、速やかに医療援助を要請する
5	ショック症状の応急手当を施す
6	薬品が粉末の場合、流水にさらす前にできるだけはたき落とす

Section E. 環境に起因する事故など

自然からの受傷は、厳しい環境や野外活動での不注意などから起こる。場合によっては後遺症が残ったり生命を失ったりする。環境受傷には熱痙攣や低体温症など、温度によって起こるものがある。環境だけでなく、野生生物によるものもあり、海中生物からの受傷が含まれる。

熱による緊急事例

E.1. 熱への曝露

高熱や長時間の熱で三つの症状が生じる。

・ 熱痙攣

- 熱疲労
- 熱中症

E.2. 熱痙攣

熱痙攣は各所の筋肉の痛みを伴う収縮で、通常、大量の発汗で体液から塩分が失われて起こる。

E.2.a. 症 状

熱痙攣は末梢部の筋肉と腹膜に影響を与え、痛みは強い。体温は平熱または上昇する。

E.2.b. 処 置

熱痙攣の処置は冷たい飲料を摂取することで、気分を和らげ保護機能を維持する。スポーツドリンクは回復を早める。再度熱に当たるまで、最低 12 時間以上おくべきである。

(注釈) 痙攣した筋肉にホットパックを使用すると、症状が悪化する。熱痙攣患者に塩分タブレットを与えてはならない。

E.3. 熱疲労

熱疲労は発汗により大量の水分が失われて起こる。十分な体力がある人でも酷暑下で働くと熱疲労を起こす。適切な処置をすれば命にかかわることはまれである。

E.3.a. 症 状

熱疲労の症状はショック症状に類似している。熱で不調になり大量の発汗が続いている患者はほぼ熱疲労である。発汗があれば熱中症の恐れはない。

E.3.b. 処 置

手順	処 置
1	患者を涼しい場所に移動する
2	患者を仰向きに寝かせ、脚を高くする。震えに注意する
3	患者を涼しくする。ただし、冷却しないこと
4	患者に意識があれば、冷水またはスポーツドリンクをすすらせる
5	ショック症状の処置を行う
6	訓練を受けており可能であれば酸素吸入を行う

一般的な手当によって熱疲労患者は意識を回復するが、しばらくの間は不快感がある。再度熱に当たるまで 24 時間以上おく。

E.4. 熱中症

熱中症は緊急に治療を要する。熱中症の重要な症状は、発汗機能が損なわれていることを示す体温の上昇である。熱中症では体温を低下させて脳の障害を防ぎ、死に至らないための緊急の措置が必要である。

E.4.a. 症 状

熱中症の症状には以下がある。

- 頭 痛
- めまい
- 不安、イライラ
- 視野の乱れ

患者は突然意識を失い、皮膚が乾いて体温が上昇し、瞳孔が収縮する。熱中症患者は脈拍が強くなって痙攣を起こし、体温は 105～109°F（40.5～42.8℃）に上昇する。

E.4.b. 処 置

手順	処 置
1	地域の緊急医療サービスを要請する
2	患者を日陰か涼しい場所に移動させる。呼吸と血流を確かめ、衣類をゆるめ、頭と肩を多少高くした状態で横臥させる
3	下着を動かし、扇風機を使うなどして、空気を流動させる
4	脳への障害を防ぐため、できるだけ早く体温を下げる。全身を冷水の風呂につけるのが最も早い。可能であれば、体に水をかけて冷やし、首、わきの下、鼠蹊部などにアイスパックを当てる。皮膚に氷を直接当てることは避ける。氷水に浸した布を患者にかぶせ、必要に応じてさらに冷水をかける
5	なにも経口摂取させない
6	ショック症状の手当を施す

(注釈)これらの処置を行いつつ、医療援助を要請する。

寒冷による緊急事例

E.5. 寒冷への曝露

寒冷による傷害の種類と程度は、気温と時間によって変わる。寒冷で生じる症状には以下がある。

種 類	原 因	症 状
しもやけ	湿度の高い 32～60°F（0～15.6℃）の温度に繰り返しさらされる	赤い腫れとかゆみを伴う皮膚炎。進行すると強い痛みを伴う
浸水足	水温 50°F（10℃）以下の水に 12 時間以上浸かる。または 70°F（21.1℃）前後の水に数日間浸かる	足と脚の腫れ、チアノーゼ（血液中の酸素不足で皮膚が青白くなること）、無感覚、痛み、水膨れ、ただれ、神経筋疾患を生じる
塹壕足炎	32～50°F（0～10℃）の寒冷な気象に数時間から 14 日程度までさらされた場合。発症の平均期間は 3 日間である	足と脚の腫れ、チアノーゼ、水膨れ、ただれ、神経筋疾患。皮膚が白くただれ無感覚になる
凍 傷	-20°F（-28.9℃）以下の極寒では短時間、0°F（-17.8℃）程度では数時間で凍傷が発生する	最初燃えるような痛みを感じ、その後、無感覚になる。皮膚の内部に氷の結晶が生じて白または灰色の蝋色を呈し、皮膚が骨の隆起部分に移動して浮腫（体液の偏在）が生じる。水膨れと痛み、動作不随で壊疽を発し、皮膚組織が脱落する
氷 結	皮膚を–20°F（28.9℃）以下にさらす。長時間の曝露でつま先や指先などに急速に生じる	氷の結晶が、骨などの体組織全体に生じ、青白い蝋のような呈色を生じる。皮膚が骨の隆起部分に移動しない。融解後は浮腫や大きな水膨れを生

		じ、強い痛みがある。動作不随となり組織が脱落することがある

E.6. 処 置

Do	Do not
・ 衣類を取り除く場合、皮膚を傷付けないよう注意する。毛布や乾布が使用できる場合のみ衣類を取り除く ・ 乾布で覆い、毛布で保温する ・ 開いた傷口がある場合、感染防止に注意する ・ 医療専門家の監督下で凍傷部位を 105～110°F（40.6～43.3℃）に温める。水温を正確に把握できる場合のみ実施する ・ 患者を適切な医療機関に迅速に搬送する ・ ショック症状に注意する	・ 患部を拘束するものを当てない ・ 患者にアルコールやタバコを与えない ・ 患部を揉まず、こすらない ・ 水膨れを破らない ・ 搬送に長時間を要しない場合、患部を溶かさない。患部が再度凍結する恐れがある場合も同様

(注釈)低温による負傷を軽視してはならない。低温負傷により皮膚組織が失われ、神経が損傷を受ける。

低体温症

E.7. 体熱の喪失

低体温症は体内中心部の温度低下で、体から熱を失うことで生じる。低体温症は海難の主要な死因である。発見できず迅速な治療ができないと、生存者が死亡することがある。重度低体温症の生存者は、体の酷使や体温回復処置の遅れによる体温の喪失によって死亡することがある。自身でなんとか手当をしようとしている瀕死の生存者が、意識を失ったり死亡したりするまで体温が低下し続けることがある。水中から揚収された生存者が適切な処置を受けず放置されると体温を失い、救助後に死亡することがある。温かい水中でも、長時間さらされると低体温症になることがある。また、十分な衣類で保温していないと、低温の空気中でも低体温症になる。

E.8. 生存可能性

水中での生存時間は着用している衣類、運動の量、血中アルコールなどによって大きく異なる。船上に揚収された被救助は薬物やアルコールの影響下にある場合がある。軽い低体温症の患者は、中毒患者の症状を呈することがある。

E.9. 症 状

低体温症の患者には、外見上明らかな症状もあれば、診断を要する症状もある。低体温症の症状には以下がある。

- 体温の低下
- 血圧の低下
- 脈拍が低下し弱くなる

・ 意識不明
・ 一般的外見
・ 皮膚の冷感
・ ショックまたは類似の症状

次の症状を含む場合がある。

・ 震え
・ 意識の低下（混乱を呈する場合がある）
・ 遅い努力呼吸
・ 弱く遅い脈拍（不規則または脈拍なし）
・ 瞳孔の拡大
・ 呂律が回らない（中毒症状を呈する）

低体温症患者の外見症状には以下がある。

・ 体温が 90°F（32.2℃）に近づくと意識レベルが低下し、通常 85°F（29.4℃）で意識を失う
・ 外見が蒼白になり、瞳孔が収縮して呼吸が遅くなって努力呼吸になる。激しい震えで筋肉が硬直する。患者は中毒の外見を呈する
・ 患者の皮膚に触って冷たい場合、手当を開始する

(注意)野外で直腸内温度を測ろうとしないこと。

E.9.a. 体 温

体温は低体温症診断の最も有効な尺度である。低体温症患者は直腸内温度が通常値（98～99°F = 36.7～37.2℃）よりも低い。低体温症の程度を判断する体内中心部の温度として、直腸温度のみが有効である。腔内温度や末梢部の温度は体内中心部の温度を示さない。患者は外見と症状に従って手当すべきである。

体温	所見と症状
96～99°F （35.6～37.2℃）	・ 押さえられない強い震え ・ 細かい作業ができなくなる
91～95°F （32.8～35.0℃）	・ 激しい震え ・ 喋れなくなる ・ 動作緩慢 ・ 記憶喪失
86～90°F （30.0～32.2℃）	・ 震えが止まり、筋肉が硬直する ・ 筋肉の調節ができなくなる ・ 動作が異常になる
81～85°F （27.2～29.4℃）	・ 理性を失う ・ 意識朦朧 ・ 周囲を認識できなくなる ・ 脈拍と呼吸が遅くなる
78～80°F	・ 呼びかけに反応しない

(25.6～26.7℃)	・ 反射神経が機能しなくなる ・ 心拍が不規則になる ・ 患者が意識を失う
78°F 以下 (25.6℃以下)	・ 心肺機能停止 ・ 内出血、死亡

(注釈) 低温水中での主な死因は低体温症である。

E.9.b. 血 圧

低体温症患者の血圧は通常値（120 / 80 前後）より低い。

(注意) やむを得ない場合を除き、患者に運動をさせてはならない。運動は体温上昇に必要な体熱を大量に消費する。

E.10. 救助の際の注意

生存者に重度の低体温症が疑われる場合、救助の際は慎重に扱い、運動を最小限にとどめる注意が必要である。このためには、海面泳者を送り、水中で生存者の救助艇への揚収を支援するのがよい。過度の動きによって心拍が不規則になり死亡することがある。救助中とその後は患者を安静にする必要がある。

E.11. 基本処置

低体温症の手当は患者の状態と医療施設の状況によって異なる。激しく震えていても、患者が正気で状況を説明できるようであれば、服を乾いたものに取り換え、毛布で保温し休ませるだけでよい。

E.12. 高度な処置

患者の意識が薄い瀕死の場合、緊急に医療機関に連絡して治療の詳細な指示を受ける必要がある。医療指示を待つ間に以下の応急手当を施す。

手順	処 置
1	患者の揚収後は症状を悪化させることがあるので丁寧に扱う。呼吸と心拍を確認する。患者が呼吸しておらず、心拍が停止している場合、ただちに心肺蘇生（CPR）を開始する。患者が呼吸しており脈拍がある場合、患者をゆっくりと温かい場所に移動させる。呼吸と心拍は頻繁に確認する。停止した場合はただちに CPR を開始できる体制をとる。緊急医療サービスの医療支援を要請する
2	意識不明の患者を、顔面を上にして寝かせ、頭部をやや高くする。嘔吐があった場合は患者の頭部を一方に傾ける。呼吸を観察し、鼻と口が隠れないようにする
3	患者をできるだけ動かさないように着衣を脱がせる。必要であればハサミやナイフで着衣を切断する。患者を暖かい場所に移動させて毛布や乾いた衣類などで保温できない場合、濡れた着衣を脱がせてはならない。濡れた着衣でも、なにもないよりましである
(注意)	意識不明の患者に飲食させてはならない
4	患者に経口でなにかを与えてはならない。特にアルコール
5	患者を毛布で保温し、更なる体温喪失を防ぐ。意識不明者を無理に加温すると症状を悪化させることがあるので、行ってはならない。凍結部位をこすってはならない。患者は乱暴な扱いに非常に弱い。患者を水中から救助したあとは、更なる体温低下を防止するのが第一の目的

	である
6	訓練を受けており可能な場合、加温加湿した酸素を顔面マスクで吸入させる。酸素は呼吸困難や呼吸数が減少した患者の呼吸を助けるだけでなく、体内中心部の温度を上昇させる効果もある
(警告) 低体温症患者は火傷に弱い。ホットパック、加温パッド、湯たんぽなどは3度の火傷を起こす場合があるので、最大限慎重に扱わなくてはならない	
7	患者を病院に搬送するのに時間を要する場合、穏やかに加温を行う。加温の手順は以下の通り ・　患者を毛布で包み、加温パッドまたは湯たんぽを患者の頭部、頸部および鼠蹊部に当てがう ・　体を直接接触させ、体温を移して患者を温める。毛布で自分と患者を覆い保温する
8	ショック症状の手当を施す。本章 Section B のショック症状手当の基本に留意する
9	患者を医療機関に迅速に搬送して治療を施す。基地を通じて電話での医療指示を受けることも可能である。緊急医療チームをヘリコプターで要請し、患者を搬送することもできる

溺　水

E.13.　潜水反射（低酸素状態で生命維持臓器に血流が確保される生理的反応）

水の誤飲や、顔面を下にして浮かんだ状態で発見された患者は溺水の可能性がある。潜水反射という状態が研究者によって発見されたのは最近である。この状態では、水中にあった人（特に子供）は、氷の下であっても生存している可能性がある。長時間が経過しても、生体は脳に酸素をわずかながら送り続ける。患者はすべての末梢血管が完全に収縮し、呼吸や血流がほぼ完全に停止する。適切に CPR を施せば、溺水者は1時間以上水中にあったあとでも、重症に陥ることなく蘇生する。

E.14.　処　置

溺水者の手当は以下の通り。

1	胸骨圧迫、気道確保、人工呼吸を見極める
2	ほかの負傷の有無を調べる
3	緊急医療サービスを要請する
4	CPR 訓練を受講済みであれば、指示があった場合、CPR を開始する
5	ショック症状の手当を施す
6	患者の状態を基地に伝える
7	迅速に搬送する
8	乾布や毛布がある場合、湿った着衣を脱がせる
9	低体温症の手当を施す
10	患者の気道を常に確認する
11	5分おきにバイタルサインを確認する
12	以下を記録する ・　水中にあった時間の長さ ・　水　温

	・ 海水と真水の区別 ・ 薬物やアルコールの服用状況 ・ 施した措置

魚による咬傷や刺傷

E.15. 咬傷と刺傷の種類

魚による咬傷と刺傷はボートクルーが救助作業中に経験する事象の一つである。それらは軽度で無害の場合もあれば、死亡する場合もある。クルーは咬傷や刺傷に常に注意し、ただちに受傷を発見しなくてはならない。魚による咬傷や刺傷には多くの種類がある。遭遇する種類は航行する海域と生息する生物によって異なる。主な魚の咬傷および刺傷の種類と、それらへの対処を知っておくことは重要である。

E.16. 影響と処置

魚による咬傷と刺傷の処置は以下の通り。

受　傷	影響／症状	処　置
サメまたはオニカマスの咬傷	体組織が大きく失われる	死亡しないよう、出血とショックを抑える措置を迅速に施す。圧迫で止血し、できない場合は圧迫点への措置または止血帯を使用する。ただちに医療機関の支援を要請する
魚による刺傷	・ 焼けるような痛み ・ 刺すような痛み ・ 赤　変 ・ 腫　れ ・ 発　疹 ・ 水膨れ ・ 腹部の痙攣 ・ 無感覚 ・ めまい ・ ショック	魚による刺傷にきわめて敏感な人は急速にショックを起こし、生命の危険があり、ただちに治療が必要である
カツオノエボシとクラゲ	・ 焼けるような痛み ・ 指すような痛み ・ 赤　変 ・ ゼリー状物質（クラゲの脚）が体に付着する	・ 体からゼリー状物質を取り除く ・ 清潔な真水または海水で患部を洗浄し、アイスパックで痛みを緩和する ・ 地域の医療機関で地元生物による被害への高度な対処を問い合わせる ・ 刺傷が重症の場合、ショックへの対処を施し、医療措置を要請する

エイによる刺傷	腫れを伴う小さい開放外傷	・ 刺傷をただちに冷たい海水で洗い流す。大半の毒物は洗い流され、低温によって痛みが軽減される ・ 負傷部位を温水に 30〜60 分程度浸す。温度は火傷しない程度で我慢できる限りの高温にする ・ 浸せない部分にホットパックを当てる ・ 浸したあと、清潔な布で覆う

Section F. そのほかの緊急事例

ボートクルーは、応急手当を必要とする数多くの緊急事例に直面する。本節では、ボートクルーが船上や事故対応において対応するそのほかの事例について述べる。

一酸化炭素中毒

F.1. 概 要

一酸化炭素は無色無臭の有毒気体で不完全燃焼から生じる。自動車、暖房機および炭素由来の燃料を使用する器具が発生源となる。

F.2. 症状と所見

一酸化炭素中毒の症状と所見は以下の通り。

- 頭 痛
- めまい
- 疲 れ
- 脱力感
- 眠 気
- むかつき
- 嘔 吐
- 意識喪失
- 皮膚蒼白
- 呼吸が短くなる
- 動 悸
- 意識混乱
- 興 奮
- 不合理な行動

F.3. 処 置

一酸化炭素中毒処置の手順は以下の通り。

手順	処 置
1	患者を一酸化炭素がある場所から移動させる
2	ショック症状の手当を施す
3	訓練を受けており可能な場合、酸素を吸入させる
4	心肺蘇生措置（CPR）を開始する

経口中毒

F.4. 概 要

中毒が発生したら、ただちに応急手当を施すことが重要である。

F.5. 助言の要請

中毒物質などの容器には処置方法が記載してあることがある。有毒ガスが発生した場合、ただちに医療支援を要請すべきである。ボートクルーは、患者が体内に取り込んだ物質とおおよその分量を基地に通報し、地域の中毒対応機関と連絡を取る。物質の容器と吐瀉物のサンプルを患者とともに医療機関に搬送する。

F.6. 医療援助が受けられない場合

医療指示がすぐには得られず、患者に意識がある場合、毒物が強酸性かアルカリ性か、石油精製物であるかを判断する。これらの場合、吐かせようとしない。

(注意) アナフィラキシーショックなどの過敏反応の所見がある場合、Section B の対処を施す。

F.7. 処 置

本章 Section B に記述する、ショック症状の基本処置を搬送中に施す。

眼の負傷

F.8. 概 要

眼の負傷は重大であることが多く、適切な処置を迅速に施さないと後遺症を生じる。眼は湿度を保つ必要があるので、眼を保護する布なども過度の乾燥を防ぐため、湿度を含んだものを用いる。眼球は左右が同じ動きをするので、眼に異物が刺さったり入ったりした場合の処置では、視線を動かさないようにするため、両眼を保護する。通常、眼の負傷患者は座った状態で搬送する。

F.9. 視力喪失

視力を失う負傷を受けた患者は、救助者に完全に依存する状態になるため、単独で放置してはならない。患者の不安を軽減するため、接触と会話を保つ必要がある。

F.10. 眼の負傷の種類

眼の負傷には多くの種類がある。眼の負傷で患者は大きな不安を感じ、体のほかの部位の負傷の場合よりも不安は大きい。ボートクルーは眼の負傷者を救助する場合、このことを意識しておく。

F.11. 症状と処置

負傷の種類	症　状	処　置
眼の打撲	トラウマ	患者の頭部や眼の周辺への衝撃により眼窩（眼球周囲のくぼんだ骨）や周辺の血管や神経が損傷することがある。このような負傷の場合、両眼を湿った布などで保護する。負傷した眼は健全な側の眼と同じ動きをするため、これは重要な処置である。その後、医療機関で治療を受ける。こうした負傷は頭部の負傷を伴う場合があるため、患者を詳しく診察する
異物の刺傷など	異物には釣り針、材木の破片、ガラス片などがある	応急手当では突き刺さった異物を除去しようとしてはならない。両眼を湿った布などで保護し、突き刺さった異物が動かないように保持する。プラスチックや発泡スチロールのカップに湿った布などを入れて保護カップを作ることができる。患者にただちに医療機関で処置を受けさせる
腐食性液体、酸、火傷	物質が残留することがあり、痛み、腫れ、変色、皮膚の剥離、水膨れなどを伴う	両眼を大量の流水で静かに洗浄する。健全なほうの眼から始め、最低でも 5～10 分程度ずつ、両目を洗い流す。洗うときは必ず真水を使い、中和剤を使用してはならない。湿った布などを当てるとよい。洗浄後、医療機関で処置する

Chapter 6. 生存用具と火炎信号【安全：米国】

航行中は常に海中転落、転覆、沈没などの危険が存在する。なんらかの生存用具なしに水中で長時間生存できる人は少ない。恐怖、疲労および海水接触は生存の敵である。生存の欲求と明確な思考能力、適切な用具の使用が生死を分ける。艇長は、ボートとクルーの安全に責任を有しており、必要なすべての安全用具を使用可能かつすぐに出せる状態で船上に保管し、使用法を全員に理解させておかなくてはならない。しかしながら、各クルーもこうしたことを理解し、常に意識しておく責任がある。本章では、生存用具および火炎信号などの信号器具の特徴と使用について述べる。

Section A. 個人用浮具(PFD)

個人用浮具（PFD）は、人間を水上に浮かせるための各種浮具の総称である。PFD には生命維持具、ベスト、クッション、浮輪およびそのほかの投入可能な用具がある。PFD には Type I、II、III、IV、V の 5 種類があり、それぞれが一定の浮力を備えている。タイプにかかわらず、PFD はすべてコーストガードの承認を取得したものでなくてはならず、コーストガードの規格、性能関連規則、構造および素材に合致している必要がある。使用できる PFD とは、コーストガードの承認表示があり、良好な使用状態でサイズが使用者に合ったものである。ボートクルーは気象状態と実施業務に応じた適切な PFD を着用しなくてはならない。

Type I PFD

A.1. 概 要

外洋型ライフジャケットといわれる Type I PFD はリバーシブルの PFD で、海中転落者や被曳航船の乗員、船内の囚人が着用するものである。Type I PFD は意識不明者の水中生存性を高める性能を持ち、裏返して着用できる唯一の PFD である。サイズは 2 種類あり、体重 90 ポンド（約 40kg）以上の成人用（最低浮力 20 ポンド）とそれ以下の子供用（最低浮力 11 ポンド）がある。PFD は国際統一されたオレンジ色でなくてはならない。

A.2. 長 所

Type I PFD は、外洋、荒天、遠距離海域など、救助に長時間を要するあらゆる条件で使用できる。意識不明者の下に向いた顔面を、垂直またはやや後ろ向きに維持するように設計されている。11～20 ポンドの浮力があり、着用者は水中で安心して体力を温存でき、生存時間を延ばすことができる。

A.3. 短 所

この型の PFD には三つの短所がある。

・ かさばるので動きにくい。
・ 浮力のため水中で泳ぎにくく、転覆船や海面の燃える油などから遠ざかろうとする際の邪魔になる。
・ 低体温症保護具としての機能は限定的である。

(注釈)動きにくく、ボートクルー用の救命具には適さない。

(警告) 安全のため、ストラップ類はすべてポケットやシャツ、ベルトの中に収める。負傷者のストラップは入水前に長さを調節する。

A.4. 着 用

Type I PFD は入水前に以下の手順で着用する。

手順	処 置
1	PFD を頭の下の開口部でつかみ、外側に引いて開く
2	開口部から頭を滑り入れる
3	胴体周りのストラップを後ろに回し、体の前で締めてから長さを調節する

A.5. 入 水

入水は以下の手順で行う。

(注釈) PFD の種類にかかわらず、またドライスーツなどの防寒衣と組み合わせる場合であっても、入水前には以下の手順を実行する。

手順	要 領
1	PFD のストラップがすべてきつく締められ、引っかからないように末端が収まっていることを確認する
2	ボートの舷側風上側で水面に最も近いところに立つ
3	危険な浮遊物の有無や水深を確認する
4	腕を胸の前で組み、PFD をつかむ。これにより、PFD がずり上がってあごや首を打つのを防ぐ
5	上体を起こして両脚をそろえ、入水時は足を交差させる。飛び込むよりも静かに滑り込む
6	海面の薬品や燃える油の中に飛び込まなくてはならない場合、片方の手のひらをあごに当て、口を押さえて開いた指で呼吸孔をきつくふさぐ。他方の手で PFD の襟をつかみ、位置を保持する

Type II PFD

A.6. 概 要

沿岸用浮力ベストとして知られる Type II PFD は、着用した水中の意識不明者を、顔を上げた姿勢で保持できる浮具である。色は各種あり、以下の 3 種類がある。

- 成人用（体重 90 ポンド以上。15.5 ポンド以上の浮力）
- 子供用中型（体重 50～90 ポンド。11 ポンド以上の浮力）
- 幼児用（体重 50 ポンド以下用と体重 30 ポンド以下用の 2 種類。7 ポンド以上の浮力）

A.7. 長 所

この型は Type I よりも快適に着用できる。ボートなどが付近にいるなど、短時間で救助される見込みがある場合、こちらのほうが好んで使われる。

A.8. 短 所

浮力材の量が少ないため、Type II の姿勢保持性能は Type I ほど大きくない。このため、条件が同様であれば、溺水者の顔を上向きに保持する性能は Type I ほどではない。

A.9. 着 用

Type II PFD は入水前に以下の手順で着用する。

手順	要 領
1	PFD を頭の下の開口部でつかみ、外側に引いて開く
2	開口部から頭を滑り入れる
3	胴体周りのストラップを後ろに回し、体の前できつく締めてから長さを調節する
4	胸の紐を結んで固定する

A.10. 入 水

Type II PFD を着用して入水する場合、上記 A.5.項目の手順に従う。

Type III PFD

A.11. 概 要

浮力補助具といわれる Type III PFD は、自由に動き回る必要があって海中転落の危険が小さい場合に用いる。水面で顔を上向きで保持するようには設計されておらず、着用者が自分で立ち姿勢やのけぞり姿勢をとる。15.5 ポンド以上の浮力があり、サイズや色は数多くの種類がある。Figure 6-1 はボートクルー用の Type III PFD ベストである。上着型救命衣といわれるものも多くが Type III PFD である。

Figure 6-1 Type III PFD ベスト

A.12. 動的強度試験済み Type III PFD

コーストガードに高速型のボートが増えるに従い、高速で入水した場合の適切な保護機能を持った PFD が求められるようになった。動的強度試験済みの Type III PFD は 30 ノット以上の高速艇のクルーが使用する。Type III ベストに固縛機能が追加されている。これらの PFD の詳細は、「救助および生存システムマニュアル」COMDTINST M10470.10（series）を参照すること。

A.13. 長 所

Type III PFD は、ボートクルーにとって快適で動きやすい。水中では顔を上げた姿勢をとることができるようにデザインされている。Type III PFD は着用時の快適性に優れ、水上スキー、帆走、ボートからのハンティングなどの水上活動に適している。

(警告) Type III PFD は、法執行用のフル装備状態では浮力が十分でない。浮いていられない場合、外しやすい装備を海中に投棄する。

A.14. 短 所

Type III PFD には以下のような短所がある。

- 浮力は最小限のため、荒天時の使用に適さない
- ずり上がりやすい
- 水中で顔を上げておくためには、着用者が頭を後ろに傾ける必要がある
- Type II PFD と同じ量の浮力材を使用しているが、浮力材の配置から、顔を上に向ける性能は低い

A.15. 着 用

Type III PFD は、入水前に以下の要領で着用し調節する。

手順	要 領
1	PFD を頭の下の開口部でつかみ、外側に引いて開く
2	開口部から頭を滑り入れる
3	胴体周りのストラップを後ろに回し、体の前できつく締めてから長さを調節する
4	胸の紐を結んで固定する

Type IV PFD

A.16. 概 要

Type IV PFD は、コーストガードが承認した水中の人に投げて救助するための器具である。最も一般的な Type IV 器具は、浮力クッションと浮輪である。浮力クッションには多くの色があるが、浮輪の色はオレンジ色または白である。

Figure 6-2 浮輪

A.17. 長 所

Type IV PFD の長所は、ほかの PFD のように着用しないため、サイズの制約がないことである。この型の PFD は、海中転落者があった場合に迅速に使用できるよう甲板上に設置されている。海中転落後ただちに使用すれば、Type IV PFD は船を転落位置に戻すときの目印にもなる。

A.18. 短 所

Type IV PFD の短所は体に着装しないことだが、着水したのちに体に取り付けられるものもある。

Type V PFD

A.19. 概 要

Type V PFD は特殊用途の用具で、表示された目的に限定してほかの PFD の代わりに用いられる。例えば、川下り筏用の Type V PFD はその目的にのみ使用でき、表示外の活動には使用できない。Type V PFD には以下のようなものがある。

- 単一発泡パッド入りのコーストガード用作業ベスト
- 保温 PFD（保護カバーオール／イマーションスーツ）
- コーストガードが承認したハイブリッド型自動／手動膨張式 PFD

A.20. 低体温症保護具

Type V の中には低体温症を防止する高い性能を持つものがある。保護カバーオールとイマーションスーツの詳細は本章の Section B を参照すること。

A.21. 膨張式 PFD

自動／手動膨張式 PFD はボートクルー用の生存用具に加えられている。ほかの種類の Type V PFD と同様、膨張式 PFD は特殊用途向けに設計され、長所と短所がある。

A.22. 長 所

Type V 膨張式 PFD は、Type III ベストに比べてボートクルーが快適に着用できて動きやすい。軽量でかさばらず、膨張式 Type V は暖かい気候で特に快適である。Type V は膨張させると Type II と同等の浮力を発揮する。膨張式 Type V の中には収納ポケットの付いたものがあり、適切に着用すれば本章で後述するボートクルー用サバイバルベストが不要になる。

A.23. 短 所

膨張式 Type V の購入初期価格と保守・整備コストの合計は Type III ベストより高価になる。手間のかかる手入れも頻繁に必要である。どの自動機構もそうであるように、自動膨張しなかった PFD は人力で膨らませる必要がある。これは、クルーが海中転落で意識を失った場合の欠点である。また、現在の膨張式 PFD には高速艇用の動的強度試験を受けているものがない。

A.24. 着 用

膨張式 PFD でコーストガード用に承認されたものにはいくつかの種類がある。それぞれ着用方法、保管方法および膨張の起動方法が異なる。

PFD の保管と手入れ

A.25. 概 要

製造者が定める防カビ処置にかかわらず、湿度の高い場所に保管すると繊維の劣化が早まる。高温、多湿および強い日光によって PFD は劣化が進む。

A.26. 保 管

PFD は涼しく乾燥した場所に日光を避けて保管する。乾燥した場所とは PFD に水滴が結露しない場所のことである。PFD はすべて油、塗料などから遠ざけて保管する。PFD が購入時の包装のままになっている場合、コーストガードでは“いつでも取り出し使用できる状態”とはみなさない。同様に、包装のままでは湿気を呼んでカビや腐食を招く。

(注釈) ただちに取り出して使用できる状態の維持は、保管状態を良好に保つことよりも重要である。

A.27. 手入れ

PFD を洗う場合、温かい真水に洗剤を加えて洗い、真水できれいにすすぐ。

PFD 生存用具

A.28. 概 要

PFD 生存用具は、PFD に装備された、視覚や音響によって水面上での所在を周囲に知らせるためのものである。

A.29. 標準装備品

有効な PFD にはすべて 2 種類の付属品が付いていなければならない。

- PFD にロープで留められたホイッスル
- PFD にロープで留められた遭難信号灯（バッテリーで動作するストロボライトまたは個人用マーカーライト（PML)、ケミカルライト）

ホイッスルと遭難信号灯の要件は、PFD を適切に装備されたクルーサバイバルベストまたは膨脹式 Type V の生存用具入れ（本章で後述）と一緒に着用する場合は免除される。サバイバルベストは訓練を受けた者だけが装用する。サバイバルベストの構成品に不慣れな乗客の PFD にはホイッスルと遭難信号灯のみ付属する。

(注意) 個人用マーカーライト（PML）は、有効な PFD に付属する遭難信号灯の代わりとしてのみ使用でき、ボートクルー用信号キットの遭難信号灯（SDU-5/E または CG-1 ストロボ）の代用にはならない。PML は片側にシールが施してあり、これが破られていればただちに交換する。

A.30. 個人用マーカーライト(PML)

PML はバッテリーまたは化学反応で光を発生し、夜間に位置を示すための器具である。PML の緑黄色の光は晴天の夜間は約 1 海里から視認でき、8 時間発光する。PFD 用に承認された遭難用の灯火は化学反応のケミカルライトのみである。承認された PML は 連邦規則（CFR）161.012 の第 46 規則（コーストガードの承認）の要件を満足する。

A.30.a. デザイン

大型船具店ではコーストガード承認の PML を扱っている。PML は PFD に、その機能を損なわないように取り付けることができる。PML の硬性プラスチックの鞘は、内側のガラスアンプルを破損と光線劣化から保護する。

A.30.b. 使 用

手順	使用要領
1	ガラスの幕を破ってチューブ内の化学薬剤を反応させるため、ハンドルを引き絞る
2	黒い鞘を取り除く
3	PML が発光しない場合、再度ハンドルを引き絞る

A.30.c. 温度の影響

10℃ / 50°F 以下の低温下では、PML の光の強度は低下する。低温下では発光は長時間続くが、暖かい場合よりも光の強さは劣る。部隊が低温下で連続使用する場合は、PML の代わりに遭難信号灯を使用しなくてはならない。

(注釈) バッテリーや化学薬品の保管期限は多くの場合 2 年である。適切に交換するため、PML の使用期限（本体に記載されている）を確認する。ケミカルライトが有効に光り続ける時間は、経年と気温によって異なる。購入間もないケミカルライトを 21～27℃（70～80°F）の理想的な温度範囲で使用すれば、8～12 時間光続ける。古くなると、有効発光時間は大幅に短くなる。

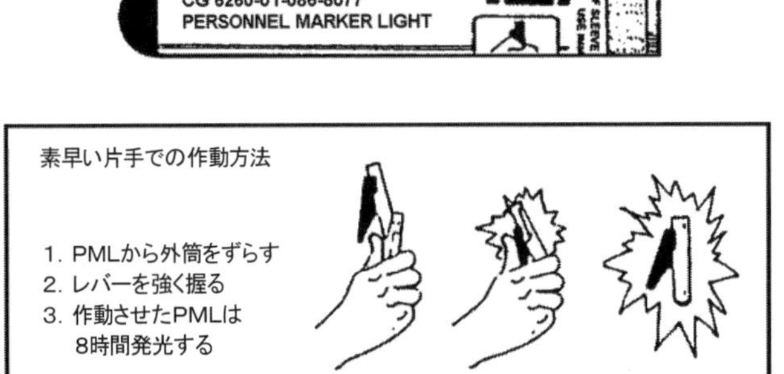

Figure 6-3 個人用マーカーライト

A.31. 反射材

現在使われている多くの PFD には反射材が取り付けられている。これが光に照らされると、反射して暗闇でも発見しやすくなる。しかしながら、海軍標準型の襟付き浮輪など、PFD によっては反射材が付いていないものがある。PFD には、コーストガードが承認した反射材を取り付けなくてはならない。

Section B. 低体温症保護衣

低温の水中に転落した場合、二つの危険な状況が生じる。溺水と低体温症である。PFD による溺水防止についてはすでに論じた。コーストガードは、現役隊員と補助隊クルーに荒天下での運用時に低体温症保護衣を着用させている。しかしながら、指揮官はこの要件を免除することができ、「救助生存マニュアル」COMDTINST M10470.10（series）に免除の条件が記載されている。

低体温症保護衣は、低温の気象と低水温の環境で機能するよう設計されている。コーストガードで使用される保護衣には以下の 4 種類がある。

- 保護カバーオール
- ドライスーツ（または承認同等品）
- ウェットスーツ（大型船の海面泳者のみ）
- イマーションスーツ

(注釈) Type V の承認表示のある救命上衣は、保護カバーオールと同様の浮力条件を満たしているが、部分的なカバーしかできないため、保温性能は低い。

要 件

B.1. 概 要

指揮官は平穏な日中の業務など、低体温症のリスクが小さい場合、状況に応じてクルーの低体温症保護衣着用の条件を免除できる。免除が認められた場合、保護衣はボートに搭載しておかなくてはならない。艇長は海中からの人の揚収やヘリコプター運用時など、厳しい条件での運用時、クルーに保護衣の着用を指示しなくてはならない。

(注釈) 事故者が海中にある場合、迅速な救助は最優先である。事故者が海中にあることをボートが認知している場合、海面泳者はドライスーツまたはウェットスーツおよび安全ハーネスを着用して入水する。ドライスーツまたはウェットスーツが必要な水温条件で活動している艇長は、海面泳者に適切な装備をさせなければならない。

B.2. 温度条件

基地に所属または大型船搭載のボートで業務を行っている艇長、クルー、立ち入り検査班長および班員は、Figure 6-4 の条件を満足する低体温症保護衣と生存用具を着用しなければならない。図は用具が満足すべき最低の温度条件を示しており、それ以上の条件についてはクルーの判断による。Figure 6-4 の使い方は以下の通り。

- グラフ上に水温の線を横に引く
- グラフ上に気温の線を縦に引く
- 両線が交差した内側の影の領域に対応した装備を着用する

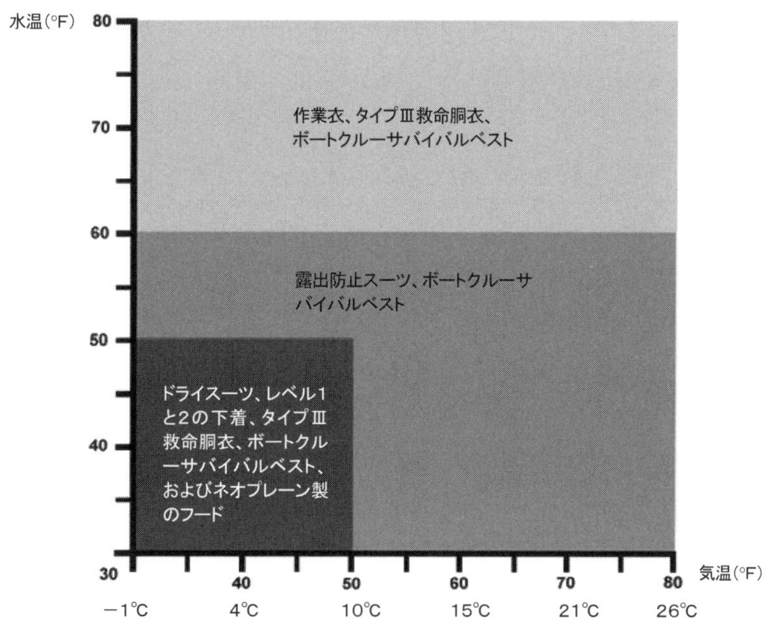

Figure6-4 気温と水温による生存用具の要件

(警告) 着るものが多いほど動きは阻害され、危険が増える。必要に応じて防寒靴下とブーツ（つま先強化タイプ）、フード、顔面マスク、ゴーグル、グローブなどを着用する。

B.3. 重ね着

寒冷による受傷を避ける最良の方法は適切に衣類を着用することである。衣類は重ね着するのがよい。作業の負担は衣類の量で変わるため、重ね着は快適になるよう調節する。

B.4. 体熱の維持

濡れた衣類は、断熱効果が低下するため体熱を奪う。濡れた衣類の速やかな交換は、特に大量の発汗後しばらく動かずにいた場合、低温による受傷を避けるため、きわめて重要である。気温が低い場合の医学的な事例の多くは、濡れた手足や頭部が関係しており、それらの部位には特別な手当が必要である。

B.5. PFD の着用

ボートクルーはドライスーツを着用しているときは常時 PFD を着用しなくてはならない。クルーは保護カバーオールの上から PFD を着用してはならない。

(注釈) ボートクルーがウェットスーツを使用することは認められていない。

B.6. 遭難信号用具

ボートクルーはボートクルー用のサバイバルベストを PFD の上から着用する。膨張式 Type V PFD を着用する場合、サバイバルベストの遭難信号用具を PFD のポケットに格納する。ドライスーツまたはウェットスーツを着用している海面泳者は、ボートクルー用サバイバルベストの構成品の代わりに、遭難信号灯と信号ホイッスルを携行してもよい。ボートクルーと海面泳者は PML を着用するのがよい。

保護カバーオール

B.7. 概 要

保護カバーオールは Type V の PFD で、平穏気象下の運用時に閉鎖操舵室で標準的に着用するものである。耐久性があり、水の外で保護機能を持つが、水中で低体温症を防ぐ機能は限られている。

B.8. 特 性

保護カバーオールは外布と空気を蓄えた内側で構成されている。動きやすくサイズは豊富である。運動しやすく、風や飛沫をある程度防ぐことができる。浮力は Type III PFD と同等である。承認されたカバーオールには、頭部の浮力を増すため、枕を息で膨らませる機能がある。

(警告) Type I または III の PFD を保護カバーオールの上に着用するのは、状況によっては危険である。浮力が大きすぎ、転覆したボートから泳いで脱出するのが困難になる。浮力が利点よりも妨害になるような極端な場合は PFD を脱ぎ捨てる必要がある。

(注意) 保護カバーオールを着用する場合、入水前に閉じる部分をすべて閉じ、調節部分を締めることが重要である。ゆるく着用していると、水が多く浸入し、保温効果が大きく減じて低体温症になる恐れがある。

B.9. 使 用

保護カバーオールの低体温症防止機能は限定的である。低温が予想される場合、閉鎖の操舵室を持つ艇でもドライスーツを着用すべきである。

B.10. 着 用

保護カバーオールは通常のカバーオール同様、制服の上から着用するようにできている。保護機能を高めるため、皮膚から水分を放出するポリプロピレンの保温下着を着用すべきである。また、低温から保護するため断熱靴下とブーツ（つま先強化タイプ）、フード、顔面マスク、ゴーグルおよびグローブを使用すべきである。

B.11. 入水時の注意

保護カバーオールを着用して入水する場合、以下の手順を行う。

手順	要　領
1	ジッパーを完全に閉じる
2	首、腰、腿、足首でストラップをきつく締め、冷水の浸入を防ぐ。これにより、低体温症からの保護機能が高まる
3	襟の後ろの枕を息で膨らませる。これにより、頭部を支持できる

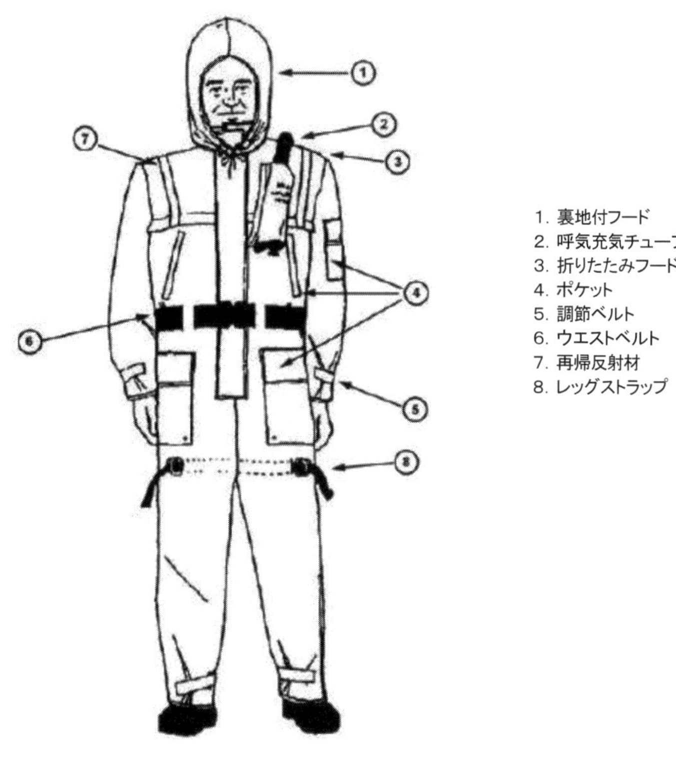

Figure 6-5 保護カバーオール

ドライスーツ

B.12. 概 要

ドライスーツは、風、飛沫海水、低温海水などで低体温症の危険からの保護機能がある（Figure 6-6）。ドライスーツの下に適切な衣類を着用すると、荒天や低温海水の浸入からクルーを保護できる。航路標識の整備や漁船への立ち入り検査など、ドライスーツが損傷する可能性がある業務の場合、コーストガードが承認した別の保護衣を着用することができる。

(警告) ドライスーツに固有の浮力はないので、航海中はドライスーツの上に常時PFDを着用する。

B.13. 特 性

ドライスーツは 3 層構造の呼吸性繊維でできている。首、手首、足首には防水シールが施してあって着用者の乾燥を保ち、普通の成人に合うサイズに作られている。

(警告) ドライスーツの断熱と低体温症の防止効果は不十分なので、下に保温衣類を着用する。入水する前にジッパーを完全に閉じる。

B.14. 使 用

PFD および適切な衣類とともに着用すれば、ドライスーツは動きやすく、風や飛沫、冷水の浸入から優れた保護機能を発揮する。

B.15. 着 用

低温に対応するため、多芯ポリプロピレンの保温下着を着用しなくてはならない。下着を重ねることで、クルーは低体温症を万全に防ぐことができる。その結果、潜水用ウェットスーツよりもかさばってゆるい着方になる。ドライスーツは固有の浮力を持たないので、PFD も着用しなくてはならない。ドライスーツは PFD ではない。

B.16. 入水時の注意(入水前の要領)

手順	要 領
1	濡らしたフードをかぶる
2	ジッパーをすべて閉じ、手首と足首のストラップを締める
3	グローブをはめる

Figure 6-6 ドライスーツ

ウェットスーツ

B.17. 概 要

ウェットスーツは大型船の海面泳者が入水時に着用する。ボートクルーにウェットスーツの使用は認められていない。ウェットスーツは低温海水から保護できるが、着用者の乾燥を保つ機能はない。ドライスーツまたは保護カバーオールのほうが水の外では保護機能が優れている。

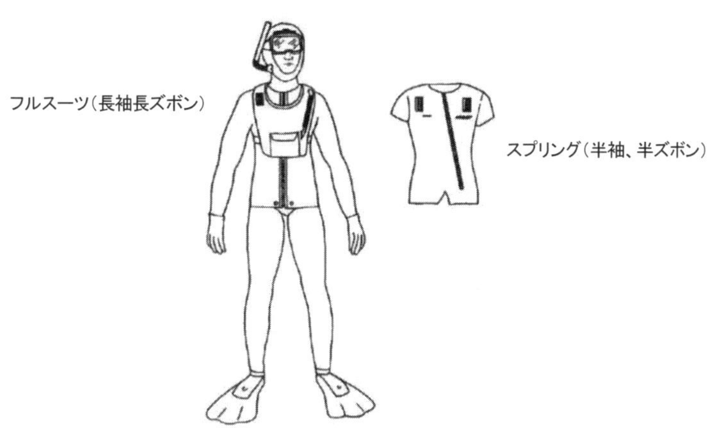

Figure 6-7 ウェットスーツ(ネオプレーン型)

B.18. 特 性

標準のウェットスーツは大きな浮力を持つ柔らかい発泡ネオプレーン素材でできている。海面泳者のウェットスーツは体形に合わせた上下ツーピース型とワンピース型、フード、グローブおよびブーツで構成される。

B.19. 使 用

部隊は海面泳者にウェットスーツを支給する。ウェットスーツは各人の寸法に合わせて製作する。快適性と保温性を高めるため、スーツはポリプロピレンの寒冷用下着の上に着用してもよい。

(注釈) ボートクルーのウェットスーツ使用は認められていない。海面泳者は、水中では水温に応じてドライスーツまたはウェットスーツを使用する。

B.20. 着 用

ファスナーをすべて締めて適切に着用すると、ウェットスーツは皮膚に密着する。

イマーションスーツ

B.21. 概 要

イマーションスーツ(サバイバルスーツ)は船を放棄するときに着用し、優れた浮力と低体温症からの保護機能を発揮する。

Figure 6-8 イマーションスーツ

B.22. 特 性

イマーションスーツは、国際共通オレンジ色でナイロン内布張りのネオプレーンまたは発泡塩化ポリビニールの保護衣である。水中で頭部を保持する膨脹式の枕が付いている。

B.23. 使 用

イマーションスーツは、荒天への長時間の曝露が予想される場合に使用される。船を放棄する際に推奨される PFD となる。救命筏に直接船から乗艇可能な場合でも、イマーションスーツを着用する必要がある。スーツ着用者は細かい作業ができないため、作業服として使用することはできない。

B.24. 着 用

イマーションスーツは、中央のジッパー一つで開口部を閉じる通常のつなぎ服に似ている。イマーションスーツを着用する前に、スーツに穴を開けないように、鋭利なもの（ナイフ、ペン、襟章）がすべて収納されていることを確認する。裂ける可能性を減らすために、フットウェアは着用する前に脱いでおく。イマーションスーツの着用は煩雑なため、ほかの乗組員とペアで行うのが好ましい。

Section C. 頭部保護具

ボートクルーは、低温気象時と荒天下や高速航行時などの危険な運用時は、頭部保護具を着用する。

C.1. 体温の保持

ウール帽（watch cap）は防寒目的で着用するが、厳しい条件下での顔面と首の保護には役立たない。寒冷時はポリプロピレンまたはフリースの目出し帽をウールの当直帽または防護ヘルメットと一緒に使用するのがよい。ドライスーツで活動する隊はネオプレーンのフードも使用すべきである。オレンジ色のフードはドライスーツの脚のポケットに収納してあり、水温 50°F（10℃）以下の水中ではいつでも使用できる。

C.2. 防護ヘルメット

荒天下やヘリコプター運用などの過酷な条件下におけるボート上でのヘルメット着用は、コーストガードのクルーには義務である。軽量なカヤック用のヘルメットが最適である。

(注釈) ボートクルーは、高速航行中ヘルメットを着用すべきである。

Section D. ボートクルー用サバイバルベスト

(注意) ボートクルー用サバイバルベストは、膨脹式 PFD の上に着用しないこと。

ボートクルーのサバイバルベストの構成品は、クルーが昼夜を問わず水面上での位置を知らせるのに役立つ。ベストは膨脹式 Type V を除く PFD の上に着用する。ベストは PFD や低体温症保護衣の邪魔にならないようになっており、膨脹式 Type V の PFD を使用する場合はボートクルーのサバイバルベストの構成品は PFD の収納ポケットに結び付ける。ボートクルー用サバイバルベストの構成品は、個々の PFD などに移してはならない。

ボートクルーサバイバルベストの構成品

(注意) 艇長は、各クルーに状況に応じた適切な PFD を着用させる責任がある。PFD に加え、各クルーはボートクルー用サバイバルベストも着用するか、膨脹式 Type V PFD を着用している場合、サバイバルベストのポケットに入っている添付品と同等の用具を携行しなくてはならない。

D.1. 概 要

ボートクルー用サバイバルベストには Table 6-1 に示す用具が格納されており、それらの特性や使い方は後述する。Figure 6-9 はボートクルー用のサバイバルベストと各用具の格納されている場所を示す。

(注釈) PML は遭難信号灯の代用としては使用できない。

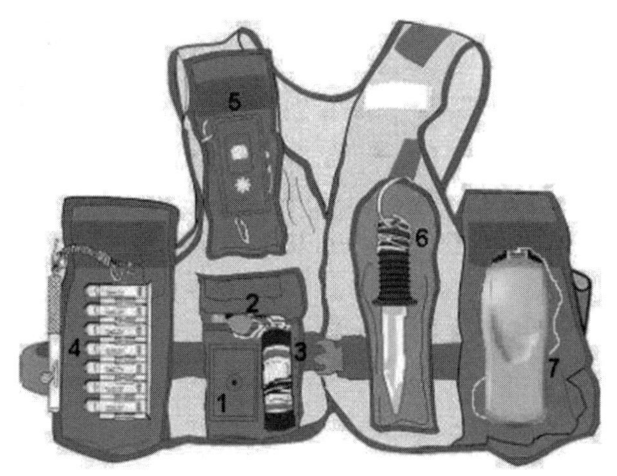

Figure 6-9 ボートクルー用サバイバルベスト

Table 6-1 ボートクルーサバイバルベストの構成品

番号	構成品	数量
1	非常用信号鏡	1
2	信号ホイッスル	1
3	海上用発炎発光信号（信号紅炎）	1
4	発光信号キット（フレア発射器）	1
5	遭難信号灯	1
6	サバイバルナイフ	1
7	個人用位置指示標識（PLB）	1

(注釈) 信号キットを船外に亡失しないため、各用具はロープでベストに結んでおく。

非常用信号鏡

D.2. 概 要

非常用信号鏡はポケットサイズの鏡で、信号用の穴が中央にあり、紐が付いているが、非常時にはどのような鏡でも代用品となる。

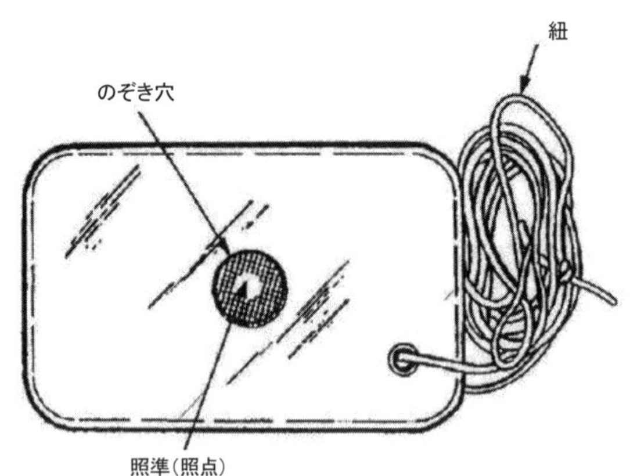

Figure 6-10 非常用信号鏡 MK-3

D.3. 使 用

信号鏡は、通過する航空機やボート、陸上救助隊などの注意を引くために光を反射して使う。

D.4. 特 性

反射した光は遠距離から視認できる。信号鏡の効果的な使用法を訓練しておくことが肝要である。

D.5. 操 作

使用法は背面に表示されている。摩耗などで読めない場合は交換する。使い方は以下の通り。

手順	要 領
1	鏡面を太陽と信号を送る対象物の中間付近に向ける
2	太陽の反射光を筏や自分の手などの近傍に当てる
3	鏡をゆっくりと眼の高さまで上げ、照準孔を通して対象物をのぞく。明るい点が見えるが、これが照準指示器である
4	鏡を眼の付近で保持し、明るい点に向けて鏡を操作する

信号ホイッスル

D.6. 概 要

ホイッスルは小型で手に持って使用する、大きな音を発する笛である（Figure 6-11)。標準ホイッスルはプラスチック製で、警察官のホイッスルに似ている。

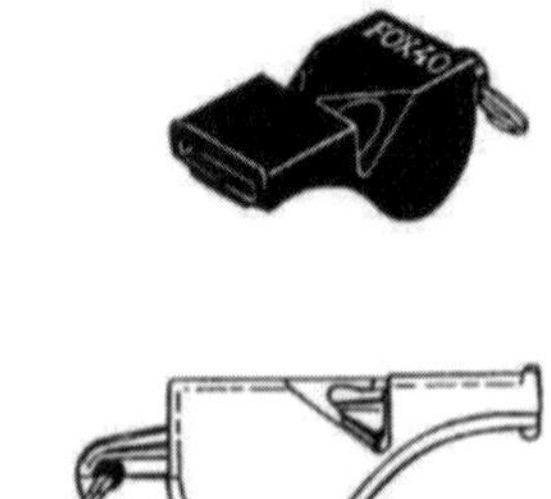

Figure 6-11 信号ホイッスル

D.7. 使 用

ホイッスルの音は救助者の注意を惹き付け、音の発生源に誘導する。霧中や夜間の視界が制限されている状況では、救助者は遭難信号灯よりも先に探知する場合がある。

D.8. 特 性

気象条件によっては、ホイッスルの可聴音は 1,000m（1,100 ヤード）まで届く。風によってはさらに風下まで音が届く。

D.9. 操 作

手順	使用方法
1	リードを唇に挟む
2	ホイッスルから明確な笛の音が出ない場合、ホイッスルを反転させ、水抜き孔から水を吹き出して再度試みる

信号紅炎（MK-124 MOD 0）

D.10. 概 要

信号紅炎は、海上または陸上の遭難信号として昼夜使われる（Figure 6-12）。片側から昼間信号のオレンジ色の煙を発生し、他方からは夜間信号の火炎を発生する。8 オンス（230g 弱）と軽量かつ小型のため、PFD やベストなどに入れて携行できる。

(警告)いかなる場合も両側を同時に点火してはならない。

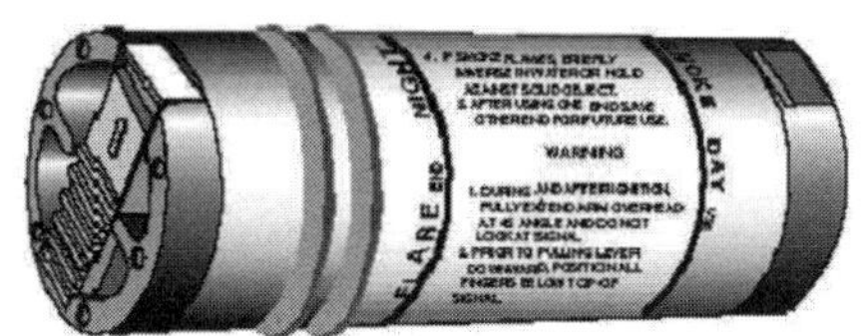

Figure 6-12 信号紅炎 MK-124 MOD 0

D.11. 使 用

信号紅炎は、船舶、航空機および陸上からの救助隊の注意を引くために昼夜使われる。信号はヘリコプターの吊り上げで風向を示すためにも使われる。使用法に関して以下が表示されている。

・ 両側を使いきるまで投棄しないこと
・ 点火に失敗した場合のみ海中に投棄する。点火に失敗したものを船上に保管するのは危険である
・ 両側を使いきったら適切に廃棄する。実際の遭難では、使いきった信号は海中に投棄する

D.12. 特 性

上記の通り、信号は両端から発生し、それぞれ 20 秒間作動する。夜間側からは自動車用紅炎に類似した赤い炎を発生し、昼間側からはオレンジ色の煙が発生する。

D.13. 操 作

本体には夜間側の周囲に 2 本の盛り上がったバンドが巻いてある。これらは触覚で夜間側と昼間側を識別するためである。本体のラベルには夜間側と昼間側の表示があり、それぞれの使い方が書かれている。

手順	使用要領
(警告)点火後は筐体が熱くなり、火傷をすることがある。地面においても信号の効果は同じである	
(警告)眼を損傷するため、夜間に紅炎を近くで直視してはならない	

(警告) どちら側の端も人に向けてはならない	
1	点火する側の黒いゴムの保護キャップを外す
2	プラスチックのレバーを矢印の方向に完全にスライドさせる
3	落下する炎が乾燥した物に燃え移らないよう、筏の舷外で風下側の頭上 45 度に保持する
(警告) レバーを引く前に、指がすべて信号器の上部よりも下になるようにする	
4	延びているタブを親指で引き下げ点火する（Figure 6-13）
5	煙側から炎が出た場合、短時間水につけるか、硬い物に押し付ける
6	片側の使用後は水中で冷やすか、陸上では地面に置いて冷まし、反対側を使うまで保管する

Figure 6-13 信号紅炎 MK-124 MOD 0 の使い方

フレア発射器（MK-79 MOD 0）

D.14. 概 要

フレア（信号弾）発射器は、7 本のカートリッジと鉛筆型の発射器がセットされた信号火炎である。プロジェクターは、フレアの照準と発射に使う。

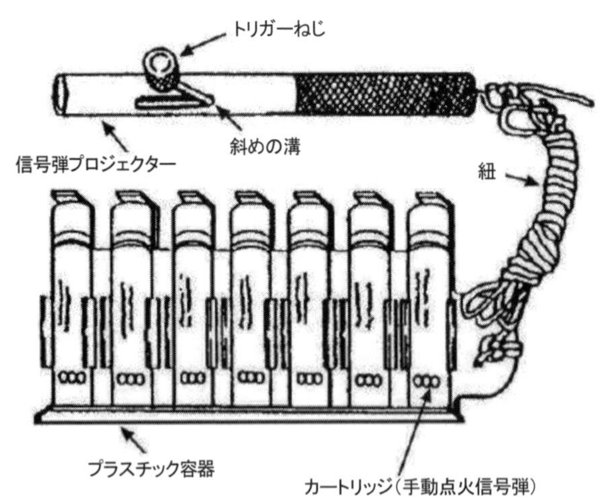

Figure 6-14 フレア発射器 MK-79 MOD 0

D.15. 使 用

フレア発射器は、船舶、航空機および陸上救助隊の注意を引くために使用する。

D.16. 特 性

4.5 秒以上の燃焼する赤色発光弾を 250～650 フィート（76～198m）の高さに打ち上げる。明るさは約 12,000 カンデラである。

D.17. 操 作

フレア発射器の使い方は以下の通り。

<table>
<tr><th>手順</th><th>使用要領</th></tr>
<tr><td colspan="2">(警告)発射ピンを起こしておかないと、発射器に取り付けたときに信号カートリッジが過早発射することがある</td></tr>
<tr><td>1</td><td>プラスチックの容器から、板に並べられた信号とプロジェクターを取り出す</td></tr>
<tr><td>2</td><td>トリガーねじを、垂直スロットの下まで引いてから右に動かして斜めの安全スロットに掛け、発射器の撃針を起こす</td></tr>
<tr><td colspan="2">(警告)カートリッジ上のプラスチックのタブは、信号カートリッジの雷管に誤って衝撃を与えることを防ぐためのものである。プロジェクターに装填するまでそのままにしておく</td></tr>
<tr><td>3</td><td>プラスチックの保護タブを信号から外し、プロジェクターに装填する</td></tr>
<tr><td colspan="2">(警告)装填するまで発射側を安全な方向に向けておく。装填の前に手順 2 を確認する。誤発射は、プロジェクターの発射ピンが起こされていないことで起こる</td></tr>
<tr><td>4</td><td>カートリッジを発射器に装填し、時計方向に回転させて固定する</td></tr>
<tr><td>5</td><td>腕を伸ばして発射器を頭上に保持する。発射器は体から離す角度に向ける</td></tr>
<tr><td>6</td><td>発射器をしっかりと握り、トリガーねじを安全スロットの左にスライドさせて発射スロットに入れ、信号を発射する</td></tr>
<tr><td>7</td><td>信号が発射されなかった場合、トリガーねじを発射スロットに親指で押し込んで素早く離す操作を 2 度繰り返す。それでも発射されなければ、遅発を避けるため 30 秒待ってからカートリッジを取り外す</td></tr>
<tr><td colspan="2">(注釈)親指がトリガーねじの動作を妨げないよう、この動作は一挙動で素早く行う。トリガーねじはスナップの反動で作動する</td></tr>
<tr><td colspan="2">(警告)人、航空機などに向けないこと</td></tr>
<tr><td>8</td><td>不発の信号容器を回して取り外し、舷外に投棄する</td></tr>
<tr><td>9</td><td>さらに信号を打ち上げる場合、上記を繰り返す</td></tr>
</table>

遭難信号灯（CG-1）

D.18. 概 要

遭難信号灯は、バッテリーで動作する軽量小型の高光度遭難信号ストロボ発光器である (Figure 6-15)。現在使われているストロボライトは、バッテリー動作の SDU-5/E または CG-1 である。いくつかは PML 用にコーストガードが承認している。

Figure 6-15 遭難信号灯 CG-1

D.19. 使 用

遭難信号灯は航空機、船舶、陸上関係者などの注意を引くために使用する。片側にはフック付きテープが付いており、ボートクルーの安全ヘルメットのパイルテープ、膨脹式 PFD、サバイバルベストなどに取り付けるようになっている。このため、信号灯を保持し続ける必要がなく、両手を自由にできる。

D.20. 特 性

遭難信号灯 SDU-5/E と CG-1 は毎分およそ 50 回発光する。閃光ピークの明るさは 100,000 カンデラである。連続使用で 9 時間、断続的使用で 18 時間作動する。晴天の夜間で信号灯は 5 海里か遠方から視認できるが、視認距離は見る側の眼高によって異なる。ボートの低い位置の観測者からは、表示されている 5 海里よりもずっと短くなる。

D.21. 操 作

遭難信号灯の操作要領は以下の通り。

手順	要 領
1	電源を入れる。SDU-5/E ではクリックするまでボタンを押して離す。CG-1 ではスイッチを On の位置にスライドさせる。数秒以内に発光が始まる
2	電源を切る。SDU-5/E ではボタンをクリックするまで押して離す。CG-1 ではボタンを Off の位置までスライドさせる。発光が停止する
3	試験で適切に動作しない場合、バッテリーを交換し、それでも動作しなければ廃棄する

サバイバルナイフ

D.22. 概 要

サバイバルナイフ（Figure 6-16）はロープに絡まったクルーを解放するための基本ツールである。転覆船や沈没船からの脱出経路を妨害しているものを排除するのにも使われる。錆びにくい材料の刃が固定された作りになっている。刃は定期的に切れ味を確認する。

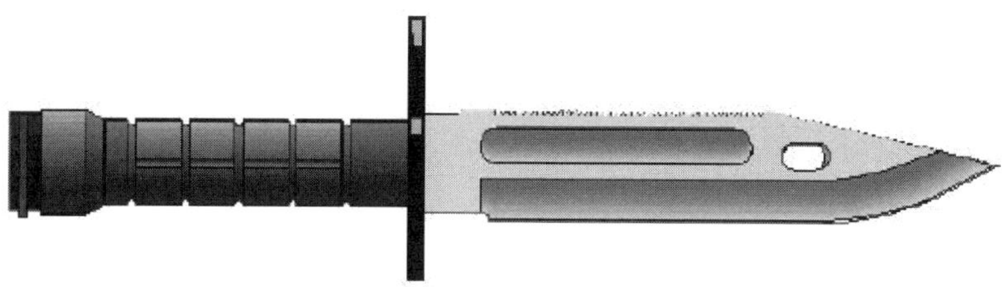

Figure 6-16 サバイバルナイフ

個人用位置指示標識（PLB）

D.23. 概 要

PLB は、ボートクルーのサバイバルベストの構成品に最近追加されたもので、軍や民間船、プレジャーボートなどの船舶に搭載する EPIRB を小型にしたものである。PLB は、救助隊が受信追跡して送信位置に誘導することができる国際遭難信号を送信できる。

D.24. 使 用

PLB は緊急時にのみ使用する。この装置は遭難信号を発するもので、救助を要請する場合はただちに起動する。いったん起動したら電源を切らない。捜索船や航空機が送信場所付近に到達したら、それらを無線、鏡、信号炎などのほかの信号手段を使い誘導する。

D.25. 特 性

PLB は 406 MHz と 121.5 MHz の信号を送信する個人用の機材である。人工衛星による国際捜索救助システム（COSPAS-SARSAT）は 406MHz を監視しており、90 分以内に 3 海里の精度で位置を特定できる。捜索が開始されたら、121.5MHz の送信機がホーミング信号を送信し、信号炎やストロボライトで遭難者を発見する。

D.26. 操 作

PLB は形式によって使い方が異なる。クルーは PLB のマニュアルを読んで理解しなくてはならない。初めての PLB を携行して出港する前に、各クルーは一連の動作を示し、資格のあるメンバーに作動手順を説明する必要がある。このことをボートクルーは訓練記録に記入しておく。

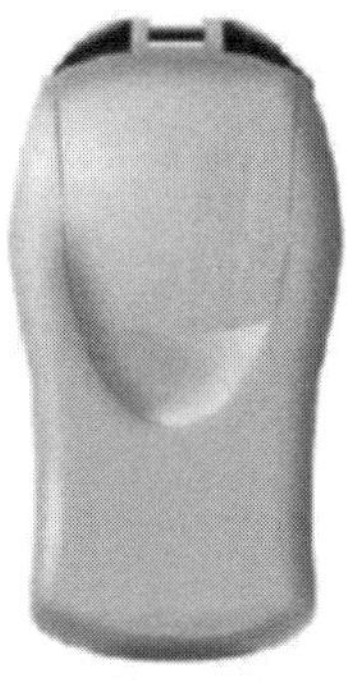

Figure 6-17 個人用位置指示標識（PLB）

Section E. 信号火器類

クルーは、ボートが任務中に航行不能になった場合に、航空機または船舶に信号で援助を要請する手段を持たなければならない。信号用具の一つに信号火器がある。

E.1. 要 件

コーストガードの部隊指揮官は、ボートに必要な信号火器を備えておく。サバイバルベストや膨張式PFD の構成品になっている花火信号は、携帯できるような小型で、外部環境から保護されるものでなくてはならない。

(注釈)信号火器は救助隊を視認するまで使用しないこと。

E.2. パラシュート信号照明弾(MK-127A1)

MK-127A1 はパラシュート式の夜間照明信号である。発射すると、650～700 フィートの高度に到達して点火する。点火後は 125,000 カンデラの白い炎を約 36 秒間発しつつ、パラシュートで降下する。信号は毎秒 10～15 フィートで降下する。

Figure 6-18 パラシュート信号照明弾 MK-127A1

E.2.a. 発射手順

パラシュート信号照明弾の発射手順は以下の通り。

手順	要 領
1	使用するまで封印された容器から信号を取り出さない
2	容器に記載されている指示に従って信号を取り出す
3	取り扱う際、信号弾の発光薬に衝撃を与えない
4	変形や亀裂などの損傷が生じている信号弾を使用しない
5	赤いバンド側を上にして信号弾を左手に保持する。左手の親指を赤いバンドに添える
6	発射キャップを信号弾の下端から取り外す
7	信号弾の発射端（赤いバンドの反対側）を自分の体やほかの人などと反対に向ける。キャップをプライマー（赤バンド）側に向けてゆっくりと、バンドの端に一致する位置まで押し込む。キャップを赤バンドの位置を越えて押し込んではならない
(注意)ロケットの残骸が人や水上の船、構造物などの上に落下しないように注意を払う	
8	左手を伸ばして信号をしっかりと保持し、発射端を真っすぐ上に向ける。信号は垂直上方（仰角 90°）に向けて発射する

9	信号を上に向けて左手を強く保持したまま、発射キャップの底を右の手のひらで強い急打撃を与える
10	信号が地上で不発の場合、暴発で人が怪我をしない安全な場所に信号を置き、30 分以上触らず放置する。航行中の不発弾は海中に投棄する

(警告)信号を 90 度（直上）以下の角度で発射すると、到達高度が低くなって信号が燃え尽きる時間が短くなる。発射角が 60 度以下だと信号は燃えたまま地上に到達する。

(警告)ヘリコプターによる SAR（捜索救助）では綿密な調整が必要である。航空指揮官の許可なく信号を発射してはならない。

E.2.b. 発射角度

以下の状況では、垂直方向以外に向けて発射する場合がある。

- 強い風の影響を計算に入れて発射する場合
- 照明範囲を最大に広げる場合

Section F. 救助および生存用筏（救命筏）

6 人乗りの救助および生存用筏は、クルーの生存用と遭難者の救助用に設計された多目的の筏である。通常、コーストガードの 30 フィート型以上のボートに搭載されている。本節の内容は、コーストガードが調達した筏に関するものだが、一般的な内容は市販の筏全般に適用できる。

F.1. 自動膨張と展開

この筏は、適切に格納されていれば、転覆や沈没時に自動で離脱し膨張展開するように設計されている。筏の格納容器が離脱すると、筏の 50 フィート係留索側の端に取り付けられた膨張ロープが強く引かれ、シリンダーから CO_2 が自動放出されて筏が膨張する。係留索はボート側の架台につながれており、500 ポンドの力で離脱するようになっており、ボートが 50 フィート以上の深度に沈没すると、筏の浮力による張力でロープが外れる。

F.2. 手動による展張

救命筏を手動で展張する手順は次の通り（Figure 6-19 参照）。

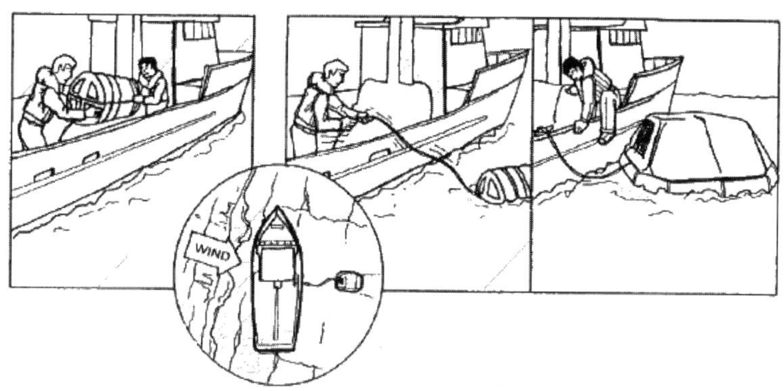

Figure 6-19 救命筏の手動による展開

手順	要　領
1	係留索を切断、解纜（かいらん）するか、シャックルを外す
2	ショックコードを外し、筏の格納容器を架台から降ろす
3	係留索をボートのクリートに結ぶ
4	筏をボートの風下側から水中に投下する
(注釈) 船上で火災が発生した場合、煙や炎を避けるため筏は風上側から海上に投下する	
5	係留索（約 50 フィート）を引いて膨脹装置を起動させる。筏が膨脹したら、ロープを引いて筏を手繰り寄せる。筏がボートに衝突して損傷しないように押さえる
6	時間があれば、信号、携帯無線機、イマーションスーツ、水、食料などを筏に積み込む
7	可能であれば、筏をボートの舷側に寄せて直接乗り込む
8	シーアンカーを投入する
9	支持チューブの上に天蓋を広げて固定する
10	ボートと係留索の監視を配置する。ボートが沈没を始めたら、ロープを切断して筏を解放する

(注意) できる限り筏には直接乗り込み、入水することを避ける。

F.3.　筏への乗り込み

クルーはできる限りボートにとどまる。ボートがただちに沈没しなければ、50 フィート係留索はクリートに結んだままにしておく。ボートが急速に沈没する場合、筏が引き込まれないようロープを切断する。

F.4.　筏の上での作業

筏に乗り込んだら以下の手順をただちに実施する。

(注意) 筏を靴や尖ったもので損傷しないよう注意すること。

手順	要　領
1	人員を確認し、生存者を探す
2	複数の筏を展開している場合、相互に結び付ける
3	筏の人員の健康状態を確認し、必要に応じて応急手当を施す。気象条件がよければ油やガソリンを衣類や体から洗浄する。これらは皮膚を傷めるだけでなく火災の危険を生じる。また、筏のゴムに付着すると材質が劣化する
4	浮いている役立ちそうなものを回収する。生存用具を整理して格納する
5	母船に結ばれていない場合、シーアンカーを投入して漂流を抑え、荒天時の安定性を増す
6	筏が適切に膨脹しているかを確認し、擦れているところがないか点検する（浮体に機材が接触して穴が開く恐れのある箇所）
7	浸入した水をくみ出す
8	床の浮体をただちに膨らませる
9	低温の水中では低体温症保護衣を着用する。入り口のカバーを取り付け、必要に応じて閉鎖する
10	ほかに人がいれば、抱き合って保温に努める

F.5. 筏の中での行動

筏の中で全員が生存するためには、明瞭な思考と常識が必要である。乗員を保護して生存時間を長くするためには以下の手順を実施する。

手順	要　領
1	前向きな態度を維持する
2	装具を点検する。水と食料を分配する。見張りなどの役割をクルーに割り当てる
3	記憶に頼らず、書くものがあれば、以下に関する記録を付ける ・ 入水した時刻 ・ 生存者の名前と健康状態 ・ 食料分配の計画 ・ 風の状態 ・ 気象状況 ・ うねりの方向 ・ 日出没の時刻 ・ そのほかの航海情報

(警告)筏は重心が低く、時化の中でも安定しているが、大波で転覆することがある。このため、万が一の際の救助方法を考慮しておく（ヘリコプターによる救助など）。

F.6. 筏による救助法

遭難船に接近することが不可能もしくはきわめて困難な場合、救命筏で生存者をボートに収容する方法がある。ボートが落水者に接近できない場合の揚収にも筏を使用できる。救助作業で救命筏を使用する手順は以下の通り（Figure 6-20）。

手順	要　領
1	筏の格納容器を架台から外す
2	格納容器を閉鎖しているシールテープをはがす。手動または自動で筏を膨張させない
3	救命筏を格納容器から取り出し、救助船の風下側の水面に投入する
4	50 フィートロープを引き、筏を手動で膨張させ、救助船の舷側に係留する
5	救助船と遭難者の間の距離よりも長いロープ 2 本を取り付ける
6	ロープの一方を使って救命筏を救助船から送り出す（ロープを決して離さない）
7	ヒービングライン（投げ綱）を使うか、浮体を流すかして、ほかのロープを遭難者側に渡す
8	遭難者に筏を送ることを連絡する
(警告)遭難者各自に PFD を着用させる。筏の定員を超えて乗り込ませない	
9	救命筏が到着したら、1 人ずつ乗り込むよう指示する
10	筏の定員を超える救助者がいる場合、ロープを筏に付けたままにしておくように指示し、定員数を救助したあと、筏を送り返すことを繰り返す
11	全員を救助したら筏の空気を抜き、バラスト袋のハンドルをゆっくりと引き上げて救助作業中に浸入した海水を完全に抜いてから船上に回収する

12	筏を船上に回収したら、容器に格納しない。筏を洗浄し、再使用の前に再格納の認証を受けた施設で再格納する

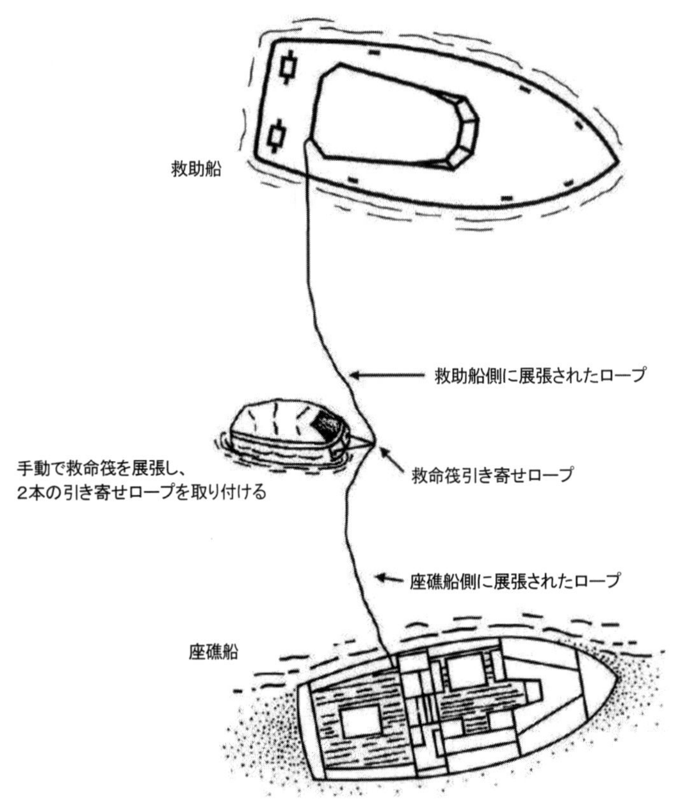

Figure 6-20 救命筏による生存者の輸送

Section G. 転覆時の非常手順

転覆時の生存の鍵は転覆そのものを避けることだが、それが避けられない場合のため、クルーは転覆がどのようにして起こるのかを理解し、備えておく必要がある。Chapter 9「復原性」、Chapter 10「ボートの扱い方」および Chapter 20「荒天時の補足」では、転覆が発生する状況と条件および転覆の兆候への注意とリスクを軽減する方法について述べている。艇長は、クルーと遭難者の安全を確保するため常に状況に気を配らなくてはならないが、クルーには状況の変化を艇長に報告する責任がある。

G.1. 転覆の防止

ボートが水深のある外洋で転覆することは少ない。転覆の危険が大きいのは、波浪の高い沿岸で運用している場合である。ボートを転覆させるのは、船尾または横から加わる大波の力である。ボートは状況が好転するまで海上にとどまるほうがよい。ボートは船首方向から波を受けると最も安定する。ボートは、性能やクルーの能力を超えた運用や曳航作業を行ってはならない。指揮官は、状況に適した勢力（動力救命艇、特殊救助艇、大型船、ヘリコプターなど）で対応するべきである。転覆が発生する条件には以下のようなものがある。

・ 大　波
・ 浅海域（水深 20 フィート以下）
・ 強い潮流に逆らいながら、追い波を受ける航行
・ 他船を伴走または曳航しながらの瀬戸の航過
・ 日没、降雨、霧などによる視界制限
・ タンク内の燃料の減少やビルジ増加、上部構造物への着氷、人間の乗せすぎなどによる復原性の低下

G.2. 注意事項

転覆後、船体が損傷していなければ、時化ていてもすぐに沈没することはない。パニック状態にならなければクルーには脱出する時間がある。事前の注意には以下のようなものがある。

・ ボートの内部状況を知っておく。上下が逆になって照明が失われると、クルーは方向感覚を失う
・ 移動物を固定し、脱出を助けるため、装備やドアが正常に動くようにしておく
・ 生存用具の所在と使い方を知っておく。十分な数量が備えられて適切に補修されていることを定期的に点検し、信号器具が正常に作動することを確認しておく
・ 外に投げ出されないよう、しっかりした支持部を握る

G.3. 脱出の手順

転覆船の下に取り残された場合、クルーは上になった船底のエアポケットに残っている空気を探す。クルーはエアポケット付近の 1 カ所に集合し、落ち着いて安全な脱出方法の検討に集中する。脱出経路と経路上の目印を検討する。全員で下方に視線を向け、光が見えたらただちに脱出する。

・ 脱出に全力を挙げる。ボートが沈没するか、船体の亀裂や穴などから空気が抜けてなくなるか、燃料蒸気やビルジの拡散、酸欠状態などの理由により残った空気が呼吸に適さなくなるかする
・ 脱出を試みる前に、必要な生存用具、特に浮体と信号用具を確認する
・ 特に夜間、発見されやすいように個人用マーカーライト（PML）を点灯する。衝撃や海水浸入で PML が点灯しない場合、非常用ストロボを点灯するが、方向感覚を失うようであれば消灯する
・ 空間を確保し、脱出口を通過しやすいように PFD を一時的に脱ぐ。必要であれば PFD をロープで結び、脱出後に引きだす
・ エンジンが回っている場合、船尾への脱出は避ける
・ 開放型の操舵室にいる場合、下向きに泳いで舷側をくぐり、水面に出る

G.3.a. 閉鎖区画からの脱出

閉鎖区画からの脱出にはさらに周到な計画が必要で、以下に注意する。

・ すべての出口は上下が逆になっている。区画から水面への脱出口と目標物を確認する
・ PFD は空間を確保し脱出口に到達するため、一時的に脱ぐ。必要であればロープにつないでおき、脱出後に引き出す
・ 脱出口を目指して下に泳ぐ。ロープがあれば、ロープを持った最良の泳者がキャビンのドアまたは窓から最初に脱出する。ロープがなければ、最良の泳者が最初に脱出して不得意な泳者が続き、最後に得意な泳者が脱出する（不得意な泳者が内部に 1 人で残されると、パニックを起こして脱出できなくなる）。最初に脱出した泳者は船体を叩いて成功を告げ、次の泳者に続かせる

- 低温の海水中では水中で長時間息を止めていることができず、緊張による胸部の圧迫感も強い。脱出前に練習することで脱出中のパニックの可能性を低減できる

G.3.b. 転覆したボートへの接舷

転覆船から脱出した人は、ボートや浮いているものにつかまろうとする。

- 救命筏があれば乗り込む
- 筏がない場合、ボートに這い上がるか、最も大きな浮遊物を探してつかまる
- 一般に生存者はボートにつかまり、陸に向けて泳がない。岸への距離は見誤りやすく、低温水中の水泳は体力を消耗し、低体温症を起こしやすくなる。生存者は、ボートのどこかに体を結び付ける方法を考え、ボートが沈みかけたらただちに結びを解けるようにしておく。多くの人は疲労し低体温症を起こしやすくなる

G.3.c. 転覆船から脱出できず、転覆船内にとどまる場合

- エアポケットに落ち着いてとどまる
- 空気を区画内に保持する（バルブ類を閉鎖）
- 救助の到来が聞こえたら、叫ぶか船体を叩くなどにより通信を試みる
- 静粛にして動かず、酸素の消費を抑える。可能なら水中から体を出して低体温症を防ぐ
- 救助の到着を信じる

Chapter 7. マリンスパイキ術【参考：運用】

マリンスパイキ術はあらゆる種類のロープを扱うための技術で、ノット、スプライス、飾り結びなどがある。マリンスパイキ術はシーマンにとって最も有用な技術である。この技術に精通するには多くの演練が必要で、クルーにはロープの扱いに関する知識や用語が必要である。マリンスパイキの知識と技術に習熟していなければ、生命と財産の安全を損なうことになる。

Section A. ロープの種類と性質

使用するロープの選択は種類と性質で決まる。本節ではボート運用でのロープの種類と性質について述べる。

ロープの性質

A.1. 組 成

ロープは天然繊維または合成繊維を編んでできている。繊維は束ねて撚ったのちに、ねじって編んだり組んだりしていろいろなパターンのロープを作る。

A.2. コーストガードが使用するロープ

コーストガードのボートで使用するロープは、素材と太さで分類している。

A.2.a. 素 材

ロープには天然繊維と合成繊維がある。それぞれの性質を Table 7-1 に示し、本節で詳細に述べる。

A.2.b. 太 さ

ロープの太さは素材にかかわらず、直径で測るワイヤーロープと異なり、周囲の長さで計測する。太さによってロープは 3 種類に分かれている。

- 細　索：1.5 インチ以下
- ロープ：1.5 インチから 5 インチ
- ホーサー：5 インチ以上

Table 7-1 繊維ロープの性質

ロープの性質	天然繊維			合成繊維			
	マニラ麻	サイザル麻	綿	ナイロン	ポリエステル	ポリプロピレン	ポリエチレン
強　度							
濡れたときの乾燥比較強度	最大 120%	最大 120%	最大 120%	85-90%	100%	100%	105%
急張吸収力	乏しい	乏しい	乏しい	優れる	大変よい	大変よい	普通
重　さ							
比　重	1.38	1.38	1.54	1.14	1.38	0.91	0.95
浮く性質	なし	なし	なし	なし	なし	あり	あり

伸　び							
破断前の伸び	10～12%	10～12%	5～12%	15～28%	12～15%	18～22%	20～24%
伸縮性	非常に低い	非常に低い		普通	低い	高い	高い
湿度の影響							
吸水性	100%	100%	100%	2.0～6.0%	1%以下	乏しい	乏しい
防カビ性など	乏しい	大変乏しい	大変乏しい	優れる	優れる	優れる	優れる
環境劣化							
耐紫外線劣化	よい	よい	よい	よい	優れる	普通	普通
経年劣化	よい	よい	よい	優れる	優れる	優れる	優れる
摩擦強度							
表　面	よい	普通	乏しい	大変よい	大変よい	よい	普通
内　部	よい	よい	よい	大変よい	優れる	よい	よい
温度特性							
高温限界	300°F	300°F	300°F	250°F	275°F	200°F	150°F
低温限界	-100°F	-100°F	-100°F	-70°F	-70°F	-20°F	-100°F
融解温度			300°Fで炭化	490～500°F	490～500°F	330°F	285°F
耐化学性							
耐酸性	濃度と温度による	マニラ麻と同様	マニラ麻と同様	強酸で分解する	多くの酸に耐える	非常に強い	非常に強い
耐アルカリ性	強度を失う	マニラ麻と同様	膨らむが損傷しない	乏しい	高温の強アルカリに弱い	非常に強い	非常に強い
耐有機溶剤	表面保護が落ちる	よい	乏しい		一部のフェノール化合物に溶ける	温度と溶剤による	ポリプロピレンと同様

(訳注)℃ ＝（°F-32）×5÷9　　概略値は℃ ＝（°F-30）÷2

A.2.c.　構　造

ストランドは左右いずれかにねじれている。このねじれがロープの「撚り」である。ロープは撚り合わせ方によって右撚りか左撚りのどちらかになる。ロープの構造は通常、撚り合わせ、編み組み、二重組み打ちのどれかである。Figure 7-1 は繊維ロープの各部と構造を示している。ロープの構造は使用目的によって異なる。

種　類	性　質
三つ打ち	3 本のストランドを右または左回りによる。通常は右撚り
ケーブル撚り	3 本の右撚りの三つ打ちロープを左撚りに合わせて太くする
八つ打ち	右撚りと左撚りのストランド 8 本でできている。左右の各ストランドはペアになり、4 対で 4 本のストランドのように機能する
編み組み	3 本または 4 本のストランドが一緒に組まれる。中空編み組み、金剛打ち、二重組

	み打ちなどの種類がある
二重組み打ち	2本の中空芯ロープを編んで作る。芯は太い単一のヤーンで、編みはゆるい。外側も単一のヤーンだが、堅く編まれて芯を支える。このロープは合成繊維のみで、強度の約50%は芯である

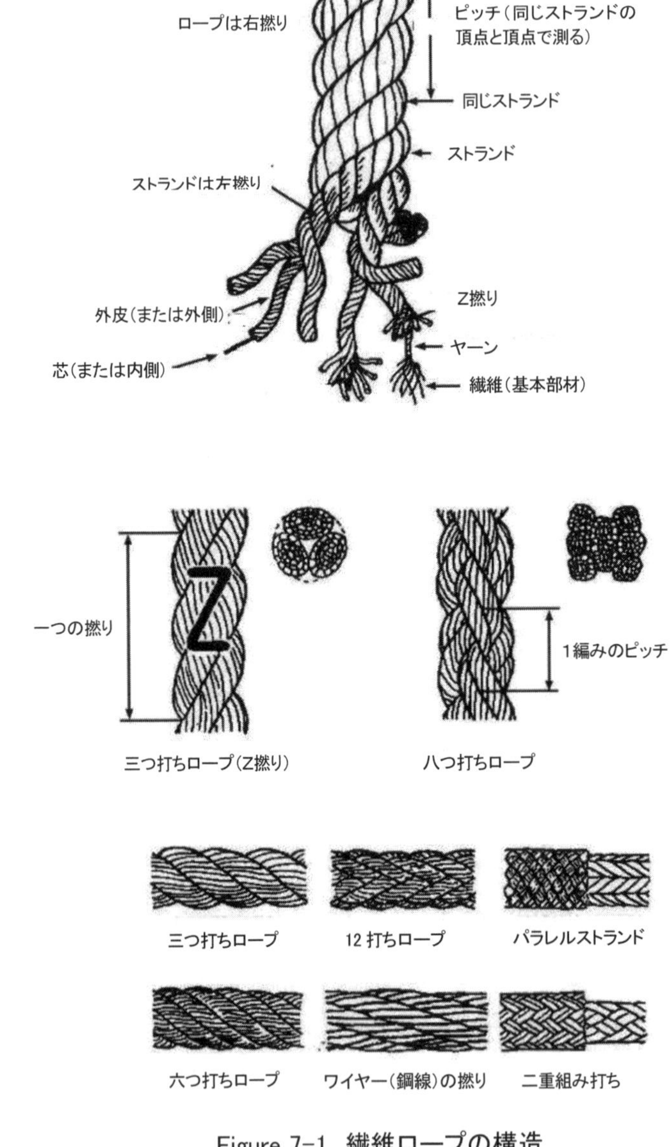

Figure 7-1　繊維ロープの構造

天然繊維ロープ

A.3.　材　質

天然繊維のロープは有機素材、多くは植物の繊維でできている。種類と性質を示す。

天然繊維の種類	性　質
マニラ麻	マニラ麻の繊維でできており、天然繊維では最も強度があり、かつ高価である

サイザル麻	リュウゼツラン科のサイザル麻でできており、マニラ麻に次ぐ（マニラ麻の 80%）の強度がある
大　麻	大麻の茎の繊維だが、最近はほとんど使われない
綿	綿の繊維で、3 本の右撚りまたは組んで作り、飾り紐や固縛ロープに用いる

A.4.　天然繊維ロープの使用

マニラ麻、サイザル麻または大麻の天然繊維ロープは、防舷物（フェンダー）の取り付けや擦れ当ての固定など、強度をあまり必要としない小規模作業に使われる。ブレイデッドライン（編み組みロープ）は主に信号揚旗線、ヒービングライン（投げ綱、遠投用ロープ）、ハンドレッド（手用測鉛）ラインなどに用いる。撚りロープは物の固縛、防舷物の取り付け、飾り紐などに使われる。

(注意)天然繊維ロープを曳航に使用してはならない。

A.5.　限　界

天然繊維ロープは、破断強度が同じ太さの合成繊維ロープよりも低く、合成繊維と違い伸びたら戻らない。コーストガードでは、ボートでの大きな負荷が加わる用途には使用しない。また、天然繊維は湿った状態で保管すると腐る短所がある。

A.6.　構　造

天然繊維のロープをよく見ると、ストランドが撚り合わされていることがわかる。ストランドは右か左のどちらかの撚りとなっている。

A.7.　三つ打ちロープ

三つ打ちロープは、コーストガードが使用する最も一般的な天然繊維ロープである。

三つ打ちロープでは、3 本のストランドが交互に右に撚り合わされる。ストランドの数により、このラインは「3 ストランド」ロープと呼ばれることもある。ストランドを構成するヤーンは、ストランドの反対方向に配置され、ロープを構成するために反対方向に一緒に撚られる。撚りの方向によってラインの配置が決まる。

三つ打ちロープの場合、ヤーンは右に撚られている。これらを撚り合わせて左に撚りストランドとする。すべてのストランドを一緒に右にねじってロープを作成する。(Figure 7-1 を参照)

合成繊維ロープ

A.8.　素　材

合成繊維ロープは人工素材でできている。合成繊維ロープの性質は、天然繊維ロープと大きく異なり、原料によって性質に差異がある。各種合成繊維ロープの性質を以下に示す。

合成繊維の種類	性　質
ナイロン	合成繊維ロープは強度と伸縮性、耐候性に優れている。撚り合わせ、編み組み、組み打ちなどの種類があり、表面が滑りやすく伸び易い欠点を除き、多くの用途に使われる
ダクロン	ナイロンの 80%の強度がある合成繊維ロープで、10%程度しか伸びない

ポリエチレン ポリプロピレン	ナイロンの半分程度の強度で、25%軽量で扱いやすく、水に浮く

A.9. 一般に用いられるロープの種類

コーストガードが通常使う合成繊維ロープはナイロンとポリプロピレンである。優れた強度と伸びる性質から、強度を要する場合はナイロンロープを用いる。

A.9.a. 二重組み打ちナイロンロープ

コーストガードのボートが使用する曳航索は、二重組み打ちのナイロンロープのみだが、個人所有の補助隊のボートでは、曳航索にこれ以外を使用することがある。

二重組み打ちロープが作られるとき、ヤーンは一枚の布の個々の糸が織られるのと同じように一緒に織られる。実際のロープは、二つの中空の編み組みロープ（内部コアと外皮）で構成されている。コアは、緩く柔らかく編んだ大きなヤーンで織られる。外皮はさらに大きなヤーンから固く編み組みに織り込まれ、コアを覆って圧縮する。

A.9.a.1. 長 所

二重組み打ちナイロンロープは強度、伸びおよび戻りの性質に優れている。伸びはロープの伸びる性質のことで、戻りは伸びたロープが戻る性質である。合成繊維ロープは天然繊維ロープよりもよく伸びてよく戻る。このため、合成繊維ロープは波の力などで断続的に加わる張力を、天然繊維よりもずっとよく吸収する。

A.9.a.2. 限 界

高い負荷の掛かる場合、強度に優れた二重組み打ちナイロンロープが好んで選ばれるが、短所もある。伸縮性に優れているため、破断した場合の跳ね返りが天然繊維ロープよりも大きい。また、ナイロンロープを 2 本束ねて過大な力を加えた場合、甲板設備が破壊される場合がある。ロープは甲板金物とともにゴムバンドのように跳ね返る。さらに、ボラードの荷重限度を超えた場合、エンジンや甲板金物が損傷する恐れがある。

(注意) ロープを二重にするなど、ロープの強度が曳航ビットの荷重限度を超える使い方をしてはならない。

A.9.a.4. ボラードの荷重限度

ボラード荷重限度とは、エンジンの負荷上昇でエンジンや曳航ビットが損傷する静荷重の値である。

A.9.b. 三つ打ちポリプロピレンロープ

オレンジ色のポリプロピレンロープは、コーストガードのボートで救命浮環の引き寄せロープに使われる。

A.9.b.1. 長 所

水に浮き、視認性に優れている。

A.9.b.2. 限 界

三つ打ちポリプロピレンロープの短所は、同じ太さのナイロンロープよりも強度が劣ることである。編み目がゆるく荒いため、スプライスを入れやすいが擦れに弱い。日光劣化が早いのも短所で、日光に 3 カ月以上さらすと強度が 40%低下する。このため、使用しないときは覆いを掛け、定期的に検査して交換する。

A.10. 滑 り

表面が平滑な合成繊維ロープは、天然繊維ロープよりもずっと滑りやすく、甲板金物を滑って保持しにくい。このため、合成繊維ロープを物に結んだり、ほかのロープと結束したりする場合は、結び目が滑らないように注意する必要がある。これを防ぐには、結びの余長を天然繊維ロープよりも十分長く取っておくことである。

(注意) ロープが突然跳ねたときに甲板金物に引き込まれないようにするため、クルーは甲板金物からできるだけ離れる。ロープの作業は用具から安全な距離を保って行う。これは曳航作業で特に重要である。

A.11. 留意事項

合成繊維ロープを使用するときは以下に留意する。

- 合成繊維ロープは滑りやすい。甲板金物から跳ねないように注意する
- 合成繊維ロープをつないだり物に結んだりするときは、滑らないように注意する
- ロープが破断したときの跳ね返りに当たる危険がある場所に立たない
- 曳航作業ではロープを二重にしない
- ビットの表面を塗装せず、錆びないようにしておく
- ロープのバイト（二つ折り）の中や、張力の加わる方向に立たない

A.12. 切 断

ポリプロピレンロープとナイロンロープを切断する場合、ホットナイフを使うと端末を加熱処理する必要がない。帆布のメーカーから電気ナイフが市販されている。切断用ブレードの付いた半田ゴテでもよい。通常のナイフの刃をガストーチで熱して用いるのが普通である。切断するときは、熱で切れるので刃を押し当てるだけでよい。周囲に切り込みを入れてから切断する。

(注釈) 切断したロープは端末がばらける。切断後は速やかにほつれ止めを行う。

Section B. ロープの点検、取り扱い、手入れおよび保管

クルーの安全と任務の遂行には、適切なロープの手入れと点検が重要である。ロープが損傷し、適切に手入れがされていなければ、破断して物の損傷や人の怪我につながることがある。本節ではロープの基本的な点検、展張、手入れおよび保管について述べる。

点 検

B.1. 概 要

ロープはすべて定期的に点検し、特に以下に注意する。

- 経年劣化
- 老朽損耗
- 損 傷
- 擦 れ

- キンク
- よじれ
- 切　断
- 過負荷や急張
- 錆びや異物
- アイスプライス

(注意) 合成繊維の二重組み打ちロープは、内側を点検するために分離してはならない。

B.2. 経年劣化

経年の影響は合成繊維よりも天然繊維のほうが大きい。天然繊維の主成分であるセルロースは経年で劣化して強度が低下し、黄色か茶色に変化する。ビットやクリートに結ぶと繊維が簡単に切れる。結ぶときにロープの強度は 1/5 程度まで低下する。クルーはロープのストランドを開いて経年を点検し、内部の繊維の色に注意する。古いロープはグレーか濃い茶色を呈している。ナイロンロープは経年で色は変化するが、強度はあまり変わらない。前述のように、ポリプロピレンロープは太陽光線で顕著に劣化する。

B.3. 老朽損耗

天然繊維に力が加わると繊維やストランドが互いに擦れあって内部が損耗する。内部の損耗は経年指標である。ロープのストランドを開いて細かな白い粉末状のものがあれば、それはロープから摩擦で出た細かい粒子である。

B.4. 繊維の損傷

天然繊維の内部の損傷は、ロープに破断張力の 75%を超える力が加わったときに生じる。ロープが切れることはないが、内部の繊維は一部が切れる。繊維の内部損傷は経年と損耗の指標である。内部繊維の損耗はロープの損傷を示す。合成繊維ロープでは、過負荷が加わると個々の繊維が切れ、外部から目視で確認できる。

B.5. 擦れによる損耗

擦れはロープが粗い表面と擦れて生じる、ロープの外側の損耗である。擦れの点検では、ロープの外側の表面を目視で点検し、ほつれが出たり、ストランドがつぶれたりしていないかを確認する。合成繊維ロープの場合、擦れてロープの外側が硬化し溶けることがある。

B.6. キンク

キンクはロープに折り返しで生じるねじれである。キンクが生じたロープは、永久変形が生じるので張力を加えてはならない。使用する前にキンクを戻す。

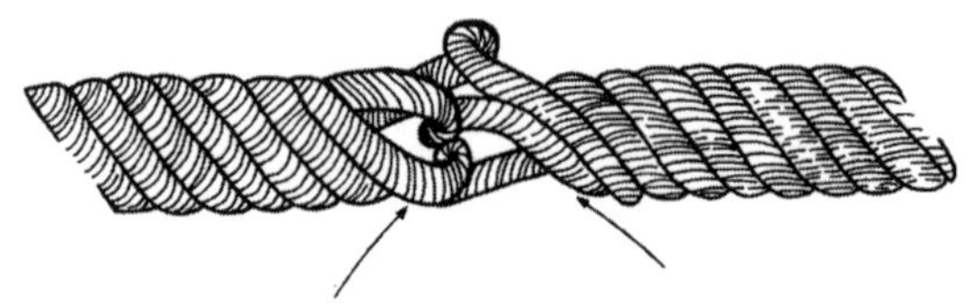

Figure 7-2 キンクの生じたロープ

B.7. よじれ

よじれとは内部に生じたキンクで糸が表面に出てくる状態である。よじれはロープを引っ張り、解放端側をねじって復元できる。よじれが生じるとロープの強度が 1/3 程度まで低下する。

(注釈)編んだロープにはキンクやよじれが生じない。

B.8. 切 断

切断は、擦れと同様、頻繁にロープに生じる損傷だが、粗い表面ではなく、鋭いものと擦れたときに発生し、ロープがナイフで切られたような外見を呈する。内部の繊維に切断が生じると、ロープの強度が大きく低下し、張力で切れることがある。

(警告)張力が加わっているロープの後方に立たない。ロープが破断したときに跳ねて負傷することがある。

B.9. 過負荷または衝撃負荷

ロープに過負荷が加わっているかどうかは、伸びと硬さでわかる。復元しないところまで伸びたロープは直径が減少しており、これを判別するには、ロープを軽く張って外周を測る。5%以上外周が短くなっていたら、ロープを交換したほうがよい。合成繊維ロープの過負荷は、触った硬さで判断することもできる。過負荷が加わったロープは使用してはならない。張力が加わったときに危険である。ロープは太さと種類によって破断張力が異なる。ロープに張力が加わっているときは常に監視することが重要である。張ったロープの付近に立つのは、切れたときに負傷する恐れがあり危険である。

B.10. 錆びや異物

天然繊維ロープやナイロンロープの内部に錆びが入り込むと、強度が 40%程度低下する。砂、泥、塗料片などの異物がロープの内部の繊維に付着することがある。これらは張力が加わると内部で摩擦を起こし、ロープを損傷する。ロープを保管したり、作業現場付近で使用したりする場合は注意が必要である。

B.11. アイスプライス(二重組み打ちナイロンロープ)

曳航索、錨索、係留索は使用する前にアイスプライスを点検する。クルーはロープの編み戻し部分を特に入念に点検し、平たくなったり芯が抜けて外側だけになったりしている部分がないか確認する。またアイはすべて擦れや切断がないかを点検する(本章 Section D の図を参照)。

ロープの展張

B.12. 概 要

適切に手入れをして使用すればロープの寿命は大きく延びる。ロープを損傷から保護する責任は各自にある。点検に加え、適切な保管と手入れで寿命を延ばすことができる。

(注釈)天然繊維ロープを、湿気の蒸発を妨げるもので覆わないこと。

B.13. 天然繊維のストランドロープのコイルからの展張

手順	要 領
1	コイルの中を見て、端末を確認する
2	内部でロープ端が底に来るようにコイルを据える
3	内部のロープ端を上から引き出す(Figure 7-3)
4	よじれが固定するので、キンクが生じても引っ張らない。キンクが生じたらロープを真っすぐにして使う前に戻す

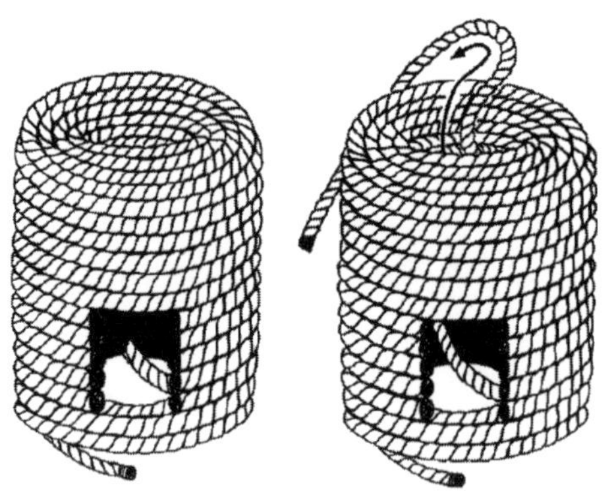

Figure 7-3 新品コイルの展張

B.14. 合成繊維ロープのリールからの展張

合成繊維ロープをリールから展張する方法は以下の通り。

- パイプをリールの中心に差し込み、リールをデッキから外す
- ロープを下側のリール面から引き出す

ねじれたロープをリールから無理に引き出すともつれやキンクを生じる三つ打ちの合繊繊維ロープは甲板上にフェークダウンし、24 時間放置してねじれを戻すのがよい。長さ 50 フィート以下のロープは 1 時間放置すればねじれが戻る。二重組み打ちロープは 8 の字にフェークダウンする。

Figure 7-4 ロープのフェークダウン

手入れ

B.15. 概 要

劣化したロープを元に戻す方法はないが、適切な手入れでロープの寿命を延ばすことができる。

B.16. ロープの清掃手入れ

ロープは汚れや砂などからきれいに保つ。砂などは伸ばしているときロープの内部に入り込む。内部の異物は張力が加わったときに動いて繊維を損傷する原因になる。

B.17. 擦れ当ての使用

擦れ当ては古いホースや皮、帆布などで作り、チョック（フェアリーダー）などを通すときにロープの一部が接触して傷むのを防ぐのに使う。

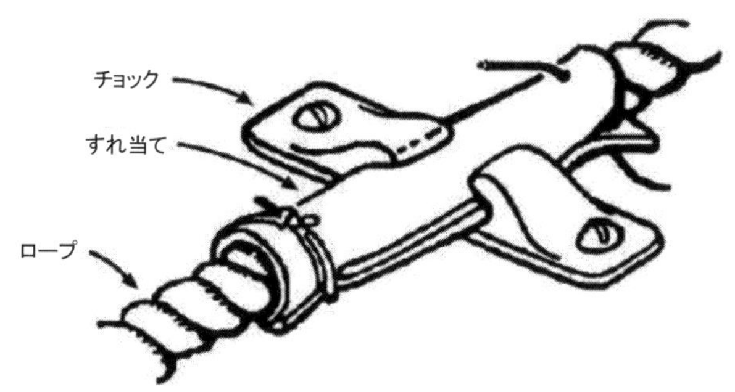

Figure 7-5 擦れ当て

B.18. 甲板金物の円滑を保つ

ビットやクリート、チョック（フェアリーダー）などの表面を円滑にしてロープの表面が擦れるのを防ぐ。

B.19. 水分凍結の防止

ロープの水分が凍結しないように注意する。氷はロープの表面をこすって繊維を切ることがある。

B.20. 丁寧な取り扱い

ロープを踏んだり、物を上に置いたり、ロープの上で物を引きずるなどして押しつぶしたり、挟んだりしない。

B.21. 曲げによる無理な力

曲げて無理な力を加えると、ストランドが内部で擦れて損傷する。ロープをなにかに回すときはフェアリーダーを経由する。フェアリーダーはロープを適切な方向に導くための孔やローラーなどである。フェアリーダーを使わない場合、曲がりを大きくとるほど擦れの影響は小さい。

B.22. 天然繊維ロープの手入れ

ロープを手入れする場合の注意は以下の通り。

すること	しないこと
・格納の前に乾燥する ・できるだけ露天にさらさない ・鋭いところや粗い面に当たるところに擦れ当てを使う（帆布、短い古ホースなど） ・雨天では張っているロープをゆるめる。濡れるとロープが収縮して張力が増して繊維が切れることがある ・キンクが生じないよう、ときどきウインチの回転を逆にする ・右撚りのロープはリールやキャプスタンに時計方向、左撚りのロープは反時計方向に巻いて慣らす ・使用する前に繊維の損傷などを点検する	・濡れたロープを換気のない区画に保管しない。また、乾かないような覆いを掛けない。カビが生じて繊維の強度が下がる ・ロープを強い熱や不必要に太陽光にさらさない。繊維の油分が乾燥して寿命が短くなる ・限界負荷を超える張力を加えない。繊維が切れて強度が低下する ・鋭い端や粗い表面に当てない ・油分が落ち、洗剤に含まれる防腐剤が繊維を傷めるので、ロープをこすり洗いしない ・油を塗らない。害のほうが大きい ・キンクが生じたロープに張力を加えない ・特定の場所が損耗しないようにする

・ ノットやヒッチはロープの損耗を防ぐため、できるだけ新しい場所を使う ・ 特定の箇所の損耗を防ぐため、端と端をときどき入れ替える	・ ウインチの巻く方向がいつも同じに偏らないようにする

B.23. 合成繊維ロープの手入れ

天然繊維ロープの手入れは合成繊維ロープと基本的に同じだが、違いは以下の通りである。

・ ナイロンはカビが生えない。油などが付着して滑りやすくなったらかき落とすことができる。汚れは中性洗剤の 10%水溶液と水で洗い落とす。

・ 合成繊維ロープは負荷が加わり伸びる。コイルやリールに巻く前に、元の長さに戻る十分な時間をおく。

ロープ類の保管

B.24. 概 要

太陽光線や塗料、石鹸、油などによる劣化を防ぐため、ロープはそれらの物質に接触しない状態で保管する。

B.25. 天然繊維ロープ

天然繊維ロープはどのようなものに接触しても傷む。湿気で生じる腐敗やカビに特に弱い。天然繊維ロープの使用後は完全に乾燥し、換気のよい冷暗所に保管する。

B.26. 合成繊維ロープ

合成繊維ロープは天然繊維ロープほど湿度の悪影響を受けないが、ほかの条件などは同じである。ボートの曳航索などの合成繊維ロープは、使用しないときは暗い場所に保管する。合成繊維ロープは常に同じ方向に巻くとストランドがきつく締まる。3 本ストランドの合成繊維ロープはこれを軽減するため時計方向にコイルすることが多い。繰り出すときにはキンクを防ぐため、8 の字に巻いてもよい。合成繊維ロープは負荷が加わると伸びるため、ドラムやリールに巻く前に、元の長さに戻る時間を十分にとる。

Figure 7-6 8 の字コイル

B.27. 曳航索

曳航索の保管は Chapter 17 の曳航手順を参照すること。

B.28. コイル

余分なロープを格納するための最も普通の方法は、コイルに巻いておくことである。

B.29. ロープの平面コイル

ロープの平面コイルは甲板上に時計方向に巻くもので、外観上（点検や見栄え）の目的で行う。

Figure 7-7 ロープの平面コイル

Section C. 破断強度(BS)と限界負荷(WLL)

ロープの破断強度（BS）と限界負荷（WLL）

C.1. 概　要

ロープは張力で伸び、破断点に達すると切れて跳ねる。張力の加わったロープの跳ね返りで死傷した例は数多くある。ロープの安全な取り扱いには知識と技能が必要である。ロープの破断強度（BS）と限界負荷（WLL）を見極める能力は、安全なロープの取り扱いに重要である。

C.2. 破断強度(BS)

ロープのBSは切れるまでに加わる張力をポンドで表し、技術情報として購入者に提供される。ロープの製造者の試験で得られ、全試験ロープの平均値である。BSはそれぞれのロープの正確な値ではない。ロープのWLLはBSに安全係数を掛ける。

C.3. 限界負荷(WLL)

ロープは用途と負荷に適したものを選ぶ。船員の常識として、ロープのWLLはBSの1/5を超えてはならず、BSはロープに取り付ける物の重量の5倍が必要である。この5倍という安全係数は、急張と衝撃負荷および経年劣化による強度低下を見込んだものである。

C.4. ロープの種類

下表は、コーストガードが使用する各種のロープのBSとWLLをポンドで示したものである。ロープの状態を良好、普通、劣化の3種類に分類している。ロープのWLLとBSは各ロープの外周の長さから数学的に算出している。政府調達のロープは太さを外周の長さで表すが、市販のロープは直径で示す。外周の長さを直径に換算する式を下に示す。便宜のため、コーストガードが通常使用するロープの直径と外周長の両方を示す。

Table 7-2 天然繊維ロープと合成繊維ロープの最低 BS と WLL

		マニラ麻ロープ				二重組み打ちナイロンロープ			
太さ	太さ	BS	状態ごとの WLL			BS	状態ごとの WLL		
直径インチ	外周インチ	ポンド	良好	普通	劣化	ポンド	良好	普通	劣化
⅝	2	3,600	720	360	240	9,000	3,000	2,250	1,500
11⁄16	2½	5,625	1,125	562	375	14,062	4,687	3,515	2,343
⅞	2¾	6,806	1,361	680	454	17,015	5,671	4,253	2,835
1	3	8,100	1,620	810	540	20,250	6,750	5,062	3,375

		ポリエチレン、ポリプロピレンロープ				ポリエステル（ダクロン）ロープ			
太さ	太さ	BS	状態ごとの WLL			BS	状態ごとの WLL		
直径インチ	外周インチ	ポンド	良好	普通	劣化	ポンド	良好	普通	劣化
⅝	2	5,040	1,008	840	630	7,200	2,400	1,800	1,200
11⁄16	2½	7,875	1,575	1,312	984	11,250	3,750	2,812	1,875
⅞	2¾	9,528	1,905	1,588	1,191	13,612	4,537	3,402	2,268
1	3	11,340	2,268	1,890	1,417	16,200	5,400	4,050	2,700

三つ打ちナイロンロープ					
太さ	太さ	BS	状態ごとの WLL		
直径インチ	外周インチ	ポンド	良好	普通	劣化
⅝	2	9,000	3,000	2,250	1,500
11⁄16	2½	14,062	4,687	3,515	2,343
⅞	2¾	17,015	5,671	4,253	2,835
1	3	20,250	6,750	5,062	3,375

（注釈）コーストガードが曳航用に承認している合成繊維ロープは二重組み打ちのナイロンロープのみで、ほかの種類のロープは比較のため掲載している。

C.5. 三つ打ちのナイロンロープ

補助隊は曳航に三つ打ちのナイロンロープを使用することができる。太さと平均の BS は上記に示してある。WLL の条件と値は下の要領で計算する。

BS と WLL の推定

C.6. 概 要

以下のパラグラフは、ロープの BS を推定する方法およびその数値をどのようにして WLL に換算するかについて述べる。BS と WLL はロープの種類によって異なる。

C.7. 天然繊維ロープの BS

マニラ麻ロープの推定 BS はロープの外周長（C）を 2 乗して 900 ポンドを乗じる。計算式は $BS = C^2 \times 900$ になる。

（例）マニラ麻ロープの外周長が 3 インチとすると、BS を推定する計算は以下のようになる。

手順	要　領
1	$BS = C^2 \times 900$ ポンド
2	$C^2 = 3 \times 3 = 9$
3	$BS = 9 \times 900$ ポンド
4	BS = 8,100 ポンド

C.8. 合成繊維ロープの BS

合成繊維ロープの BS の推定は同様の手順で行う。合成繊維ロープはマニラ麻ロープより強度が高いため、BS の数値は比較係数（CF）を乗じて得る。

C.9. 比較係数

比較係数（CF）は、マニラ麻ロープに比べた合成繊維ロープの強度に基づいている。Table 7-3 の CF は、合成繊維ロープがマニラ麻ロープよりも強度が高いことを示している。

Table 7-3 合成繊維ロープの強度比較係数（CF）

ロープの種類	マニラ麻ロープに比べた CF
ポリプロピレン	1.4
ポリエチレン	1.4
ポリエステル（ダクロン）	2.0
ナイロン	2.5

C.10. 合成繊維ロープの BS の推定

合成繊維ロープの BS を推定する計算式は $BS = C^2 \times 900 \times CF$ である。

手順	要　領
1	$BS = C^2 \times 900 \times CF$
2	$C^2 = 3 \times 3 = 9$
3	$BS = 9 \times 900$ ポンド × CF
4	BS = 8,100 ポンド × CF
5	CF = 2.0　ポリエステル（ダクロン）ロープ（Table 7-3 より）
6	BS = 8,100 ポンド × 2
7	BS = 16,200 ポンド

C.11. 天然繊維ロープと合成繊維ロープの WLL

BS は、破断するまでロープが吸収できる張力で、ポンドで表す。安全のため、ロープには BS 近くまで張力を加えてはならない。ロープの WLL は BS よりもずっと小さい。ロープが老朽し、伸びたりスプライスを入れたりすると強度が低下する。当然ながら、WLL も低下する。ロープの状態を簡単に点検して良好、普通、老朽の判別を行うことで、おおよその WLL を計算できる。ロープの状態を判別したら、Table 7-4 の安全係数（SF）を WLL = BS / SF の計算式で BS に適用する。

Table 7-4 天然繊維ロープと合成繊維ロープの安全係数 SF

状　態	マニラ麻	ナイロン&ポリエステル	ポリプロピレン、ポリエチレン
良　好	5	3	5
普　通	10	4	6
劣　化	15	6	8

C.11.a. マニラ麻ロープの WLL

以下の手順により、普通の状態で BS が 8,100 ポンドである 3 インチマニラ麻ロープの WLL を計算する。

手順	要　領
1	ロープの状態を判断し、適当な SF 値を Table 7-4 から得る。この場合は SF = 10
2	WLL = BS / SF
3	WLL = 8,100 ポンド / 10
4	WLL = 810 ポンド

C.11.b. ポリエステルロープの WLL

以下の手順で、老朽状態の 2 インチのポリエステル（ダクロン）ロープの WLL を求める。

手順	要　領
1	BS = C^2 × 900 ポンド × CF
2	C^2 = 2 × 2 = 4
3	BS = 4 × 900 × CF
4	BS = 3,600 × CF
5	CF = 2（Table 7-3）
6	BS = 3,600 × 2
7	BS = 7,200 ポンド
8	SF = 6（Table 7-4、老朽状態のポリエステルロープ）
9	WLL = BS / SF
10	WLL = 7,200 / 6
11	WLL = 1,200 ポンド

C.12. ロープの直径の計算

ロープの直径の計算方法は2通りある。

・ 直径を外周に変換
・ 外周を直径に変換

C.12.a. 直径を外周に変換

製造業者によってはロープの太さを直径で表示する。これを外周に置き換えるには C = D × 3.1416 で計算する。直径½インチを外周に置き換えるには、次のように計算する。

C = ½インチ × 3.1416

C = 1.5708インチ

C = 1½インチ（端数処理）

C.12.b. 外周を直径に変換

外周は D = C / 3.1416 で直径に置き換える。外周3インチは次の計算で直径に置き換える。

D = 3インチ / 3.1416

D = 0.955インチ

D = 1インチ（端数処理）

シャックルとフックのBSとWLL

C.13. 概 要

用具の破損とロープの破断では、ロープの破断のほうが、危険が少ないのが普通である。シャックルのBSはロープのWLLの6倍ある。

(注意) WLLがロープのWLL以下のシャックルまたはフックを使用してはならない。

C.14. WLLの決定

シャックルとフックはステンレス、鍛鉄、鋼などの異なる素材で、形状と寸法も違うため、BSとWLLも異なる。シャックルとフックのBSやWLLを計算する単一の計算式はなく、多くの場合WLLは本体にポンドで直接印刷または刻印してある。クルーは使用する前に必ず製造者の規格を確認する。

シャックルのWLLの推定

C.15. 概 要

本章で前述の通り、シャックルのBSを決める単一の計算式はない。製造者の規格を守り、損傷、曲がり、顕著な錆びが見られるシャックルを使用しない。シャックルはすべて使用前に点検する。

C.16. WLLの推定

シャックルのWLLの推定には製造者の規格を参照する。多くのシャックルにはWLLが印刷または刻印してある。シャックルは異なる素材でできているため、大きさが同じであってもWLLは異なることがある。製造者の規格が不明の場合、以下の手順でWLLを推定する。

・ シャックルの径（D）をFigure 7-8で計測する。これをワイヤー径と呼ぶ。公式 $WLL = 3t \times D^2$ で

求めたシャックルの WLL は t（トン）で表す

・ すべてのシャックルの計算係数は 3t（トン）を用いる

ワイヤー径 2 インチのシャックルの WLL は以下の通り。

$WLL = 3t \times D^2$　　$D^2 = 2 \times 2 = 4$　　$WLL = 3t \times 4$　　$WLL = 12t$

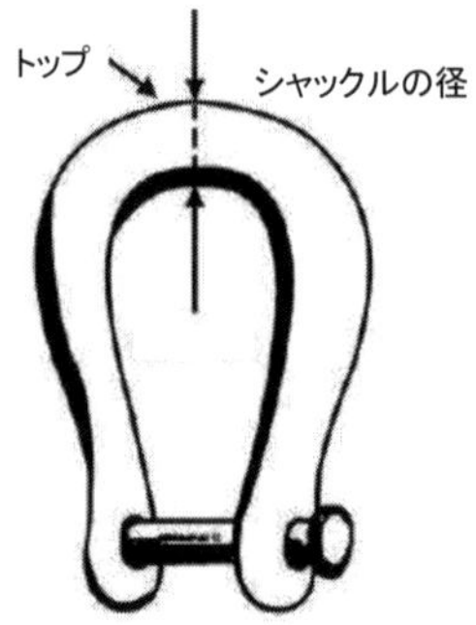

Figure 7-8 シャックルの径

フックの WLL の推定

C.17. 概　要

シャックルと同様、フックの WLL は本体に印刷または刻印してある。損傷、曲がり、顕著な錆びがあるフックを使用してはならない。フックは損耗、変形、亀裂などを使用前に点検しなくてはならない。

C.18. WLL の推定

製造者の規格が不明の場合、WLL は以下の手順で推定する。

・ Figure 7-9 の位置で径（D）を測る

・ すべてのフックについて、計算係数は⅔t を用い、$WLL = \frac{2}{3}t \times D^2$ で得たフックの WLL の単位はトンである

2 インチ径のフックの WLL は以下の通りである。

$WLL = \frac{2}{3}t \times D^2$　　$D^2 = 2 \times 2 = 4$　　$WLL = \frac{2}{3}\,(0.6666)\,t \times 4$　　$WLL = 2.66t$

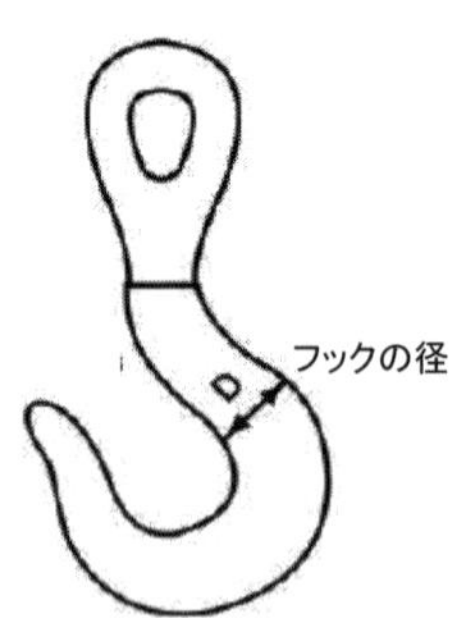

Figure 7-9 フックの径

考察と限界

C.19. 概　要

シャックル、フックおよびロープの WLL を正しく決定しても、ほかに多くの変数があるため、実際には

常にWLLの範囲内で使用できるとは限らない。ロープに適したシャックルやフックがない場合もある。

C.20. 破断の注意

張力の加わったロープには常に注意しておく。クルーは想定外の強い力が加わる危険があることを念頭に置く。適切な判断でこうした危険な力が加わることを避けられる場合がある。

C.21. 限界値以下での使用

ロープと用具に加わる張力は常にWLL以下に収めなくてはならない。WLLが限界を超えるタイミングを予測するのは難しい。曳航索が急張して、突然、ロープや属具の強度の限界に達することがあり、破断による危険が生じる。

C.22. BSとWLLが不明な場合

曳航索を遭難船の甲板設備に接続した場合、曳航システム全体でのBSとWLLは不明である。遭難船に適切な用具をつないだ場合であっても、信頼できるBSとWLLの値を得ることはできない。このため、曳航索と被曳航船の状態は常に監視しておかなくてはならない。

C.23. 伸び率の計算

伸び率を計測するための道具を「警報ロープ」または張力ゲージと呼ぶ。警報ロープは、合成繊維ロープの種類に応じた一定の長さの軽い紐である（Table 7-5）。紐の両端は、主ロープの材質に応じた幅でロープに取り付ける。主ロープが張力で伸びると、それに従って紐が伸びる。紐が外れたら主ロープが伸びきるのに近い。この警報の手法で主ロープの切断を防ぐことができる。紐の長さを以下に示す。

(注釈)係留索や曳航索に取り付けるコードの位置は、甲板上から見やすいところでなくてはならない。

Table 7-5 警報ロープの規格

対象の合成繊維ロープの種類	長さ	取り付け幅	伸びの限界
ナイロン（三つ打ち）	40インチ	30インチ	40%
ナイロン（二重組み打ち）	48インチ	40インチ	20%
ナイロン（八つ打ち）	40インチ	30インチ	40%
ポリエステル（三つ打ち）	34インチ	34インチ	20%
ポリプロピレン（三つ打ち）	36インチ	30インチ	20%

Section D. ノットとスプライス

ロープのおおよその長さ

D.1. 要 領

ロープの長さの推定は有用な技能で、一例を示す。

1. ロープの片方の端を持つ
2. 両腕を肩幅いっぱいに広げ、ロープを反対の手の先まで伸ばす

胸を横切り両手の間にあるロープの長さは約6フィート（1尋）で、その人の身長に近く、大まかな長

さを素早く推し量るには十分である。さらに長さを測るのであれば、最初の手を次の位置の目印にしてこれを繰り返す。36 フィートのロープが必要であれば 6 回繰り返せばよい。

破断強度（BS）

D.2. ノットとスプライス

ノット（結び）は引っ張り、支え、吊り上げおよび吊り降ろしに用いる。ロープをこのように使用する場合、2 本以上のロープをつなぐ必要がある。ノットとベンドはロープを一時的につなぐのに用い、スプライスは恒久的につなぐために用いる。どちらの場合であっても、つないだロープの BS は元のロープより低下する。最も強度が低いのはノットまたはスプライスの部分である。ノットまたはスプライスでロープの BS は 50～60%に低下するが、スプライスはノットよりも強い。ノットとスプライスで失われる BS と残存する BS の値を下表に示す。

Table 7-6 破断強度喪失の比率

ノットまたはスプライス	失われる BS（%）	残存 BS（%）
スクエアノット	46	54
ボーラインノット	37	63
ツー・ボーラインノット（Eye-in-Eye）	43	57
シートベンド	41	59
ダブルシートベンド	41	59
ラウンドターン	30～35	65～70
ティンバーヒッチ	30～35	65～70
クラブヒッチ	40	60
アイスプライス	5～10	90～95
ショートスプライス	15	85

基本のノット

D.3. 一時的な使用

ノットとは、1 本のロープで結び目を作ったり、他のロープと結びを作って固定したりすることをいい、特に他のロープと結ぶことをベンド、他の物に結ぶことをヒッチという。ノットはロープの強度を低下させるため、使用は一時的なものとすべきである。恒久的に行う場合はスプライスやシージング（かしめ）を使用する。

D.4. 定 義

ノットとスプライスを作るためには、各部の名称と基本を知らなくてはならない。それらを下表に示す。

ノット	概 要
ランニングエンド	引き出した先端または作業する索の末端（自由端）
スタンディングパート	未使用やコイルした端部または作業していない残りの部分

オーバーハンドループ	端末側が上に来るループ
アンダーハンドループ	端末側が下に来るループ

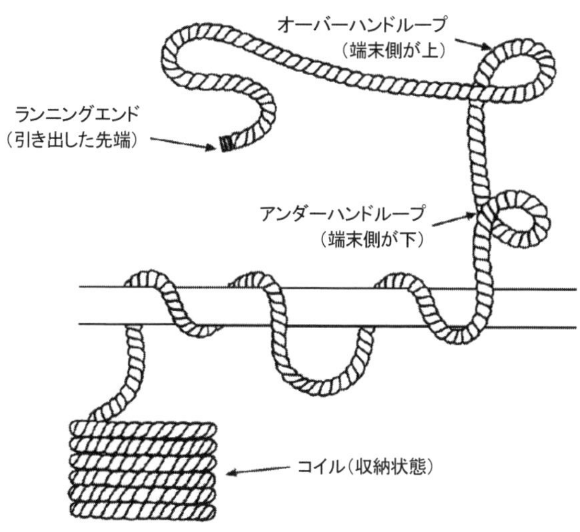

Figure 7-10 基本の構成とループ

	概　要
バイト	ロープを曲げて作る半円のループ
ターン	ロープをビレーピンやボラードなどに 1 周回した環
ラウンドターン	シングルターンに対し、物に巻くため完全に 1 周させた環

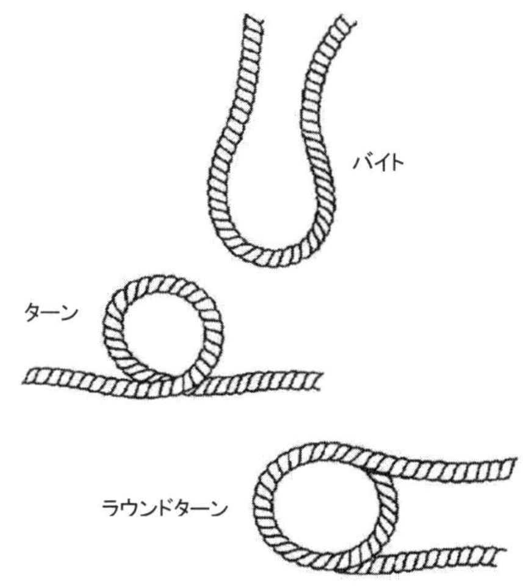

Figure 7-11 バイトとターン

D.5.　結びの種類

よい結びは滑らずほどきやすく、それ自身が固まらない。航海用語で「ノット」はロープをそれ自身に結ぶ意味、「ベンド」は 2 本のロープを互いに結ぶ意味、「ヒッチ」はロープを環やレール、桁などに結ぶ意味で用いる。ロープを環やアイなどに取り付けるための結びは「ヒッチ」である。以下はボートで多用される結びである。任務の成否をノットが左右することもあり、技能を身に付けておくべきである。

D.5.a. ボーラインノット

ボーラインノットは用途が広く、ロープの片側にアイが必要なときはいつでも使える。2本のロープをしっかりと結び付けることもできるが、これにはさらに有効なノットがある。ボーラインの長所は、滑らず絡まないことである。手順は次の通り。

手順	要　領
1	ロープの上にオーバーハンドループで必要な大きさのアイを作る
2	ロープの端をオーバーハンドループの下から通す
3	ロープの縦になった部分にロープ端を回し、ループを通して下に出す
4	ロープ端とロープの縦部分を両手で強く引いて締める

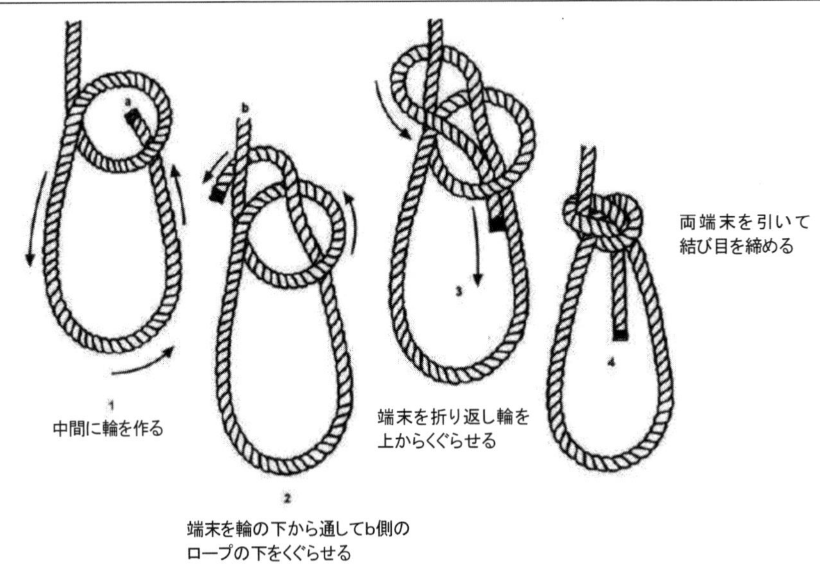

Figure 7-12 ボーラインノット(もやい結び)

D.5.b. ハーフヒッチ

ヒッチはロープを環やアイに一時的に止めるのに用いる。ほどきやすいのが利点の一つである。ハーフヒッチは最も小さく簡単なヒッチで、右に巻き付けて引くだけである。一重のハーフヒッチは滑りやすいので、張力が加わるときは注意する。

手順	要　領
1	ロープを固定物の周囲に巻く
2	ロープ端をロープの真っすぐな部分の周囲に回す

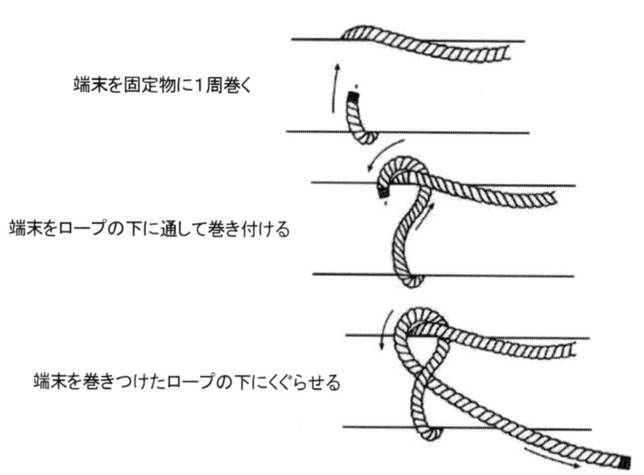

Figure 7-13 ハーフヒッチ（一重半結び）

D.5.c. ツー・ハーフヒッチ

一重のハーフヒッチの強度を高めるには、ロープをもう一度結ぶ。ツー・ハーフヒッチは一重よりも信頼性が高く、ロープ端を真っすぐな部分の周囲にもう一度回す。ハーフヒッチを数個作り、1～2 度のラウンドターンと組み合わせると、柱や桁に素早くしっかり固定できる。ツー・ハーフヒッチは、棒などにロープを滑らないように取り付けるのに用いる。

手順	要　領
1	物の周囲にロープを回す
2	ロープ端をロープの真っすぐな部分に回してから戻し入れる
3	2 をもう一度行う

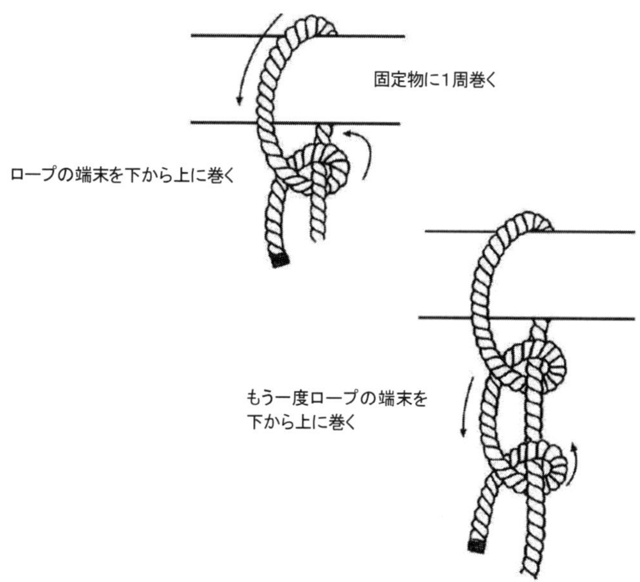

Figure 7-14 ツー・ハーフヒッチ

D.5.d. ローリングヒッチ（ストッパー）

ローリングヒッチは、張って曲げられないロープに別のロープを取り付けるときに用いる。

手順	要　領
1	ロープ"a"のランニングエンドをロープ"b"に回し、端末をその回した上に通す
2	ロープ"a"をロープ"b"に再度回し、"a"のランニングエンドを最初に巻いてできた両ロープの隙間に通す
3	軽く引き締めてから、"a"のランニングエンドでこれまで巻きつけた部分をまたいだのち、もう一度ロープ"b"に巻きつけ、ロープ"b"との間にできた隙間に通す
4	引いて締める

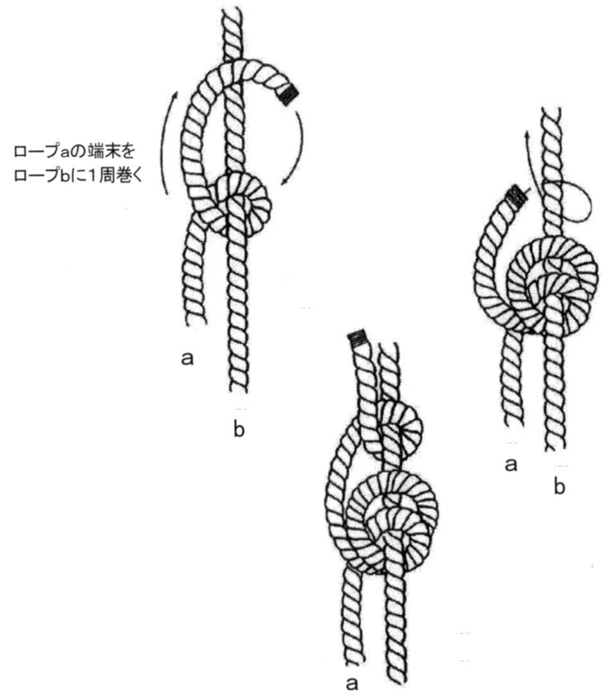

Figure 7-15 ローリングヒッチ

D.5.e. クラブヒッチ

クラブヒッチは、曳航索に引き寄せロープを取り付けるのによく使われる。これは、ロープを環や桁に取り付けるために万能的に使われる方法である。正しく結べば、クラブヒッチは絡んだりゆるんだりすることはないが、不十分な取り付け方だと機能しない。クラブヒッチとハーフヒッチの組み合わせでそうしたことを防ぐことができる。

手順	要　領
1	ランニングエンドを物の周囲に回し、端末を1周目の上に交差させる
2	ロープ端をもう一度回し、端末を2周目の下に通す
3	引いて張る
4	端末を元部分にハーフヒッチで固定する

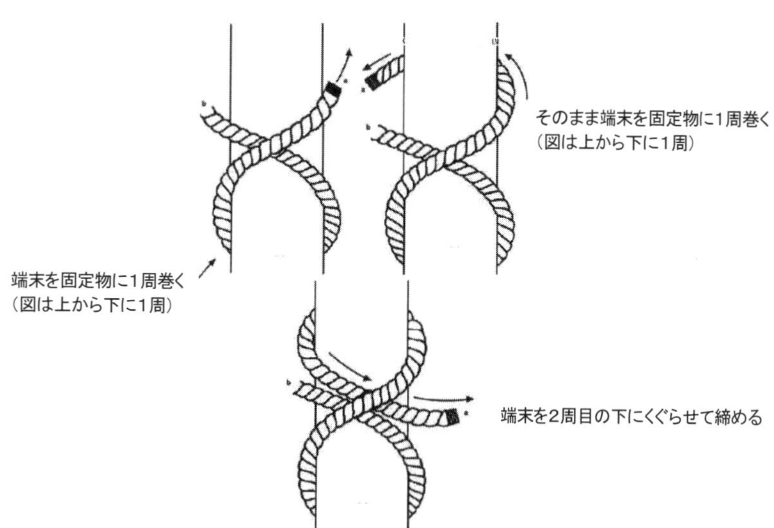

Figure 7-16 クラブヒッチ（巻き結び）

D.5.f. スリップクラブヒッチ

スリップクラブヒッチは、素早くほどく必要がある場合に、クラブヒッチの代わりに使われる。クラブヒッチと同じ方法で結ぶが、ロープ端にバイトを入れてすぐにほどけるようにする（Figure 7-17)。ロープや防舷物の保管に用い、ロープでの作業には使用しない。

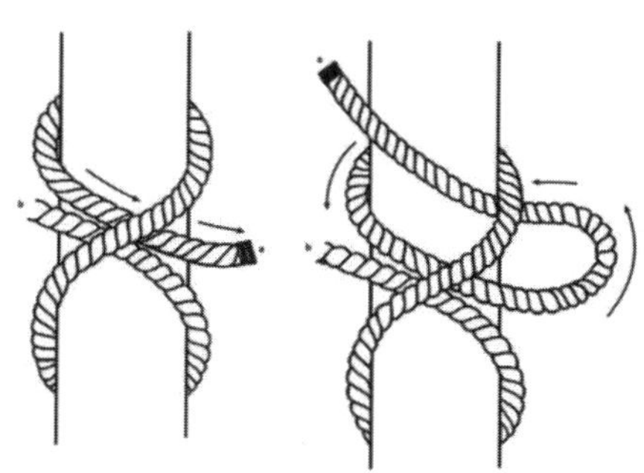

Figure 7-17 スリップクラブヒッチ

D.5.g. ティンバーヒッチ

ティンバーヒッチは、ロープを木材や桁、厚板などの表面が粗いものにロープを取り付けるときに用いる。パイプなどの金属には用いない。

手順	要　領
1	ハーフヒッチを掛ける
2	ロープ端を、ロープの真っすぐな部分に巻き付ける
3	ロープの真っすぐな部分を引いて張る
4	必要に応じてツー・ハーフヒッチを掛ける（Figure 7-19)。ハーフヒッチが滑って外れないよう、ティンバーヒッチを掛ける前にハーフヒッチを留めておく

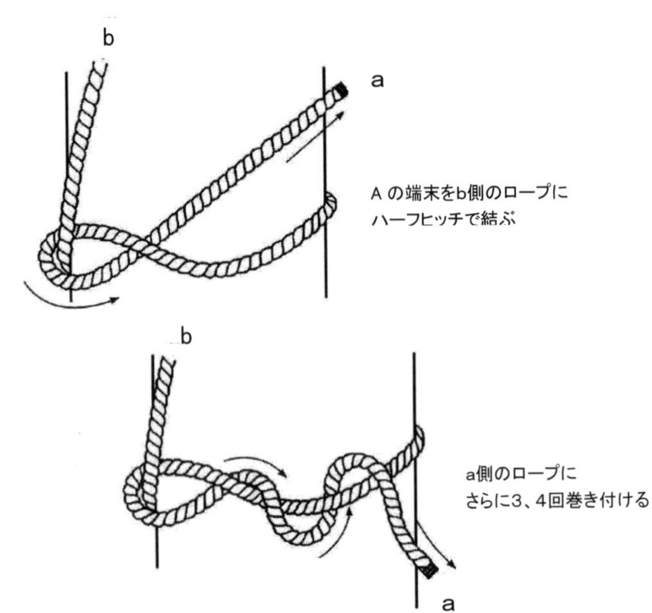

Figure 7-18 ティンバーヒッチ

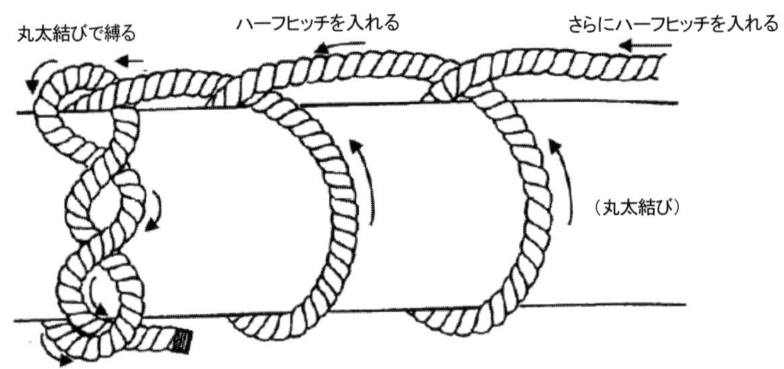

Figure 7-19 ティンバーヒッチとツー・ハーフヒッチ

D.5.h. シートベンド

ロープはシートベンド（バケットベンド）でつないで延長できる。これは、ほかのロープのアイスプライスにつなぐための最も優れた結び方で、負荷が加わっている場合でも簡単にほどくことができる。シートベンドは、太さが同じか同程度のロープ同士をつなぐのに用いる。

手順	要　領
1	片方のロープ"a"にバイトを作る
2	他方のロープ"b"のランニングエンドを"a"のバイトに通す
3	"b"のランニングエンドを"a"のバイトの周りに回す
4	"b"のランニングエンドをバイトに通した自身のスタンディングパートの下をくぐらせる
5	引いて張る

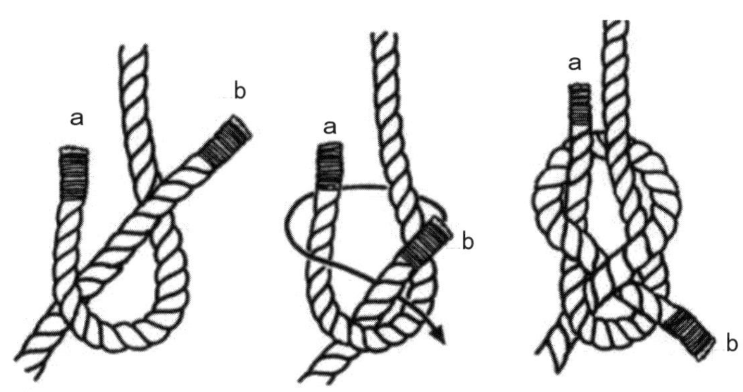

Figure 7-20 シートベンド（一重つなぎ）

D.5.i. ダブルシートベンド

ダブルシートベンドは太さの違うロープ同士をつなぐのに用いる。シートベンドと同様の要領で結ぶが、手順の 4 が上記と異なる。ロープ“b”を自身のスタンディングパートに 2 度通す。

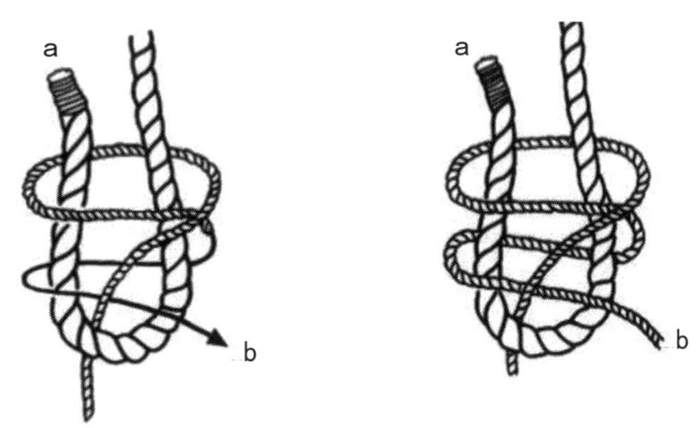

Figure 7-21 ダブルシートベンド（二重つなぎ）

D.5.j. リーフノット

リーフノットは、マリンスパイキを使うときに最もよく使われる結び方である。リーフノットは、同じ太さで類似の素材を使ったロープ同士をつなぐときに用いる。リーフノットは、大きな張力が加わるともつれてほどきにくくなることに注意する。リーフノットは、帆布やカバー、オーニング（日除け）などをつなぎとめるなど、小さいものを一時的に留めておくのに向いている。

手順	要　領
1	一重のオーバーハンドノットを作る
2	左右対称になるように、二つ目のオーバーハンドノットを作って重ねる。両端は揃って外側に出す
3	引いて締める

Figure 7-22 リーフノット

D.5.k. モンキーフィスト

曳航索などは太くて遠距離に投げることができないので、端にヒービングライン（細い投げ綱）をつないで、まずはこれを遭難船に渡す。ヒービングラインは 75～100 フィートの長さで、ソフトボール程度の大きさのゴムボールを片方につないで投げる。モンキーフィストをヒービングラインに付ける方法もある。ぶつかると怪我をするので、モンキーフィストには鉛や鉄のおもりは入れない。ヒービングラインに重さを追加するときは、ロープの切れ端、皮、布きれなどを使う。

手順	要　領
1	ランニングエンド側のロープを左手の指の周りに 3 回巻き、ランニングエンドの根本を親指で挟む
2	指を抜いたあと（輪になった 3 巻き部分）の周囲に、ランニングエンド側を 3 回巻く
3	最初の 3 巻きと二番目の 3 巻きの間を通すようにして、さらに 3 回巻く
4	芯に重量を加えるため、ロープや皮、布きれなどを結びの内側に入れて堅く締める
5	締めたあとにはランニングエンドが残るので、スタンディングパートに沿わせて留める

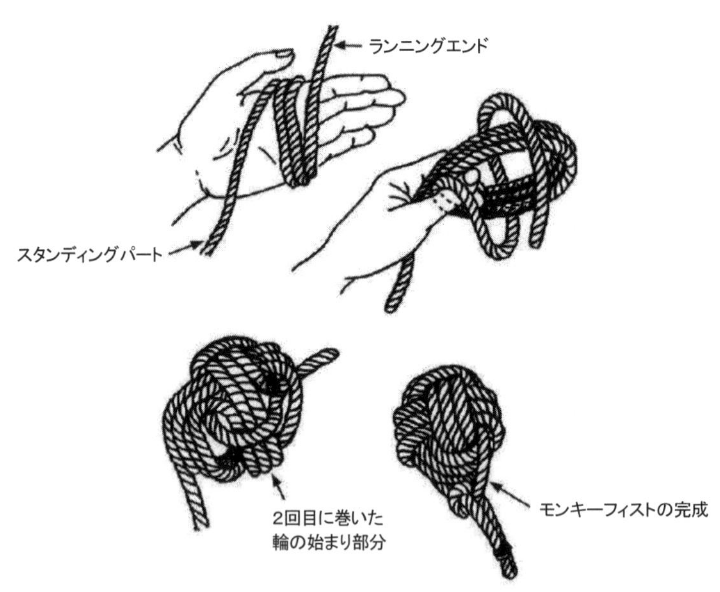

Figure 7-23 モンキーフィスト

D.5.l. フィギュアエイトノット（ストッパー）

フィギュアエイトノットは、オーバーハンドノットにひねりを加えて作る結び方である。これは、張力でロープ端がフェアリーダーなどから抜けないようにするものである。ほどきやすく、もつれにくい。

Figure 7-24　フィギュアエイトノット（8 の字結び）

D.5.m.　シープシャンク

シープシャンクはロープを一時的に短くするのに用いる。ロープの両側にバイトを作り、ハーフヒッチを両端に施す。

Figure 7-25　シープシャンク

D.5.n.　フィッシャーマンズベンド（アンカーベント）

フィッシャーマンズベンドはロープを錨や係留ブイなどの環に取り付けるときに用い、桁の周りに取り付けるのにも用いることができる。

手順	要　領
1	ロープ端を環に通して２周回し、下向き螺旋のループを二つ作る
2	ロープ端を元の周りに巻き付け、ループの上部で下に通して戻す
3	ハーフヒッチを結ぶ
4	引いて張る

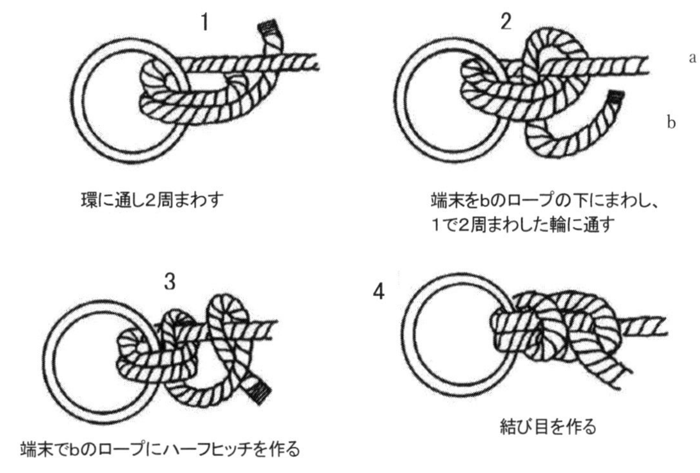

Figure 7-26 フィッシャーマンズベンド／錨

D.5.o. クラウンノット

クラウンノットは、ほつれ止めをしていない三つ打ちロープがほどけないようにするのに用いる。

手順	要　領
1	ロープ端のストランドを 25cm 程度ほどく
2	ストランドをほどいて、真ん中のストランド“a”を持ち上げる
3	真ん中のストランド“a”でバイトにとる
4	右側のストランド“b”をバイトの後ろに回し、“a”と“c”の間に置く
5	ストランド“c”を“b”の上から、バイトにとった“a”のループ部分に通す
6	3 本のストランドをそれぞれ引いて張る
7	ストランドにバックスプライスを入れ、アイを作るようにしてスプライスにする

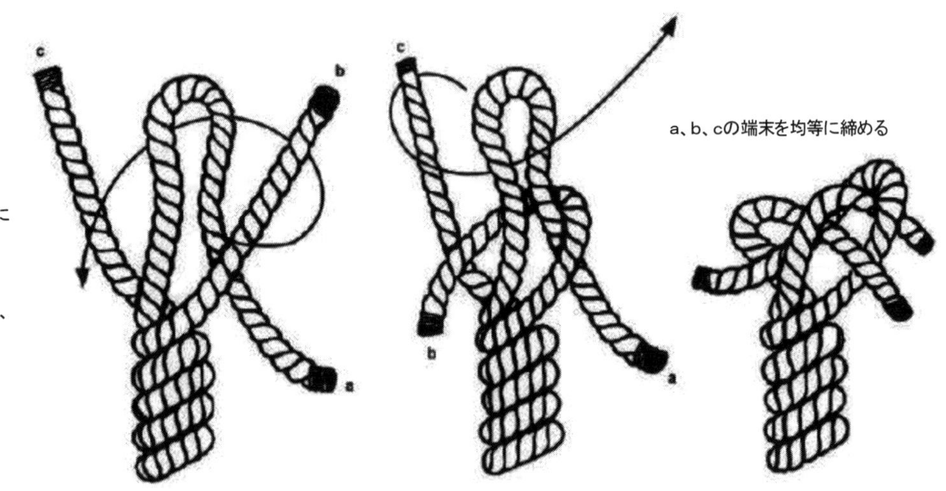

Figure 7-27 クラウンノット

スプライス

D.6. 手　順

スプライスは 2 本のロープを恒久的につなぐ方法で、三つ打ちや二重組み打ちなどの種類によっていくつもの方法がある。三つ打ちロープはいったんストランドをほどいてから編み直してスプライスにする。二重組み打ちロープは芯と外皮の抜き差しを繰り返してスプライスにする。スプライスは、ノットよりも元の強度を保っているので好まれる。スプライスの種類は、接続部分の形とロープの種類によって異なる。コーストガードのボートでは、最も一般的に使われるスプライスは曳航索や係留索のアイスプライスである。三つ打ちロープのアイスプライス、バックスプライスおよびショートスプライスを図に示す。また、二重組み打ちナイロンロープのアイスプライスとショートスプライスを図に示す。

D.7. 三つ打ちロープのアイスプライス

アイスプライスはロープ端に恒久ループ（アイ）を作る。

手順	要 領
1	ロープの端末を約 25cm ほどく
2	これから作るアイが必要な大きさになるよう、ストランドを差し込む箇所の目安をつける
3	中央のストランド“a”を顔の前で支持する
4	中央のストランド“a”を差し込む
(注釈) 常に中央のストランドを最初に差し込み、右側のストランドが自分に向くようにする。差し込みはすべて外側から自分に向けて行う	
5	ストランド“b”を、直前に差し込んだストランドと交差させて下に差し込む
6	アイスプライス全体を回し、ストランド “c”を差し込む
7	ストランドを引いて締める
8	各ストランドは隣のストランドの上を通し、その隣のストランドの下を通す（上下交互）。差し込む回数はロープの素材によって異なる。天然繊維ロープは最低 3 回必要で、合成繊維ロープは滑らないよう 4 回以上差し込む

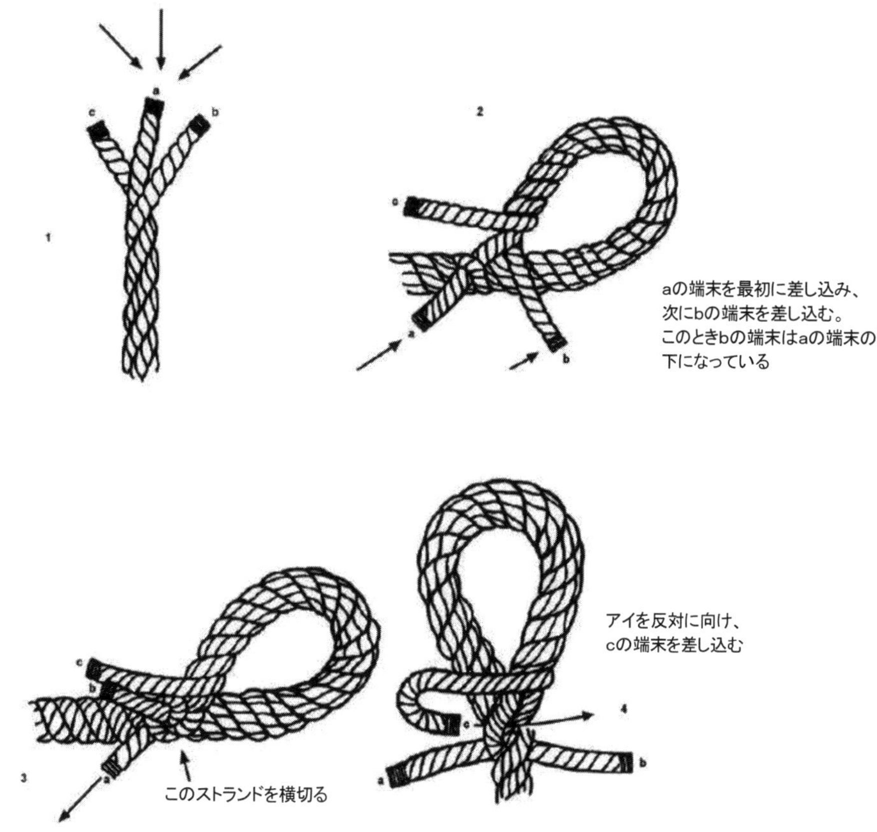

Figure 7-28 三つ打ちロープのアイスプライス

D.8. 三つ打ちロープのバックスプライス

バックスプライスは通常、ロープのほつれ止めに用いられ、コーストガードのボートでは防舷物のロープ端にも使われる。ほつれ止めにバックスプライスを使う場合は注意が必要である。バックスプライスはロープの直径が大きくなるため、ブロックや甲板金物を通る際に絡んだり引っかかったりすることがある。ロープの円滑な通りが必要な場合は、Figure 7-32 に示す恒久ほつれ止め（ニードルホイッピング）をしたほうがよい。バックスプライスは、ロープ端のストランドをほどき、逆向きに編み込む。

手順	要　領
1	まずロープ端にクラウンノットを作る。各ストランドは、隣のストランドの下をくぐらせ外に出す
2	各ストランドを、クラウンノットのすぐ下で自身の下にくぐらせて差し込む。最初に通した部分を引いて締めすぎないこと
3	差し込みを 3 回繰り返す。アイスプライスのように上下交互に差し込む
4	必要に応じてストランドの端を切りそろえる

Figure 7-29 バックスプライス（三つ打ちロープ）

D.9. ショートスプライス

ショートスプライスは 2 本のロープの両端を恒久的につなげるのに用いる。ショートスプライスは、滑車などを通るロープに施してはならない。

手順	要　領
1	スプライスを作るロープのストランドを約 25cm ほどく
2	ストランドを交互にして両ロープ端を合わせる
3	合わせた両ロープの端末を、細ロープやテープで仮留めする
4	各ストランドを、アイスプライスと同じ要領で上下に 3 回くぐらせる。合成繊維ロープの場合はさらに回数を増やす
5	仮留めを外す

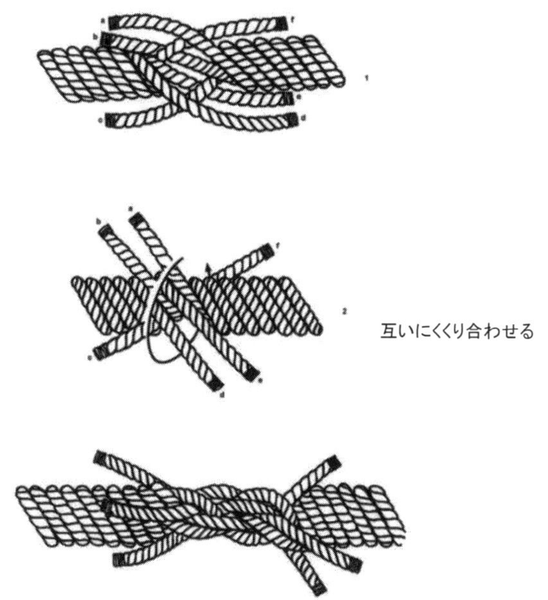

Figure 7-30 ショートスプライス

D.10. 二重組み打ちロープのアイスプライス

二重組み打ちロープでは、芯を外皮から引き出し、芯を外皮の中に戻すようにしてスプライスする。戻す方法の基本は以下の通りである。

・ 外皮が芯の中に入る

・ その後、芯が外皮の中に戻る

二重組み打ちロープのスプライスには特別な用具が必要である。「プッシャー」と「フィッド」は、ある太さのロープにスプライスを作るための専用の道具である。スプライスを作る前に、製造者が規定した正確なロープの太さを知る必要がある。太さの測り方を誤ると、不適切で危険なスプライスができる。

(注釈)二重組み打ちロープのスプライスに関する情報は、ロープごとに方法が異なるため、その手順を提供している製造元に問い合わせること。

ほつれ止め

D.11. 処理の重要性

切断したロープの端は、ほつれ止めやバックスプライスを施さないとほどける。ほつれ止めは一時的なものと恒久的なものとがある。

D.12. ホイッピング(一時的ほつれ止め)

ホイッピングは、スプライスを作るときにストランドを留めておくときなどに用いるもので、耐久性がなく力を加えると簡単にほどける。ホイッピングは通常、帆布用の縫い糸を使うが、細い糸ならなんでもよい。

手順	要　領
1	糸を、留めようとするロープの外周の10倍程度の長さに切る

2	糸を処理するロープに沿わせる
3	糸でループ“C”を作り、端が糸全体の 1/2 程度出るようにする
4	端“a”を押さえ、ループ上をロープの端に向かって何度も糸を巻き付ける。巻き付けの幅がロープの直径程度になるまで巻く
5	端“a”をループ“c”に通す
6	ループが見えなくなるまで“b”を引く
7	余分な糸の端を切る。またはリーフノットで結ぶ

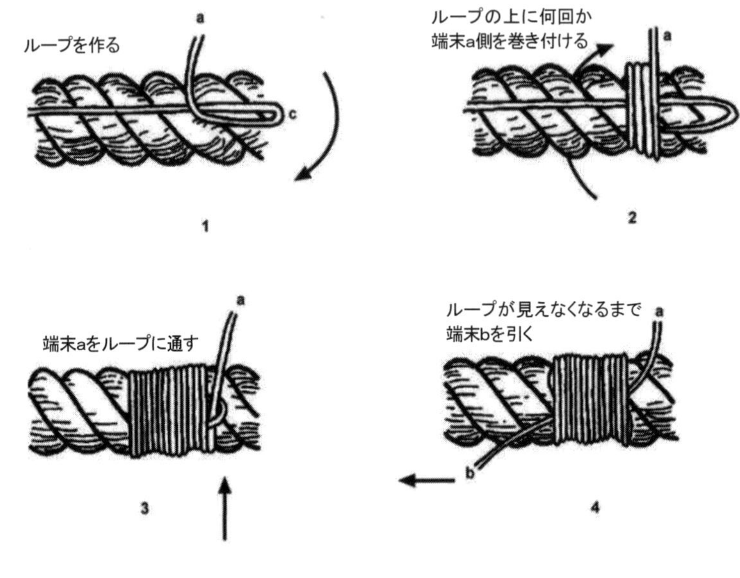

Figure 7-31 ホイッピング

D.13. ニードルホイッピング（恒久的ほつれ止め）

ニードルホイッピングは長持ちする。ロープの周囲にろう引きナイロン糸などを数回巻きつけたのち、この巻きつけた部分の上を通るようにして、ロープごと縫う。

手順	要　領
1	ロープを 15～20 回程度巻ける長さに糸を切る。作業用の余長をとっておくこと
2	糸の端をロープに縫い通して留める。必要があれば 2 回以上縫い通す
3	糸をロープに 15～20 回程度、ロープ端の方向に巻き付ける。糸自身の端を覆い隠すように巻き付けること
4	糸をロープに縫い通して固定し、ロープの撚り方向に沿って巻く。ロープの太さに応じてこれを 3 回以上繰り返す

5	糸をさらに数回ロープに縫い通し、最後に端末を切って仕上げる。糸を引くと、糸の端はロープの中に引き込まれて見えなくなる

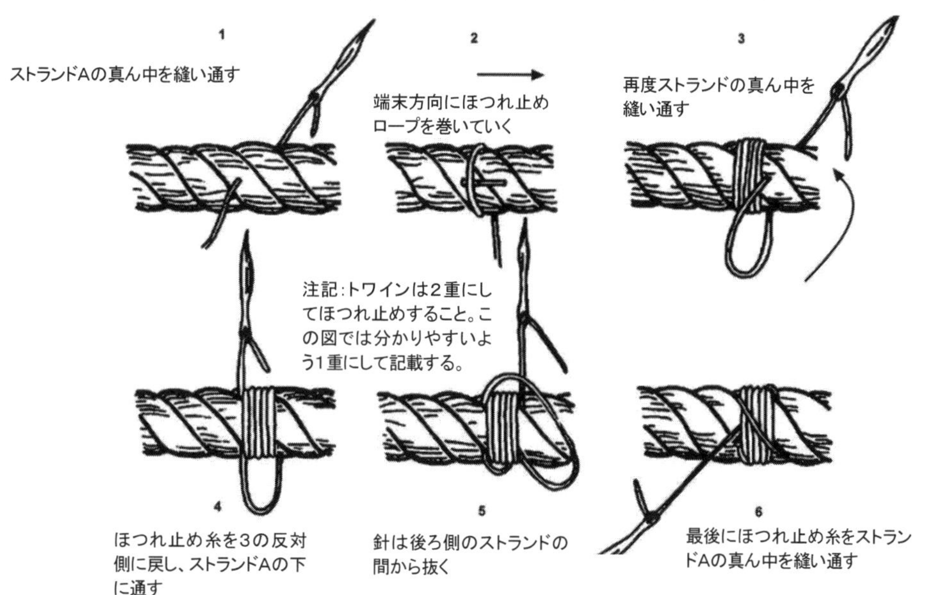

Figure 7-32 ニードルホイッピング

フックとシャックルの口の閉鎖

D.14. フックの口の閉鎖

フックからスリングなどが滑り落ちて外れないように口を閉じる。これは機械的に行うか、フックの口をワイヤーや細ロープで巻いて留める。

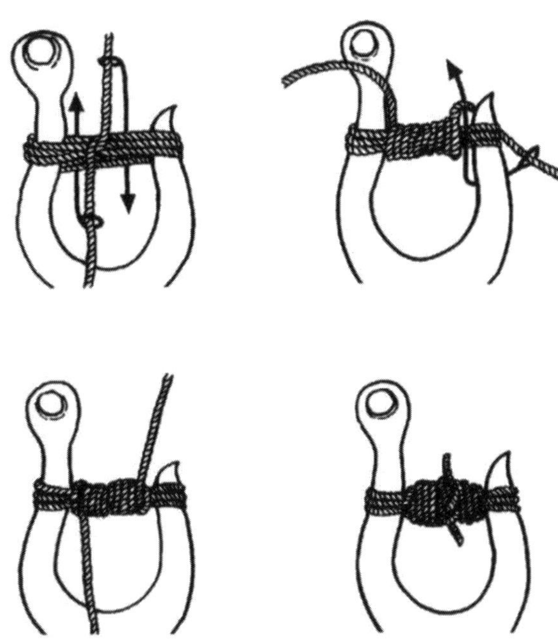

Figure 7-33 フックの口の閉鎖

D.15. シャックル

シャックルはピンが脱落しないように口を固定する。これは通常スクリューピンシャックルで行う。ピンの孔にワイヤーや細ロープを通して数回巻き、シャックル本体にも巻き付けてピンが回らないようにする。

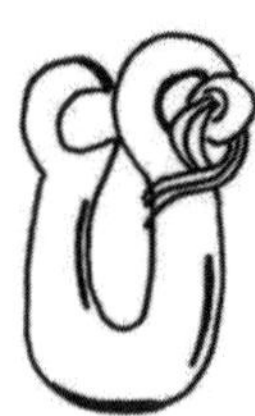

Figure 7-34 シャックルの口の閉鎖

Section E. 甲板金物とロープの取り扱い

本節ではロープを各種の甲板金物に取り付ける方法について述べる。

E.1. 甲板金物

甲板金物は、ロープを固定するための用具やポイントである。それらは扱いやすく、ロープの摩擦や損耗を軽減するように作られている。甲板金物には三つの基本的な種類がある。

- ビット
- クリート
- チョック

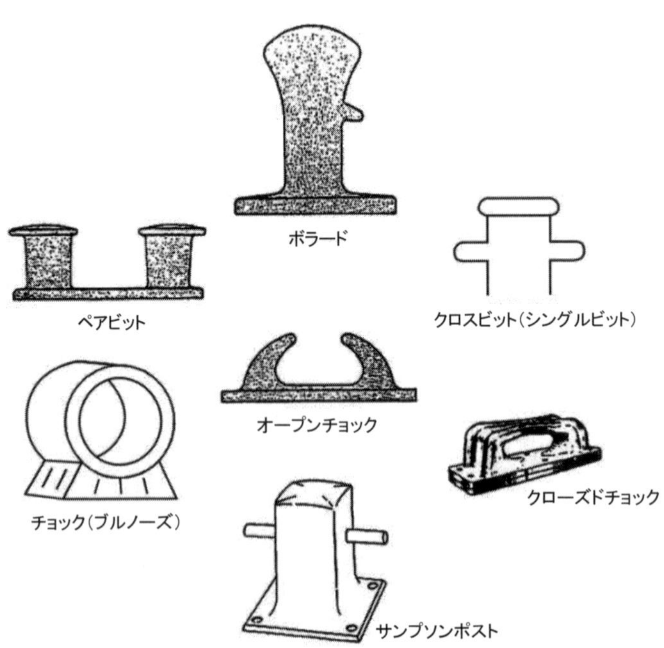

Figure 7-35 甲板金物の種類

E.2. ロープの取り扱い

コーストガードの標準艇には曳航ビットと船首のビットが付いている。クリートは両舷側にあり、ビットとクリートでロープの擦れを防ぐ。チョックは、通ったロープが滑らかに動くように滑りやすくできている。標準艇以外のボートは設計が各種異なるので、甲板金物の強度は多様である。

E.2.a. 適切な太さのロープの使用

甲板上の金物の大きさは、使用されるロープの太さで異なる。クリートは長さで規定し、ロープの直径はクリートの角（つの＝ホーン）の長さ（インチ）の 1/16 である（ロープの直径 3/8 インチの場合クリートは 6 インチ、ロープの直径が½インチの場合クリートは 8 インチ）。

E.2.b. 補強板の使用

甲板上の曳航設備は、負荷を広く分散させるための補強板で固定されている（Figure 7-36)。補強板は圧縮処理した木板や外装用合板でボルト径の 2 倍以上の厚みが必要である。金属板を使う場合、厚みはボルト径以上が必要であり、アルミは適当でない。タッピングビスではなくボルトとナットを用い、平ワッシャーとロックワッシャーを使用する必要がある。平ワッシャー径はボルト径の 3 倍が必要である。

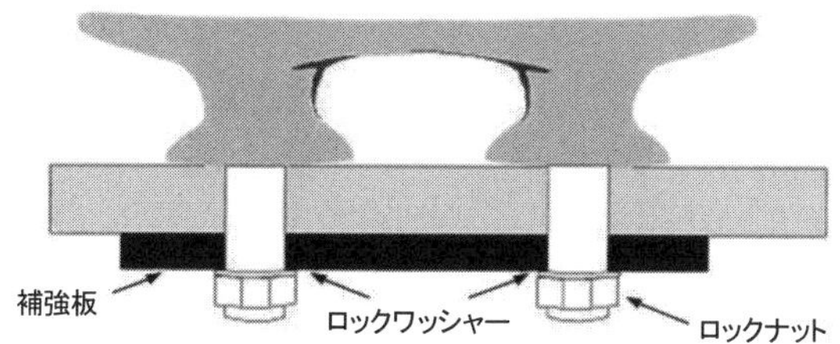

Figure 7-36 補強板

E.2.c. ビットへのロープの結び方

手順	要　領
1	ホーンの周囲に 1 周させる
2	両側のホーンをまたいで 8 の字に数回巻く（巻き数はクリートとロープの寸法によるが、3 回以上が普通である）
3	ラウンドターンで止め切る

(注釈) ハーフヒッチ、ウェザーヒッチ、ロックヒッチは、ボートでは通常使用しない。

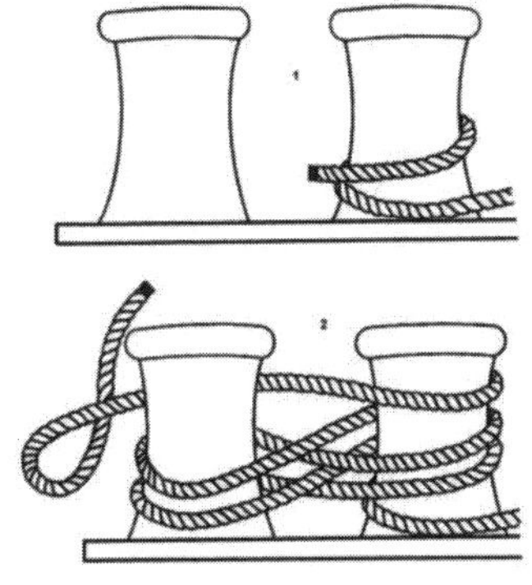

Figure 7-37 ロープのビットへの固縛

E.2.d.　サンプソンポストへのロープの結び方

サンプソンポストはボートの前部にある縦型の係留柱で、ビットやクリートと同様に使用する。

手順	要　領
1	基部にロープを完全に1周巻く
2	ホーンに8の字に数回巻き付ける（通常3回）

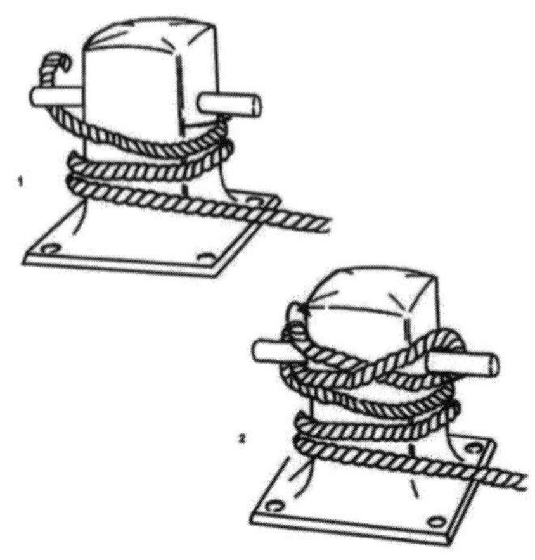

Figure 7-38 サンプソンポストへのロープの取り付け

E.2.e.　クリートへのロープの結び方

手順	要　領
1	クリートの基部にロープを1周回す
2	ロープをホーンの上に回し、8の字型に結ぶ
3	可能であればさらに2回、8の字結びを重ねる

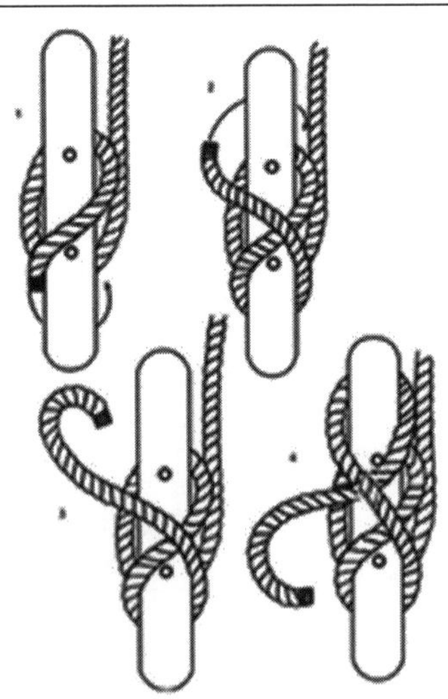

Figure 7-39 標準クリートへのロープの取り付け

E.2.f. 係留クリートへのロープの結び方

手順	要　領
1	クリート基部の開口部からロープのアイを通す
2	アイを戻してクリートのホーンに掛け、強く引く

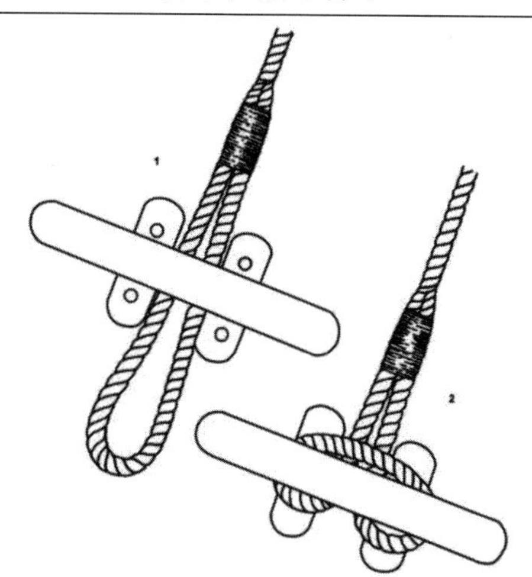

Figure 7-40 係留用クリートへのロープの固定

E.2.g. アイのディッピング

アイスプライスの付いたロープを 2 本、同じボラードに掛けると、下側のロープは上側を外さないと外れない。アイをディッピングすると、どちらのロープも簡単に外すことができる。

手順	要　領
1	1 本目の係留索のアイをボラードに掛ける
2	2 本目のロープのアイを 1 本目のアイに下から通す
3	2 本目のロープのアイをボラードに掛ける

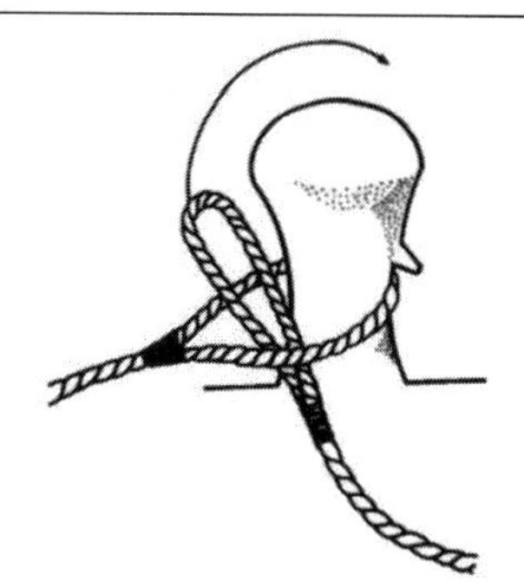

Figure 7-41 アイのディッピング

E.2.h. 曳航索の固定

曳航索はおそらくボート上で最も酷使するロープである。大きな張力が加わり、付近の人員への危険も大きい。曳航索はいつでもゆるめて放出できるようにしておかなくてはならない。コーストガードのボートにはいくつかの種類の曳航ビットがあり、曳航索を確実に固縛し容易に調整できる。

Chapter 8. ボートの特性【安全：運用】

ボートの特性を知っておくことは安全なボートの運航に欠かせない。クルーはボートに関する用語を理解し適切に使えなくてはならない。クルーは、夜間であってもすべての属具を迅速に取り出して正しく使用できなくてはならない。このため、クルーはボートの内部の配置を熟知していなくてはならない。ボートにはそれぞれ運用上の特性と限界がある。これらの事項はボートの標準マニュアル、標準でないボートの場合はオーナー／オペレータマニュアルに記載されている。ボートクルーが知っておかなくてはならない事項には以下のようなものがある。

- 最高速力
- 巡航速力
- 速力ごとの航続距離
- 巡航速力における最大航続距離
- 最少乗組員数
- 安全な搭載人員数
- 最大搭載量

本章では、ボートを知るための基本知識について述べる。

Section A. ボートの用語

A.1. 定 義

ほかの専門領域同様、海事分野にも専門用語がある。それらの多くには背景に魅力的な歴史があり、船乗りはそうした用語を日常的に使う。本章ではそうした用語について述べる。以下は船上での位置と方角に関する用語で、Figure 8-1 はボートの略図と、一般的に使われる用語を示す。

A.2. 船 首(Bow)

ボートの前端を船首(バウ)という。船首に向けた移動は前進である。船首に向かって右側が右舷船首、左側が左舷船首である。

A.3. 中央部(Midship)

ボートの中央部分をミッドシップという。中央右側が右舷ビーム、左側が左舷ビームである。

A.4. 船 尾(Stern)

ボートの後方を船尾（スターン）という。船尾に向けた移動は後進である。船尾に立って前方を見たとき、右後方は右舷後方（starboard quarter)、左後方は左舷後方（port quarter）である。

A.5. 右 舷(Starboard)

右舷はボートの船首から船尾のすべてを含む右側である。

A.6. 左 舷(Port)

左舷はボートの船首から船尾のすべてを含む左側である。

A.7. 船首尾線（Fore and Aft Line）

ボートのセンターラインに平行の線を船首尾線という。

A.8. 船体横断線（Athwartships）

ボートを横切る線を船体横断線という。

A.9. 舷外（Outboard）

舷外とはボートのセンターラインから両舷いずれかを見る方向をいう。

A.10. 舷内（Inboard）

舷内とは、ボートのいずれかの舷からセンターラインを見る方向をいう。しかしながら、アウトボードとインボードの語の使い方にはバリエーションがあり、ボートが岸壁や他船に係留している場合、係留側をインボード、反対側をアウトボードという。

A.11. Going Topside

下方の甲板から上方に移動すること。

A.12. Going Below

上部甲板から下に降りること。

A.13. Going Aloft

ボートのマストに上ること。

A.14. 暴露甲板（Weather Deck）

外部気象にさらされる甲板をいう。

A.15. ライフライン（Lifelines）

暴露甲板の周囲にめぐらした命綱やレールを「ライフライン」と総称する。ただし、個々には別の名称がある。

A.16. 風上（Windward）

風上は、風が吹いてくる方向をいう。

A.17. 風下（Leeward）

風下は、風が吹いてくる方角の反対側をいう。発音は “loo-urd”である。

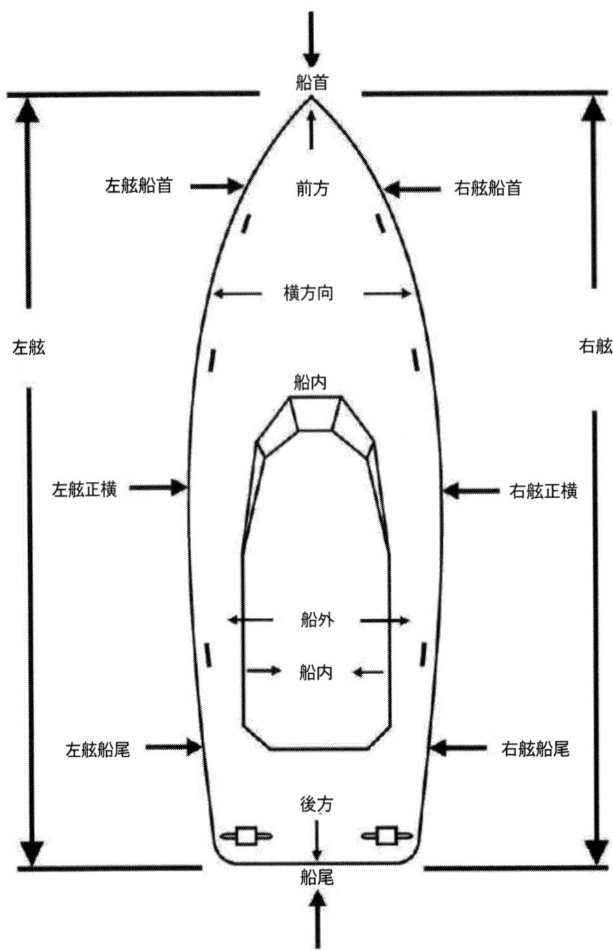

Figure 8-1 ボートの各部名称

Section B. ボートの構造

ボートの構造には、ボートのクルーが日常的に使う用語が含まれている。それらの用語と意味を正しく理解することは重要で、経験の浅い船員は見落とすことがある。

船型

B.1. 3種類の船型

船体はボートの主要部である。船体はフレーム（肋材）と外板で構成される。船体は各種の素材で作られるが、最も一般的な素材は金属とファイバーグラスである。金属製の外板はフレームに溶接されるが、リベット（鋲）で打つこともある。船体にはモノハルと、カタマランやトリマランといったマルチハルがある。船舶の速力に対応した3種類の船型は以下の通りである。

- 排水量型船型
- 滑走型船型
- 半排水量型船型

B.2. 船型に影響する要素

船型に影響を与える要素は下表のように数多くあり、浮力と復原性にも影響を与える。

要素	概 要
フレア	フレアは、船体が喫水線から上方に向かう外方向への反りである。ボートが水に突っ込むとき、フレアによってボートの排水量が増加し、浮力が増す
タンブルホーム	タンブルホームは、フレアの反対で舷側から下方に向けた膨らみである。これは、古いクルーザーのトランサム型船尾にしばしば見られる
キャンバー	甲板は通常、船体横断線に沿ってカーブしており、船体中央線部分で舷側よりも高く、水が甲板から流れ落ちる。このカーブをキャンバーという
シアーライン	シアーラインは、甲板の縦方向のカーブである。シアーによってボートの船首が甲板中央部よりも高くなっていれば、船首の浮力が大きくなる。この浮力を予備浮力といい、フレアとシアーラインによって生じる
チャイン	船体の喫水線より下の角の部分（舷側と船底が交わる線）をチャインという。これが丸みを帯びていればソフトチャイン、角張っていればハードチャインである。チャインはボートが旋回するときの速力に影響する
トランサム	ボートの船尾形状は、平たいか、丸みを帯びているかである。船尾の形状は速力、強度および性能に影響する
喫水線長	ボートの喫水線長は、ボートが静止状態での船首から船尾までの長さを喫水線上で測ったものである。この長さは、ボートの海上での上下動により変化する
全 長	ボートの全長は、船首最前端と船尾最後端の間の距離を直線で測ったものである。船体が浮かんだ状態によって変わることはない
全幅と型幅	全幅と横幅は船体の横方向の長さを示す。全幅は船体の最も広い部分で測った船体の幅である。横幅は、両舷のフレームの内側の間隔を測った長さである。型幅は、両舷の船体外板表面の間の距離を最広部で測る。最大幅はフレームの外側の端から端までを船体最広部で測る
喫 水	喫水は、喫水線からキール下端までの深さである
船底付加部喫水	船底付加部喫水は、舵や推進器などの恒久的付加物が船底よりも下にある場合、それらを含めた喫水線から最深部までの深さである。喫水はボートが水に浮かぶために必要な深さでもある
トリム	トリムは、船体が浮いた状態を表す相対的表現で、復原性と浮力を表す。トリムの変化は、船首尾喫水の差の変化を意味する。船首喫水が増加して船尾喫水より大きくなれば船首トリム、船尾が大きく沈めば船尾トリムである

排水量

B.3. 測度法

排水量はボートの重量で、ロングトン（2,240 ポンド≒1,016 キログラム）またはポンドで表す。

B.4. 総トン数

100 立方フィート当たり 1 トンで換算したボートの総内容積である。

B.5. 純トン数

貨物と乗客のスペースを 100 立方フィート当たり 1 トンで換算したボートの積載容積である。

B.6. 載貨重量(DWT)

DWT はボートの軽荷状態と満載状態の排水量の差で積載可能重量に相当し、ロングトンまたはポンドで表す。

B.6.a. 軽荷排水量

燃料、清水、貨物、属具、クルーおよび乗客を除いたボートの重量である。

B.6.b. 満載排水量

燃料、清水、貨物、属具、クルーおよび乗客を含んだボートの重量である。

(注意)船舶を曳航する場合、その船の設計値を超える速力で曳いてはならない。

B.7. 排水量型船型

排水量型船型は、水を押しのけて安定し、航海中は船体が水を押して波が発生する。水は船首で分かれて船尾で合流する。推力が大きくなって船速が増すと、船体に加わる力はきわめて大きくなる。最大速力では船首と船尾に顕著な波が生じる。波の長さはボートの長さと速力に応じて変化する（ボートが長いほど波も長くなる)。速力が大きくなると船首と船尾は水中に沈み込み、船側中央の水面は周囲よりも低くなる。これは、速い船底水流と、船首尾の波との相互作用によって生じる。船体は自身が発生する負圧の中を前進する。排水量型船型の船の最大速力は喫水線の長さで決まる。排水量の大きい船舶は、強大な推力がない限り、喫水線長の平方根値の 1.34 倍を超えることができない。これを限界速力（ハルスピード）という。船舶を曳航するとき、その船の限界速力を超えて曳いてはならないことに注意する。

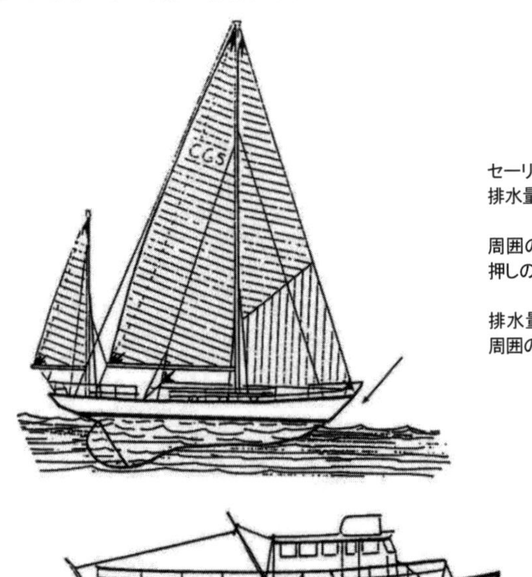

Figure 8-2 排水量型船型

B.8. 滑走型船型

静止状態では、滑走型船型も排水量型船型も、ともに周囲の水を押しのける。航走開始時、滑走型船型は排水量型船型と同様の作用を示し、速力を少し増すために大きな推力を要するが、ある点を超えると船体に働く外力は興味深い効果を及ぼし、船体は水面の上に押し上げられる。排水量型船型が水を前に押すのに対し、滑走型船型は水面を滑るように航走する。これを滑走という。滑走に入ると推力と速力の比は大きく変わり、増速に必要な推力は非常に小さくなる。クルーは排水量モードから滑走モード、または滑走モードから排水量モードに遷移する際に推力を調節する必要がある。推力を徐々に減じると船体は水平になり、手をゆっくりと水上から水面、水中へと移動させるかのように状態が遷移する。しかし、推力を急激に減じると、状態の遷移が急になり、手で水面を叩くようにして船体が水面を叩く。

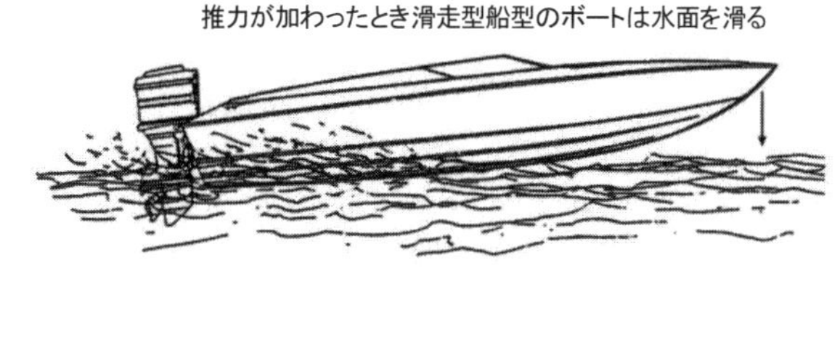

静止時は、滑走型、排水量型の船型に関わらず、
基本的に同じ状態とする

Figure 8-3 滑走型船型

さらに、急激に排水量モードに戻ることで船体が水上、水面、水中へと移動するため、船体に加わる抵抗の増加で急減速する。これは自動車の急ブレーキに似た効果である。

B.9. 半排水量型船型

半排水量型船型は、排水量型と滑走型の特徴を兼ね備えた形状で、コーストガードのボートの多くはこの形状である。この船型では、ある推力と速力までは排水量モードで、これを超えると船体が部分的に浮上する。半排水量型船型は、排水量型船型のように常時水中にあって、滑走することはない。排水量モードのとき、推力と速力の比は排水量型船型で述べたものに近い。半滑走モードでは排水量モードと滑走モードの組み合わせになる。このため、増速に必要な推力の増加は小さいが、増速の程度は滑走型船型ほど大きくない。

竜骨（キール）

B.10. 位 置

キールは船の背骨で、ボートの底の中央を船首から船尾に通っている。

B.11. キールの構成

キールにはフレーム、船首材および船尾柱が組み合わされる。

B.11.a. フレーム

フレームはキールに取り付けられ、船体の横方向に向けて伸びる。船体外板はフレームに取り付けられる。キールとフレームは、外力に抵抗して船の強度を増すとともに、船の重量を分散する働きを持つ。

B.11.b. 船首材

船首材はキール前部の延長部分である。船首材にはいくつもの形状があるが、波から受ける力を逃がすため、通常は斜め上方に向いて取り付けられている。

B.11.c. 船尾柱

船尾柱はキール後端の垂直部分である。

B.12. キールの形式

キールには多くの種類があるが、金属製のボートの場合、棒状キールと平板キールの２種類がある。

B.12.a. 棒状キール

棒状キールは、スティフナー（強度を増すための垂直板）が乗り揚げた際にボートの船底外板を保護することから、よく用いられる。ローリングを抑える効果もある。欠点は、船底から下に伸びるため喫水が深くなることである。

B.12.b. 平板キール

平板キールは、船底の中心線に沿って縦板（船首尾線方向に長い板）が取り付けられている。船体内側には中心線に沿って中心線立キールが取り付けられ、平板キールを支えている。多くの場合、中心線立キールには上部に縁板（フランジ）が付いているため、断面はＩの字に似た形になる。

ボートの主要部

B.13. 船首（Bow）

ボートは水中を進むことから、船首の形状と構造によって耐波性が決まる。船体にかかる抵抗には、波から受ける力と、航走によって自分が作る波によるものとがある。造波抵抗は船速によって大きさが決まる。

ボートの船首は波で持ち上げられるのに十分な浮力を持つよう設計され、船首のフレアによってこの浮力が得られる。

荒天下の大きな波浪の中での運用を目的とするボートは、バルバスバウを備えている。この船首はボート前部の浮力を増加させ、波しぶきが上がるのを防ぐ。

ボートが波に向かっているとき、まずは船首が波浪に切り込み、海が荒れていると船首が一瞬水に浸かることもある。船首フレアが波に食い込むと、浮力の中心が重心から前方に移動する。船首は波で持ち上げられ、波は船底を通過して浮心が船尾に移る。この現象によって船首は再び下がり、船の姿勢が水平に戻る。

B.14. 船尾（Stern）

船尾の形状は船速、抵抗およびボートの性能に影響し、推進器に向かう水流にも影響する。船尾は追い波で最初に波を受ける部分のため、船尾の設計は追い波の際に重要となる。追い波で船尾が大きく持ち上げられると、船首は波に沈んで隠れる。このとき船尾は波の力で船首を中心とした回転運動を生じ、制御できないとブローチングやピッチポールを起こす。

B.14.a. クルーザー型船尾

曲面を持つクルーザー型船尾は、後方からの波の力で押し上げられる平面部分が少なく、追い波を分けて側方から前方に逃がす。このため、波は船の姿勢に大きく影響せず、十分な船尾浮力をとることができる。クルーは常に船尾の横振れを打ち消すように操船すべきで、船尾が右に振れたら右に舵を取る。こうした操船は、三角波が発生するような不安定な追い波のときには機敏に行うことが重要である。

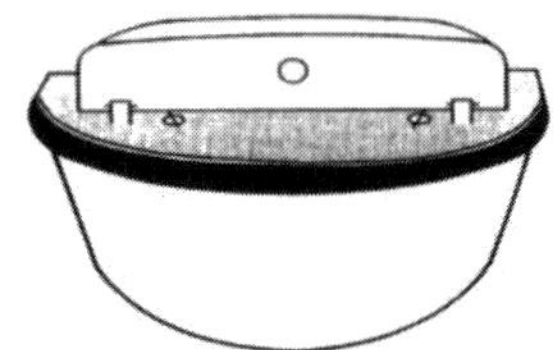

Figure 8-4 クルーザー型船尾

B.14.b. トランサム型船尾

トランサム型船尾は波から力を受ける面積が大きいため、強い追い波や、波乗り状態のときには波浪に向けないほうがよい。

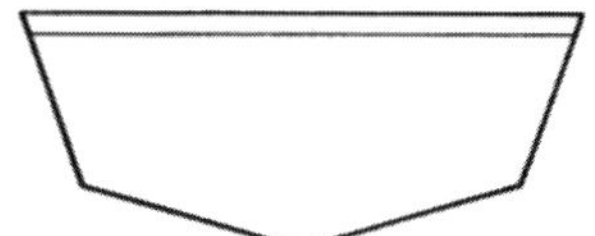

Figure 8-5 トランサム型船尾

B.15. 舵

舵はボートの進行方向を制御するもので、多様な大きさ、形状および製造方法がある。船尾形状、推進器の数およびボートの特性によって舵の種類が決まる。舵の種類を Figure 8-6 に示す。

- 平衡舵（Balanced）：舵面が舵軸の前後に半分ずつ出ている形状の舵
- 半平衡舵（Semi-balanced）：舵面の半分以上が舵軸の後方に出ている形状の舵
- 不平衡舵（Unbalanced）：舵面が完全に舵軸の後方に配置されている形状の舵

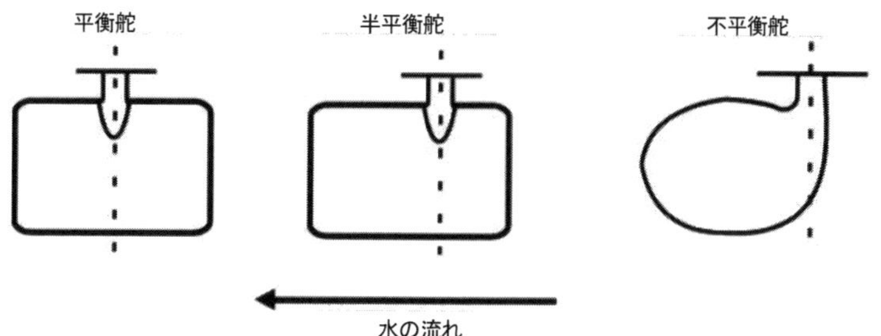

Figure 8-6 舵の形式

B.16. プロペラ(推進器)

ボートは、1 または 2 以上のプロペラで前進する。プロペラはねじを回して進むのに似ていることから、スクリューとも呼ばれる。一般的なプロペラは 3 または 4 翼である。1 軸船のプロペラは後方から見て時計方向に回転し、右回りと呼ばれる。2 軸船のプロペラはそれぞれ反対方向で、ボートの中心線から外向きに回転する。左舷側のプロペラは左回りで反時計方向に回転し、右舷プロペラは右回りで時計方向に回る。

B.16.a. プロペラの各部

プロペラは翼（ブレード）とハブで構成される。翼のハブ接続部をルート、外側の縁をチップと呼ぶ。

B.16.b. 翼端部

翼の先端の水を切る部分をリーディングエッジといい、反対側をフォローイングエッジという。翼端が回転して作る円をチップサークルと呼ぶ。各翼はルート部分からチップに向けてひねりが加わっており、これをピッチという。

B.16.c. ピッチ

ピッチとは、プロペラが滑らずに 1 回転したときに前進する距離のことである（Figure 8-7）。自動車のファーストギアのように、一般に直径が同じであればピッチが小さいほどエンジンは最適回転数（RPM）まで上げやすく、出力を上げて加速しやすい。同様に、自動車のサードギアのように、ピッチが大きいと小さい出力と低い回転数で大きい速力を得られる。最適動作点は、ピッチがエンジンの最適回転数と一致したときである。

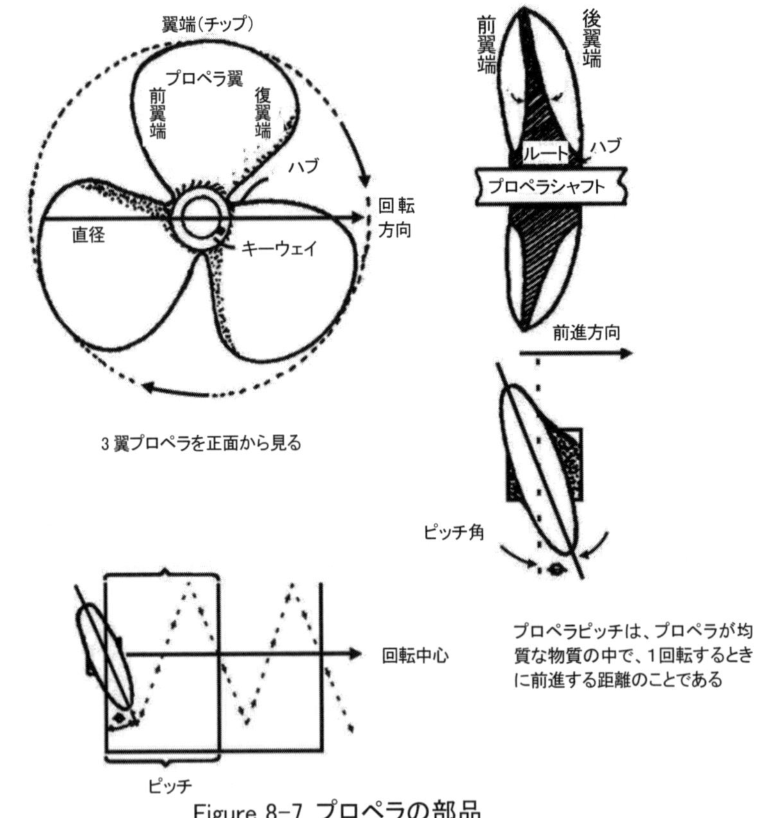

Figure 8-7 プロペラの部品

B.17. フレーム

船体強度を保持するのはフレームである。フレームには横方向と縦方向の 2 種類がある。

B.17.a. 横フレーム

船首水密隔壁または井桁状のフレームが、強度を増すため船体の特定箇所に取り付けられている。キールが船の背骨であるように、横フレームは肋骨にたとえられる。横フレームはキールと垂直横向きに、一定の間隔で配置される。各種の大きさがあり、船首から船尾の間でこれらに外板が取り付けられ、船体の形状を構成する 船体内部での位置を示し、船体損傷があった場合に損傷個所を特定するため、船首から船尾に向けて（※一般の商船では、船尾から船首に向けて）番号が振られている。

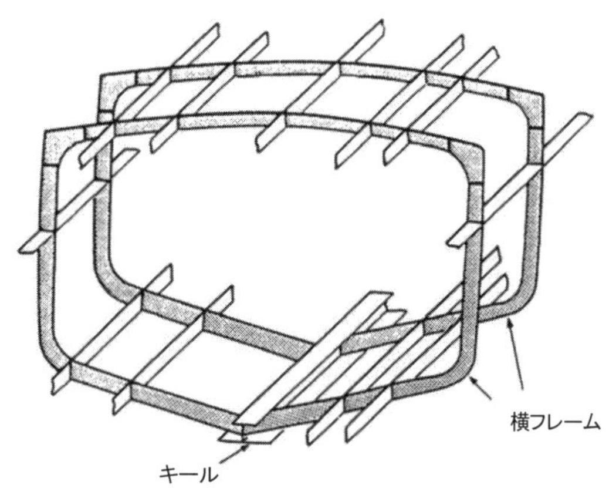

Figure 8-8 横方向のフレーム構造

B.17.b. 縦フレーム

縦フレームは、船体の縦方向の強度を支える。キールと平行に横フレームと直角に配置される。船体強度を増すのに加え、上部の縦フレームは甲板を取り付けるための構造部分にもなる。

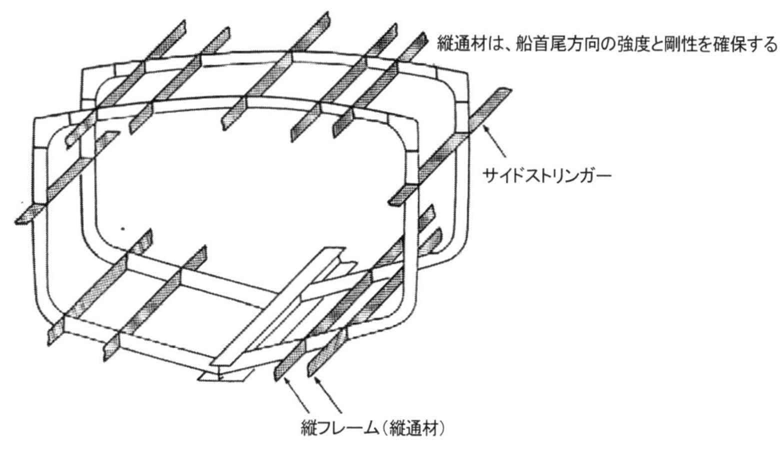

Figure 8-9 縦フレーム構造

B.18. 甲 板

甲板は上部構造物の床部分で、横フレームとともにデッキビーム（梁）を補強し、船体強度を高める。ボートの最上甲板はウェザーデッキと呼ばれ、水密になっている。一般的に甲板は、船首がすくう海水が後方に流れるよう、船首から後方に向かってゆるやかな下り坂となっている。甲板は、キャンバーと呼ばれる横方向への曲線を描いている。曲線の両舷側の一番低い点で、ウェザーデッキが船体に接続する。シアーラインに沿って後方に流れる海水は、キャンバーで両舷に分かれ、排水口やスカッパーを通って舷外に排水される。

ハッチと扉

B.19. ハッチ

甲板の水密を保つため、ハッチは水密でなくてはならない。ウェザーデッキのハッチは、コーミングと呼ばれるせり上がった枠にシールで水密を保つ。ハッチはホイールやハンドル、留め具（dog）で素早く開閉できるようになっている。

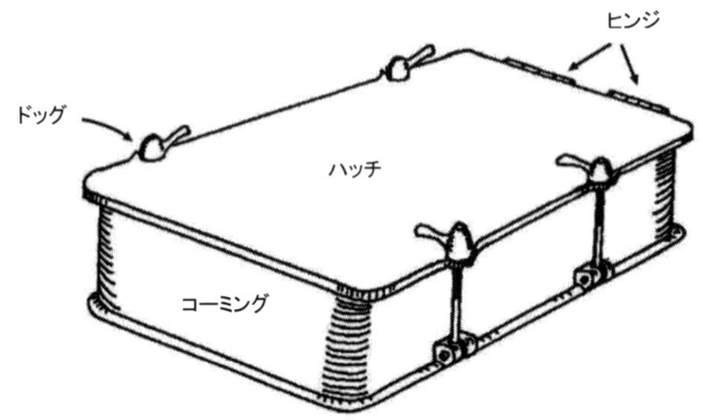

Figure 8-10 水密ハッチ

B.20. 舷窓（Scuttles）

舷窓は小さい開口部である。舷窓のカバーにはガスケットと留め具が付いており、閉め切ることができる。T 型レンチと呼ばれる道具を使い、舷窓カバーの留め具を増し締めする。

B.21. 扉

水密扉はバルクヘッド（隔壁）を貫通しても、高い水圧に耐えるようにできている。扉によっては個別に開閉する留め具（dog）が付いており、すべての留め具を同時に操作できるハンドルが付いているものもある。

B.22. ガスケット（Gasket）

水密構造部分にはゴムのガスケットが入っている。これらは扉、ハッチ、舷窓カバーなどの閉鎖装置の表面に取り付けられ、カバーの周囲の溝に押し込まれるようになっている。ガスケットは位置が固定された「ナイフエッジ」（ガスケットが当たる部分）に強く押し付けることで水密を保つ。

(注意) 舷窓は検査や清掃、塗装などを行うときを除き、水密を保つため常時閉鎖しておく。夜間に開放放置したり、クルーが不在のときなどに開けておいたりしてはならない。

B.23. ナイフエッジ

水密閉鎖機構には、きれいに清掃され、塗装をしていない「ナイフエッジ」が必要となる。ナイフエッジを適切に手入れしていないと、きちんと当たる新品ガスケットの水密機構でも水が漏れる。47 フィート MLB などの艇では、水密機構にナイフエッジではなくシール面が使われている。

B.24. 内 部

ボートの内部は隔壁（バルクヘッド）、甲板およびハッチによって区画に区切られている。扉とハッチを閉鎖すると区画は水密になり、水密区画と呼ばれる。水密区画はきわめて重要で、これがないとボートは水密を維持することができず、船体に破孔が生じると沈没する。船体をいくつかの水密区画に区切ることで、ボートの水密性は大きく高まり、1カ所以上の水密区画が浸水しても沈没することはない。十分な数の水密区画を設ければボートを沈まない構造にできるが、細かく分けすぎると機関部の空間と干渉したり、船内での動きが制限されたりすることになる。

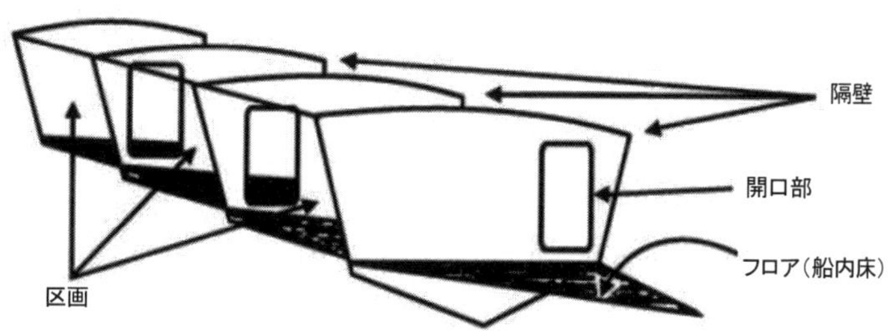

Figure 8-11 水密区画

Section C. 水密性

水の浸入を防ぐように設計された区画や構造について述べる。ボートの運用で重要なのは、船内への水の浸入を防ぐことである。水密が確保されていれば、ボートは損傷に耐えて浮いていることができる。扉、ハッチ、舷窓カバーは航行中や停泊中無人のときには留め具で堅く閉鎖しておく。

C.1. 水密扉とハッチの開閉

開閉を以下のように適切に行うと、水密扉とハッチは長く効果を保ち、手入れは少なくてよい。

C.1.a. 閉 鎖

水密扉の閉鎖は以下のように行う。

1. ヒンジの反対側の留め具から締める
2. 扉の閉鎖に十分なだけの圧力で留め具を締める
3. 閉鎖部に均等に圧力が掛かるように、ほかの留め具を締める。クイック式の水密扉は、ハンドルやホイールを時計方向に回す

C.1.b. 開 放

水密扉やハッチの留め具が個別に開くようになっている場合は、ヒンジに近い側から開く。これにより、扉などが急に開くのを防ぎ、ほかの留め具がゆるめやすくなる。クイック式の水密扉はホイールやハンドルを反時計方向に回す。

(注意)船体に大損傷を受けた場合、喫水線下の区画を開くときは厳重に注意すること。

C.2. 損傷した閉鎖区画への進入

ボートが損傷を受けた場合、以下を確認するまで水密扉、ハッチおよび舷窓カバーを開けてはならない。

- 浸水が発生していないこと
- 閉鎖区画を開放しても新たな浸水が発生しないこと

(注釈)扉やハッチの留め具をゆるめて空気が出てくる場合、浸水の発生を疑うこと。

Section D. ボートの一般属具

ボートはすべて、係留や錨泊などの通常運用に必要な基本の属具を搭載すべきである。ほかにも、捜索救助や曳航、汚染防除などの業務を実施するのに必要な属具がある。クルーはそれらの属具の使用法に慣熟し、所在を知っておかなくてはならない。必要な属具は、ボートの属具一覧に掲載してある。属具はボートの種類によって異なる。

D.1. 一般のボートの属具リスト

Table 8-1 ボートの一般属具

錨	あらゆる天候下での錨泊用
錨　索	走錨を防ぐための長さを用意する。錨を揚収する。予備曳航索に使用する
擦れ止めチェーン	錨索が海底で擦れるのを防ぐ
スクリューピンシャックル	チェーンを錨のシャンクに接続する
スイベル	錨索が自由に回転できるようにし、ねじれを防止する
シンブル	錨索が接続点で金物と擦れないようにする
曳航索	船尾での曳航に使用する
アロングサイド（横着け）用ロープ	キッカーフックにつないで横抱き曳航に使用する
ヒービングライン（75～100ft）	接近できない場合に曳航索を渡す
100ft ロープ付きの四つ爪フック	水中から物を回収するために使用する
爪竿（ボートフック）	ドック側のロープを取る。他艇を突いてボート同士の接触を防ぐ。物を水面から回収する
キッカーフック	小型ボートの曳航アイボルトに取り付けて曳航する、または立ち往生したボートなどの錨を引き揚げる
シャックル	立ち往生したボートの錨を引き揚げる。曳航用具を曳航索に取り付ける。曳航索をアイボルトに取り付ける
ハンドレッド（手用測鉛）	深さの測定や底質の判別に用いる
応急手当キット	クルーや生存者の負傷の手当に用いる
個人用生存キット	転覆や海中転落の際にクルーが使用する
荒天用クルー安全ベルト（テザー）	荒天や波浪中で個人用の安全具として用いる。クルーをボートにつなぎとめる

遭難信号灯、笛、反射テープ付きのType I PFD	個人用の浮力補助具。水面で意識不明者や負傷者の頭部を保持する。クルーが着用し、船上に揚収した生存者に渡す。また、被曳航船の乗員が着用する
30インチ径の浮輪	海中転落者の救助時に使用する。

Section E. 基本的な機関の故障のトラブルシューティング

機関の故障のトラブルシューティングは、配置されていればボートの機関員の責務だが、コーストガードと補助隊のボートには機関員が必ず配置されているとは限らない。機関員がいないボートや援助しようとする船に対しては、基本的な故障の対処を自分で行わなくてはならない。簡単な故障の修理ができれば、長時間の曳航を行わなくて済み、コーストガードのボートを曳航に割かずに済む。ボートの修理と整備は、添付されている製造者のサービスマニュアルを基本として行う。

ディーゼルエンジンのトラブルシューティング

E.1. 故障、原因および対処法

ディーゼルエンジンは、ボートの一般的な船内機で、適切に整備すれば信頼性が高い。

Table 8-2 ディーゼルエンジンの故障、原因および対処法

故　障	原　因	対処法
スターターボタンを押してもエンジンが始動しない	主電源スイッチがオフになっている	主電源スイッチをオンにする
	バッテリーの配線がゆるい、または腐食している	配線や端子を締めて清掃、または交換する
	スターターモーターの配線がゆるい、または腐食している	配線を締めて清掃、または交換する
	バッテリーの電圧低下、または放電しきっている	バッテリーを充電または交換
	シリンダー内の燃料または水によるエンジンの流体固着	エンジンを手動で停止させ、燃料噴射弁を外す（圧力を逃がして内部の破損を防ぐ）
	制御の調整不良、ニュートラルセーフティースイッチ	制御系を再調整する
エンジンの動作不安定（回転が一定しないか停止する）	燃料漉し器とフィルターが詰まる	清掃、交換、空気通し
	燃料管系統や部品からの漏れ	・燃料系と部品を点検し、締めるか交換する
	燃料不足または燃料に空気混入	・燃料吸入管を点検、燃料の補給

	燃料制御リンクの不良	点検と調整
	吸気不足	・ 吸気口にサイレンサーからの異物がないか点検する。緊急空気遮断弁の異物を点検する
エンジンの過回転	スロットルリンク構造のゆるみまたは引っかかり。エンジンが過回転を起こす	・ リンクを締めるかゆるめる
	エンジンに不具合が発生して回転数が上昇する場合は、燃料噴射装置の不具合、クラッチが滑って中立に入る、プロペラの脱落、潤滑油シールの破損などが原因となっている可能性がある。多くの場合、整備を行ったあとのエンジンで過回転が起こるため、運用者はなにが発生しているのかを迅速に見極めることが最も重要である。エンジンが過回転を起こしている場合、右の手順を実施する	・ エンジンが航海速力で通常に動作しているのに、リモコンレバーを中立に戻しても回転が落ちない場合、エンジンが制御不能（リンクの外れなど）であることを確認するまで、中立にしてはならない。ギアをつないだままにしておくことで破損を防止できる。エンジン保護のため停止する場合は、以下の手順で行う ・ 過回転が続く場合、緊急エンジン停止スイッチでエンジンを停止する ・ さらに過回転が続く場合、燃料を遮断する ・ 解決しない場合、吸気サイレンサーにぼろきれを詰める ・ 最終手段として吸気口に CO_2 を送り込む
エンジンの油圧が高い	オイルのグレードが合わない	・ 油圧を確認し、高すぎる場合エンジンを停止する
	オイルフィルターの汚れ	・ オイルフィルターを交換
	エンジンが運転温度まで上昇しない	・ 暖機する
	リリーフバルブが詰まる	・ 調整後外して清掃または交換
	外部へのオイル漏れ	・ 点検して漏れを止める ・ オイルを補充して監視し、必要な場合はエンジンを停止する
	内部へのオイル漏れ	・ エンジンを停止する
	エンジン部品の損耗または損傷	・ 監視しながらオイルを補充し、オイルの過大消費が続く場合はエンジンを停止する

エンジンの振動	燃料系統に空気混入	・ エンジン停止 ・ 燃料系統のエア抜き ・ 漏えいを確認して修理
	燃料漉し器とフィルターの詰まり	フィルターの切り替えまたは交換
	ガバナーの不安定	・ バッファスクリュー（GM）の調整 ・ フライホイールが自由に動くことを確認
	スロットルリンクのゆるみ	・ リンクを締める
減速ギアがかみ合わない	ギアオイルの喪失	・ ギアオイルを補充する ・ 漏れを点検して修理する
	ギアオイル漉し器とフィルターの詰まり	・ 漉し器を清掃し、フィルターを交換する
	リンクのゆるみ、破損、調整不良	・ 点検し、要に応じて修理する
減速ギアから異音が発生する	ギアオイルの喪失	・ エンジンを停止しギアオイルを点検する ・ ギアオイルを補充し試運転を行う
	減速ギアの摩耗	・ エンジンを停止する
	ギアの調整不良	・ エンジンを停止する
ギアオイル圧力が低下する	ギアオイルの喪失	・ 高圧管の漏えいを点検し修理する ・ 修理できない場合、エンジンを停止する
エンジンクーラントの温度が通常よりも高い	サーモスタットの故障、補助タンクのキャップの不具合、ホースからの漏えい	・ 配管の漏れを点検し修理する ・ タンクのキャップを交換し、クーラントの量を確認する ・ サーモスタットの場合、エンジンを停止する
黒色または灰色の排気煙が出る	燃料の不完全燃焼	・ 背圧が高い、または吸気口がふさがれて燃焼に必要な空気が不足し、燃焼が不完全になる ・ 高い背圧は排気管やマフラーの詰まりで発生する。排気マニホールドの排気口で、圧力差を測る圧力計により測定する ・ 故障部品を交換する ・ 吸気不足はシリンダライナーポートやエアクリーナー、ブロワース

		クリーンの詰まりで発生する。これらを清掃する ・ 非常用停止装置（ストップバルブ）が完全に開いていることを確認し、必要ならば再調整する
	燃料の供給過剰または不安定	・ 噴射弁のタイミングとコントロールレバー位置を点検する。燃料噴射のタイミングを計測し、最適に調整する ・ 現象が継続する場合、不具合の燃料噴射弁を交換する。不完全燃焼の原因となるため、エンジンを吹かさない
	燃料のグレードが不適切	・ 適合しない燃料を使用していないか点検する
青い排気煙	潤滑油が燃える（バルブやシールのブロー）	・ 内部への潤滑油漏れを点検する ・ 加圧試験を行う ・ バルブとピストンリングを点検する ・ 適合しない燃料を使用していないか点検する
	ターボチャージャーのオイルシール不良、インタークーラーの故障、アフタークーラーの故障	・ リモコンレバーを戻して機関員や基地に連絡する ・ エンジンを観察し、必要があれば停止する ・ 基地に戻る
白い排気煙	シリンダー内での着火ミス	・ 燃料噴射弁を点検し、必要に応じ交換する
	エンジンが冷えている	・ 軽負荷でエンジンを暖機する
	燃料に水が混入する	・ 漉し器とフィルターの水抜きをする ・ 燃料タンクを取り外す

ガソリン船内機のトラブルシューティング

E.2. 確認項目

正常な運転の確認項目には以下がある。

- 容易に始動する
- フルスロットルで規定回転数に達する
- 正転と逆転が正常に動作する
- アイドリングが滑らかである
- 運転中の温度が正常である
- 冷却水が十分に排出され、緊急エンジン停止スイッチが正常に働く
- アイドリングから最大回転数まで滑らかに回転が上昇する

E.3. 基本的なトラブルシューティング

単純に見えない故障でも、以下の点検をひと通り行うことで容易に復旧できる場合がある。

- 明らかな故障の目視点検
- 点火プラグの汚れの除去
- スパークが出ているかの点検
- リンクの調整と点検
- ニュートラル／スタートスイッチの点検
- ギアケースとエンジンオイルの点検

E.4. 修 理

調整や設定値の確認は常に製造者の技術マニュアルを参照すること。

Table 8-3 修理の指針

故 障	修理のアドバイス
しばらく運転するとエンジンが停止する	・ワイヤーのゆるみ、燃料系統からの漏れ、クーラントの漏れ、過熱温度上昇など、外見から明らかな故障を点検する ・配線、ディストリビューターキャップ、接点、コイルなどの点火システムの故障を点検する ・燃料フィルター、燃料の質と量を点検する
スパークプラグが点火せずエンジンが突然停止する	・点火システムの配線、ディストリビューターキャップ、接点、コイルなどの明らかな故障を点検する
停止したエンジンを冷えているときに始動すると、温度が上昇してから停止する。	・点火コイルとコンデンサーを点検する。これらは熱くなると故障することがある
エンジンの不安定な運転が続いたあとで停止する	・明らかな故障を点検する ・点火システムの配線、ディストリビューターキャップ、接点、コイルなど、明らかな故障を点検する

	・ バッテリー、点火タイミングおよび燃料フィルターを点検する
エンジンが運転中に息をつき、燃料フィルターを清掃しても停止する	・ 燃料タンクと燃料系統を点検する ・ 点火システムの明らかな故障を確認する ・ 点火のタイミングと接点を点検する ・ 燃料ポンプの正常な動作を確認する
エンジンが運転中に息をついて停止し、燃料フィルターに水が溜まる	・ 燃料フィルターの水を抜き、清掃または交換する ・ 燃料タンクに水が溜まっていたら抜く ・ キャブレターに水が溜まっていたら抜く ・ 火災または爆発しないよう安全に注意する
(警告)始動の前に燃料の気化に注意すること	
エンジンの動作が不安定でバックファイアや出力低下が生じる	・ 明らかな故障の有無を確認する ・ キャブレターが汚れている ・ 点火システムの配線、ディストリビューターキャップ、ローター接点、コイルなどに故障やゆるみがないか点検する ・ フィルターと燃料系統を点検する ・ 吸排気口のプラグを確認する
寒冷時にエンジンが始動しにくい	・ バッテリーの電圧低下 ・ 点火のタイミングと接点を点検 ・ 点火システムの明らかな損傷の有無を確認 ・ 排気弁が焼損していないかを確認 ・ 軽いエンジンオイルに交換
すべての回転域でエンジンが排気管爆発を起こす	・ 排気弁の焼損、ピストンリングの摩耗、バルブガイドの摩耗 ・ タイミングがずれている ・ 燃料オクタン価が低すぎる ・ エンジンのオーバーホールのタイミングになった
スターターでエンジンは回転するが、始動しない	・ 燃料バルブ（コック）を点検する ・ 燃料残量を確認する ・ 点火システムの配線、ディストリビューターキャップ、ローター接点、コイルなどに故障やゆるみがないか点検する ・ 点火のタイミングと接点を点検する ・ 燃料ポンプを点検する

ディーゼルおよびガソリンエンジンに共通の故障

E.5. 故障、原因および対処方法

ディーゼルおよびガソリンエンジンは石油系の燃料で動作するが、動作原理は異なる。

Table 8-4 ディーゼルエンジンとガソリンエンジンの故障と原因、対処

故　障	原　因	対処法
スターターが空転してエンジンがクランクに嵌合しない。またはスターターリレーがチャタリング（反復開閉）する	スターターの故障。ピニオンギアが入らない。スターターリレーの故障	・ 支援を要請する ・ 基地に戻り、ピニオンギアを点検する ・ スターターモーターまたはリレーを交換する
	バッテリーの電圧低下	・ バッテリーのケーブルとスターターとの接続に、ゆるみや腐食がないか点検する ・ ケーブルを清掃または交換する ・ バッテリーを交換する
スターターを操作してもエンジンが始動しない	燃料バルブ（コック）が閉じている	・ 燃料バルブ（コック）を開く
	燃料遮断弁が閉じている	・ 燃料遮断弁を開く
	エアクリーナーの詰まり	・ エアクリーナーを外して清掃または交換する
	燃料が尽きている	・ 燃料を補給して配管に通す
	漉し器の詰まり	・ 漉し器を外して清掃し、燃料を通す
	燃料フィルターの詰まり	・ フィルターを外して交換し、エア抜き（プライミング）を行う
	燃料管系統の詰まり	・ 燃料管を交換または修理する
	燃料ポンプの故障	・ 燃料ポンプを交換する
	非常空気遮断機構が作動している（機種による）	・ 遮断機構を復旧する
	空気吸入口が詰まっている	・ 取り外して清掃または交換する
	バッテリー電圧低下でクランキングが遅くなっている	・ バッテリーを充電または交換する
	冷間始動	・ 暖間時に始動
エンジン温度の上昇	海水吸入バルブの（一部）閉鎖	・ 船外への冷却水を確認。排出がないまたは少ない場合、海水バ

		ルブを点検し、閉じていたら開ける
エンジン温度の上昇	**(警告)** 高圧の液体が飛散して火傷しないように、エンジンが冷えるのを待つ。清水冷却系統を触らないこと。適切な保護具を使用する。	
	(注釈) 高温の状態では、リモコンレバーを中立にして、考えられる原因を探る。オーバーヒートしたエンジンを保護する際は、ときどき低回転で稼働させて固着を防ぐ。	
	海水漉し器が汚れている（特に浅い海域）	・漉し器を交換する ・すべての漉し器を点検する
	海水ホースの破損	・エンジンを停止し、ホースを交換する
	海水ポンプの駆動ベルトが破損またはゆるんでいる	・エンジンを停止し、ベルトを交換または張りを調整する
	海水ポンプの故障	・エンジンを停止する
	熱交換機の詰まり	・熱交換機を点検し、必要あれば清掃する
	リザーバータンクが空または水量不足	・自動車のラジエーターと同様に対処する。キャップを開けるとき圧力の放出に注意する ・運転状態で清水を補給する
	清水ホースの破損	・エンジンを停止し、ホースの交換、清水の補充を行う
	サーキュレーションポンプのベルトもしくは駆動装置の故障	・海水ポンプの場合と同様に対処
	サーキュレーションポンプ、清水系統の故障	・エンジンを停止する
	潤滑油に水が混入する	・潤滑油が乳白色になっていたらエンジンを停止する
	ガスケットの吹き抜け	・エンジンを停止し、プロペラシャフトを固定して帰港する
	エンジンの過負荷（被曳航船が大きすぎるか、曳航速力が早すぎる）	・回転数を下げる
	海水漉し器に氷が詰まる（氷	・漉し器を外して氷を除去する

	海航行時）	
	シーチェスト（海水取り入れ箱）からの取水時に空気をかむ	・ シーチェストの放出弁を開く
	海水ポンプのゴムインペラが作動しない	・ インペラを交換する
潤滑油の圧力異常（低下）	潤滑油量が低下	・ 基準を超える高圧の場合、オイルを補充する ・ 低圧の場合、エンジンを停止する
	外部へのオイル漏れ	・ 圧力が加わった状態で部品を締めない。エンジンを停止し、可能であれば部品を締める
	潤滑油の濃度が低下	・ 5%または 2.5%以上薄まっていたらエンジンを停止する
	潤滑油ゲージの故障	・ エンジンを無負荷にしてゲージが正常に動作するか確認する
	エンジンの機械的故障	・ エンジンを停止する
油圧の喪失	潤滑油ポンプの故障	・ エンジンを停止する
	ゲージの故障	・ 故障がゲージのみであることを確認し、そうでない場合はエンジンを停止する
電力の喪失	短絡または接触不良でブレーカーが落ちるかヒューズが溶断する	・ 短絡の発生やアースを点検する。ブレーカーを復旧し、ヒューズを交換する
	配線接続部の腐食	・ 配線を清掃または交換
	回路の過負荷	・ 不要な回路を停止し、ブレーカーを復旧し、ヒューズを交換する
	バッテリー不良	・ バッテリーを交換
オルタネーターインジケーターが点灯	ベルトのゆるみまたは破断	・ ベルトを締めるか交換する
	端子の接続のゆるみ	・ 点検して締める
	オルタネーターまたは整流器の故障	・ 故障部品を交換する
原因にかかわらず、以下の手順に従うこと		
プロペラシャフトパッキンのオーバーヒート	パッキンの締めすぎ	・ 減速するが、エンジンやシャフトは停止しない
	シャフトの曲がり	・ 速度を落とし、船体に損傷や漏れがないか確認

		・ スペーサープレート(グランドパッキン)を固定している二つのナットを回して、パッキングナットを緩める ・ ナットが戻らない場合は、バケツからの海水を使用し、雑巾を濡らして、シャフトのパッキングハウジングに置く ・ ハウジングが冷えたら、1 分間に約 10 滴の水が排出されるまで、スペーサープレートの二つのナットを締める ・ 水の流れを監視し必要に応じて流量を調整する ・ 手の甲をパッキングハウジングの近くまたは上に注意深く置いて、冷え具合を確認する ・ ユニットに戻る
プロペラシャフトの振動	プロペラの損傷または汚損	・ 可能であれば、シフトをニュートラルにする
	シャフトの曲がり	・ 速度を落とし、船体に損傷や漏れがないかを確認する
	カットレスベアリングの摩耗	・ プロペラやシャフトの芯がずれていないかを確認する
	エンジンとプロペラシャフトのずれ	・ エンジンの速度をゆっくりと上げる。2 基掛け艇では、片方ずつエンジンを動かして、どちらのシャフトが振動しているかを確認する ・ 低速でも振動が続く場合は、エンジンを停止する ・ エンジンを止めたらプロペラシャフトも固定する
エンジンが突然停止し、完全に動かない		・ シリンダー内の障害を確認 ・ エンジンのオーバーホールが必要な場合がある

エンジンが高温時に停止し、低温時には動かない		・ エンジンの焼き付き。必要に応じてオーバーホールする
大きな音とともにエンジンが停止		・ 明らかな損傷がないか調べる。バルブ、バルブスプリング、ベアリング、ピストンリングなどの内部部品が損傷している可能性がある。エンジンのオーバーホールが必要
エンジンオイルレベルが上昇し、オイルが粘つく		・ エンジンオイルにクーラントが漏れている可能性がある。内部漏れがないか確認 ・ 運転を続ける前にエンジンの修理が必要
オイル上がりがあり、エンジンオイルが薄く感じる		・ 燃料がクランクケースに漏れている ・ 燃料ポンプを点検する ・ 問題が解決したら、オイルとフィルターを交換する ・ 燃料系統の接続を確認する
ビルジに温水が混じる		・ 排気管やマフラー、冷却水の水位を点検する。おそらく漏れている ・ すべてのホースを確認
エンジンを運転すると強烈なまたはノッキングによる音を伴っう		・ エンジンの内部部品に明らかな損傷がないか点検する。破損している可能性がある ・ エンジンのオーバーホールが必要
エンジンルームの火災は、以下の手順に従うこと		
油類が原因	ビルジ内のオイルとグリス	・ エンジンを停止し、可能であれば燃料タンクからの供給を止める
	燃料または潤滑油の流出	・ すぐに支援を求める
	可燃性液体の不適切な収容	・ エンジンルームとの間の電力を遮断する
	エンジン始動前のエンジンルームの不適切な換気	・ ポータブル消火器を使用する ・ コンパートメントを密閉する
電気火災	可能であれば電気を断つ	・ 適切な消火剤を選択する

船外機のトラブルシューティング

E.6. 故障と修理

船外機はプレジャーボートやコーストガードのボートに多用されており、使用方法はオペレータマニュアルに詳しく書かれている。ボート船尾での作業はクルーには危険があり、部品やツールを海中に落とすことがある。

Table 8-5 船外機のトラブルシューティング

故　障	考えられる原因と対処法
エンジンが始動しない	・燃料タンクが空 ・燃料タンクのベントが閉じている ・燃料管の誤接続または破損→両端を点検する ・エンジンに燃料が送られていない ・エンジンの燃料供給過剰→燃料のオーバーフローを調べる ・フィルターや燃料系統の詰まり ・点火プラグ配線の接続の誤り ・バッテリーの配線のゆるみ ・点火プラグの損傷または汚れ ・燃料ポンプがプライミングされていない
スターターモーターが動かない	・シフトが中立でない ・スタータースイッチの不具合（モーターの取り付け位置が低すぎると、スイッチが濡れて腐食することがある）
出力低下	・燃料混合気の潤滑油比率が高すぎる ・燃料混合気が薄い（バックファイア） ・燃料ホースにキンクが生じている ・燃料系またはフィルターに詰まりがある ・プロペラに海藻などが絡んでいる ・燃料に水分が混入している ・点火プラグの汚れ ・マグネトーまたはディストリビューターの接点の汚れ ・燃料フィルターの詰まり
エンジン失火	・点火プラグの損傷 ・点火プラグのゆるみ ・コイルまたはコンデンサーの不具合 ・点火プラグの不適合 ・点火プラグの汚れ

	・ チョークの調整不良 ・ オイルと燃料の混合比が不適当 ・ キャブレターのフィルター汚れ ・ 冷却水取り入れ口の部分的な詰まり ・ ディストリビューターキャップの亀裂
オーバーヒート	・ 冷却水取り入れ口への泥やグリスの詰まり ・ 潤滑油不足 ・ 冷却水ポンプの損耗またはゴムインペラの破損 ・ 冷却水ポンプの故障
青い排気煙	・ 点火プラグの汚れ（潤滑油過剰を示す）
エンジンの振動	・ 船外機が適切に取り付けられていない。プロペラが水面に出ている ・ キャブレターの調整不足
性能不十分	・ プロペラの不適合 ・ 船外機のトリム角がトランサムに合っていない。エンジンは航行中、水面に対して垂直でなくてはならない ・ 曲損したプロペラは大きな振動を伴うことが多い ・ ボート内の重量配分の偏り ・ 海中生物による船底の汚損 ・ キャビテーション

操舵装置の故障

E.7. 故障と修理

操舵装置の故障は、簡単に復旧できることもあれば、外部の支援を必要とすることもある。2 軸船の場合、操縦者の技量が試される。

Table 8-6 操舵装置の故障

故　障	考えられる原因と対処法
ケーブルの破断または引っかかり	・ 応急操舵を使う。指揮官に連絡する
油圧系統の不具合	・ ホースの漏れを点検し、作動油の量を確認して必要があれば補充する ・ 予備が船上にあれば交換する ・ 応急操舵を使う ・ 指揮を受けている部隊に連絡する ・ 2 軸船であれば、エンジンで方向を制御する ・ 舵を中央に取る ・ 必要があれば錨泊する

舵や船外機の固着	・ 固着の解放を試みる ・ 舵を中央にして固定する

補助施設での基本的なエンジンメンテナンス

E.8. メンテナンスログ

非常に重要なメンテナンス手順は、船体とエンジンのメンテナンスログを維持することである。

理想的には、ログは二つの部分に分かれている必要がある。一つのパートには、バッテリー、フィルター、オイル、防食亜鉛など、アルファベット順に並べられた点検箇所の一連の書き込みが含まれる。これにより、例えば、スパークプラグの「S」などを簡単に検索できる。

もう一つのパートには、時系列での入出渠および主要なメンテナンス作業の記録に使用できる複数のページを含める必要がある。

ログを適切に構成するには、エンジンの製造元のメンテナンスマニュアルが必要となる。また、大きなリングバインダーを購入し、ボートに付属している電子機器、計器、ヘッド、ストーブなどのすべての取扱説明書または技術マニュアルを入れることを勧める。

E.9. 基本的なメンテナンスアクション

この章には、各タイプの補助艇の保守マニュアルを作成するのに十分なスペースがない。

ボートのメンテナンス要件の主な情報源は、ボートに付属のエンジンメンテナンスマニュアルである。

ただし、補助隊員は次のエンジンメンテナンスアクションを実行できなければならない。

- エンジンオイル、オイルフィルター、燃料フィルターを交換する
- 新しいスパークプラグを選択し、ギャップを調整して、指定通りの適切なトルクで締め付ける
- 必要に応じて、ヒートエクスチェンジャーのアノードを確認して交換する（アノードが設けられている場合）。一部の地域では、この作業を毎月行う必要がある
- 油圧駆動油を排出して交換する
- V ベルトを交換して張り具合を調整する
- スタッフィングボックス（グランドパッキン）の取り付け状態、ステアリングケーブルまたは油圧操舵装置、および艇体艤装を調整および増し締めする
- 傷んでいるエンジンのホースを交換する
- エアクリーナーとフレームアレスターを清掃する
- バッテリーを確認して充電する
- 冷却海水取り入れ口のコックを潤滑し、なめらかな動きを維持する

（注釈）これらのメンテナンスを適切に行うために必要なツールを、艇内に保管しなければならない。適切なスペアパーツを搭載し、それらを取り付けるための工具があれば、捜索救助の対象となる可能性が低くなる。

E.10. 高度なメンテナンスアクション

経験豊富な艇長は、点火ポイントの交換やタイミング調整、エンジンカップリング面の調整などを行うことができる。

E.11. 海上係留される船内機艇

ワイヤーブラシ、プライマーのスプレー缶、エンジンタッチアップペイント、および小型の5×7インチミラーを搭載する必要がある。

月に約2回、クルーはビルジ区画に入り、エンジン（マウントなど）の錆びと腐食を検査する必要がある。錆びや腐食が見つかったら、ワイヤーブラシできれいに取り除き、タッチアップペイントをスプレーする（エンジンが錆びの塊になっていい訳がない）。

また、クルーはエンジンを細かく調べながら、漏れているホース、ガスケット、ゆるんだワイヤーなどを探す必要がある。多くのエンジンの問題は、電気的アースの喪失、リード線やコネクターの錆びや腐食などの電気的問題に関連している。これらの項目は定期的に検査する必要がある。なお、5×7インチミラーは、エンジンの陰になっている側を検査するためのものである。

曳航される事態の多くは、きめ細かなメンテナンス手順に従うことで排除できる。

E.12. エンジン部品の購入

スパークプラグ、ホース、ベルト、ハイテンションコード、および点火ポイントは、自動車用品店で購入できる。

ただし、ボートで使用されるオルタネーター、ディストリビューター、およびキャブレターには、特定のマリンセーフティー機能や検査などが必要となる。それらパーツを自動車部品に置き換えようとすると、火災や爆発のリスクが高まる。

(注釈)ボート専用部品に自動車用部品を使用しないこと。

Chapter 9. 復原性【安全：運用】

復原性とは、傾いた船が正立状態に戻ろうとする能力である。水上にある船の復原性には、船の種類によって異なる多くの力が作用している。艇長は、ボートが受ける内部の力と、自然から受ける外部の力を認識していなくてはならない。艇長はこうした作用を経験と実践で理解し予測する。船の不安定な状態を理解することは、ボートクルーおよび遭難船の乗員の安全につながる。

Section A. 復原性とはなにか

船が外力で傾斜したとき、損傷は別として船は元の姿勢に戻ろうとするか、傾き続けて転覆するかのいずれかである。船が元の姿勢に戻ろうとする性質が復原性である。船が姿勢を保とうとする力が大きいほど、船を傾けるのに必要な力は大きく、その船の復原性は優れている。水上にある船の復原性はクルーにとって非常に重要である。与えられた状況における自船と被救助船の動きの予測は、クルーの復原性の理解による。浮いている船に作用する重力と浮力は、復原性に影響を与える 2 大要素で、これらの相互作用で復原性が決まる。

A.1. 重 心

重心は、ボートの重量が垂直下向きに加わる点である。ボートは、全重量がこの点に作用するかのように振る舞う。一般的に重心の位置が低いほど船は安定している。

A.1.a. 重心位置の変化

ボートの重心位置は固定で、重量の増減や移動がない限り動かない。浸水などで重量が増加すると、重心位置は加わった重量の方向に移動する。重量が減少した場合は、重心は反対方向に移動する。

A.2. 浮 力

浮力は、船体が押しのけた水によって上向きに働く力である。浮力によってボートは水に浮くが、過大な重量が加えられるとボートは沈む。

A.2.a. 浮力の中心＝浮心

浮心は、押しのけられた水の重心にある。重心同様、これが垂直上方に働く力の中心で、喫水線下の船体の中心にある。

A.3. 釣り合い

船が静止しているとき、垂直上方に働く浮力の中心は下向きに働く重心よりも低い位置にあり、これによって船は釣り合って浮いている。釣り合いは、風や波といった外力による重心または浮心の動きによって変化する。

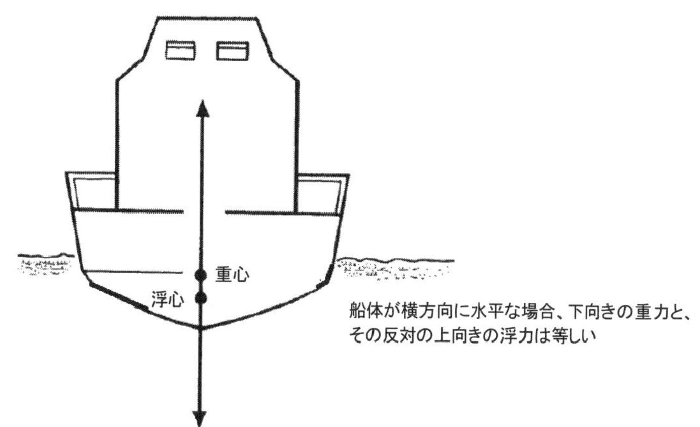

Figure 9-1 釣り合った状態の復原力

A.3.a. ローリング

船がローリングすると、重心は同じ方向に移動する。重量による下向きの力と浮力による上向きの力がずれ、ボートは傾斜する。

A.3.b. ヒーリング（一時傾斜）

ヒーリング状態では、ボートの水線下部分の形状が変わり、浮心が移動する。浮心は、船体の深く沈んでいる側に移動する。このとき、浮力の垂直作用方向は重心に重ならない。浮心を通る垂直線と、船体中心線との交点をメタセンター（MC）という。メタセンターの高さ（重心とメタセンターの間隔）がプラス、つまりメタセンターが重心よりも上にある場合、浮心が重心の外舷側に移動する。この場合、船は安定しているとみなされ、浮力と重力は船の姿勢を戻すように働く。浮心が重心よりも内舷側にあると、メタセンター高さはマイナスになり、浮力と重力は船を転覆させる方向に働く。

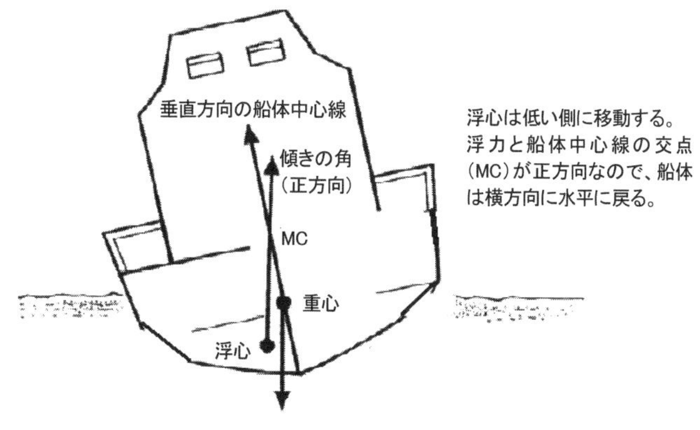

Figure 9-2 一時傾斜（Heeling）

A.3.c. リスティング（恒久傾斜）

重心がボートの中心線上にない場合、ボートは重心と浮心が同一線上で一致するまで傾き安定する。この状態をリスティングという。

（注釈） ヒーリングは一時的な傾きで、リスティングは恒久的な傾きである。両者は左右に動揺するローリングとは異なる。

A.4. 復原性の種類

ボートには、縦方向と横方向の 2 種類の復原性がある。通常、船の形状は横方向よりも縦方向に長いため、前後方向の安定性のほうが横方向の安定性よりも高い。

A.4.a. 縦(前後方向)の復原性

縦方向の復原性は、ボートを安定させてピッチングを抑えるように作用する。船は、通常状態で十分な縦方向の復原性を持つよう設計されているが、船の目的ごとの設計によって縦方向の復原性は異なる。船型によってはピッチングが大きく、荒天下で波をかぶり、乗り心地が悪い。こうした状態はクルーや救助される側の乗員にとって不快なものになる。

A.4.b. 横(左右方向)の復原性

横方向の復原性により、船はローリングで転覆しないように運動する。重心の上側に重量が加わると、重心と浮心の間の距離が長くなり、復原性が小さくなる。重心より下方の重量が取り除かれると、同様に復原性は減少する。重心が高くなりすぎると船は不安定になる。

A.5. 力のモーメント

船を水平な状態に戻そうとする力を、船の復原モーメントという。静的な力と動的な力の両方が復原性とモーメントを変化させる。モーメントおよびそれを増減させるように内外から作用する力は、そのときの船の復原性を決めるうえで重要な役割を果たす。

A.5.a. 復原力と転覆

元の姿勢に戻ろうとするモーメントは、船の横傾斜に対抗して水平状態に戻ろうとする力である。一般に船の横幅が広いほど船は安定して転覆しにくい。ある状態で、船の重心は一定の位置にある。ボートが傾くと、浮力の中心は移動して傾斜角度の最大値までは、船に正立状態へ戻ろうとする動きが生じる。船の片側の重量増加が復原を支える力を超えると、船は転覆する(Figure 9-3)。

船が座礁した場合も、船の下方の水の体積が減少して船がバランスを失い転覆する。船を支える水の量が減少すると、それによって生じる浮力が減少する。また、接地点に作用する上向きの力が増大し、接地していない側に倒れる。

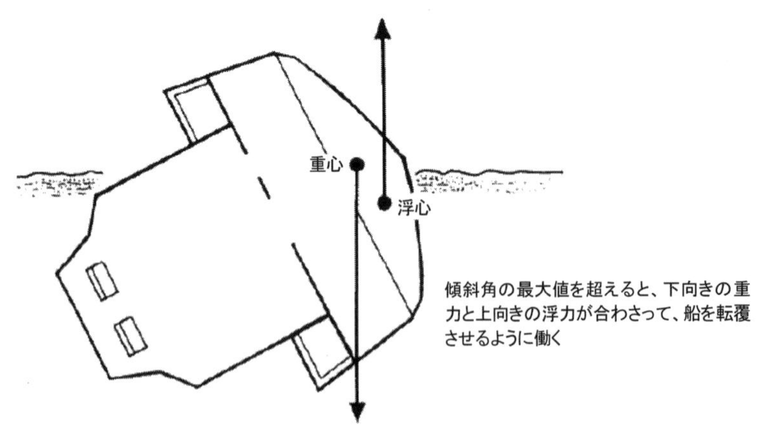

Figure 9-3 復原力と転覆

A.5.b. 静的な力と動的な力

外力が作用しない限り、正しく設計された正常な積載状態の船は、水平状態を保つ。復原性に影響する二つの主要な力には、静的な力と動的な力がある。

- 静的な力は船体内側に加わる重量である。ボートの中心線のどちらか片側または上方に重量を増加させると、通常、復原性は減少する
- 動的な力は、風や波など船体外部からの作用で生じる。特に浅海域では強風や波浪で船に転覆の危険が生じる危険な状況になる。ボートクルーが救助のため船舶に接近するときは、このことに留意する必要がある。船のローリング状態を観察すれば、その船の復原性の状態をある程度知ることができる
- ローリングにおいて一方の側から反対側に戻るまでの時間を計測する。この時間はロール角にかかわらず同程度である
- ローリングの1周期あたりの時間が顕著に長くなるか、船がローリングの端で復原をためらうようになると、復原可能な最大角度に近いか、復原可能な点を超えている。ただちに針路または速力、あるいはそれらの両方を変えなくてはならない

A.5.c.　船の設計

船の復原性に影響する一般的な設計の要素には以下のようなものがある。

- 船体の大きさと形状
- ボートの喫水（水面からキールまでの距離）
- トリム（船の水平線からの角度）
- 排水量
- 乾　舷
- 上部構造物の大きさ、形状および重量
- 水密になっていない開口部

Section B.　復原性の喪失

船は以下のような内部の力や外力によって傾斜する。

- 波
- 風
- 舵を取ったときの回転力
- 船上での重量移動
- 重量の増加または減少
- 浮力の喪失（損傷）

これらの要因によって船は、一時的に傾き（heel）、恒久的に傾斜（list）する。安定のよいボートは傾いても復原力によって元の姿勢に戻り、転覆することはない。

B.1.　損傷後の復原性

損傷を受けた船を救助する場合、復原性に変化が生じると転覆して沈没する恐れがある。救助の人員や資器材によって復原性を失い、転覆する場合がある。クルーへの危険を回避し、更なる損傷や船の喪失を防ぐためには、こうした危険を考慮しておく必要がある。

(警告) 船が外見上も不安定になっているとき（傾斜、浸水による船首または船尾トリムの増大など）、増速や遭難船の曳航を行ってはならない。浸水している船は安定して見えるが、実際はそうではない。海況に応じたその船の動きを自船と比較してみる。

B.1.a. 復原性リスクの管理

クルーは全員、自船と被救助船の復原性の喪失に注意しなくてはならない。クルーは、艇長が危険な兆候をすべて把握していると考えるべきではなく、復原性の懸念や見落としているかもしれない危険な兆候を艇長に伝えるべきである。復原性のリスクを管理するためには、以下の危険な兆候に留意する。

- 接近するときと曳航するときの自船と遭難船の横揺れの状態を観察する
- 外部から作用する力（風、波、水深など）に気をつける
- 両船への搭載重量や配置など、積載管理に気をつける
- 排水するときは、自船が搭載している属具などをそのままにしておく
- 遭難船の曳航は、その船の復原力が回復したあとにだけ行う
- ローリングや傾斜を抑えるように針路と速力を調節する
- 復原性を失う危険がある場合、高速で急な転舵を避ける

B.2. 自由表面効果

設計により、あるいは損傷の結果によって、船の区画には液体が入っていることがある。区画内の液体が満杯でない場合、船のローリングまたはピッチングによって液体が中で動揺する。液体の表面は喫水線と平行を保とうとする。そうした区画内液体を遊動水という。そうした液体が旋回や増減速、波の力などで区画内を片方から他方に移動すると、船は元の姿勢に戻ろうとしなくなる。これによって復原性が失われ、転覆または沈没に至ることがある。これを防ぐには、以下の対策をとる。

- 部分的に満たされたタンクの数を減らす（燃料、清水、貨物）
- 航海計器、救難資器材などが甲板上で移動しないよう固定する
- 貨物を低い位置の中心線付近に積載する

(注釈) 遊動水の面積は、特に横幅が非常に重要である。遊動水の横幅が 2 倍になると、復原性には 4 倍の影響が生じる。

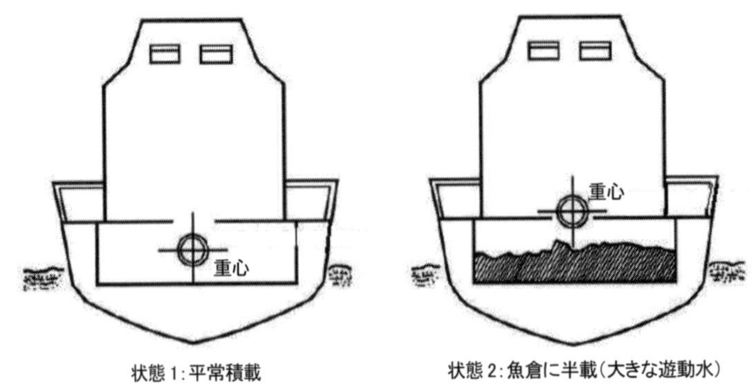

Figure 9-4 自由表面効果

(注意) 漁獲物を魚倉に積載する漁船については、特に復原性への注意が必要である。魚倉がいっぱいになっている場合、船の復原性は大きく低下している。

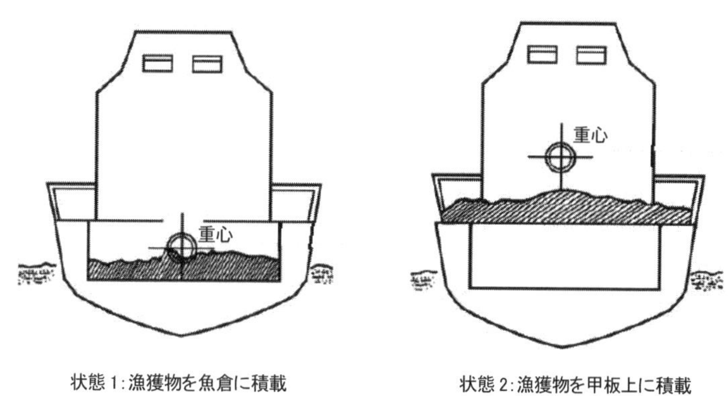

Figure 9-5 積載物重量の影響

B.3. 海水の自由な出入り

船体の損傷によって海面と自由な海水の出入りが生じることがある。これを防ぐには、以下の対策をとる。

- 船体の開口部をふさぐ
- 損傷側への傾斜を少なくするため、高くなっている側に重量を移動させる
- 損傷側の重心より高い位置にある重量物を移動させる

B.4. 着氷の影響

着氷によってボートは重心より上の重量が増加し、排水量が増えて重心が高くなる。これによって船は傾きやすくなり、復原性は減少する。うねり、急旋回、速力の急な増減により、船体表面の高い位置に着氷している船は転覆することがある。これを防ぐには、以下の対策をとる。

- 着氷の原因となる飛沫とローリングを抑えるため、針路と速力を変える
- 着氷を物理的に除去する

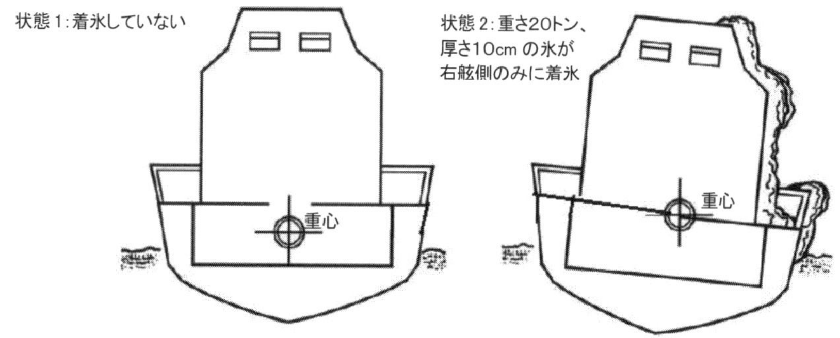

Figure 9-6 着氷の影響

B.5. 浸水の影響

浸水は船体に海水が浸入することで、これにより復原性が失われる。船は十分な復原性を持つように設計されており、過積載をしない限り元の姿勢に戻るが、クルーの不注意で水密を損ない浸水すると、設計上の復原性を失う。これを防ぐには、以下の対策をとる。

- 航海中はすべての水密区画を確実に閉鎖する
- ポンプで排水する

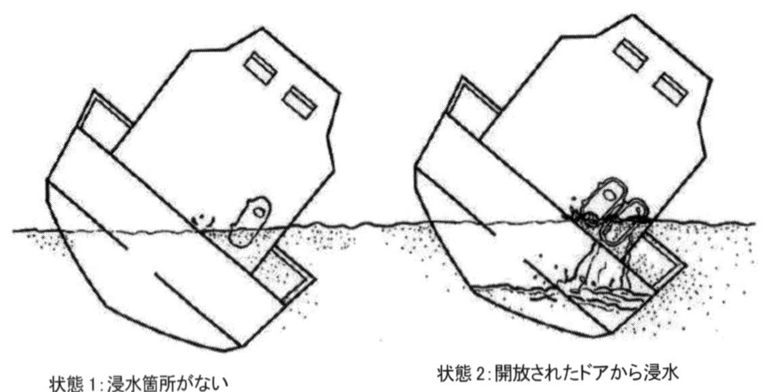

Figure 9-7 浸水の影響

B.6. 甲板上の水の影響

甲板上の水は、以下のように復原性に影響を与える。

- 排水量の増加（喫水の増加、復原性とトリムの減少）
- 自由表面効果の増大
- 船のローリングの増幅と転覆の危険

これを防ぐには、以下の対策をとる。

- 前後トリムをイーブンにして乾舷を増す
- 針路と速力を変える
- 排水路が詰まっていないことを確認する

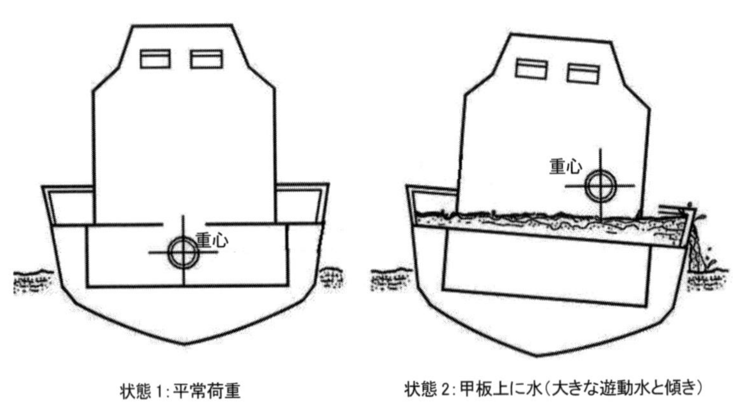

Figure 9-8 甲板上の水の効果

Chapter 10.ボートの操縦【安全：運用】

本章では、動力船の操縦について述べる。帆走船と水上オートバイについては言及しない。トピックは次の通り。

- 船舶を移動または制御する力
- 基本的な操縦とボートの操作
- 一般的なカテゴリーの船舶の操縦技術
- 目的に基づいたボートの扱い方の進化と手順

ボートの操縦では多くの変動要素を理解することが必要である。艇長は、任務を遂行するため、制御できる力（動力、操舵など）とそうでない力（風、波など）をバランスさせることを理解しなくてはならない。ボートの操縦技能は実地においてのみ習得できるが、本章の内容はその原理と実践について述べている。

優れた艇長は、自分のボートの特性と扱い方を熟知しているが、最高の艇長は、帆走船から水上オートバイまで、あらゆる種類の小型艇の扱いについて十分な知識を備えており、変化する天候や海況が自船の運航だけでなく、ほかの船に対して与える制約についても熟知している。また、航海、航路設定、運航海域の事情などについても詳しい知識を持っている。なににも増して、最高の艇長は、どのようにすれば安全に運航するために自分の船の能力を気象や海象とうまく調和させられるかを理解している。

Section A. 船に作用する力

船体には、多くの力が作用して進行させたり方向を変えたりする。それらには自然環境からの力、推力および操舵力がある。

自然環境からの力

A.1.　安全なボートの取り扱い

船の水平面内での動きに影響する自然環境からの力は、風、波および流れである。艇長はそうした力を制御することはできず、それらが単一または複合的に自船にどのような影響を与えるかを落ち着いて観察し、見極めなくてはならない。また艇長は、それらの力によって自船がどれだけの速度でどちらの方向に流されるかを判断しなくてはならない。艇長は自然の力をうまく利用し、推力と操舵で自然の力に対抗しなくてはならない。通常、自然の力をうまく組み合わせて利用することにより、円滑で安全なボートの運航が可能になる。

A.2.　風

風は、船体、上部構造物など、船の喫水線よりも上の部分に作用し、小型のボートではクルーにも作用する。風が作用する船の部分の表面積を受風面積という。船は風速と受風面積に比例した速度で風下に流される。船が風で流される角度は、受風面積の中心と、船体の水線下の抵抗中心との位置関係による。船首寄りに大きなキャビンを持ち、船尾の乾舷が低い船は、船尾が風に立ちやすい。船首喫水が船尾喫水よりも浅い場合、風の影響は船首に対してより大きい。このような船が係留中に強い横からの突風が吹くと、船首が急速に岸壁に押し付けられる。

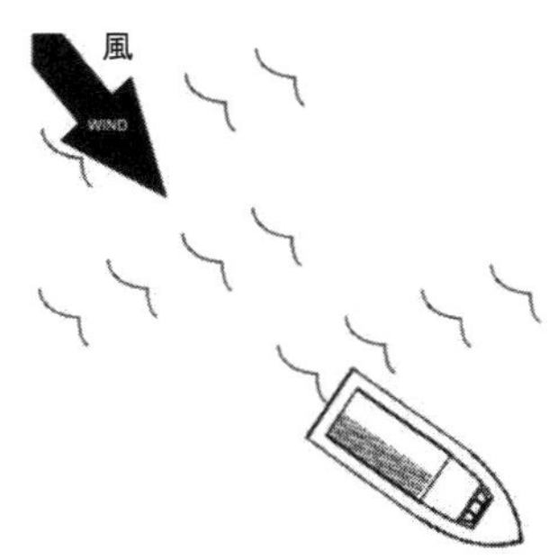

Figure 10-1 高いキャビンが船首寄りにあり、船尾乾舷が低い船

A.3. 狭い水域

係留状態や水面上の物を回収するとき、ほかの船に接近するときなど、狭い水域で風が船にどのような影響を与えるかを知っておくことは大変重要である。風下側から他船や岸壁に接近する場合、艇長はなにか風を遮るものがないかを探すとよい。艇長は、この陰による風の変化を計算に入れて操船する。

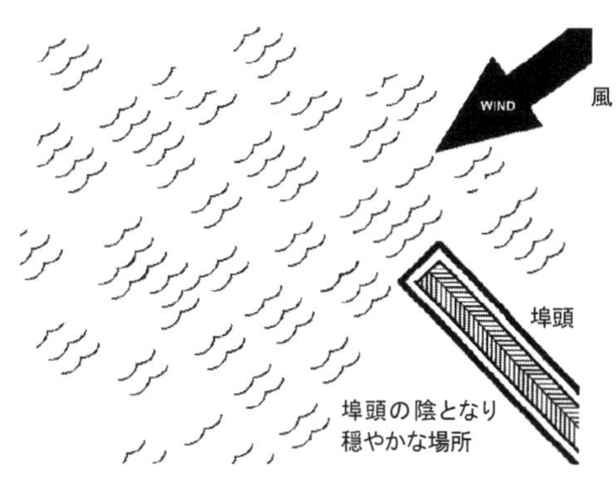

Figure 10-2 風を遮るものの陰

A.4. 波

波は、風が海面に作用した結果である。波は、高さと向き、船の特性に応じて、さまざまなかたちで操船に影響を与える。波によるピッチングの影響を受けやすい船は、喫水線下の船体を風にさらすことが多い。こうした状況では、抵抗になる喫水線下の船体が小さいため、波頭を越えるときに船首または船尾が風に落とされやすい。大きな波は、小型船にとっては一時的に風を遮る効果がある。波の谷間では、波頭よりも風が弱い。非常に小型の船は、波の谷間を通るように操船するとよい。

A.5. 潮 流

潮流は、風が船の上部構造物に作用するのと同様、船体の喫水線下の部分に作用する。船の喫水によって潮流から受ける影響の大きさが決まる。1 ノットの潮流は 30 ノットの風の作用に相当する。強い潮流は容易に風に抗し、船を風上に向けて押し流す（Figure 10-3 参照）。

艇長は、潮流の読み方を身に付け、特に潮流の急な変化に注意しなくてはならない。風の場合と同様、防波堤や突堤のように静止した大きな物体付近では、潮流の速さと方向が大きく変化する。

クルーは、係留ブイやパイルの付近の潮流の強さに留意しなくてはならない。ブイや停泊船の付近で操船する場合は注意が必要である。航走波、あるいはブイや桟橋付近の流れのパターンを見たり、流れが他船にどのような影響を与えているかを注視したりして、潮流の影響を把握しなければならない。

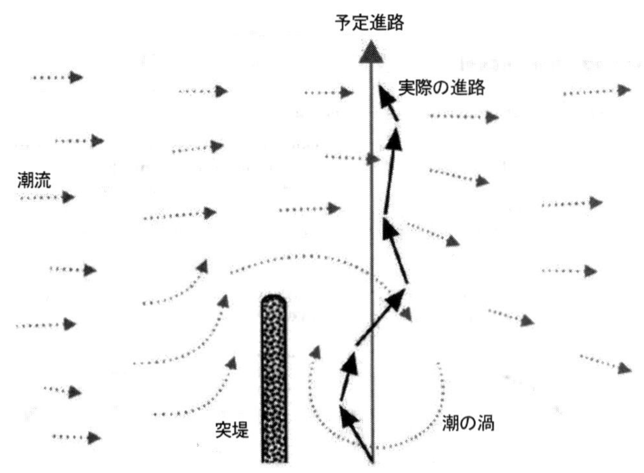

Figure 10-3 潮流の操船への影響

A.6. 組み合わさった自然の力

自然条件は、流れの全くない完全な静穏状態、暴風の時化、春の大潮などと大きく変化し、なんらかの力を常に自然から複合的に受けている。

A.7. 船の反応を知る

艇長は、自船が風と波にどのように反応し、どの影響が大きいかを知らなくてはならない。ある風速までは波の影響のほうが大きいが、風速がある値を超えると、ボートは凧のように強い影響を受けて航行する。艇長は、もし突風に遭遇したら、急に針路が変えられるかもしれない、あるいは、一定の風を受けていないと回頭を始めないなど、受ける風によって、どのような状況になるかを知っておかなくてはならない。潮流が風と反対向きになると、波は互いに接近してそそり立つため、艇長はこうした状況に特に注意しなくてはならない。こうした海域では潮衝（潮流がぶつかってできる高い波）などが起きやすく、経験豊富な艇長でも慎重を要することがある。他方、流れに乗って風下に航走する場合、陸岸に向けて押されすぎないよう、アプローチの方向を変える必要がある。

(注釈)常にどのように状況が変化し、自船にどのように影響を与えるかに気を配らなくてはならない。

船に作用する力

A.8. 前 提

以下を前提に、推力について述べる。

- 1 軸船の場合、船の中心線上に推進軸を設置する
- 前進推力を加えると、船尾方向から見てプロペラは時計方向（右回り）、後進では反時計方向に回る
- 2 軸船の場合、右舷プロペラは右回り、左舷は左回りである
- プロペラによっては、駆動装置は常に同じ方向に回転し、プロペラの翼の迎え角を変化させて前後進を切り替えるものがある（可変ピッチプロペラ）

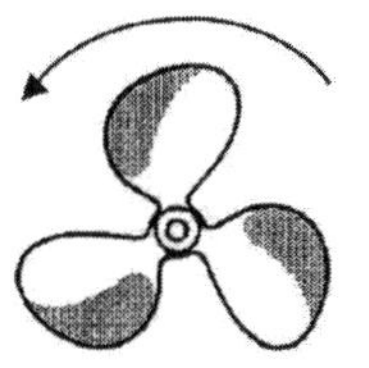
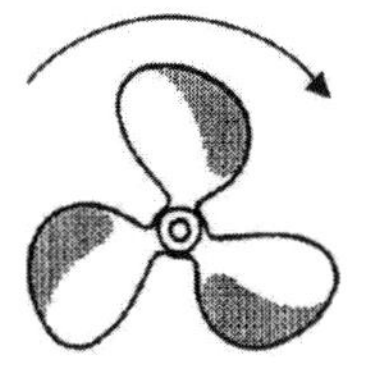

船尾側から見ると、前進方向に回っている右舷側のプロペラは時計回りに回り、右回りのプロペラと呼ばれ、後進の場合は回転が逆になる。左舷側のプロペラはその逆となる

Figure 10-4　2 軸推進

A.9.　推力と操舵

動力船の動きの鍵になるのは、動力源（内燃機）から水への力の伝達による推力の発生である。この推力によってボートは動く。ほかにも、船を前後左右に動かすための要素がある。ここでは推力と操舵を一体として扱う。船の進行方向が制御できなければ、推力を加えることに意味はなく、推進装置で方向制御も行うものが多く存在するからである。動力を伝達し、方向の制御を行う方法には三つの基本的なものがある。

- プロペラシャフトとプロペラが回転し、舵が別になっているもの
- 船外機や船内外機のように、推進器で方向が制御できるもの
- エンジンでポンプを駆動するウォータージェット

これらはすべて、機械的な効率性、保守整備の容易さ、船の制御など、各種視点からの長所と短所がある。推進方式の選択は、設計におけるパラメーターや運用海域による制限、ライフサイクルコストの問題であると同時に、しばしば設計者の好みによることも多い。すべてを満足するベストの選択というものはない。どの方式であれ、運航者はそれぞれがどのように動作し、船の運動にどのような影響の違いがあるのかを熟知しなくてはならない。

(注釈) ほとんどすべてのボートについて、推進と操舵は後進よりも前進時に効率よく動作するように設計されている。同様に、すべての船は転心（回転中心、旋回中心）を通る垂直の軸を中心にして横方向に回頭する（Figure 10-5）。転心の前後位置はボートごとに異なるが、通常は船が静止状態で船体中央の少し前にある。船体が前後のどちらかに進むと転心はそれぞれ前方または後方に移動する。

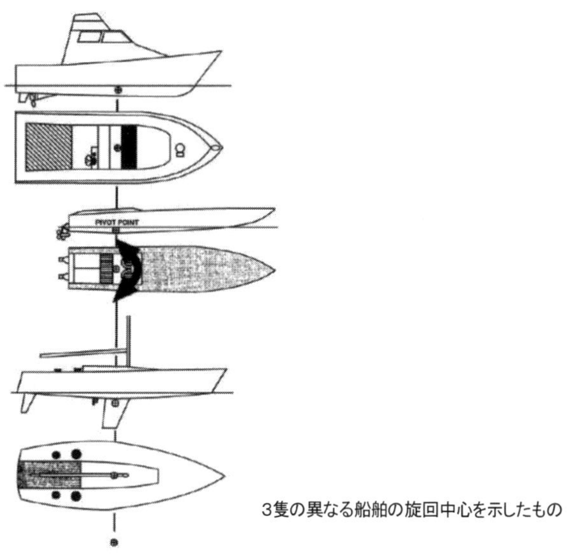

Figure 10-5 旋回中心

プロペラシャフト、プロペラおよび舵

A.10. プロペラシャフト

小型の艇では、プロペラシャフトは設計上の喫水線および水平線に対する角度を持って船底を貫通して取り付けられている。エンジンは船体の内部に取り付けられるが、プロペラは船体の外側下方に位置する必要があるというのが、こうした配置の実用上の理由である。さらに、プロペラ翼の回転面と船底の間には間隔が必要なことも理由である。1軸船ではプロペラシャフトは通常、船体の中心線上に位置しているが、プロペラシャフトのトルクを打ち消すため、1°程度オフセットしてある船もある。舵は通常、プロペラの後方に取り付けられている。2軸船では、両軸は船の中心線と平行に取り付けられ、舵はプロペラの後方に取り付けられて垂直の舵軸を中心に回転する。

A.11. プロペラの動作

前進回転のとき、プロペラは前方のあらゆる方向および翼の周辺から水を引き寄せる。各プロペラ翼の形状とピッチによって翼の前面には負圧、背面には正圧が生じ、後方への水流が発生する。この推力または動圧が回転するプロペラシャフトを通じて伝わり、プロペラが負圧方向に移動しようとしてボートが前進する。

A.11.a. プロペラ水流

プロペラの回転方向にかかわらず、回転するプロペラの弧に向けて流れる水流のパターンを吸引流、推進で流れ出る水流を放出流という（Figure 10-6）。放出流は吸引流よりも常に強力で集中している。

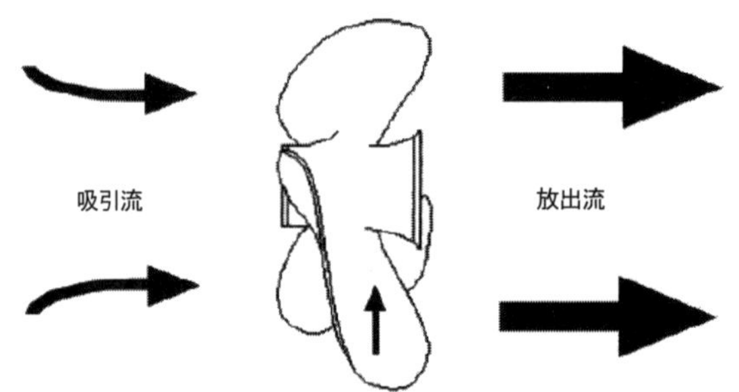

Figure 10-6 プロペラによる水流

A.11.b. 横圧力

プロペラシャフト方向の推力に加え、プロペラの回転から横方向の力も発生する。その原理は以下の通りである。

- プロペラが船体の引きずる水の層（摩擦航走波）に当たってどのように干渉するか
- 放出流が舵にどのように作用するか
- プロペラ翼が、回転弧の頂点で水面と船体にエネルギーを与え、空気を巻き込む。これによって水面には推進流を生じ、船体には騒音を生じる

プロペラシャフトに角度が付いているため、上昇する翼と下降する翼とで角度が異なることになり、翼の発生する推力にアンバランスが生じる（下降する翼のほうが、実質ピッチが大きくなり、より大きな推力を発生する）。この効果を横圧力と呼ぶ。

重要なのは、右回り船が前進回転のとき、船尾は右に振れようとし（Figure 10-7）、後進回転では左に振れる。左回りのプロペラ（通常、2 軸船の左舷プロペラ）では作用は逆になる。地面に輪を置いて考えると覚えやすい。輪を時計方向に回すと右に動くように、船尾から見たときプロペラが右に回ると船尾が右に動く。

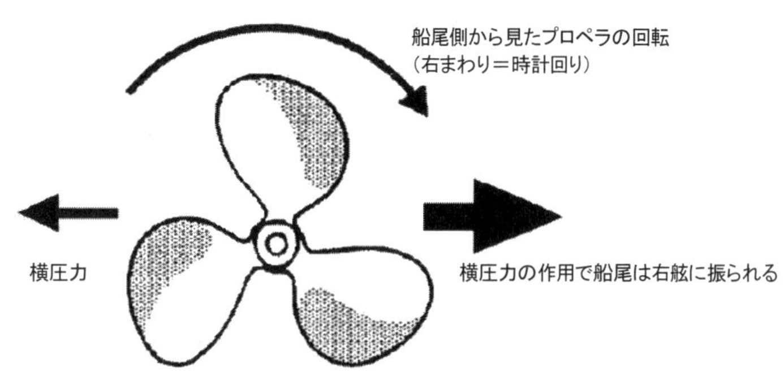

Figure 10-7 横圧力

A.11.c.　キャビテーション

通常、キャビテーションは、プロペラが高速回転するとき、翼端に発生する部分的な真空で泡が生じて起こる。キャビテーションは、停止しているプロペラを急始動したり、急激に前後進を切り替えたり、気泡を含んだ水流の中でプロペラを動作させたりすることでも起こる。キャビテーションは後進時に起こりやすい。これは、船尾からの吸い込み流が喫水線付近の空気を取り込みやすいからである。キャビテーションは船外機で後進をかけるときに頻繁に発生する。この場合、貫通ハブから出る排気の泡もプロペラの回転弧に吸い込まれる。

(注釈) 多少のキャビテーションの発生は一般的なものであり、推力が失われてプロペラが空転し気泡を生じるが、回転を下げ、気泡が消滅してから徐々に回転を上げれば推力は容易に回復する。

(訳注) キャビテーションは、プロペラ翼面上で低圧部が発生し、短時間に沸騰による泡の発生と消滅が起こる現象のこと。一方、ベンチレーション（エアドローイング）は、水面上の空気などを吸い込むことにより、プロペラが空転すること。両者はまったく違う現象ながら、アメリカでは一般的に両者を区別しないとのことから、本書内ではキャビテーションに統一されている（アンチベンチレーションプレートを含む）。

A.12.　舵の動作

船が水の中を進むときは、推力がない場合であっても、船首方向を変えるためには、通常、舵を用いる。船体が前進して舵が中立のとき、舵の両面に働く力はほぼ同一で船体は直進する。舵を左右のどちらかに取ると圧力は片方で増加、他方で減少し、この力で船尾が動く。前述のように、船は転心を中心に回頭するので、船首と船尾は逆方向に動く。舵を通過する水流の速度によって舵の効果は大きくなる。船が前進時、プロペラからの放出流は高速で舵を通過する。同様に、舵を取ったときプロペラ推進流は半分が舵を取った側に当たり、力の大部分が船尾を曲げるために働く。後進時は舵がプロペラの吸い込み流の作用を受ける。舵はプロペラの推進流を制御できず、吸入流は推進流よりも弱いため、舵を通過する水流はさほど増加しない。プロペラ水流と舵に働く力の合成は、後進時は前進時ほど作用が大きくない。舵の力は周囲を流れる水流で決まり、プロペラがキャビテーションを起こして水流に気泡が混入すると舵の効力は落ちる。

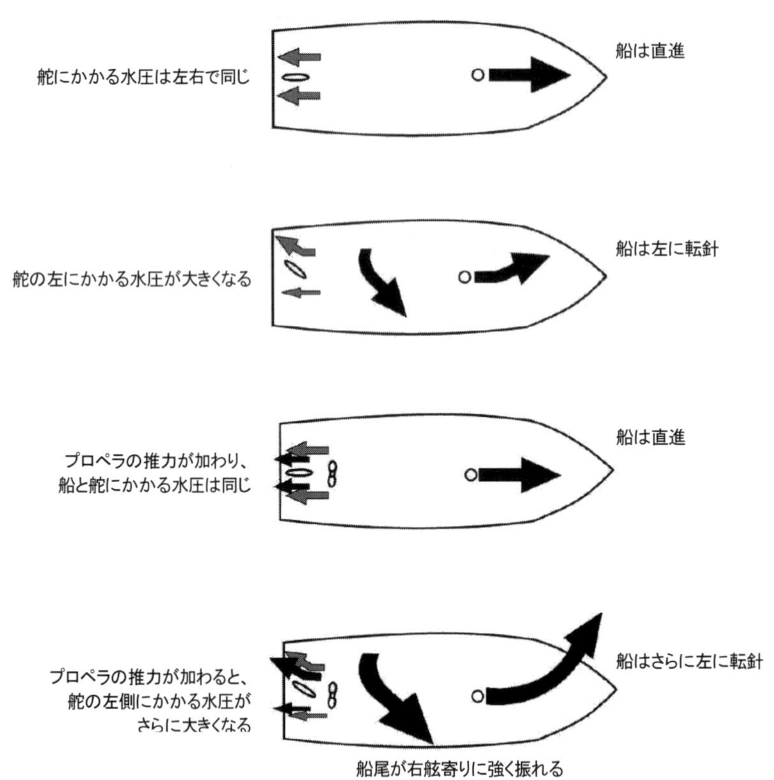

Figure 10-8 舵の動きの作用

船外機とスターンドライブ

A.13. 主な違い

船外機とスターンドライブはともに、それ自体を左右に振るための回転軸があり、ドライブユニット（船外機ではロワーユニットという）を備えているので、合わせて論じる。これらの推進機構を備えた艇と、「プロペラシャフト、プロペラ、舵」で構成される船内機艇との違いは、ドライブユニットの場合、プロペラによる水流と推力を、艇体のセンターラインに対し、角度を持って作用させられるという点である。また、ドライブユニットの場合、推力と舵の作用点は、通常、艇体の後方で発生する。

ロワーユニットには、ギアケース、スプライン嵌合（かんごう）によるプロペラシャフト、およびプロペラハブを通る水中排気機構が内蔵されている。ロワーユニットのギアケースは直径が通常 6 インチ以上である。

船内に設置されたエンジンが、トランサムを貫通して取り付けられたドライブユニット（アウトドライブ）を駆動するスターンドライブ方式を、通常、インボード／アウトドライブまたはI/O（船内外機）と呼ぶ。

船外機の場合、動力源（エンジン）はロワーユニットの上方に直接搭載されている。

船外機もスターンドライブも、推力を艇体のセンターラインに対して最大 35°から 40°の角度で偏向できる。同様に、両者はある程度のトリムもコントロールできる。トリムコントロールは、水面に対するプロペラシャフトの角度を調整して行う。

船内外機（I/O）と船外機の操作の主な違いは、垂直のクランクシャフトとドライブシャフトで動作する船外機では、急加速や急右転時に回転トルクが操舵に作用して右方向に引っぱられる、という点にある。これを知らないと、旋回を止めることが難しくなる。このトルクロックを防ぐには、当て舵を取る前に回転数をただちに下げることである。

A.14. 推力と方向の制御

船外機とスターンドライブには、プロペラの下に小さいステアリングベーン（スケグ）が付いており、水面下のギアケースの上方にあるハウジングは通常、平たい流線形をしている。このような仕組みが方向の制御を補助するが、船外機またはスターンドライブの操舵の大部分は、特に速力のあるとき、プロペラによる放出流を船のセンターラインに対し角度を付けて押し出す作用によって行われる。この偏向推力は前進中にきわめて高い操舵効率を発揮する。前進行き足があっても、プロペラが回転しない状態では、ロワーユニットやスケグの舵取り効果は小さい。

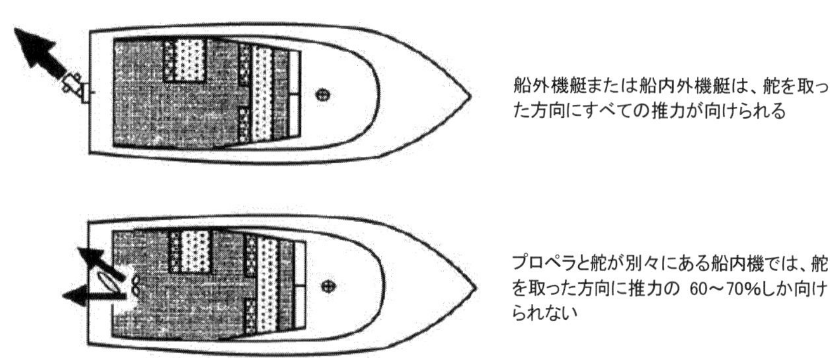

Figure 10-9 船外機、船内外機と、船内機との推力偏向の違い

(注釈) 上記 A.11.で述べたプロペラの力は、船外機や船内外機にも同様に働くが、ドライブユニットを偏向させられるため、横向きの力は打ち消すことができる。トリムタブの角度は可変調整でき、それによっても横への力を打ち消すことができる。

A.15. プロペラによる横圧力

後進時は、ドライブユニットの推力を左右いずれかの方向に向けることができる。左舵いっぱいに舵を取って後進すると、プロペラの横圧力により前進力も発生するが、舵取り量を抑えることで打ち消すことができる。右舵を取って後進する場合、横方向の力は後進側に働くが、同様に舵取り量を抑えることで対応できる。ロワーユニットには多くの場合、小さい垂直翼（トリムタブ）をセンターラインからずらしてプロペラの後ろの上部に取り付けてあり、特に高速航行時の横方向の力を打ち消す働きをする。

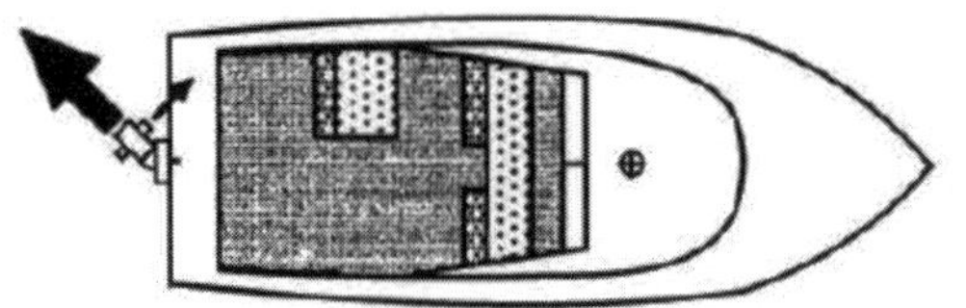

舵を取ったときのプロペラ横圧力は、前後方向の成分と力を持つ。図ではアウトドライブでの後進時の横圧力(小さな矢印)を示している。舵を左舷に取ったとき、ボートの船尾は横圧力により左方と前方に動く

Figure 10-10 ドライブユニットの横圧力

A.16. 縦方向の推力

船外機とスターンドライブからは一定の縦方向の力が発生する。トリムの調整により、回転するプロペラシャフトの水面に対する迎え角を調整できる。特に船尾に加わる垂直方向の推力は、船体の浮かんでいる姿勢によって変化する。積載重量が大きい場合や、船が水面を叩いて進む状態を抑えるためには、多少のトリム調整を行ったほうがよい。

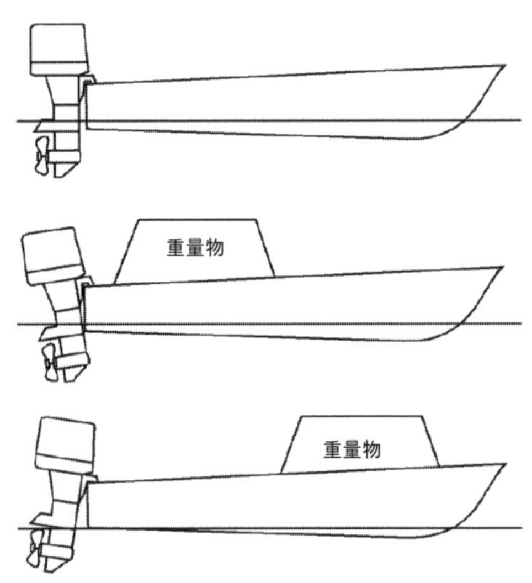

Figure 10-11 重量物積載時のトリム調整

トリムに加え、推力の縦方向成分により、船体の種類によっては加速急旋回して傾斜したときに推力が横に働き、船尾が水上に露出して旋回径がさらに小さくなることがある。

(警告) 軽量で浮力の大きい船外機艇は、最大出力で急旋回すると制御を失ってクルーや艇長が投げ出されることがある。操舵手は、緊急エンジン停止コードを自身につないでおかなくてはならない。

A.17. キャビテーション

前述したように、キャビテーションは船外機で後進するときによく発生する。ハブからの船外排気の気泡を含んだ水流がプロペラの回転弧に入ってキャビテーションを起こしやすくなる。船外機もスターンドライブも、プロペラ上方にアンチキャビテーションプレートを取り付けてあるが、艇長は急加速で後進するときにキャビテーションをできるだけ生じないように注意して操作するべきである。

ウォータージェット

A.18. 動 作

ウォータージェットは、ハウジング内のインペラをエンジンで駆動する方式である。インペラは水を吸い込んで噴射ノズルから噴出する。吸水口（取り入れ側）は通常、ノズルの前方で船体後部の最も喫水が深い部分に配置してある。噴射ノズルは船体の低い部分にあり、船尾から水を噴出する。吸水口の断面積は噴射ノズルの断面積よりもずっと大きい。吸入される水と噴出される水は同体積なので、噴出する水のほうが、吸入される水よりもはるかに水流が強い。このポンプ駆動システムは、厳密には直接推進方式である。通常、ウォータージェット方式は船底から突出する機構部分がないので、浅い海域での運用に向いている。

A.19. 水流の偏向による推進

操船はノズルからの直接噴流で行う。前進は直接後方に水を噴射し、回頭するときはスターンドライブのようにノズルを旋回させ、横方向の力で船尾の向きを変える。後進はバケットのような水流反射装置がノズルの後ろに垂下し、推力の向きを前方に変える。ウォータージェットの型式によっては船外機やスターンドライブのようにトリム調整を行えるものがある。水流を上下に調整して積載重量のバランスを補正したり、凌波性を向上させたりできる。操船はノズルによる推力の偏向のみで行うが、操船のための小さい翼を備えているものもある。高速で航行中のウォータージェット船が急に中立にすると、舵が効かなくなる。前述した 3 種類の方式のうち、ウォータージェット方式だけが推力がない場合に方向を制御できない。

A.20. 横方向の力

ウォータージェットのインペラは、ポンプ駆動装置のハウジングに完全に閉鎖格納されているため、横方向の力は発生しない。船尾を左右どちらかに振るのは、水流の方向を変えることで行う。

A.21. キャビテーション

ウォータージェットのインペラの翼は非常に速い速度で回転する。キャビテーションはプロペラが外に出ている形式の船よりはるかに頻繁に発生するが、推力のロスはない。ウォータージェット推進の特徴は、雄鶏の尾のように大きく後方に伸びる、空気の混入した噴出流である。推力の方向と無関係にインペラの回転方向は一定なので、前後進の切り替えを頻繁に行ってもキャビテーションは生じないが、後進を行う場合には気泡を含んだ噴流が吸水口に達して吸い込まれるので、多少の推力の減少が生じる。ほかの推進方式でも同様だが、気泡を含んだ水流が出なくなるまでインペラの回転を下げることで、キャビテーションの影響を軽減することができる。

Section B. 基本操船

基本操船を学ぶには、経験豊富な艇長の動作を見るのがよい。最初は岸壁や係留船などの障害物のない広い海域で練習する。

操船技術の習得

B.1. 概 要

最初に艇長として操船を学ぶときは、エンジンや舵の操作に関する物理的な制約を知らなくてはならない。操縦機構は、異なる腕の長さや手の大きさの範囲に対応できるように設計配置されているが、必ずそうとは限らない。

B.2. 障害物や危険

艇長は、舵やスロットルを操作するときに障害となるものがないかを、以下の要領で確認する。

- 舵輪をしっかりと保持して360°操作できるか
- 舵輪の取っ手を邪魔するものはないか
- リモコンレバーが使いにくい位置にないか
- 厚い手袋で操作しにくい配置ではないか
- エンジン停止スイッチが手の届く位置にあるか
- 船外機の緊急エンジン停止コードが絡みやすくなっていないか
- そのほか常識的に気づく事項

艇長は、操作するスイッチやレバーの機能と配置を確認しておかなくてはならない。

(注釈) エンジンの安全を確保した係留中にこの操作を確認する。大型船には、油圧操舵装置など、エンジンを作動させないと機能しないものがある。その場合、エンジンを止めた状態でリモコンレバーの操作を確認する。

B.3. 舵角の制限

舵角の制限を確認するためのガイドライン

手順	要 領
1	右舵いっぱいから左舵いっぱいまで、舵輪の動作範囲を確認する
2	舵輪や舵の固さ、遊びまたはゆるみがないかを確認し、ある場合はそれらがどの舵角で起こるか確認する
3	舵角指示器の中立を確認する
4	中立時を含め、舵角指示器が舵の位置と正確に一致することを確認する

B.4. エンジン操作の動作確認

手順	要 領
1	スロットルレバーはシフトレバーや操舵装置から独立しているか
2	中立、前進、後進を切り替えるノッチの位置
3	中立から前後進に入れるのに必要な力の入れ具合
4	すべての操作位置でスロットルが固かったりゆるすぎたりしないか
5	操作レバーは、見なくても容易に中立の位置に入れることができるか
6	操作ハンドルは操作位置にきちんと入って止まり、戻ろうとしないか
7	緊急エンジン停止コードの長さは動き回るのに適当か

8	エンジンの停止スイッチは正常に作動するか
9	アイドリング速度は適切に調整されているか

(注釈) これらの点検は出港前に毎回行う。

(警告) ボートの安全な運航のためには、スムースな舵とエンジン操作が不可欠である。エンジン操作の不適切な設定や適合していない装備品、整備不良などは、操船の支障となるので認めてはならない。十分に円滑な操作ができないと、ボートを安全に運航することはできない。

B.5. エンジン操作の再確認

係留状態でエンジンを停止し、すべての操作項目を確認したのち、艇長は係留状態でエンジンを始動し、エンジンの作動状況を再確認すべきである。エンジンを前後進いっぱいに操作するのは危険だが、中立から前進または後進へのシフト操作には常に時間の遅れがあることに注意する。

(注意) 前進から後進、またはその反対に切り替える際は、中立の位置で操作を止めて少し待つ。訓練時、経験者は経験の浅い者と交代する前に広い海域に船を移動させるべきである。広い海域に出たら、次の訓練者は舵とエンジンの動作具合をアイドリングスピード（微速）の状態で再確認すべきである。

直線での前進

B.6. 概 要

直線で前進する場合、スロットルをゆっくりと確実に前へ倒す。1 軸船で船外機またはアウトドライブの場合、プロペラの横方向の力によって船尾が少し右に振れる（Figure 10-12）ので、軽い右舵による当て舵でこれを打ち消す。2 軸船ではスロットルを同時に前に倒す。動力が均等に伝わっていれば、船体が左右に振れることはない。両エンジンの回転数が同じであることを確認する。船によっては、エンジン回転数の同期を示す別の表示機が備わるものがあるが、その場合も回転計の表示を比較する。

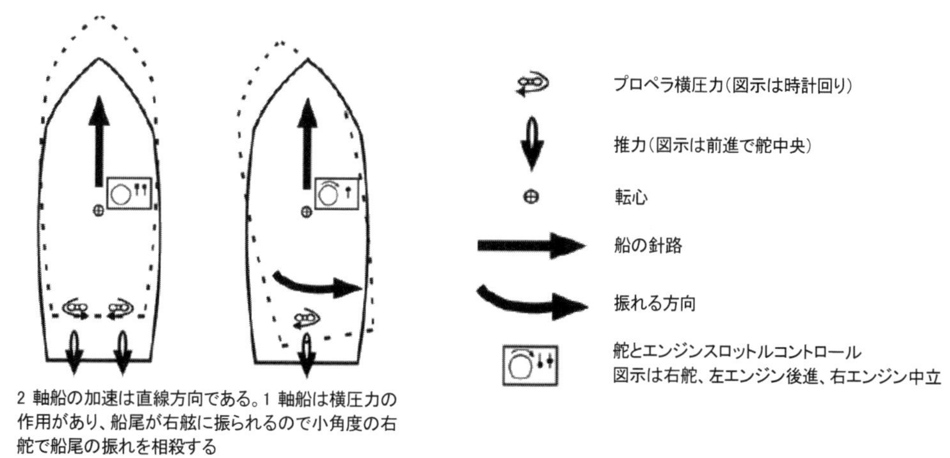

Figure 10-12 前進加速の表示

(注釈) 発進時にシフト／スロットルを前方に大きく押し込んではならない。エンジンから過大な動力が伝わり、船尾が沈み込んで船首が跳ね上がり、視界を遮る。また、プロペラまたはインペラがキャビテーションを起こす。

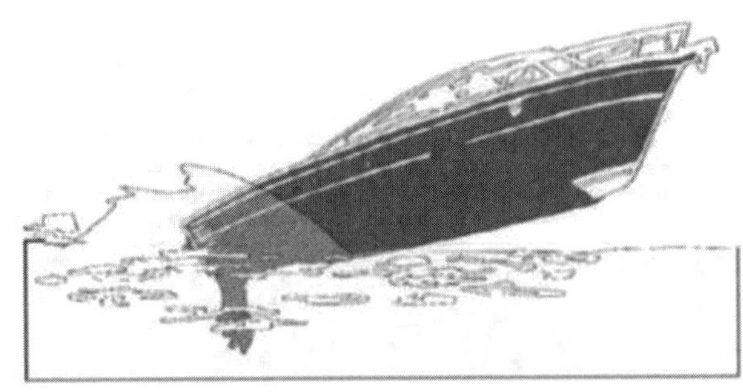

過度な力が船尾の沈み込みの原因となる。船尾で大きな航走波が発生し、船首が持ち上がるため、艇長の前方視界は遮られる。その後、艇は滑走状態に至る

Figure 10-13 加速による顕著な船尾の沈み込み

B.7. 方向の制御

プロペラの横方向の力や風浪から受ける力を打ち消すには、軽い当て舵を取る。コンパスの針路に常に留意し、針路から外れないようにする。地理的な目標やブイの間の見通し線など、操船の目標となるものを見る眼を経験で養うことが重要である。針路に乗り続けるためには、針路を外れてから大きく修正するよりも、細かく頻繁に舵を取るとよい。大きな操舵で蛇が這うように走るのは避ける。低速時は高速時よりも頻繁に舵を修正するべきである。

B.8. 滑 走

滑走型または半排水量型の船型では、ボートは徐々に速力を上げて滑走状態に入る。トリム調整機構（船内機艇のフラップを含む）を装備しているボートは、（滑走し始めたら）やや船首トリムにすると滑走状態に入るまでの時間を短縮できる。

B.9. 適切な速力

常に全速力で航走しない。燃料を無駄に消費し、ボートの損耗やクルーの疲労が増大する。出力を増大させても、速力は大きくは変わらない。ある点に達すると、エンジン回転数を上げても燃料消費が増えるだけで速力は変わらない。乗り心地を確保しつつ任務を遂行できる速力に設定するべきである。

B.9.a. 出力の余裕

緊急時に備えて常に出力に余裕を持たせておくべきである。その船の最適の速度を設定する必要があるが、半排水量型の船の運用限界は通常、最大出力の 80%で、非常用に 20%を取っておく。

B.9.b. 安全速力

高速航行中のボートは大きな出力を出しており、経験の浅い操縦者には危険である。安全な速力を設定するためには、以下を考慮すべきである。

・ 荒天で風波が激しいときは、減速することで操船がしやすくなる。船体が海面を叩いたり浮き上がったりすることで船体が損耗してクルーの疲労が蓄積する。身体保持に精一杯の状況になると、クルーは疲れ果てて任務どころではなくなる。飛沫や波浪を甲板にすくわないようにする

(注釈) クルーの疲労が最小限になる船内の場所は、通常操舵席の付近である。

(警告) 滑走状態にあるからといって、排水量モードで座礁するような浅海域を安全に通過できるわけではない。高速滑走状態では船尾が水中に深く入っており、危険な速力のまま座礁する危険がある。

・ 船舶交通密度の高い海域で高速航行してはならない。安全速度で航行すれば状況の変化に対応でき、

周囲船舶との衝突の危険が減少する

・ 視界が悪いときは減速する。霧、雨、雪などで視界は顕著に下るが、地理的特徴や障害物、河川の湾曲部、桟橋、橋梁、土手などは、大量の船舶交通とともに視野の全体像を制限する。暗夜や真っすぐ太陽に向かって操船する場合も視界は悪くなり、距離感が判断できなくなる。操舵室の窓に海水飛沫や氷結飛沫ができる限り付かないようにし、頻繁に洗い流す。飛沫が窓について視界が低下するのは、暗夜やまぶしいときには特に有害である
・ 浅海域では、航走による効果が海底に作用する。浅海域では減速する。非常に浅い海域では船尾が沈み込む傾向があり、海底により近くなる

(注意)バンククッション（反発力）とバンクサクション（吸引力）を修正しすぎてはならない。バンク側への当て舵が大きすぎると、船首がバンクに突っ込む。また、船首をバンクから遠ざけるための操舵も、船尾がバンク側に振れるので注意する。

B.10. バンククッションとバンクサクション

きわめて狭い水路では、船首と近い側の岸との間に水の「楔（くさび）」が発生し、遠い側の岸との間よりも水面が高くなる。バンククッションと呼ばれるこの現象により、船首は水路の端から押し出される。

船尾側では、プロペラの吸入流と船が存在したあとに水が流れ込むことによってバンクサクションが生じる。これによって船尾がバンク側に吸い寄せられる。

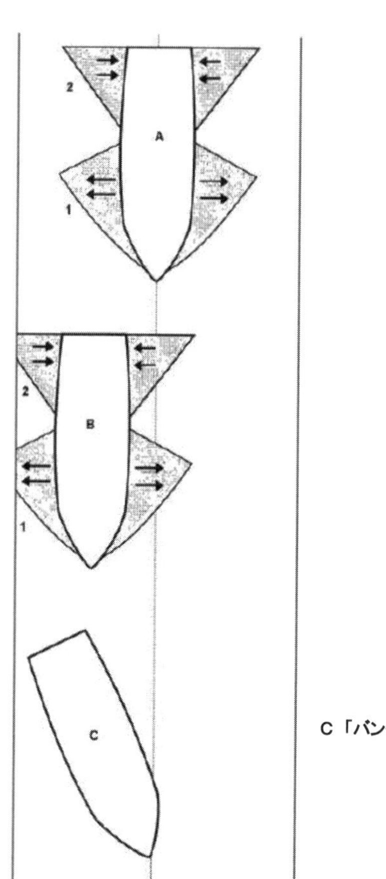

Figure 10-14 バンククッションとバンクサクション

バンククッションとバンクサクションの一瞬の相互作用により、船首が反対側の岸に向くことがある。バンククッションとバンクサクションは、水路の岸が急峻なときに最も顕著に発生し、水路の岸が徐々に浅くなって広い浅海域に伸びているときは弱い。可能であれば、訓練性は非常に狭い水路を通航する場合は水路の中心を正確に航走し、この影響を避ける。低速で航行することによっても、クッションとサクションの影響を軽減することができる。近い側の岸の方向に軽い当て舵を取ると、クッションとサクションの連続的な影響を避けるのに役立つ。

B.11. 船首のクッションと船尾のサクション

他船と行き会う場合、岸の場合と同様、船首クッションと船尾サクションが船同士の間で発生するため、当て舵を取らなくてはならない。双方の船が航行しているため、クッションとサクションの効果は単船と岸との間の場合よりも強く発生する。船首が予定針路から大きくそれて、船尾が他船のコースに振れて入り込まないように注意しなくてはならない。左舷同士のすれ違いの場合、両船の船首が行き会う前に、軽い右舵で船首の間隔をひらく。船首はクッション効果によってさらに間隔が大きくなる。自船の船首と他船の舷側が重なる状況になったら、左舵で右舷側の岸に寄せられないようにして水路との平行を保つ。自船の船首と他船の船尾が重なるようになったら、船首が船尾のサクションで引き寄せられるので、軽い右舵で修正する。最後に船尾同士の状態になったら、船尾サクションの影響が支配的になるので、左舵で船尾同士を離すようにする。

(注釈) 船首クッションと船尾サクションに関する以下の考察は、狭い水路で他船と行き会う場合や、岸の近くで航行する場合に当てはまる。

- 船の喫水が深いほど、特に喫水が水深に近いほど、クッションとサクションの影響は大きい
- クッションとサクションの影響は、船や岸に近いほど大きい
- 狭い水路ではクッションとサクションの影響を軽減するため減速するが、舵効きが悪くなるまで減速しないこと。狭い水路で他船と行き会う場合、他船によって生じる船首クッションと船尾サクションの影響は、岸との間に生じる同様の効果で釣り合いが取れる

(警告) 操船中はクルーに急加速や減速、回頭などの意図を伝える。簡潔に注意を叫ぶことで事故による負傷を避けることができる。

B.12. 航走波への注意

船が進むと船首と船尾で発生する波が合成され、進行方向とある角度をもって後方に流れる。航走波の高さと速さは、船速と船体の形状によって異なる。比較的大きい半排水量型の船型を持つ船が巡航速力で航海すると、大きな航走波が発生する。小型の船が滑走モードで高速走行する場合は、低速時に比べて航走波は小さい。排水量型の小型船は最大速力のときに最も大きい航走波を発生する。艇長は自船が大きな航走波を立てないように注意すべきで、必要に応じて大きく減速する必要がある。

船にはすべて、航走波により負傷や損害を与えた場合の責任がある。不注意な艇長は係留場所の近くや浅い海域で大きな航走波を立てて他船に動揺による損傷を与えたり、係留索を緊張させたりする。帰港を急ぐ考えや、誤った緊急の感覚が、航走波への配慮がおろそかになる原因である。特に狭い閉鎖海域や他船付近で大きく不必要な航走波を立てると、プロのイメージと信頼を損なうことになる。

舵による旋回

B.13. 概 要

意図する方向に直進するためには、頻繁な細かい舵の修正が必要である。船の方向を意図的に変えるには、さらに大きく、長い時間の舵の操作が必要になる。

B.14. 旋回中心

前述の通り、船首の向きは船尾が反対方向に動くことで変化する。船尾がある角度に振れると、船首は同じ角度だけ反対方向に動く。転心が船首尾間のどの位置にあるかにより異なるが、船尾は船首よりも同じ角度で大きく移動する。船体が水の中で前進すると、転心は前方に移動する。前進速力が早いほど、旋回中心の位置は前方に移動する。

B.15. 推進方式と旋回

船外機艇、船内外機艇およびウォータージェット搭載艇では、推力方向の制御で向きを変えるため、船体の形状が同じであれば、船内機艇に比べて急旋回が可能である。船外機のマウント延長ブラケットにより、ロワーユニットの推力を転心から遠くの位置に離すことができ、ブラケットによっては船尾からさらに 3～4 フィート後方に持っていくことができる。船尾に作用する旋回力は、転心の位置と偏向推力の強さによって決まる。偏向推力により、船尾は船内機艇よりも大きく外側に動き、船首は非常に小さい旋回軌跡を描く。

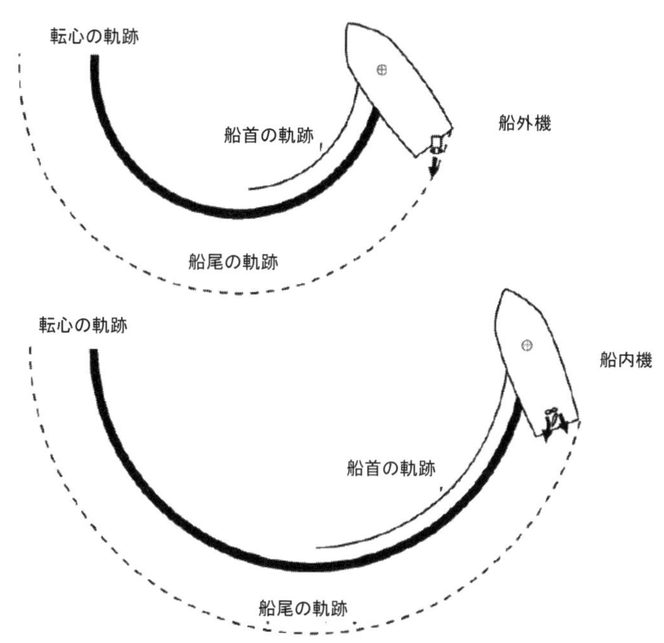

Figure 10-15 転心、横滑り、キック 船内機と船外機の違い

B.16. 船の旋回特性

一定の針路で航行しているとき、舵をある方向にいっぱいに取ると、ボートは旋回を始める。90°旋回するまでボートは元の進行方向に動き続け、この移動距離を旋回縦距（アドバンス）という。ボートが

90°旋回したときは元の針路から大きく横に移動しており、この移動距離を旋回横距（トランスファー）という。ボートが 180°旋回するまでの間の軌跡の直径を旋回径（タクティカル・ダイアメーター）という。船が 360°旋回して舵を取り終えた地点に戻るまでの距離を最終旋回径（ファイナル・ダイアメーター）という。これらの値は、速力と舵角に応じて船ごとに異なる。船の旋回特性を知ることで、舵のみで操船するか、ほかの操船方法も利用するかといった意思決定が可能になる。舵を戻すタイミングを習得することで、針路からの大きな離脱を防ぐことができる。

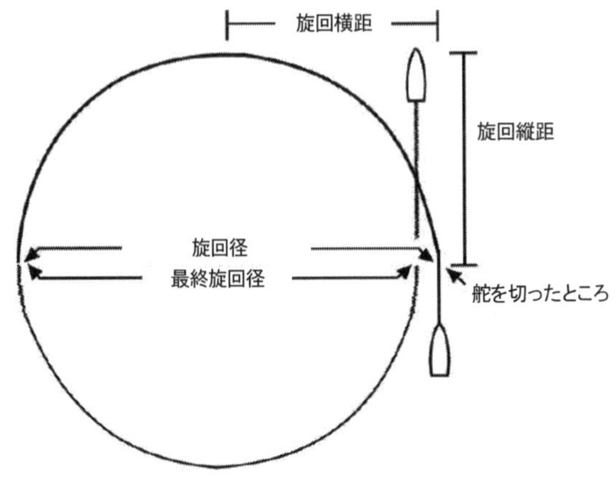

Figure 10-16 旋回特性

(警告) 排水量の小さい大馬力エンジン搭載艇は、高速で舵をいっぱいに切ると元の針路に向けた進行が急に止まる。このような旋回動作は、急な危険を避けるためには効果的だが、激しい動きによってそれに備えていなかったクルーを放り出してしまう恐れがある。このような操船は非常の際にのみ行うべきであり、ボートの性能を示す目的で行ってはならない。

B.17. 速力の喪失

一部の滑走型船型とほとんどの半排水量型船型の船は、高速での旋回時にかなり減速する。船が旋回側へ傾斜すると、船体の浮力は小さくなり、その速力で滑走しながら元の姿勢に戻ろうとする。同様に、船体後部は傾斜しながら水中を滑り、進行方向に平面を向けて水を外側に押し出す。船底の面はブレーキの役割を果たす。

B.18. 水路内での変針と旋回

バンクサクション、バンククッション、および潮流は、水路の屈曲部分を航行中のボートに影響を与える。自然の水路に屈曲がある場合、曲がりの外側が常に深く水流が強い。これは曲がりが 15°の感潮河川（潮の影響のある河川）の河口の湾曲部でも、S 字に曲がりくねっているミシシッピ川でも同じである。これは、水流の勢いが大きく、方向が変化するのに抵抗する性質を持つからである。水が岸の外側に当たるとき、地面を削って粒子を運ぶ。粒子は下流の流れがゆるやかな屈曲部の内側に堆積する。湾曲部に渦が生じている場合、湾曲部の外側と内側が両方深くなっている。渦の近くでは湾曲部の内側に逆流が生じる。湾曲の内側で発生する渦や逆流は、外側の渦や本流よりもずっと弱い。

バンククッションとサクションは、水路屈曲部の岸が急になっている場合に最も強く、徐々に浅くなっている場合に最も弱い。陸岸の影響は、屈曲部では外側のほうが強い。艇長は流れと陸岸の影響に注意し、それらを最大限活用するべきである。

B.18.a. 屈曲部での流れに逆らっての航行

向かってくる流れの影響は、水路の浅い部分を避けつつ内側に寄って航行すれば最小限にできる。船首が流れの強い部分に入ると、屈曲の外側に向けて曲がり始めるが、内側に舵を取り、船尾を下流側に寄せるように修正すれば、船は徐々に水路の内側に戻る。

屈曲部の外側から航行を開始した場合は、流れの最強部を通過することになる。バンククッションによって船首が外側の岸から離され、船尾はバンクサクションで動きが制限されるが、最初に屈曲の内側に向けて舵を取れば、外側から急速に離れた船首が、動力と舵の作用ですぐに上流を向く。一定の推力で徐々に舵を取り、本流から外れて水路の内側水域に移動する。

B.18.b. 屈曲部での後ろから流れを受けての航行

針路の変更は、水路中央部の外側に向けるようにして行う。これにより、外側の最強流部分を避けつつ前進力を維持できる。また、旋回するときは強い流れで船尾が水路の外側に振れるため、針路を変えるのは屈曲部の入り口で早めに行うべきである。屈曲部の中では、ボートの横方向の動きに常に注意しなくてはならない。ボートが曲がりの外側に急速に寄せられるようであれば、舵とエンジンを大きく使って水路の中央に戻る。旋回が終わったら、船を徐々に水路の内側に戻す。

- ボートが屈曲部の外側から遠い場合、針路変更のタイミングを計るのが難しい。流れが速く船尾サクションが強いときに旋回を始めるのが早すぎると、反対側では船首が内側に大きく振られ、船首クッションがこれを助長する。船尾サクションがあるときに旋回の開始が遅すぎると、内側の流れで座礁する危険がある
- 旋回する内側にとどまるように操船すれば、流れとバンク効果を軽減できる。舵を小さく使い、曲がりの内側に向けて旋回に入るが、流れで船尾が内側に振られないよう注意する。屈曲の内側では流れがゆるんで渦が発生することがあり、船首クッションも弱いため、振られすぎて座礁することがある

停　船

B.19. 概　要

リモコンレバーをアイドリング位置に戻すと、船の前進が弱まり始める。排水量型の船では、推力が止まっても惰性でしばらく前進し続ける。半排水量型や滑走型の場合、エンジン回転数を下げて推力を減じると、滑走状態はすぐに終わる。船が排水量モードに戻ると、滑走モードのときよりも船体の水中抵抗が増加して船速は遅くなり、減速してしばらく前進を続ける。艇長は、巡航状態からエンジン回転数を下げたときに船がどのように減速するかを試しておくべきである。停止するときにどれだけの距離を進むか（ヘッドリーチ）を速力ごとに知っておくことは、操船上きわめて重要である。

(警告) 急停止は非常操船の手段である。駆動装置を破損し、エンジンが止まることがある。多くの場合、クルーの技能が高く状況を適切に判断していれば、こうしたことは必要ない。

B.20. 後進による停止

停船のためには前進をゆるめるだけでは十分でない場合がある。緊急時には迅速かつ完全に停止するための操作が必要になる。これは、前進中に推力を後進に切り替えて行う。最初にエンジン回転数を下げて

速力を減じる。船が減速を始めたら、後進を強くかける。エンジンが停止しないように、アイドリングスピードのときよりも強くする。1軸船では、船尾が左に振れようとする。前進行き足が停止したら、リモコンレバーをアイドリング位置に戻す。前進がゆるやかな場合、後進の推力は細かく使って操船し、行き足の変化を確かめる。

ウォータージェットの場合、プロペラシャフトとプロペラの回転方向を変えるギアや駆動機構がないため、後進への切り替えは速い。水流偏向装置（リバースバケット）が垂下して水流を前方に反射する。この場合でも、エンジンがアイドリングにならないよう、十分な出力を使う。

多くの船は全速前進から全速後進に切り替える試験を行っているが、この緊急停止（クラッシュストップ）操作を行うと駆動装置に非常な負荷が加わり、エンジンが停止することがある。動力の大半がキャビテーションの発生に使われてしまうが、それでも非常時の操作としては有効である。

(警告) 緊急停止と同様、高速航行時の最大舵角の操作も緊急操船の一つであるが、激しい操作でクルーが投げ出されることがある。細かく波立っている海面で行うと、チャインが波に引っかかり、急傾斜して転覆することがあるので、そうした状況で行ってはならない。

B.21. 最大舵角による前進の停止

前述のように、排水量が小さい高速船は、高速航行中に舵を大きく取ることで進行方向への動きを急速に止めることができる。完全停止するためには、横滑りが止まったときにリモコンレバーをアイドリング位置に戻す。適切にこれを行えば、後進は必要ない。

(注釈) ウォータージェット推進では、推力を使わないと方向を制御できない。出力を下げる前にボートを横滑りに入れなくてはならない。旋回する前に出力を下げると、ボートは元の針路のままで減速する。

(注意) 海水が船尾に打ち込むような状態で後進してはならない。後部の乾舷が低い船では注意が必要である。船外機でエンジン取り付け部が低く、重量が後ろに寄っている船は、特に海面が波立っているときには、後進時に海水が打ち込む危険が大きい。打ち込んだ海水がすぐに抜けない場合、復原性が低下する。

(注意) 船内機艇はエンジンの排気を船尾から出す。船外機は後方に水中排気する。後進を行うと、クルーやキャビンは排気の影響を大きく受けるので、これを軽減する必要がある。訓練時には船の風に対する向きを頻繁に変え、排気煙を流す。後進が終了したら船内を換気する。

後　進

B.22. 概　要

後進中の方向制御は重要である。船は前進するよう設計されており、真っすぐに後進させるのは簡単でない。乾舷は前方で高く、構造物は前に寄っている（受風面積が大きい）ため、多くの場合、船は風上へ切れ上がって後進する。自然の力がボートに与える影響を知っておくことは、後進時において重要である。船尾が向かう方向を監視するのに加え、艇長は船首の動きも把握すべきである。船首は転心の周りを船尾と反対の側に動く。後進すると転心は後方に移動し、船首はより大きく動く。舵輪をしっかり保持し、舵やドライブが大きく取られるのを抑える必要がある。

B.23. プロペラと舵

船は舵を通って流れる水流で方向を変えるが、後進中は舵に作用する水流は弱い。

B.23.a. 1軸船内機艇

プロペラの横圧力は、後進時の大きな障害になる。舵は後進水流が発生するまで効きが悪く、風上へ切れ上がって後進することが多い。風に逆らって後進する場合、艇長はどの程度の風まで船を左転させずに支えられるかを知っておく必要がある。

- 後進開始の前に、舵を右舵いっぱいに切っておく
- エンジンを一瞬後進に吹かすと、船尾は左に振れるが、そのまま後進を続ける
- 動き始めたら、プロペラの横方向の力を抑える程度に出力を下げ、舵で操船する。後進惰力が付いたら、直進を維持するための舵の操作は少なくてよい
- 舵効きのためさらに後進惰力が必要であれば、徐々に出力を上げる。急に上げると船尾が左に振れる
- 船尾の左への振れが舵だけで押さえられない場合、短時間の前進操作による横方向の力で船尾を右に振る。後進が止まるほどの強い前進操作や、プロペラの推進流でさらに左に振れるような操作を行ってはならない（船が後進するとき、後ろからの水流によって舵を効かせる）
- それでも左への振れを抑えられない場合、強い前進操作を行い、左舵を取る。後進惰力は停止するが、プロペラの横方向の力と舵を通る推進流で船尾は右に振れる。その後、後進操作を再開する

B.23.b. 2軸船内機艇

プロペラの横方向の力を相殺するため、両舷均等に後進をかける。出力を不均等（一方の回転数を高くする）にすることで船尾の向きを変えることもできる。この方法は、プロペラの横方向の力を不均等にして操舵しやすくする効果もある。

- 出力均等で後進する場合、舵は中立にする。
- 船尾が一方に振れる場合、軽く舵を当てて修正を試みる。効果がない場合、振れている側のエンジンの後進出力を上昇させるか、反対側の出力を減じる。

B.24. 船内外機艇と船外機艇

艇長は、船尾を一方に向けるため、推力を偏向させる。出力は船尾に作用するため、艇長は、船首が風で針路から外れないように注意するとともに、後進でロワーユニットに発生しやすいキャビテーションを抑えるようにする。プロペラの横方向の力が発生するが、舵を操作して修正する。推力を発生していないロワーユニットは、後進中の方向制御にはあまり役立たない。高出力と中立の間で回転数を頻繁に変えるよりも、低回転で一定の出力を維持するほうがよい。

B.24.a. 船外機／スターンドライブが1基の船

この型の船では、プロペラの横方向の力は軽い右舵で修正できる。後進出力は、キャビテーションに注意しながら徐々に加える。

B.24.b. 船外機／スターンドライブが2基の船

両舷の後進出力が均等になると横方向の力は打ち消される。2軸の船内機船と同様、左右の出力調整を試みる前に、舵の操作で船尾の振れを修正するべきである。

2軸船でアイドリングスピード以下の出力が必要な場合、片舷機だけを使用する方法がある。これにより、両舷を後進から中立にすることなく、十分低速で舵の効く状態にすることができる。片舷機の使用で生じる横方向の力と左右不均衡の抵抗は、舵の操作で修正する。

B.25. ウォータージェット推進艇

プロペラによる横方向の力は発生せず、船外機同様に推力を直接偏向させる。前進から後進に切り替える際、ギアや駆動装置で減速することはない。推力は単純にリバースバケットで方向を変える。推力が加わっていなければ、方向を制御する機能はない。前後進ともに、方向を変えるためには推力が加わっていなければならない。高出力で後進水流を発生させると、多量の気泡を含んだ水流が前方の吸水口に向けて送られるので、後進のために短時間の高出力を使用するのは避けたほうがよい。

2 軸船の操船法

B.26. 概　要

後進時の不均等出力の使用は前に述べた。ここでは、2 軸船の左右の出力をずらして行う操船方法についてさらに述べる。出力の不均等は常に操船に影響する。必要な出力の差分量は、巡航で針路を維持する場合から、左右逆転で 360°のその場回頭を行う場合まで、大きく異なる。左右不均等操船においても、前述の力の作用と船の反応の基本は同じである。転心、プロペラの横圧力、旋回性能は同様に重要である。

センターラインからずらして配置された 2 軸船の推進器は、船体に対して回転モーメントを生じる。ブラケットで取り付けられた 2 基の船外機は、船尾で船体をひねる作用（転心は船尾のずっと後方になる）を生じる。一方、2 基の船内機の場合は、船体をひねる力が転心に近い箇所（推力を支える駆動部。通常は減速ギアまたは V ドライブの部分）に加わる。船内機では、プロペラの横圧力が、シャフトブラケットとスターンチューブを通じて船体に伝わる。

ある点までは、左右回転数の差が大きいほど船首を振る効果は大きい。ボートの種類や推進方式、海況、速力などによって異なるが、ある点を超えるとキャビテーションや水流への気泡混入が発生し、少なくとも片舷機の推進効率が低下する。

(注釈) ボートの操船技術全般について、練習は静かな広い海域で低速から始める。

B.27. 針路の維持

船の上部構造物の造りによるが、風で船首は風下側に落とされる。操舵手の当て舵でもこれを修正できるが、風下側のエンジン回転数を少し上げることで針路を容易に保持できる。回転数の差分は、舵に加わる圧力がなくなるところに微調整する。

B.28. 針路の変更

次の方法により、アドバンスとトランスファーの距離を抑えつつ、滑りとキックで素早く針路を変えることができ、針路変更を長く行えば旋回径も小さくできる。

B.28.a. その場回頭

転心を中心とする回頭は、低速による操船である。風や波、あるいは別の船に向けて針路を変えたり、狭い海域で船首尾の方向を変えたりする必要があるときに重要である。エンジンは左右の回転を逆にする。この操船は、船がどのように反応し、船首尾がどのような軌跡の弧を描くかを確認するため、穏やかな海域で、アイドリングスピードで行う。行き足を停止した状態ではアドバンスもトランスファーも発生しない。自船の長さの中で 360°の回頭を行う場合、旋回径はゼロである。作用する力も考慮する必要がある。プロペラ船は操船中に両舷から横圧力が発生する。舵が付いている場合、前進するエンジンの推進流で回頭を補助する。ボートは前進の効率が高いため、多少の前進が発生する。

B.28.a.1. 舵が中立

手順	要　領
1	水面で静止した状態でスロットルレバーをアイドリング位置にし、右舷機のクラッチを前進、左舷機のクラッチを後進に同時に入れる。両舷の回転数は同じに保つ
2	船が360°旋回する間、転心を見極めるため船首と船尾が描く弧に注意する
3	旋回中に船がセンターライン方向に前進するようであれば、後進回転数を上げて修正する
4	クラッチを左舷前進、右舷後進に同時に切り替え、旋回が停止して逆に回頭し始めるまでの時間を測る
5	船首と船尾が描く360°の弧を確認し、旋回を停止する

B.28.a.2. 左舵いっぱい

手順	要　領
1	舵が中立のときと同じ手順である。停止した状態で旋回方向を変えるときは舵を右舵に取る
2	舵が中立の場合よりも、弧の大きさが小さくなることに注意する（ロワーユニットの偏流または舵の作用のため）

クルーは回転数の変化と船の動きに注意しなくてはならない。これらの操船を行う間は船にしっかりとつかまる。

B.28.a.3. 技量の向上

基本の操船技術が身に付いたら、以下の手順で旋回をコントロールする練習を行う。

手順	要　領
1	コンパスを使い、旋回の量を徐々に元の針路の左右30°まで減らす
2	スロットルの操作量を増やす
3	船の運動が受ける影響、特に回頭率に注意する
4	ボート操船の知識と技能を習得し、各種の状況下でスロットルを別々または非対称に操作する方法を身に付ける。崩れる波の付近で操船する場合、両舷機を常用回転数の1/3かそれ以上で回す必要があるが、桟橋付近では片側のエンジンを少しだけ吹かせば、風に逆らって船首の向きを変えることができる

(注釈)船で試行すべきこと

・ 舵を使うと旋回は速くなるが、負荷が増大するわりには、旋回率はそれほど向上しない。舵の動作のため、舵を最大に取った場合でも、中立の場合とあまり効果が変わらない
・ 船によって異なる出力特性と駆動装置の配置により、スロットルを別々に操作するとキャビテーションが起こる。キャビテーションが発生する回転数を知っておく。出力を増加しても旋回性能は変わらず、キャビテーションが収まるまで一時的に操縦性は悪くなる。場合によっては、効果的な出力を失って船が危険な状態になることがある

B.28.b.　旋回径を小さくする

巡航速力での非常操船では、旋回径を小さくしなくてはならないことがある。

B.28.b.1.　旋回とプロペラの抵抗

2軸船の効果的な操船技術に、片方のプロペラをブレーキに使う方法がある。これにより、片側のプロペラに抵抗が生じて旋回径を小さくできる。

手順	要　領
1	舵をいっぱいに取る
2	回頭する側のエンジンのシフトを前進に入れる

(注釈) シフトを中立に入れてはならない。中立ではプロペラが自由に回転して抵抗力が発生しない。シフト前進位置に入れることで、プロペラは自由に回転せず、内側のブレーキとして働く。

(警告) 緊急停止によってエンジンと駆動装置には大きな負担が加わる。後進するエンジンは、停止しないようにアイドリングスピードのときよりも出力を大きくしなくてはならない。

B.28.b.2.　旋回とスロットルの分離操作

この練習は、船外機艇／船内外機艇よりも船内機艇で行うほうが効果的である。プロペラは片方が前進で他方が後進である。低速操船時の左右逆転では、プロペラの横圧力が倍加される。キャビテーションは後進側のプロペラで強く発生するが、船は前進しているため、後進側のプロペラにはそれほどの水流の擾乱が生じない（水流に気泡が混じらない）。

手順	要　領
1	舵をいっぱいに取る
2	旋回する側のエンジンのスロットルを、中立を経由して後進に入れ、後進回転数を徐々に上げる

1軸船の操船法

B.29.　概　要

基本の操船技術は、低速の1軸船から始めるのがよい。最初は自然の力を大きく受けない平穏で流れのない環境で練習する。

艇長は、1軸船は左右の推力を別々に使えないことに留意して技能の習得に当たる。2軸船の場合も、故障やものが絡むなどして片方のエンジンしか使えない状況にしばしば陥るため、1軸船の操船に慣れておく必要がある。ここでは、1軸右回り船を前提に述べる。2軸船で片側が使えない状況の場合、プロペラの回転方向（通常は右舷が右回転、左舷が左回転）と横方向の力、また駆動部がセンターラインからずれていることも考慮しなくてはならない。

B.30.　切り返し（その場回頭：The back and fill）

キャスティングともいわれるback and fillの技術は、船を自船の長さよりも少し長いだけの海域で回頭させる技術で、狭い海域で1軸船を操船する場合に必要になる。艇長は、船が後進時に船尾が左に振れ、前進では舵で水流を右に向けて船首が右に振れる性質を利用して操船する。また、艇長は回頭水域の半径（最大でも船の全長＋25〜35％）と、方向を変える角度の大きさ（通常180°以下）を事前に決める。初期の訓練では、360°以上旋回させて練習する。完全停止状態から、以下の手順で切り返しを行う。

手順	要　領
1	右舵いっぱいで、大きく前進惰力が付かない程度にリモコンレバーを短時間前進に入れる（舵が推進流を右に曲げ、プロペラによる横方向の力を打ち消して船尾が左に振れる）
2	前進惰力が付く前にリモコンレバーを短く後進に入れて左舵いっぱいに取る（後進時は横圧力がサクションよりも大きく、後進では左舵が効く）
3	後進惰力が付くと同時に舵を右舵いっぱいにし、リモコンレバーを短く前進に入れる
4	船首が目的の方向に向くまでこれらを繰り返す

（注釈）

・ 船の操縦特性を確実に把握するのは、切り返しを行うのか、普通に転舵するのかを決めるために重要である

・ 繰り返す回数は、回頭水域の広さと変化させる船首角度の大きさによって変わる。水域が狭いほど切り返しを繰り返す回数は増える

・ キャスティングには風が影響する。船首が風に落とされやすいと、船は風を背にする傾向がある。船首方向を変える際には、こうした性質を考慮に入れて操船手順を決める。風が強いと、プロペラの横方向の力と舵の効力が打ち消される

・ 船外機艇または船内外機艇でキャスティングを行う場合、舵を素早く動かすことが条件である。ロワーユニットの推力偏向を最大限利用するため、推力を加える前に舵をいっぱいに取っておく。左舵いっぱいでは、後進時のプロペラの横圧力により、船を転心の周りで前進させる成分が加わる

Section C. ほかの物体付近での操船

本節では、他船との関係での基本操船について述べたのちに、係留、係留解除および他船などへのアロングサイド（横着け）係留について述べる。

C.1. 船位の保持

艇長は、エンジンと舵により船位を保持することで、自然の力の影響に対応する方法を学ばなくてはならない。船位の保持は、ほかの物体からの距離と方位を維持することである。2 軸船の場合、艇長はほかの物体からの方位をどのような場合でも維持できなくてはならない。1 軸船は操縦性能が劣ると考えられているが、艇長は必要なときに備えて 1 軸船で船位を保持する技能を身に付ける必要がある。船位の保持は、風、海況、潮流が異なる各種の状況で練習しておく必要がある。

（注釈）2 軸船の艇長は、船位保持を含めて 1 軸船を運用する練習を数多く実施しておく必要がある。

C.1.a. 操船水域

目標物に接近するための安全な操船水域が状況ごとに必要で、それによって機器の積み替え、物件の回収、哨戒などの作業を安全かつ効率的に行える。船位保持に先立って、以下の手順を実行し、安全で効率的な操船水域を決めておく。

（注意）船位を保持する場合、危険や障害物から遠ざかるための経路を常に確保しておかなくてはならない。船を移動させた場合は新たな経路を確保しておく。

手順	要　領
1	環境条件およびそれが状況に与える影響を評価する
2	安全な操船水域の障害になるものがないかを確認する
3	障害物を念頭に、自然の力を考慮する
4	船のアウトリガー、船体の突起物、桟橋のフロート、杭、アイスガード、浅所、低い送電線、橋梁、岩、水面下の障害物などとの接触を避ける
5	操船水域を距離、位置、角度で決定し、その中にとどまるための制限値を設定する

C.1.b　距　離

艇長は任務を実施するのに必要かつ衝突および接触しない距離を保つ。目標物との最低距離は状況によって異なる。自然条件やボートの操縦性は最低距離を定めるうえで重要な役割を果たす。

手順	要　領
1	経験と測距技術を活用する
2	ボートの全長など、既知の数値を測距に利用する。十分な訓練を受けていない限り、25 ヤードや 25 フィートの目測はクルーによって異なる
3	船の既知の事項を活用する。船尾の横幅が 12 フィートであれば、その値からボートと目標物との間隔を推定する
4	艇長の位置から目標物が明瞭に見えない場合、窓枠を支える腕木、アンテナ、装備品などの船の固定点を目安に利用して距離を保つ
5	目標物から自船に対する角度（またはその逆）を定める。故障して漂流している船舶からの位置を保つにはその船のセンターラインからの方位を、係留中または固定目標の場合は地理的またはコンパスによる方位を用いる
6	自船が目標物との間になす相対角度を利用する。目標物を監視し、それに機材や曳航索を渡すためには、それを一定方向に見る位置関係を維持することが必要である

C.1.c.　目標物の違い

目標物によって操船の状況が違ってくる。艇長は、目標物や気象条件が異なる各種状況の中で、確実に船位を保持しなくてはならない。

C.1.c.1.　漂流している目標物

目標物の種類と大きさは、海面に浮遊する小さい物から船までと大きく異なる。海面を同じ速さで漂流するものは二つとない。自由に漂流する物体を船から見た漂流速度はすべて異なる。艇長は、自船と漂流物の流れる速さを比較して船位保持技術の指標にする。他船が一定針路の低速で航行しているとき、艇長はそれに合わせて追従し、その後、周囲を回る。速力を合わせて追従する動作は、安全に接舷するために重要である。漂流している物に対して船位を保持する手順を以下に示す。

漂流速度	要　領
風に流されない場合	浮いた状態で十分水面下に沈み、風に流されないもので練習する。重しを付けて PFD を着用させたマネキン人形や、中身の入ったダッフルバッグを浮体に結び付けたものなどがよい。物体は表面の流れに従って漂流するが、船は流れや風に抗することができる。これは海中転落者を模した訓練である
風に流される場合	風で流される状況は、対になった防舷物、半分ほど水を入れた 6 ガロンバケツ、小さなスキフ（平底ボート）などで練習する。風の漂流への影響は定量化できるが、潮流の影響は小さい。船舶は風と潮流の両方の影響を受ける
ほかの船舶	各種の船舶に対して船位を保持できるように訓練する。船の種類によって自然の力の影響は異なる。他船の流れ方、風への向かい方を予測したのち、状況を観察できる最適位置に占位し、接舷または曳航索を渡す

C.1.c.2.　錨で固定された目標物

錨で固定された目標物は、風と流れによる動きがかなり制限されるが、それでも錨につながれた端から最も強い自然の力の影響を受けて、頻繁に動揺や振れ回りを繰り返す。また、船に働く自然の力の組み合わせによって、見える角度が常に変化する。こうした目標物に対して船位を保持する際、船は風と流れに自由に対応する。錨で固定された目標物は、進むべき場所とそうでない場所を決める際の手助けとなる。

ブイの上流側は、強い流れが容易に船を運んでしまう。一方、風下の岸寄りに錨泊している不自由船に安全に接近できるのは、風や波の影響を受けない側からに限られる。錨泊中の目標物に対する位置保持の手順は以下の通り。

目標物	要　領
ブイまたは浮き	一般に、係留ブイや浮きには、風下や下流から船首を向けて接近する。浮標の点検などを行う場合は船尾をブイに向ける。訓練では距離や方位を変えて何度も練習する。周囲が安全な水域で囲まれている目標物を選び、その後、上流や風上からの接近を練習する
錨泊船	監視、人員機材の移送、消火活動などで錨泊中の船舶に接近占位する場合がある。あらゆる距離と方位で船位を保持する技能を身に付ける。船は大きさと種類によって錨からの相対関係が異なる。喫水の深い大きな船は錨の下流側に流れ、乾舷が高く上部構造物の大きい船は錨の風下に流れやすい。船位保持では力の複合的な影響を考慮すべきである
船の動きに注意	風上から接近する場合、小型の軽い錨泊船は、ほかの大型船が付近に存在する場合、大型船が風を遮って小型船が受ける力に影響を与える。錨に対する動きを観察すると、船によっては安定せず振れ回る。慎重に観察して計画を立てること
固定目標物	岸壁や防波堤に対する船位保持は、係留に先立って行うステップである。また、人員を固定された航路標識に移乗させたり、岩に孤立している遭難者を救助したりする場合にも必要な技術である。固定目標物に対する船位の保持では、艇長は目標物ではなく自船に影響する力に対応しなくてはならない。固定目標物はしばしば、流れや風を遮ったり方向を変えたりして、自然の力を変化させる

C.2. 操 船

船位保持では通常、安全な海域にとどまるために、エンジンと舵を操作し続ける必要がある。目標物からの距離、位置、角度のどれかを変化させると、必ずほかの要素に影響する。エンジンと舵で風と流れに対抗しつつ、それらを最大限に利用することが必要である。

C.2.a. ステム・ザ・フォース

ステム・ザ・フォースとは、流れや風を船首または船尾に直接受け、ボートの速力を流される速度と同じにして船位を保持することをいう。

C.2.b. ボートの横方向の動き

ボートを横方向に移動させるには、自然の力を直角方向から受け、それを利用する。艇長は船首を 20° ～ 30°の浅い角度で力の方向（風上や潮上）に向け、前進をかけて船首が落とされないように舵を取る。

C.2.c. 間隔の維持

目標物から一定の距離で、ボートを風下と風上の両方に対して、さまざまな角度で開いたり閉じたりする。目標物を船首または船尾方向に見たとき、自船の前後の移動を修正し、船首方向を一定に保つだけで間隔を維持できる。このためには、以下のような船の制御力と自然の力を組み合わせて利用する。

・ プロペラの横圧力
・ 前進と後進の推力
・ 舵の力
・ 風圧流
・ 潮　流
・ 漂　流（風、潮による複合的な影響）

船体の横方向への距離を一定に維持するのは難しい。

Section D. ドックへの入出渠

頻繁に経験する最も難しい操船は、斜路、ドック、桟橋、マリーナなどへの出入りである。

D.1. 一般的注意

ドックへの入出渠では、艇長は以下の点に留意し、初めての場所に係留する場合は特に、クルーに手順を説明しておかなくてはならない。

手順	要　領
1	操船の前に状況を確認する。入渠や係留では常に風と流れを利用する。操船が最も容易になるように船首を風と波に立て、係留する場所の風下側から接近する。係留する時点での状態が航海中と同じであるとは限らない
2	接近する前に、係留索と防舷物を用意する。艇長が入渠に集中しなくてはならなくなる前に、必要な用具類をすべて甲板上に準備する。係留索を定係地に置いておくことは習慣的に行われているが、入渠時は、常に予備の係留索と可搬型防舷物を用意しておく

3	入渠では速力を抑えて慎重に操船する。風や流れに押されず、ドックに向けて十分に舵の効く速力を維持する。船首と船尾の振れの量に注意する。ドックによっては、強い風で船首が容易に振られ、操船しにくくなる。風が強い場合は、入渠に向かう速力を増して、風と流れにさらされる時間を短くする必要があるが、速力を出しすぎないように注意する
4	入渠ではロープの取り扱いが非常に重要である。艇長は、ロープの扱いを大きく明瞭な号令で指示しなくてはならない。初めての場所に係留する場合は、ドックへのアプローチを開始する前に、各ロープの取り方をクルーに伝えておく。ドックの民間人職員はロープを扱った経験が不明で、安全用具を身に着けていないこともあるため、それらにロープを扱わせない

D.2. 基本操船

ほかの艇や障害物によって岸壁がクリアでなく、簡単な操船では着岸できない場合がよくある。風や流れが影響することもあり、操船の前に、状況を活用するための選択肢を検討する。

本項では係留作業と解らん作業について述べる。各種の異なるアプローチ方法や操船方法を、異なる気象条件下でボートの種類ごとに実地に練習することがなにより重要である。

D.2.a. 浮き桟橋（スリップ）のかわし方

風と流れがなく、1軸船の場合、浮き桟橋をかわす操船は以下の通り（Figure 10-17）。

手順	要　領
1	舵を中立にする。
2	プロペラの横方向の力を打ち消すため、軽く右舵を取る（A）
3	スロットルを操作してゆっくりと前進する（B）
4	ボートに前進惰力が付いたら、さらに舵角を大きくとって回頭する（C） 舵の操作によって、転心を中心に船尾が船首と反対に振れることに注意する。旋回を始める前に、船尾が岸壁をかわしていることを確認する

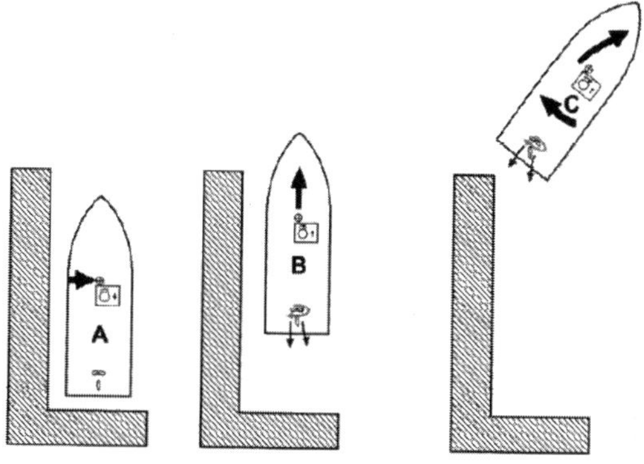

Figure 10-17 浮き桟橋のかわし方（無風で流れのない状態の 1 軸船）

D.2.b. 後進での浮き桟橋への入り方

風と波がない場合の1軸の船外機艇または船内外機艇の、後進での浮き桟橋への入り方は以下の通り。

手順	要　領
1	低速で浮き桟橋と直角に進入し船体長の約 1.5 倍まで接近する
2	浮き桟橋中央部分が船体の端にきたら左舵いっぱいに取り、エンジンを前進に吹かして船尾を右に振る（A）
3	船首が左に振れたらシフトを中立にし、ドライブユニットを浮き桟橋の角に向ける。ただちに後進をかけて前進惰力を止め、後進に入る。横方向の力によって旋回は止まる（B）
4	ロワーユニットを浮き桟橋の入ろうとする位置に向け、横方向の力を修正しながらアイドリングスピードと中立を繰り返して減速する
5	横着け状態に近くなったら左舵にし、エンジンを軽く前進したのち中立にする（C）

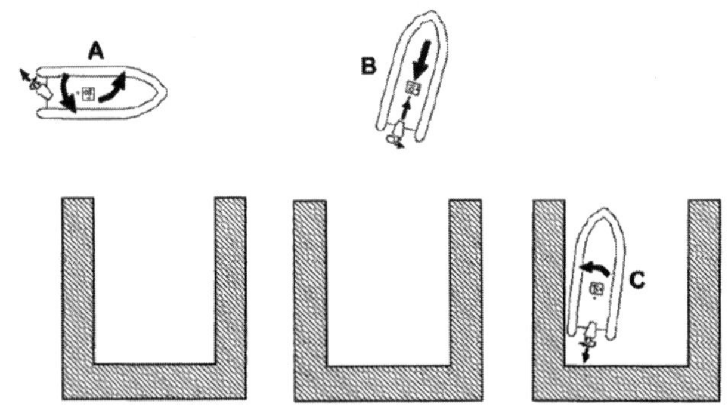

Figure 10-18 後進で浮き桟橋への入り方（1 軸船で風と流れがない場合）

D.2.c. 係留索の区別

ドック（桟橋、岸壁など）で係留するため、クルーは係留索の名称と使い方を知らなくてはならない（Figure 10-19）。

- バウライン（船首ロープ／1 番ロープ）と、スターンライン（船尾ロープ／4 番ロープ）：船を岸壁に固定するロープ
- 前部スプリングライン（2 番ロープ）と、後部スプリングライン（3 番ロープ）：船が前後に振れないようにするロープ

通常はこれら 4 本のロープで係留するが、荒天時はブレスト（5 番ロープ）をとってより確実に船を保持する。岸壁と船とが擦れないよう、要所に適宜、防舷物を当てる。

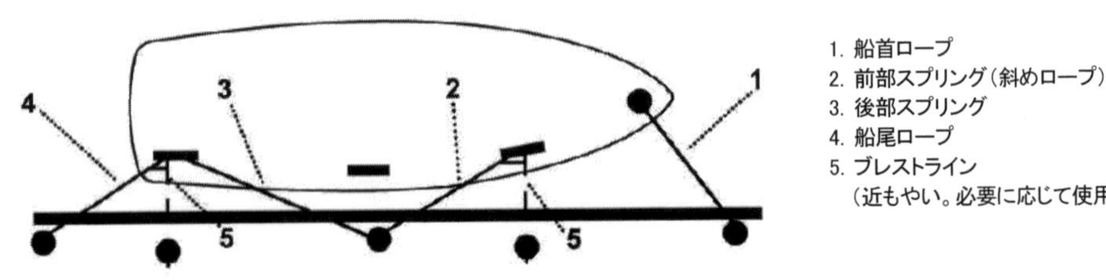

Figure 10-19 係留索

(注意) スプリングラインを取る前に、ボートと岸壁の間には適切な位置に十分な防舷物を入れる。

D.2.d. スプリングラインの使用

横着けした状態で船首または船尾を振り、他船や障害物を避ける必要がある場合、スプリングラインを使用する。前部または後部のスプリングラインをゆるめて船首を岸壁から離す。後部スプリング（3番ロープ）のみで係止した状態でエンジンを後進にかけると、船首が岸壁から離れる。前部スプリング（2番ロープ）を使い、船尾を岸壁から離す。舵を岸壁側いっぱいに切り、エンジンを前進に入れると船尾が離れる（スプリングアウト）。舵を反対に切ると岸壁側に船尾が振れる（スプリングイン）。

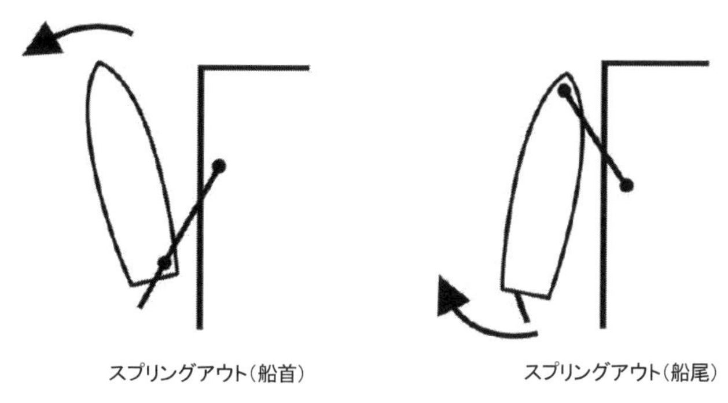

Figure 10-20 スプリングラインによる基本操船

D.2.e. 浮き桟橋への係留索の固定

岸壁側に綱取りがいない場合の係留索を放す方法を知っておくとよい。ロープの両端を船上に止め、岸壁側をバイトにしておく。スプリングラインの片方を放し、舵やプロペラ、岸壁側の物などに絡まないよう注意して引き込む。操船中はビットやクリートのロープの状態に注意し、放置してはならない。

D.3. ドックでの慣習

ドックに入出渠する際は、以下の慣習ルールを遵守しなくてはならない。

D.3.a. 責 任

状況にかかわらず、艇長は常にボートの責任を負う。荒天下で行う業務に新しい艇長を当てるときは、十分配慮しなくてはならない。

D.3.b. 低速航行

他船などの近くで1軸船を低速で運航する場合、艇長は舵を最大限に使って操船するべきである。2軸船の場合は舵を中立にし、アイドリングスピードの左右のエンジンで操船する。

D.3.c. 横着け

横着けで係留する場合、最低の速力で操船する。エンジンは短い時間でこまめに吹かして船首方向をコントロールする（1軸船では舵を左右いっぱいに使う）が、エンジンの吹かし具合は惰力が付きすぎない程度にする。

D.3.d. 左舷係留

1軸右回り船には左舷係留が容易である。

D.3.e. 切り返し

狭い水域で1軸右回り船を操船する場合、右舷方向への操船がやりやすい。

D.3.f. 正確な操船

正確な操船が必要な場合、ボートの船首を風または波にできるだけ正面に立てる。風と波の力を船首左右舷のいずれかに受けて横に移動するように操船する。

D.3.g. 風と潮流

操船では風と波への配慮が最も重要である。操船者はそれらに対抗せず、最大限利用して操船する。

D.3.h. スプリングライン

スプリングラインは、ドック係留において非常に有用である。船首または船尾を岸壁から開いて離す操船では、スプリングラインを有効に使う。

左舵前進と船首スプリングラインの使用

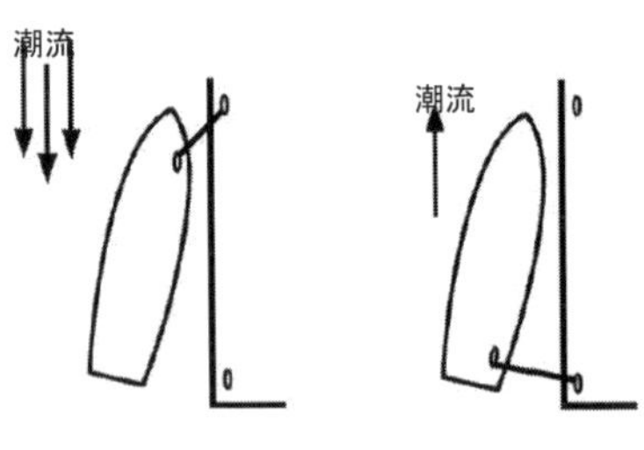

スプリングラインの使用

Figure 10-21、22 流れの利用

D.3.i. 他艇からの離脱

他艇や浮き桟橋などから離脱するとき、艇長はプロペラの水流（スクリューナックル）を利用する。後進最大出力を短時間使ってから中立に戻すことで、プロペラ水流が舷側から前方に押し出され、ボートを押し流す。

D.3.j. 防舷物

艇長は岸壁などにボートを着岸させるとき、手や足ではなく必ず防舷物を使って行わなくてはならない。適当な大きさの防舷物を常に船上に用意しておくこと。

D.3.k. 離岸風でのドック係留

離岸風では45°以上の鋭い角度で岸壁に接近する。

D.3.l. 向岸風でのドック係留

向岸風のときは、防舷物を適切に配置した状態で岸壁と平行に接近するよう操船する。接岸するときには前後進の行き足が止まっていることを確認する。

D.3.m. 係留止め切り

ドックの横で操船している間は操縦性が制限されるので、前部のスプリングラインを使用する場合（Figure 10-19）を除き、船尾を係留してはならない。

D.3.n. 旋回中心

通常の速力で航行中のボートの旋回中心は、おおむね船体の前方 1/3 の位置にある。旋回中心は、速力が増すと前方に移動し、減速すると後方に移動する。

D.3.o. 船尾の保護

船尾の保護は重要である。プロペラと舵が損傷するとボートは操縦不能になる。船尾を自由に動かすことができれば、ボートは通常トラブルに巻き込まれることはない。

D.3.p. ボートの操縦

ボートは、風と波に向ける操船が最も難しい。ボートを風や波に向けるときはゆっくりと旋回する。1 軸船は、転心よりも船首側の風圧面積が大きい場合、船尾を風上にして、船首を風下に落とされやすい。

D.3.q. 航走波

艇長は自船の起こした航走波に責任がある。

D.3.r. クルーへの説明

艇長はクルーに状況を常に明らかにしておかなくてはならない。艇長は、自分の考えていることをクルーがすべて理解していると考えてはならない。

D.3.s. 海 況

艇長は自分が操船できる場合とできない場合の海況について理解しておかなくてはならない。艇長は、自ら運用できる状況の限界に近づきつつある場合、ただちに指揮官に連絡する。限界を超えた運用で負傷や損失を招くより、基地に帰還してより適切なプラットフォームやより経験豊富な艇長やクルーを投入するほうが賢明である。

D.3.t. 事前の配慮

賢明な艇長は常に先を読み、場当たり的な行動をとらない。

Section E. 他船への横着け操船

他船に横着けしなくてはならない業務は多い。RIB（Rigid-hulled Inflatable Boat：複合型機動艇）が大型船に接舷する場合から、大型の 2 軸船が小型カヌーに接舷する場合まで、各種の状況がある。船の相対的な大きさ、任務の要件、気象状況などによって操船方法は異なる。アマチュア操船者の多くにとって他船への横着け操船は初めてで、コーストガードのやり方を手本にすることが多い。本節では、アプローチの方法と横着けの操船について述べる。

接近方法の決定

(注意) 風下側に浅瀬や障害物、有害な発煙などがあって船体やクルーに危険が及ぶ場合、風下側から接近してはならない。

E.1. 決定の条件
アプローチの決定では以下の条件を考慮する。

・ 気象条件
・ 潮　流
・ 場　所
・ 船の状態
・ 船の大きさ
・ 船舶輻輳度

艇長は、他船の船長の操船意図を確認しておく。

(注釈) 運転不自由船や停止している船に接近する場合、相対的な位置関係に留意する。動きの小さい大型船に対しては風下から接近する。小型船の場合は、大型船が風を遮って動きが遅くなるかどうかを考慮する。こうした場合は、風上側から接近して小型船を風や波の影響から遮ったほうがよい。

E.2. 針路と速力
双方がスムースに接近できるよう、できるだけ一定の針路と速力を保って接近する。

E.2.a. 相手が大型船の場合
大型船は、狭い水域では大きく針路を変えることができず、接近のための理想的な状態を作り出すことができない。こうした場合、艇長は減速を求め、船首と船尾の発生する波の影響を抑えるようにする。

E.2.b. 相手が小型船の場合
小型船は、風や波の状態にかかわらず、航行していないときは不安定である。天候が非常に穏やかな場合や、船が不自由な状態でない限り、小型船は針路と速力を一定に保つべきである。速力は安全な低速とするが、接近したときに双方の舵が効く速力を保つ。

(注意) 接近中に相手船が針路を変えないこと。針路が変わった場合、一度離脱して針路が静定してから接近をやり直す。接舷移乗が完了するまで針路と速力を保つよう相手船に伝える。

E.2.c. 復原性
帆船は、航行中は動力船よりも復原性が良好である。艇長は航行中の帆船に接近する場合、張り出している帆桁やロープなどがからまないように注意し、相手船の船長と意思を通じておく。

E.3. 船尾風下側からの接近
大型船の風下側は、陰になって波や風が穏やかになる。艇長は、岸壁の風下側に係留するときにこれを利用する。小型船に接近する場合、艇長はその船が流れる速さに注意し、その後、操船しやすい風下側と風を遮ることのできる風上側のどちらから接近するかを決める。

(注釈) 水域の狭さや発煙などで風下側から接近できない場合、風上から接近して相手船に衝突しないよう注意する。風上側からの接近しかできない場合、船首から接近すると操船が容易である。

E.4. ロープと防舷物
必要に応じてロープと防舷物を用意する。防舷物は少なすぎるよりも多すぎるほうがよい。

接　舷

(警告)接舷場所は大型船のプロペラや舵から十分はなれたところを選ぶ。プロペラの吸い込み流が作用する場所では、その作用で制御できなくなることがある。

E.5.　接近と接舷

準備が完了したら、艇長はどこに接舷するかを決定する。接近するときは以下の手順を実行する。

手順	要　領
1	状況が許せば、両船の速力を一致させてから接近を開始する
2	相手船の針路に対して15°～30°の角度を持って接近する。これにより、横方向の移動速度が前進速力の半分を超えない状態で安全に接近できる

(注釈)両船が最初は平行に航走している場合、角度を付けて接近を開始するときに少し増速する。

E.6.　シーペインターの使用

航走中の大型船に接近する場合、シーペインターが便利な場合がある。シーペインターは、航行中にボートを舷側から離したり、ボートを吊り上げダビッドの下に占位させたり、場合によっては人員移乗や物資移送のためボートを舷側に横抱きにするために使用するロープである。これは、大型船の接舷場所の十分前方の甲板上から繰り出す。

シーペインターを伸ばしてボートに取り付けるためには以下の手順を実行する。

手順	要　領
1	接舷側の船首のすぐ後方にペインターを取り付ける位置を選定する。通常、船首甲板最前部の係留具を使うのがよい
2	ペインターを、係留具からハンドレールやスタンションの外側に繰り出す。この係留具が支点になる
3	シーペインターは、大型船と接舷する反対舷に結んではならない。転覆の危険がある

船とボートの両側に前進行き足がある場合、ボート側の船首に加わる圧力でボートと船の間隔が開く。艇長はこの力と舵の操作を利用し、船への接近や離脱を効果的に行う。シーペインターの使用でボートをうまく操縦し、定位を保持することができる。ペインターを使用するときは以下の手順を実行する。

(注釈)大型船との距離を保つ場合、舵は小さく使って動きを細かく修正する。

手順	要　領
1	船に接近するときは針路と速力を合わせる。大型船に接近するときは、接舷位置の前方に占位してシーペインターの繰り出しを求める
2	シーペインターは通常ヒービングラインを使って渡される。ヒービングラインを受け取ったら、ボートの針路と速力で受け取ったシーペインターの張りを調整し、プロペラに絡まないようにする
3	シーペインターを船首後方のクリートに取り付ける
4	減速してペインター後方に流されるようにする（「ペインターに乗る」という）
5	舵を使ってボートを適切な接舷位置に占位させる

6	両船が接近する場合は舵を外に切って船首を逃がす。離れすぎたら舵を取って接近する。ペインターで前方に引かれているので、舵は良好に効く

(注釈)強い流れの中で錨泊している船に接近する場合、ペインターを使って横着けで接舷する。要領は船に行き足がある場合と同じで、風下から流れに逆らって接近する。

E.7. 接舷状態の保持

接舷状態を保持するには以下の手順を行う。

手順	要　領
1	ボートの前部（船首と船体中央部の間くらい）を接触させる
2	舵とエンジンを使用（シーペインターでつながっていない場合）し、同じ前進速度を保ったまま、船首を相手船に押し付ける
3	舵とエンジンで強く押しすぎると、相手船の針路が変わってしまうので注意する

E.8. 任務の実施

接舷して任務や作業を実施するときの注意は以下の通り。

手順	要　領
1	接舷している時間を最小限にする
2	接舷状態を維持するには、舵とエンジンで押し続けるよりも、相手船との間にロープをとる

(注意)接舷状態から離脱する際は、後進で下がってはならず、航行している相手船からは必ず平行に離れる。

E.9. 離 脱

相手船の舷側または船尾方向に向けて離脱しないほうがよい。相手船の舷側から離脱するときは以下の手順に従う。

手順	要　領
1	舵を使って船尾を寄せ、船首を開く
2	徐々に出力を上げ、相対速力を得る
3	出力を上げながら、離脱する方向に舵を取る
4	船尾が相手船をかわしたことを確認してから大きく舵を取る

(注釈)シーペインターで曳航されている場合、十分に速力を上げてからロープをゆるめ、ロープ端を放る。プロペラにロープを絡ませないため、ロープが相手船に引き込まれたことを確認する。2軸船の場合、接舷側のエンジンの出力を上げ、相手船から離れながら徐々に前進する。

Section F. 荒天時の操船

クルーは、任務を安全に完了できないような風や海況に遭遇することがある。気象状況が危険かどうかは、その船の大きさや設計によって異なる。また、船を問わず、クルーの訓練と経験が安全と危険の境界を分ける。船の大きさ、復原性およびエンジンの出力は、強風と高波の中での安全性を高め、多少の技量不足も補う重要な特性である。反対に、軽量、高速および優れた運動性は、荒天から退避する能力だが、判断の誤りがあったとき、安全に関する余裕は少ない。艇長は、海況が穏やかな状態から始めて経験と自信を積み、あらゆる海況の下での操縦技術を身に付けなくてはならない。

周囲状況への配慮

F.1. 概 要

常に状況に注意を払い、風と波の力が船とクルーに与える影響を過小評価してはならない。安全運航の水準を高めるため、以下を考慮する。

F.2. 船の性能と限界

クルーは船の運用性能と安全に関する限界事項を熟知し、限界に近づいた場合でも余裕をもって対処しなくてはならない。

- ・ 船の動きと癖を理解する
- ・ 船の限界を知る
- ・ 荒天準備を行う
- ・ 対応可能な船のみを使用する

F.2.a. 船の動きと癖の理解

船を頻繁に動かして走らせ、波や風に対する反応を経験で身に付ける。ボートの過剰な動揺は疲労の原因になり、船酔いを起こす。

- ・ 海況に応じてボートがどのように反応するかを知る
- ・ 船の特異な癖を見つける。強風の中で波の頂点に乗ると危険な傾斜を起こす、波長の長い波で船首を突っ込む、船尾が軽く振れ回る、などである
- ・ 船の動揺を最小限に抑える操船術を身に付ける。スロットルの軽い操作や滑らかな舵の操作で、航行はずっとスムースで疲れにくいものとなる
- ・ 小型の船では、クルーの重量が操舵位置の周辺に集まるようにする。ここは通常、ボートの重心に近く、クルーは快適で船体は設計通りの性能を発揮する

船体の動き	概 要
ピッチング	ピッチングは船首と船尾の上下運動である。高速で小さい波を越えるとき、ピッチングは気がつかないほど小さい。波が高くなるほど船首は持ち上げられ、海面に完全に露出する。波から落下するときは、船首が設計上の喫水線よりも深く潜り込み、強く海面を叩くこともある。ピッチングは通常、波に向かって航走するときに起こる。減速するか、波に向かう角度を大きくすることで、ピッチングを軽減できる
ローリング	ローリングは左右方向の上下運動で、横方向からの波に影響されて起こる。船底が丸みを帯びた形状の船は、静穏な海面であってもローリングを起こす。波を直接横から受けないように操船することでローリングを軽減できる

ヒービング	ヒービングはボート全体の上下動である。ピッチングとローリングにより気づかないことが多いが、ボートが大きな波やうねりに遭遇したときに感じられる

F.2.b. 船の限界

船が運航できる限界の最大風速と波高を知っておくことは必須である。それらの条件を決して超えることがないよう、あらゆる注意を払わなくてはならない。そうした最悪の条件を乗り切る方法を知っておくことが重要である。

F.2.c. 荒天準備

船は荒天準備が整っていない状態で時化の中を運用してはならない。小さな不備が重大な結果を招くことがある。必要なすべての属具を適切に準備し、余計なものは撤去する。

F.2.d. 対応可能な船の使用

海況などの条件が船の性能限界を超える場合、さらに能力の高い船を使用するべきである。ある船が対応できない場合、指揮官はその報告を受け、任務の出動を取り消さなくてはならない。

・ 任務に不適当な船や装備を使用してはならない。

・ 常にリスクを評価する。

F.3. 海域状況の知識

運航者は、その海域の特性に応じた操船技術を身に付けなくてはならない。

F.3.a. 海域の状況の把握

手順	要　領
1	岬や川が狭窄し、風が狭い部分を通るところを見つける
2	できれば、海域全体を把握する。高所から観察し、いつどこで砕けるかといった波のパターンを見つけ出す
3	暴風やスコールの軌跡を確認する。地域の特性がどのように風に影響するかを理解する
4	気象予報に注意し、予報とその地域の実際の天候を頻繁に比較する
5	岬、沿岸砂洲、航行の障害になるもの（桟橋、沈船、水中堆積物など）などの位置を知っておく

F.3.b. 現場の状況の把握

手順	要　領
1	波浪の周期、大波が収まる時間、波が激しく巻いたり、崩れたりしない場所、常時波が高く大きく崩れている場所などを観察する
2	雷を伴う暴風に壁のような雲が伴っていないか、またダウンバーストの発生が視認できないかに留意する
3	突然の強風の影響を軽減する方法を決めておく

F.4. クルーの限界

人的要因に加えてクルーの限界を知ることは、リスク管理上重要である。荒天時の経験不足や恐怖を虚勢や自信過剰で補うことはできない。関連の指針を以下に示す。

- 疑問に思ったときは行わない。リスク評価では経験がものをいう
- 責任を理解する。荒天下の運用はゲームやスポーツではない
- 中止の決断を誤らない。訓練では特に重要で、訓練での損耗や負傷は、実働資器材と人員を失う
- チームで行動する。艇長が細かい操船に集中しているとき、クルーは別の眼や耳として機能する

前方の波の越え方

F.5. 概 要

操船者は船の本来の性能をすべて活用する。船首のフレアは船首を持ちあげる浮力として作用する。低速で操船すれば船首の動きが遅く、船首がゆっくりと持ち上げられるため、大きな波にゆっくりと当たることができる。

(注釈) 気泡を多く含んで崩れる海水は、通常の海水ほど浮力が発生しない。プロペラの推力も舵の効きも効率が悪く、キャビテーションが発生しやすい。

F.6. 細かい操船

常に最も抵抗の少ない経路を探して航行する。波を乗り越えて航行する最良の方法は、できるだけそれらを避けることである。波の発生のパターンを予測し、それらを利用することが鍵である。

F.6.a. 崩れる波浪

崩れる波浪の周辺では以下のように経路を選ぶ。

- 波頭の間の静穏な海面を利用する
- 崩れる波の間隙を探し、船が近づく前にそれが去ってしまわないことを確認する
- 直線航行にこだわらず、必要に応じて最も滑らかに航行できる経路を選ぶ

F.6.b. 波の頂部

操船者は、高い波の頂部や、三角形のように盛り上がる波を避ける。四角い波は操船で避ける暇がなく、その背後は非常に深くなっている。

(警告) 1 軸船の場合、波を船首左舷に見て航行する予定であれば、そのまま航行したほうがよい。波を避けることによって、船尾が左へ振られて波に衝突する恐れがある。

(注意) 波を避けて後進するとき、キャビテーションが起こるほど出力を上げてはならない。キャビテーションが発生すると、推力と操縦性は失われる。

F.7. 波を越える操船

波はそれぞれ性質が異なるので、操船者は以下の要領で速力や接近する角度を変えながら、波を一つずつ乗り越える。

(注釈) 崩れる波の中を通過する場合、前進速力を維持する。波が崩れたときに出力を上げ、船首を高くして波が甲板上に崩れないようにし、その後、ただちに出力を絞る。

手順	要 領
1	減速し、角度を付けて斜めに波に入る。速力が大きいと波の頂点を越えるときにボートが浮き上がり、急速に落下する。真っすぐではなく、10°～25°の角度をもって波に接近し、波の頂点をこの

	角度で乗り越えると、プロペラと舵が水から出ず、効きを維持できる
2	いつでも操船できる体勢を維持し、波の動きに対して柔軟な操船ができるようにする
3	ボートの速力を細かく調整する。プロペラと舵、あるいはドライブユニットが水中から出ないようにするために加速し、波の衝撃を緩和するために減速する
4	船首を波に真っすぐ突っ込んではならない

(注釈)波が正面で崩れて船首に覆い被さろうとする場合、十分にかつ素早く突っ込んでくる海水を回避する。泡を含んだ波が通り過ぎるとボートは安定し、空気を含んだ海水を通過する間は舵とプロペラの効きが悪くなる。

F.8. エンジンのコントロール

操船者は常に片手でスロットル操作ができるようにしておく。

F.8.a. 重量のある船

重量のある船の出力は、以下のようにコントロールする。

手順	要　領
1	船首が波を越えるのに必要な最小限の出力を使う
2	惰力で波から滑り下りるときは出力を下げる。船尾が高くなっているとき、ボートは重力で下降し、エンジンはギアが入ったまま空走する。このとき、エンジンが次の波を越える出力の回復に時間を要するところまで回転数を下げてはならない
3	波の間に入ったら、追ってくる海水の中で針路を維持するため、出力を上げる
4	減速して次の波に向かう

F.8.b. 軽い船(RIB を含む)

軽い船の場合、出力の制御は次のように行う。

手順	要　領
1	艇全体が十分安全に波を越えられる出力を使う。軽い艇は慣性惰力が小さいので、常に出力をかけ続ける必要がある
2	船首が軽く浮いた姿勢を維持する
3	波の頂点を越えたとき、船首が軽く上を向いた姿勢だと船尾船底が良好に海面と接触する。この姿勢で次の波に向かう
4	波の間では、追ってくる海水の中で針路を維持するため増速する
5	減速して次の波に向かう

F.9. 水面から離れない操船

波を飛び越えるのは、いかなる場合でも避ける。

- 大型船が海面上に露出すると、着水の衝撃でクルーが負傷する危険があり、船体に損傷が及ぶ。
- 軽い船では、船尾船底が常に水中にあるように操船するが、船首が高く上がりすぎてはいけない。波を乗り越えるときに船首が高すぎると、強風や崩れる波の力で船首から後方にひっくり返る。逆に、船尾船底が波に乗っているときに前進力を失うと船首が下降し、次の波までに出力を上げて姿勢を回復する時間がない。

F.10. 身体の安全な保持

クルーは舵やリモコンレバー、または手すりをしっかりとつかんで保持するが、疲れて握力を失うので、握りしめ続けてはいけない。立っているときは、膝を柔らかく保つ。

追い波での操船

F.11. 概 要

追い波は前方からの波より接近が遅いが、針路と安定を保つのは逆に難しい。追い波での操船は、特に波が崩れるときに船尾が持ち上げられて船が前方に押し出される。波の表面を滑り降る状態は非常に危険でほとんどコントロールが効かない。こうした状態でしばしばブローチングが起こり、転覆などの危険が生じる。プロペラ船の操船では、経験のある艇長は常に船が崩れる波の前に出るようにして針路と速力を適切に保つ。大時化の追い波の中で浮力を維持し、安定して操船できるのは、USCG の動力救命艇のように特別に設計された船だけである。動力救命艇は、転覆してもすぐに復原する。

F.12. 追い波に最大限注意する

艇長は、大きな波が追ってくるときは最大限の注意が必要である。ボートによっては、波から滑り降りるときに大きく傾斜する。後ろからの大波では舵の効きが悪くなる。波から滑り降りるときの角度は、波の方向に対して 15°以内を保つ。

(注釈)船尾後方 30～45°の方向から大きな波が接近するとき、特に狭い水域の航行中に針路を保つには、優れた技量が必要である。船尾から加わる力のほかに、横からもローリングを生じる力が加わり、水面下の形状が大きく変化する（船底が丸みを帯びた排水量型の船を除く）。このため、左右の浮力が不均等になり、チャイン（V 字船型の底部）が波に乗った状態で操舵の困難性が増し、船体が大きく横に振られる。広い海域でも斜め後方からの追い波操船は難しい。

(注意)波がボートの船尾で崩れる状況を避ける。特に小型の船外機艇では、船尾が低いため少しの追い波でも水をかぶり、船内が浸水する。排水性の劣るボートの場合、転覆の危険がある。

F.13. うねりの背面に乗る

一定の周期で寄せてくる波の場合、艇長はうねりの背面に乗るように操船し、決して前面に乗ってはならない。多くの船は船底の後部が平たくて広くなっており、船首よりも浮力が大きい。うねりの前方ではボートは波乗り状態になり、前方に押し出される。波の間に入ると船首が海面に突っ込み、船尾はさらに押され続け、崩れる波でブローチングなどが発生し危険である。

F.13.a. 後方への注意

艇長は、前後の両方向に気を配るべきである。艇長が前方の波ばかりに集中していると、後方からくる波への注意がおろそかになる。大きな波は速いため、クルーが気づかない間に船尾から急に襲ってくる場合がある。

(警告)小型の艇は大きな波よりも高速で航行できるが、前方の大きなうねりの背面を登るように操船してはならない。波が崩れると、ボートは波の頂部から前方の谷間に落ち込む。

F.13.b. **速 力**

艇長は、うねりの背面に乗って航走するように速力を調整し、前方の波が崩れる状況に最大限注意する。船が波の頂部に追いつくようであれば減速する。

F.14. **出力の余裕**

大きなうねりは20ノット以上で進む。ボートが追い波に押される場合、艇長はエンジン回転数を上げる。それでも押される場合、艇長は舵効きの低下とエンジンの空走に注意する。どちらかが発生した場合、いったんスロットルを絞ってから全力まで上昇させると、波を蹴って前進できる。

(警告) 大きなうねりから外に脱出する操船は、ボートが波に対して横向きになることがあり危険である。十分な経験がなければ試みてはならない。至近の大波ではあらゆる技術が試される。舵効きの低下、大きな風圧面積および不規則に到来する波によって船尾が振られ、ブローチングを生じる。

(注意) 舵とスロットルを操作し、波が来る前に方向を変える必要がある。スロットル操作が大きすぎると、特に2軸船の場合、キャビテーションが発生し、波の前で制御を失うことがある。

F.15. **減速、後進または変針**

波の進行方向に航行する場合、以下の手順で波が船尾に崩れるのを回避する。

手順	要 領
1	減速する：減速することで、波が崩れる前に船の下を通過させることができる。この操船では、波が船より速く移動するため、舵と推力の制御が効きにくくなる
2	後進する：波が崩れて泡を含んだ海水の中を通過する前に、波がプロペラと舵にかからないうちに後進で船尾方向の舵効きを確保する
3	方向変換：船首のすぐ前方で波が崩れるようにするのが最も安全である。うねりの頂点までの時間と距離に常に注意し、方向を変えてうねりが船首方向に来るようにする

波を横から受けての航行

F.16. **概 要**

横方向からの大きなうねりでボートはローリングを起こす。ローリングによって水の力の作用は不均等になり、操舵に影響する。舵と駆動部が水中から露出しないようにしなければならない。

F.17. **崩れる波**

崩れる波にできるだけぶつからないようにする。波が発生しやすい海域を航行するときは、水深の大きい海域を選ぶことで崩れる波を避けやすい。

F.18. **海域特性の知識**

波が崩れることの少ない海域を選んで航行し、沿岸砂洲に近い航路を避ける。

(注釈) 寄せ波が多く発生する海域（サーフゾーン）では完全に波を避けることはできない。艇長は操船に集中し、クルーが捜索、機材揚収などの業務を実施する。

F.19. **波をよく観察する**

追い波と向かい波とにかかわらず、波の間ではボートが次の波に向けて引っ張られ、頂部から滑り降りる。以下の手順で波をしっかりと観察する。

手順	要　領
1	寄せてくる波の静かな合間を探し、必要に応じて減速し、大波を前方にやり過ごす
2	波が崩れる状況に注意する。次の波が崩れる前に乗り越えるよう操船する。前方の波を注視し、波が崩れるきわどいタイミングに乗らないようにし、波は最も低い位置で越えるようにする
3	舷側を崩れる波に向けない。波が舷側で崩れると船は簡単に転覆する
4	波に捕まらない。同調する波に入ったら出口を探し、浅い側や強い流れのある反対側に出るようにする

港口、入り江および河口の通過

F.20.　概　要

荒天時の港口や入り江、河口などでは船の出入りが難しい場合がある。場所によってはそうした状況がほかよりも頻繁に発生するため、港湾などで荒天がどのように影響するかを知っておくことが重要である。追い波、向かい波および横波でどのように操船するかを述べたが、港口付近などでは一層の注意が必要である。

F.21.　特性の理解

地域の特性を知ることは重要である。荒天時における港などへの入り口の状況をできるだけよく知っていれば、潜在的危険を避けるのに役立つ。以下の手順で入り口の状況を把握する。

手順	要　領
1	波がどこで崩れるかを確認する。水路の奥か手前か、突堤や浅瀬の近くか、入り口付近かなど
2	入り口が波の発生パターンにどのように影響するかを見る。突堤の入り口では波が反射して元の波と合成されることがある
3	港口によっては防波堤が内外の二重になっている。港によっては岩や構造物に当たる波の力に弱いところがある
4	水路の実際の状況を確認する。浅瀬がある場合、操船できる水域は狭くなる
5	実際の水深を確かめる。降雨や気圧、潮位による海図水深との違いに注意する

F.22.　波と潮流が反対の場合の通過

港の入り口付近で潮流と波の方向が逆になっている場合、最も航行が難しい。潮流は波の波長を短くして波高を高くする働きがある。これにより、波は一層不安定になり、固まって寄せてくる。

手順	要　領
1	波に向かうとき、潮流は速い速度で後ろから波に向け船を押す
2	減速して潮流の影響を抑え、波の間での対応時間を確保するが、舵効きを確保する速力は維持する
3	大きな波や、合成されて高くなった波に向けて、押されっぱなしにならないよう注意する。港口付近では操船余地が狭い。いつでも後進して崩れる波をよけられる態勢をとる

4	追い波で潮流に逆らう場合の操船は難しい。波は頻繁に船を追い越し、不安定になって崩れる。潮流で船の対地速度が低下し、多くの波に当たることになる
5	波が後方から来る場合、前方の波の背に乗るようにする。波は不安定で崩れるのが早いため、波を越えるときには注意が必要である。前方の波頭と後方の波の両方に注意を払う
6	常時スロットルに手を置き、出力をこまめに調整する。入り口付近では、崩れる波に船首を向けるために針路を変える余地がない場合が多い。波が崩れるように見えたら、船に寄せてくる前に後進で退避するのが唯一の対応である
7	波が合成される状況には特に注意し、前方で波高が高くなる場所を避ける。同じ場所で波が高くなるようであれば、船がそこを通過するのは危険だが、高い別の波に不意に襲われないように注意する
8	クルーは状況を監視し、情報を自由に交換する

F.23. 波と潮流が同じ方向の場合の通過

波の方向と流れの方向が同じの場合、流れによって波長は長くなる。波長が長いと波は安定し、波頭の間隔は長くなるが、注意は必要である。このような状況での航行には以下を考慮する。

手順	要　領
1	波と潮流に向かって航行する場合、対地速力が遅くなるため、到着時間は延びる。ボートの速力を上げる必要がある
2	前方の波が危険になるほど増速してはならない。速力を増減して波ごとに対応する
3	波と潮流を船尾に受けて航行する場合、対地速力は速くなる。波の接近は遅くなるため、前方の波の背に乗るのは容易である。流れが後方からくるため、舵効きを保つには増速する必要がある
4	波を後方から受ける場合は、前方の波の背に乗るように操船する。波を後方から受けると、対地速力が増し、後方からの流れで舵効きが悪くなるため、前方の状況に対応する時間の余裕が少なくなる。よって、誤った安全感を抱かないようにする
5	常にリモコンレバーに手を添えて、出力を細かく調整する
6	短時間で港口などを通過するため、前方の状況に最大限の注意を払う。流れに押されるので、早目の操船を心がける
7	クルーは状況を監視し、情報を自由に交換する

強風への対応

F.24. 概　要

波が高い状況について前述したが、強風時に常にうねりが高いとは限らず、強風が吹いても、波が高くなるまでは時間がある。しかし、強風と高波は大体において、ともに発生している時間が長い。

F.25. 安定した風をつかむ

船の風圧面積によっては、強風の中で針路を保つため、舵や左右エンジンの操作を適切に行う必要がある。艇長は、突風に備えて海面の状態を読む必要がある。海面は突風で波立ち、突風が強いと波の頂部を吹き飛ばすことがある。突風が船を襲う前に、影響を予測しておく必要がある。

(注釈)大きさやエンジンの出力を問わず、強風と荒波の中で不安定で操船しにくい艇は、任務に向いていない。限界的な状況では船とクルーの安全が最優先事項である。能力の高い別の勢力を任務に当たらせる必要がある。安定した風をつかむ要領は下表の通り。

手順	要　領
1	大波の中では、ボートが波の谷間にある間、波頭が風を遮る。波の頂部ではエンジンを絞るように操船する。波の頂部が崩れるのを強風が助長するため、波の頂部付近では船首を風に向けるよう操舵する必要がある。船によっては、波の頂部を通過するときに風で船首が一方に吹き流されることがある
2	軽い船の場合、波の頂部では風の力で船首（RIB は浮体）が簡単に持ち上げられたり、横に振られたりする。軽量の船が波を乗り越えるにはある程度の速力が必要だが、速力を上げすぎると船底が強風に露出する。波を越えるときには突風に特に警戒する必要がある
3	2 軸船では、船首を風に立てるため、左右不均等出力での操船を活用すべきである。現象に遅れて出力を大きく吹かすよりも、早目に確実なエンジン操作を行うほうが効果的である
4	風圧面積と上部構造物の大きい船は、強風時、常に傾斜しており、突風が吹くと急激に傾斜が増大することがある。これにより、高い波の頂部では操船が困難になる。こうした特性の船で波を越える場合は細心の注意が必要である。エンジンと舵を安全にバランスさせて風と波に向かう技術を身に付ける

F.26. 荒天の回避

激しい雷雨、ダウンバースト、スコール、水上竜巻などは避けて航行する。局地的に 50 ノット以上の風が吹いて悪天候になる地域が数多くある。こうした状況はボートのレジャーシーズンには頻繁に発生し、クルーが遭遇する可能性は高い。激しい雷雨は複数の雷雲が分かれて多く発生し、航海中に何度も嵐に遭遇することがあるので、接近する嵐の状況に注意すべきである。

(注釈)海上で暴風に遭遇したら、ビミニトップやアンテナ、アウトリガー、旗などを格納して風圧面積をできるだけ小さくする。これによって船の安定性と強風に対する反応が改善する。また、移動物を固縛し、ハッチやドアを閉鎖して姿勢を低くする。

F.26.a. 突 風

突風を避ける。嵐は突風を発生する前線を伴う場合がある。突風の前線は海上では水蒸気の層のように見える。風速 50 ノットの突風を伴う前線では海面に飛沫が充満し、それが相対的に高い海水温と混り合うことで垂直に上昇する。

(注釈)海域に余裕あれば、突風から直角の方向に退避する。

F.26.b. 圧流による避航

艇長は圧流で風下に避航することを考慮する。突風は移動速度が速いため、海面が波立つまでに時間的余裕のある場合がある。こうしたときは自然に圧流されて風下側に安全に避航できる場合がある。強い風の力に逆らって船首を風に立てる必要はない。

(注意) 海域が広く、嵐による高い波の発生が予想される場合は、圧流による避航は安全な方法ではない。嵐では、5 海里程度の開けた海域があれば 3〜4 フィートの波高が生じる。50 ノットの風が加わると小型船は容易に転覆する。

F.26.c. 嵐と陸岸の間の航行

激しい嵐と風下側の岸との間の航行は避ける。突風の前線がくる前に広い海域に出たほうがよい。

ヒーブ・ツー

F.27. 概 要

荒天から安全に避航できない場合、ヒーブ・ツーで天候回復を待つのが唯一可能な対処の場合がある。ヒーブ・ツーは船首を風や波に立て、舵とスロットルの操作でその場にとどまる操船法である。風圧面積が大きい船には適さない。風波が強すぎると船は落とされ、横向きか風下向きになる。

(警告) ヒーブ・ツーは、風下側に十分広い水域がある場合にのみ行う。

F.28. 操 船

ヒーブ・ツーでは船首を風波に立てる操船に集中する。ヒーブ・ツーは安全な方向に航行して避難できない場合にのみ、以下の手順で行う。

手順	要 領
1	風または波の力が最も強い方向に船首を向ける。風と波の方向は同じとは限らない
2	波を船首の 10〜25°方向に受け、コンパスの方位に注意する。推力は波の力を打ち消すにとどめ、前進はしない。この状態で風に対抗できれば安定する。舵とリモコンレバーを操作し、船首方向を維持する。非常時に備え、舵とエンジンの操作量に余裕を残しておく
3	風が突風を含み、頻繁に風向が変わるとき、船首方向は安定しない。突風が接近する兆候を読み、ボートに襲来する前に適切な対応策を取る
4	波がそれほど強くない場合、船首を真っすぐ風に立てる

F.29. シーアンカー

荒天下で船を安定させるため、必要に応じてシーアンカーを使う。

手順	要 領
1	船首を支えられない場合、シーアンカーで船首を保持する
2	ロープは 300 フィート程度の十分な長さを取る
3	船の動きが安定するまでロープを繰り出す
4	船首が振れ回りを続ける場合、前進出力を使い、舵で一定のコンパス方位に船首を保つ
5	慎重に操船し、シーアンカーを船首方向に維持する

Section G. 河川での操船

狭い水路での操船

G.1. バンククッション

バンククッションは、岸に近いところを航行中に岸から押し出される現象をいう。ボートが川を進むと、ボートと岸との間の水面が高くなり、船首が岸と反対方向に押される。バンククッションは、岸が切り立っている狭い水路で、水深近くまで喫水が入っているときに最も顕著に生じる。

G.2. バンクサクション

バンクサクションは、船尾が岸に引き寄せられる現象をいう。ボートが前進すると、ボートと岸との間に圧力の不均衡が生じ、間の水面が下がって船尾が岸側に寄せられる。この現象は 2 軸船の場合、最も顕著に発生する。

G.3. 合成作用

バンククッションとバンクサクションの効果が重なると、ボートは突然岸の反対側に船首が振られる。

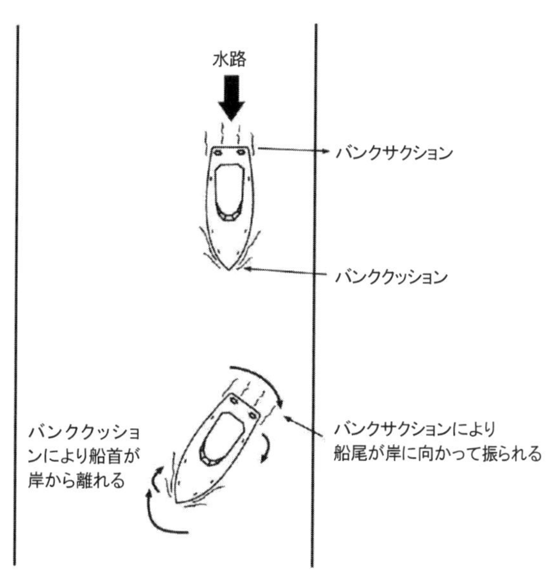

Figure 10-23 狭い水路でのバンククッションとバンクサクションの影響

G.3.a. 1 軸船

左舷側が岸に近い状態で低速航行する 1 軸船は、振られることによって操船困難になる。増速し、軽い左舵で制御を回復できる。

G.3.b. 2 軸船

2 軸船が左舷側に岸を見て航行中の場合、右舷機を増速し、左舵を取ることにより振れを止めることができる。

G.4. 流 れ

流れとは、河川の水面の水平方向の動きである。川の流れは降雨時や満潮時に最も強く、流速は水路の中央が最も早い。狭い水路では、ベンチュリ効果で流れ込む水の流速が増す。屈曲部では内側から外側に水が流れ、渦や反流を生じ、その下流ではすぐに流れがゆるむ。これによって屈曲の内側には浅瀬ができる。経験豊富な操船者は、水路の中での流れの変化に敏感である。

G.5. きわめて狭い水路

水路が非常に狭く、バンククッションとバンクサクションが予想される場合、艇長はごく低速で水路の中央付近を航行し、他船と行き会う場合は通常より近い距離で航過する。狭い水路で他船と行き会う場合、前進速力をゆるめるが、舵が十分に効く速力は維持する必要がある。接近したら、軽い右舵でやや岸に向ける。航過したらただちに舵を戻して直進にする。バンククッションを修正するため、多少の右舵が必要な場合がある。航過した船が発生する波の影響に十分注意する。

屈曲部での回頭

G.6. 有利な点と不利な点

ボートが狭い水路の鋭い屈曲部で回頭する場合、バンククッション、バンクサクション、流れおよび風の影響を受ける。バンククッションとバンクサクションの影響は、水路の屈曲が急な場合に最も大きく、水路の端が浅瀬で徐々に広い海域へと伸びている場合は小さい。バンククッションとバンクサクションの影響は船速に比例して大きくなる。水の流れは、渦や反流が生じる部分の外側で最も強く、水深が深いほど強い。

G.7. 流れに押される場合

流れに押されると、エンジンの出力が小さくても船速が増す。流れに押されながら急旋回する場合、以下のいずれかのように操船する。

・ 内側屈曲点の近くで回頭する
・ 屈曲に合わせて回頭する
・ 水路の中央付近の、外側屈曲点付近で回頭する

経験豊富な操船者は上記のいずれも実行できるが、3番目の「水路中央付近で屈曲の外側」が最も安全で好まれる航法である。

G.7.a. 内側屈曲点の近くで回頭

操船者は、近い側の岸に向けて軽く舵を取り直進する。水路が曲がるに従いボートは岸から離れるので、操舵は小さくてよい。この状態で回頭を始めるが、流れがゆるんだり渦が発生したりしている場合、特に浅いところでは船首が近い側の岸に寄せられる。流れは船尾に影響し、船首がさらに右へ向けられる。これを修正するため、艇長は出力を上げ、水路の中央に向け当て舵を取り、船尾を水路の中央に保持する。

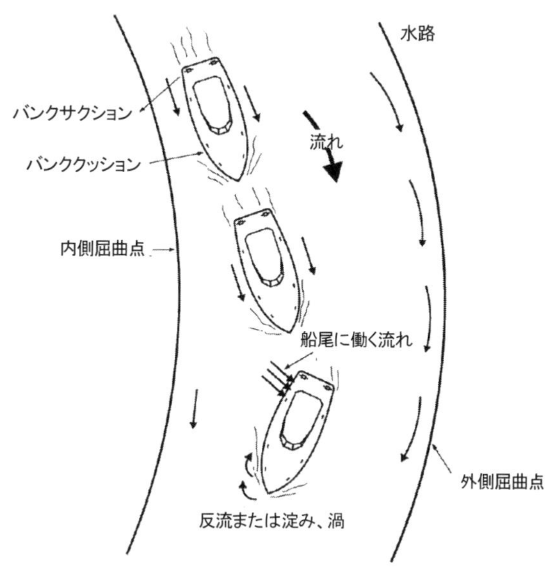

Figure 10-24 流れに押されながら内側屈曲点付近で回頭

G.7.b. 屈曲に合わせた回頭

内側屈曲点から離れたところで回頭するため、タイミングが重要である。遅すぎればボートは屈曲の外側に座礁する。早すぎれば強い急旋回が生じて振られ、危険である。船尾のバンクサクションと流れの作用が重なってボートが大きく振られる。また、船首のバンククッションも同様に作用する。これを修正するには、出力を上げて舵を反対に当て、水路の中央に戻る。

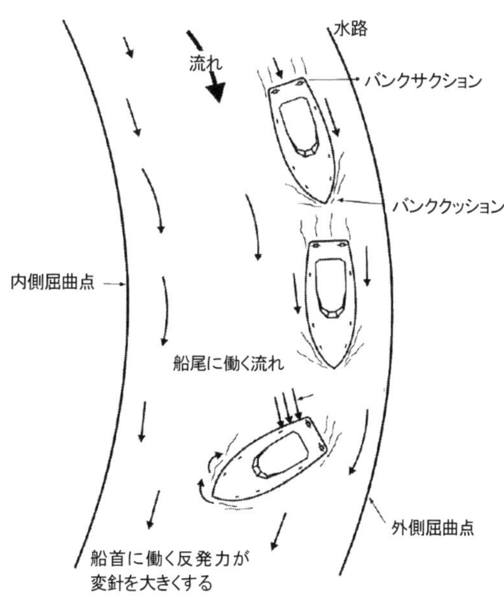

Figure 10-25 流れに押されながら屈曲に合わせて回頭する

G.7.c. 水路中央の屈曲点付近で回頭

流れに押される場合、回頭地点に近づいたら、水路の中央部付近で屈曲方向に向けて舵を取るのが安全である。こうすれば、ボートは渦と外側の強い流れの影響を受けずに済む。操船者は、船尾に作用する流れの力も利用して回頭する。流れに押される場合、ボートは屈曲の外側向けに流される。位置を水路の中央に保持するため、適宜、舵とエンジンを使う。

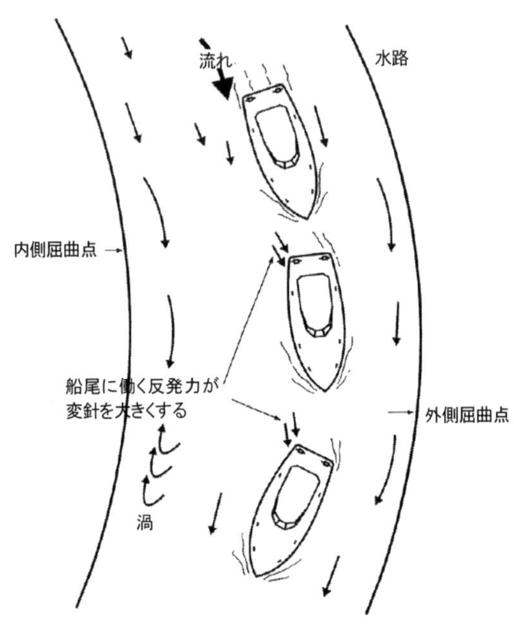

Figure 10-26 流れに押される場合、水路の中央でやや屈曲の内側に曲げる

G.7.d. 流れに逆らう場合

流れは前方からのほうが操船しやすい。流れに逆らって回頭する場合、艇長は舵とエンジンを使って水路の中央に船位を保持する。回頭を始めるときは注意が必要である。早すぎると、船首が流れに取られて内側に振られる。この場合は出力を上げ、水路の中央に向けて舵を取り、回頭をやり直す。回頭を始めるのが遅すぎると、流れで船首が外側に振られる。船尾を常に水路の中央に保持するように注意して操船する。

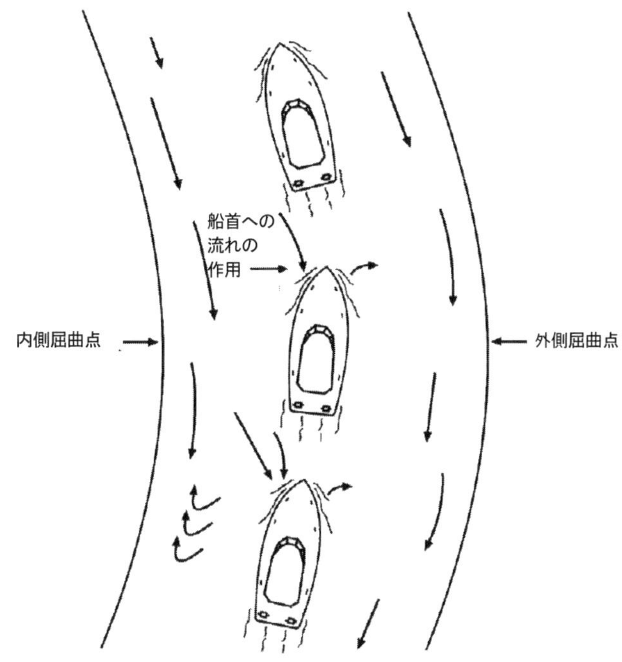

Figure 10-27 流れに逆らって回頭

Section H. 錨 泊

錨泊は適切かつ効率的に行う。本節では、ボートを確実に錨泊させる方法について述べる。

適切な錨泊

H.1. 錨泊の要素

適切な錨泊の要素は以下の通り。

- 用具類が適切に使用できる状態にあること
- 用具の使用法の知識
- 適切な錨地の選定

H.2. 用語と定義

錨泊は錨と関連の用具で行う。下の表は錨泊に関連する用語である。

用 語	定 義
錨	水路の海底に把駐して流れに抗し、船を一定の場所に保持するための用具

錨止め	使用していない錨を格納するための甲板用具
チョック	通常、船首付近のレール沿いにある、錨のロープなどを通して導くための用具
錨泊用具	錨、錨索など、船が錨泊に使用する用具類の総称
ホーズパイプ	錨索を通すため船体を貫通している円筒のパイプ
水平負荷	船によって錨に加わる横方向の力
係留ビット	錨索などを船に止めるための柱やクリート
錨　索	錨と船をつなぐためのロープ
スコープ	錨索の長さと、索止めから海底までの距離（水深＋チョックの水面上高さ）の比
垂直負荷	錨索によって船首が錨に与える縦方向の力

H.3. 錨泊の理由

錨泊する理由は数多くあり、最も重要なのが安全確保であるが、それ以外に次のような理由がある。

- 機関の故障
- 港外などにとどまる必要がある場合
- 荒天を避けるため
- 遭難船に用具を渡すまでの間、船位を保持するため

H.4. 錨の種類

錨にはいろいろな種類と特徴がある。錨の大きさ（重さ）は使用するボートの大きさで決まる。ボートには最低二つ以上の錨を備えておくことが望ましい。

- 主錨はボートの排水量の 6% 程度の把駐力が必要である
- ストームアンカーは主錨の 150-200% 程度の把駐力が必要である

Table 10-1 ダンフォースアンカーの重量の目安

ボートの全長	主　錨	ストームアンカー
20 フィート（約 7m）	5 ポンド（2.3kg）	12 ポンド（5.4kg）
30 フィート（約 10m）	12 ポンド（5.4kg）	18 ポンド（8.2kg）
40 フィート（約 12m）	18 ポンド（8.2kg）	28 ポンド（12.7kg）

H.5. ダンフォースアンカー

ボートの多くは重量に比べて把駐力の高いダンフォース型の錨を使用する。

番号	部品名	概　要
①	シャンク	錨索の結合点で、投揚錨を補助する
②	フルーク	海底に食い込み錨を保持して把駐力を発生する
③	クラウン	フルークの後部を押し上げ、海底にフルークを食い込ませる
④	ストック	錨の反転や回転を防ぐ

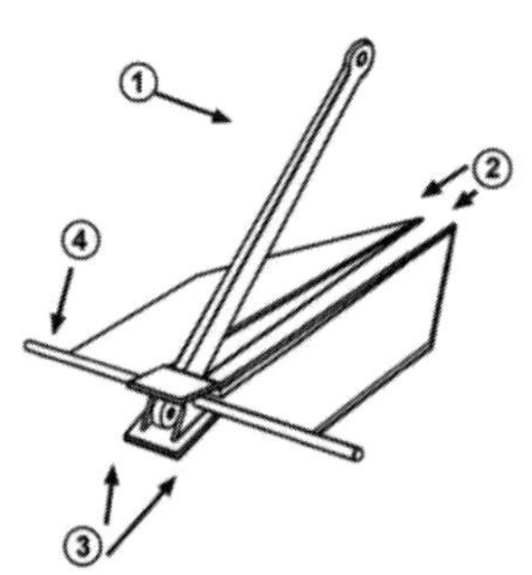

Figure 10-28 ダンフォースアンカーの主要部分

錨泊用具

H.6. 錨一式

錨の一式は、錨、錨索、ロープと錨を結ぶ各種の部品からなる。

H.7. 錨 索(ロード)

錨索はボートから錨に伸び、長いロープと短い鎖からなる。大型船は全長が鎖である。錨一式の各部はそれぞれが強固に接合されている。

H.7.a. ロープの種類

最も一般的に使用されるのはナイロンである。ロープはケーブル撚りまたは編んだロープで、切れにくく擦れに強い。ロープには繰り出し量の目安となる目盛りがついている。

H.7.b. ナイロンロープと鎖

ロープに鎖をつなげる利点は以下の通りである。

- 錨を引く角度を低くできる(鎖は着底して伸びるため)
- ロープがサンゴや岩に擦れるのを防ぐ
- 舞い上がった砂が繊維のストランドに入り込みにくくなる
- 鎖には砂が入り込まない
- 泥を洗い落としやすい(鎖がないとナイロンロープは非常に汚くなる)

鎖は錆びないように防錆手入れが必要である。

付属具

H.8. ロープの取り付け

錨索を錨に止めるにはいくつかの方法がある。繊維ロープの場合、索端にシンブルを取り付けたアイスプライスとスイベルを取り付ける。シンブルを入れたスプライスにスイベルをつなげない場合、シャックルをスイベルとシンブルの間に入れる。その後、スイベルを鎖の片側に、鎖の反対側を錨のシャンクにそれぞれシャックルで接続する。

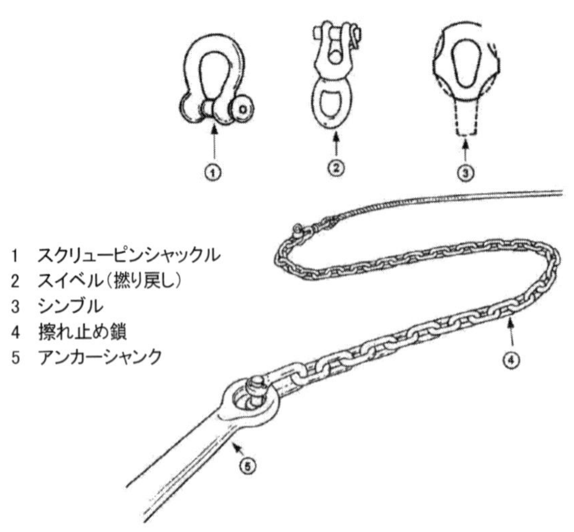

Figure 10-29 錨の付属具

H.9. 概 要

ロープを錨に取り付ける付属具の概要は以下の通り。

名称	概 要
シャックル	擦れ止め鎖を錨のシャンクにつなぐ接続具。スイベルやシンブルなどの錨泊用具の接続にも使用する
スイベル	ロープや鎖をひねることなく、船が錨の周囲を振れ回ることができるようにする部品
シンブル	錨索が接続点で擦れないようにする部品。周囲 2¾インチ（約 7cm)、直径⅞インチ（約 2cm）以上のものを使用する
擦れ止め鎖	ロープが引ける角度を低くし、ロープが海底で擦れるのを防ぐ
取り外しリンク	錨と所要の錨泊用具をロープに接続する（必須ではない）
アイスプライス	ロープ端をシンブルにつなぐ

錨泊の技術

H.10. 手 順

艇長はクルーに錨泊手順の事前説明を行う。

錨泊は艇長とクルーが十分な意思疎通を図ることが重要である。エンジンの騒音や風の音で声が聞き取りにくい場合がある。艇長はあらかじめ取り決めておいた手先信号を用いる。信号はできる限り簡単なものにする。

(注釈) 錨泊作業中は PFD を常時着用する。

(注意) 特に小型のボートは船尾で錨泊してはならない。波が高くなるとボートに打ち込み浸水する。

H.11. 錨地選定の注意

浅い（40 フィート＝約 12m 以下）静穏な海域を選択できる場合もある。

- 錨地に海底電線や障害物がないことを海図で確認する
- 同じ海域にほかのボートがいる場合、錨泊位置が近すぎないようにする

・ ほかのボートの振れ回りの範囲内に錨を入れない
・ 錨地には風下や流れの下方から進入する

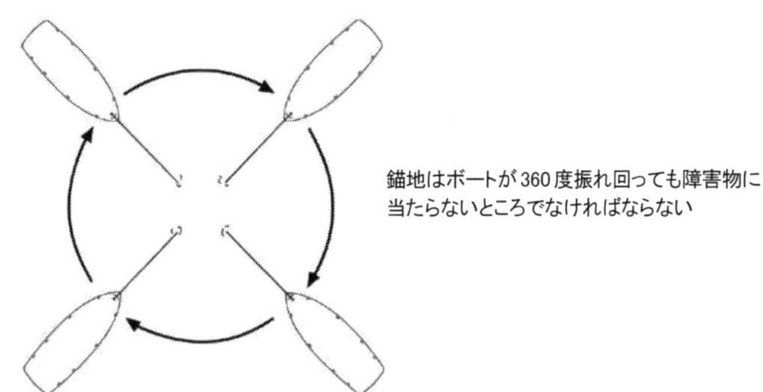

Figure 10-30 錨索が振れ回る円

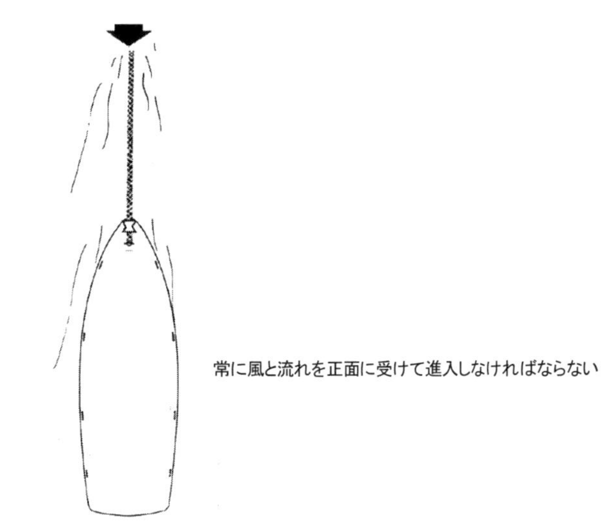

Figure 10-31 錨地への進入

H.12. 錨地への進入

適当な錨地を選択したら、艇長は低速で航走しつつ、海図で確認した目標や、レーダーや GPS を使って錨地を確認する。距離を確認しながら低速で錨地に進入する。2 カ所からの距離を使うと位置を正確に特定できる。これはその後、錨が効いているか引けているかを判断するのにも役立つ。

底質は非常に重要である。以下は一般的に海図に表示されている底質の性質である。

底質	概　要
堅い砂	底質が一定しており、錨かきは良好
土	密度が高ければ錨かきは良好。十分柔らかく錨が把駐しやすい
泥	粘度が高く錨かきがよい場合から、柔らかく十分な把駐力を得られない場合までさまざま
ゆるい砂	爪が深く入れば錨かきは普通
岩／サンゴ	錨が割れ目を掴まない限り、錨かきがよいとはいえない
海　草	錨が深く入りにくく、把駐力は不良

H.13. 錨の投入

錨を水中に投入したあと、着底するまでに繰り出すロードの長さを知るのは重要である。ビットやクリートにロープを巻いてゆっくりと滑らせながら錨を降ろすのがよい。強風や強い潮流の中で投錨する場合は、手だけでロープを保持しないほうがよい。

(注釈)甲板上にコイルしたロープの中に足を入れないこと。また、遠くに入れようとして錨を投げない。

手順	要　領
1	前部甲板に2人を配置する
2	十分な長さのロープをロッカーから取り出し、キンクや絡みが生じず繰り出せるように十分にさばく。外してあるロープはシャックルでリングに取り付け、ストック型錨の場合はストックをセットして固定する
3	艇長の指示で錨を投入し、錨が着底するまでロープを両手の間隔ずつ繰り出す
4	錨が着底したら、前部のビットに巻いて素早く繰り出しながら、ロープの繰り出し量を測る
5	必要な長さのロープを繰り出したら、錨を前部のビットに止める

ロープへの取り付けが不適切で錨を喪失することは多い。長期間錨泊する場合は、シャックルのピンが抜けないように針金などでしっかりと留めておく。船側に錨索をしっかり止めず、錨ごとロープが流失することもある。軽量な錨はいつでも使用できるので準備は簡単だが、シャックルが適切に取り付けられているかを常に確認しておくこと。

H.13.a. ロープの長さ(スコープ)

スコープは繰り出したロープの長さと水深の比である。ロープの錨側の端が海底で 8°以下の引き角になるように、十分な長さのロープを繰り出す。これにより、錨が海底にしっかりと食い込み、良好な把駐力が得られる。

(注釈)錨索のスコープは 5 : 1～7 : 1 がよい。荒天時は 10:1 まで伸ばす（例：5:1 の場合、水深 20 フィートでロープ長は 100 フィート)。

H.13.b. マーカー

ロープに沿ってマーカーを付け、繰り出したロープの長さを把握する。把駐力を確保するためのスコープを知るのにも役立つ。

H.14. 投錨後の把駐確認

錨が十分な把駐力を発揮するには投錨後の作業が必要である。作業の要領は錨の形式によって異なり、ここでは一般的なガイドラインを示す。実際の手順は実地で試すのがよい。

手順	要　領
1	錨を着底させ、ゆっくりと後進しながら、ビットやクリートに回したロープを繰り出す
2	計画通りのスコープに達するまで繰り出したら、ロープを素早く止めて錨を海底にかかせる
3	底質が悪かったり、海草がフルークに絡まって効かなかったり浮いたりする場合、いったん引き揚げて海面で洗ったのちに再度試みる

H.15. 把駐後の手順

錨が確実に効いたら、以下の手順を実行する。

手順	要　領
1	ロープの長さを、予想される天候に合わせて適切に調整する
2	スコープは錨かきに十分な長さが必要だが、混雑した錨地では付近の船に配慮する
3	ロープのボートに当たる部分に、適当な擦れ当てを施す

H.16. 把駐の確認

錨が引けずに確実に効いているかを確認する方法はいくつかある。

・ 海底が視認できるほど海水が透明であれば、錨の状況は容易に確認できる
・ 錨索が張ったり振動したりしていれば、しっかり効いていると考えられる
・ 二つ以上の陸の物標（物標同士は45°以上離れたもの）の方位を取るか、レーダーで物標からの距離と方位を測定する。風や流れの影響によってボートが錨の周りを振れ回ることもあるが、コンパスの船首方位が一定にもかかわらず物標からの方位が変化する場合、錨が引けている
・ 錨のクラウンに目印ロープ（トリップライン）で浮きをつないでいる場合、後進をかけて錨かきを確かめる。錨が効いていれば、錨索を引いても浮きは一定の場所から移動しない
・ GPS（DGPSを含む）などの電子航法装置は、振れ回りの範囲から船が外れたら警報を出す機能を備えたものがある。これは有効な機能ではあるが、目視やレーダーの代わりにするべきではない

H.17. 止めきり

錨が確実に効いて十分なスコープ分のロープを繰り出したら、ロープはビットやクリートにしっかりと止める。エンジンを停止する前に錨が引けていないことを確認する。ロープが滑ったり絡んだりしないように止める。

H.17.a. 前部のビット

前部のビット（サンプソンポスト）を備えたボートで錨索を確実に止める方法は、一度ロープを回したあとに8の字を3回かけることである。最後の8の字はウェザーヒッチでポストに止める。

H.17.b. スタウトクリート

スタウトクリートの場合、基部にロープを一周させたのち、ホーンの部分に8の字を3回かける。最後の8の字はウェザーヒッチにしてホーンに止め切る。

H.18. 守錨当直（アンカーワッチ）

錨泊中は常に状態を監視する。監視項目は以下の通り。

・ 走　錨
・ 天候の変化
・ 付近の船舶または他船の走錨
・ 錨索の接続

H.19. 揚 錨

錨を揚げて航走を開始する場合、以下の手順を実施する。

手順	要　領
1	ゆっくりと前進して錨索がプロペラに絡まないように取り込む
2	引き上げたロープを甲板上で整頓する
3	ボートが錨の直上に近づき、ロープが上下の動きを始めたら、錨は海底から離れて自由になっている

H.20. 海底にかかった錨の揚収

錨が引っかかって海底から離れない場合、以下の手順を行う。

手順	要　領
1	錨索を前部のビットやクリートにとって数フィート前進をかける
2	これでも錨が離れない場合がある。操船者は大きな円を描いて航走し、錨を引く方向を変える
3	この操作を行う場合、錨索がプロペラに絡まないように細心の注意を払う（Figure 10-32）

海底に引っ掛った錨を揚げる別の方法は、投錨前にトリップラインを錨に取り付けておき、回収時にそのロープを引くことである。トリップラインは、絡んだ錨を引き揚げるのに十分な強度のロープ（通常3/8 インチ径）である。

手順	要　領
1	トリップラインの片側を錨のクラウンに取り付ける（錨によっては専用の穴がある）。トリップラインは投錨位置から流れや潮位の変化を見込んでも水面に達する十分な長さが必要である
2	ロープの反対側を、ボートフックで引き寄せられる浮きに取り付ける
3	錨が通常の方法では揚がらない場合、トリップラインを引いてクラウンを先に揚げる

引っ掛った錨の回収のほか、トリップラインは錨の海底での位置を知るためにも役立つ。これにより、ほかのボートが錨泊位置を避けることや、揚収のために錨の直上に接近する目印にもなる。

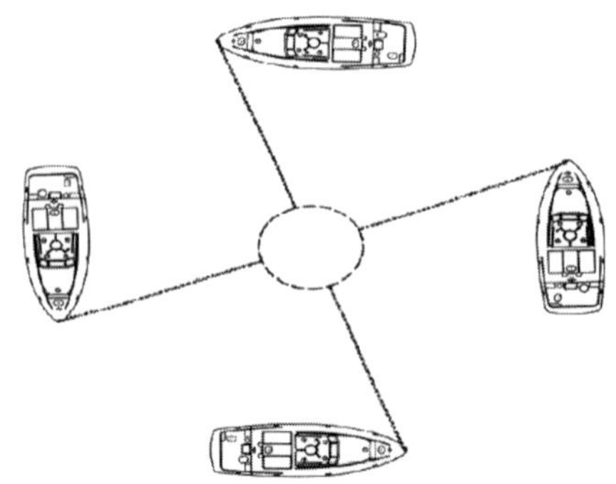

Figure 10-32 絡んだ錨の揚収

H.21. 錨の洗浄

錨は甲板上に揚収する前に泥などの付着物を洗浄する。

手順	要　領
1	錨が水中で上下に動かすか、錨を水面付近まで引き上げる
2	低速で後進し、きれいになるまで水面で錨を引く
3	航走して錨地を離れる前に用具の状態(錨が動き回ってボートを損傷しないよう確実に固定されていること)を確認する

錨の格納

H.22. ボートの大きさ

錨泊用具の格納場所はボートの大きさにより異なる。小型のボートでは甲板上の架台に乗せて固定する。ボートによっては前部のアンカーロッカーに格納するようになっている場合もある。錨泊用具は、航行中、常に使用できるようにしておく。

H.23. 手入れ

海水中で投錨した場合、錨泊用具は格納前に清水で洗浄する。

- ナイロンロープ：ナイロンは乾くのが速く、湿った状態で格納しても差し支えない
- 鎖のみの場合：錨鎖は格納前に甲板上で乾かすと錆びにくい
- 天然繊維：マニラ麻のサーフマンロープなどは、腐敗を防ぐため格納前に完全に乾燥する

H.24. 予備錨

ボートによっては荒天に備えて予備錨を備えているものがある。予備錨は、ロープを付けた状態でいつでも取り出せるように格納してある。予備錨は、ときどき状態を確認するための点検が必要である。

Chapter 12.気象と海洋学【安全：運用】

ボートクルーは常に変化する自然環境の中で航海する。気象と海象は相互に作用して多くの異なった状況を作り出す。そうした状況の中でどのように船を運用するかを理解するのは重要なことである。本章では高度な解説ではなく、自然環境が海面に与える影響と、それにより生じる現象について述べる。

風、霧、雨、低温（海水と大気）は危険で、簡単な任務でも、環境によっては危険が増し、遭難者の生存性が下がるため難しくなる。風、流れおよび潮の状態はボートの運航に大きく影響する。艇長は、そうした外部環境がボートにどのような影響を与えるかを理解しなくてはならない。

Section A. 気 象

ボートのクルーにとって最も重大な危険を伴うのは、沿岸近くや荒天下で任務に当たる場合である。波やうねりによって運航や生存に危険な状況が生じる。活動する海域によって気象の状態は異なる。
（訳注：以下、米国内の特殊な気象条件の記述であるため省略）

風

A.1. 大 気

強風による海上での被害は毎年発生する。水面に水平を保とうとする性質があるように、大気も気圧を均等に保つため、高気圧から低気圧に向けて空気が移動し、風が発生する。

A.2. 午後の強風

一般のボート愛好家は海面が穏やかな早朝に出港する。午後に帰港しようとすると、海面が波立って救助を求める場合がある。太陽が地表を温めることで風は大きく変化する。陸地は海面よりも温度上昇が早く、上空の大気温を上昇させる。これが上昇気流になって付近の大気圧を下げる。ここに沖合の冷たく重い空気が気圧を等しくする作用で流れ込み、風速が増す。これが海風と呼ばれる風である。日没後は陸地が海水よりも速く冷え、風は収まる。海風は地表の温度が最大になるとき（午後の半ばの時間帯など）最も強く吹く。地域によっては陸風が深夜または早朝に吹くこともある。陸風が吹くためには、海面の温度が陸上よりも高くなくてはならない。

(注釈) 風向とは風が吹いてくるコンパス方位である。

A.3. ビューフォート風力階級

ビューフォート風力階級により、海面状態から風速を推測できる。

(注釈) ビューフォート風力階級は風力 18 まで定義されているが、ボートの操縦が目的のため、ここでは風力 10 までを掲載する。

Table 12-1 ビューフォート風力階級

ビューフォート階級	風速 (kt)	海面状態	おおよその波高		デービス階級
			(ft)	(m)	
0	静穏	水面は鏡のように穏やか	0	0	0
1	1~3	うろこのようなさざ波が立つ	0.25	0.1	0
2	4~6	はっきりしたさざ波が立つ	0.5~1	0.2~0.3	1
3	7~10	波頭が崩れる。白波が現れ始める	2~3	0.6~1	2
4	11~16	小さな波が立つ。白波が増える	3.5~5	1~1.5	3
5	17~21	水面に波頭が立つ	6~8	2~2.5	4
6	22~27	白く泡立った波頭が広がる	9.5~13	3~4	5
7	28~33	波頭が崩れて白い泡が風に吹き流される	13.5~19	4~5.5	6
8	34~40	大波のやや小さいもの。波頭が崩れて水煙となり、泡は筋を引いて吹き流される	18~25	5.5~7.5	6
9	41~47	大波。泡が筋を引く。波頭が崩れて逆巻き始める	23~32	7~10	6
10	48~55	のしかかるような大波。白い泡が筋を引いて海面は白く見え、波は激しく崩れて視界が悪くなる	29~41	9~12.5	7

A.4. 気象警報信号

（訳注：米国固有のものであるため省略）

A.5. 沿岸警報表示計画

（訳注：米国固有のものであるため省略）

雷雨と稲妻、竜巻

A.6. 雷を伴う嵐

雷は激しい大気の垂直方向の活動の結果発生する。通常、暖められた局地的な上昇気流や寒冷前線が、暖かく湿った空気を上空に押し上げることで生じる。雷を伴う嵐の危険は稲妻だけではなく、強風と海面の荒れが伴うことにもよる。AM 放送での強い静電気雑音は、雷の存在を示していることが多い。

A.7. 稲 妻

稲妻は、嵐に伴う生命に危険のある現象である。すべての嵐が雷を伴うわけではないが、雷を伴う嵐では必ず稲妻が発生する。稲妻は、雷雲中または雲と大地の間の正負の電荷が結合しようとして発生する。これは、雲の中の大気の活動で発生する大規模かつ急速な電荷の平衡現象である。

稲妻は発生の予測が困難で、巨大なエネルギーを持つ。稲妻はマストや無線アンテナなど、ボートの最も高い場所に落ちる。マストに有効な避雷針とアースを施しておけば、落雷の被害防止に有効である。

(警告) グラスファイバーの無線アンテナは有効な保護ではない。ローディングコイル（装荷線輪）付きのアンテナは、そのコイルの高さまでの保護効果しかない。

A.7.a. 避雷針

コーストガードのボートは避雷針を備えている（市販の船は通常備えていない）。

ボートは、雷を伴う嵐の間、港内（より高い構造物などがある）にとどまることや、陸上建築物のような避雷針を設置することで、落雷の危険を避けることができる。避雷針のアースは、稲妻が被害を生じさせることなく地面に逃げる経路を設定する。Figure 12 は、セールボートとモーターボートの避雷範囲と、ボートに避雷針をどのように設置するかを示す。

(注釈) ボートの避雷アースは、稲妻が大きな被害を生じさせることなく海面に逃げる経路を形成する。海上には数多くのボートが存在するにもかかわらず、ボートに落雷の被害が生じることはまれである。

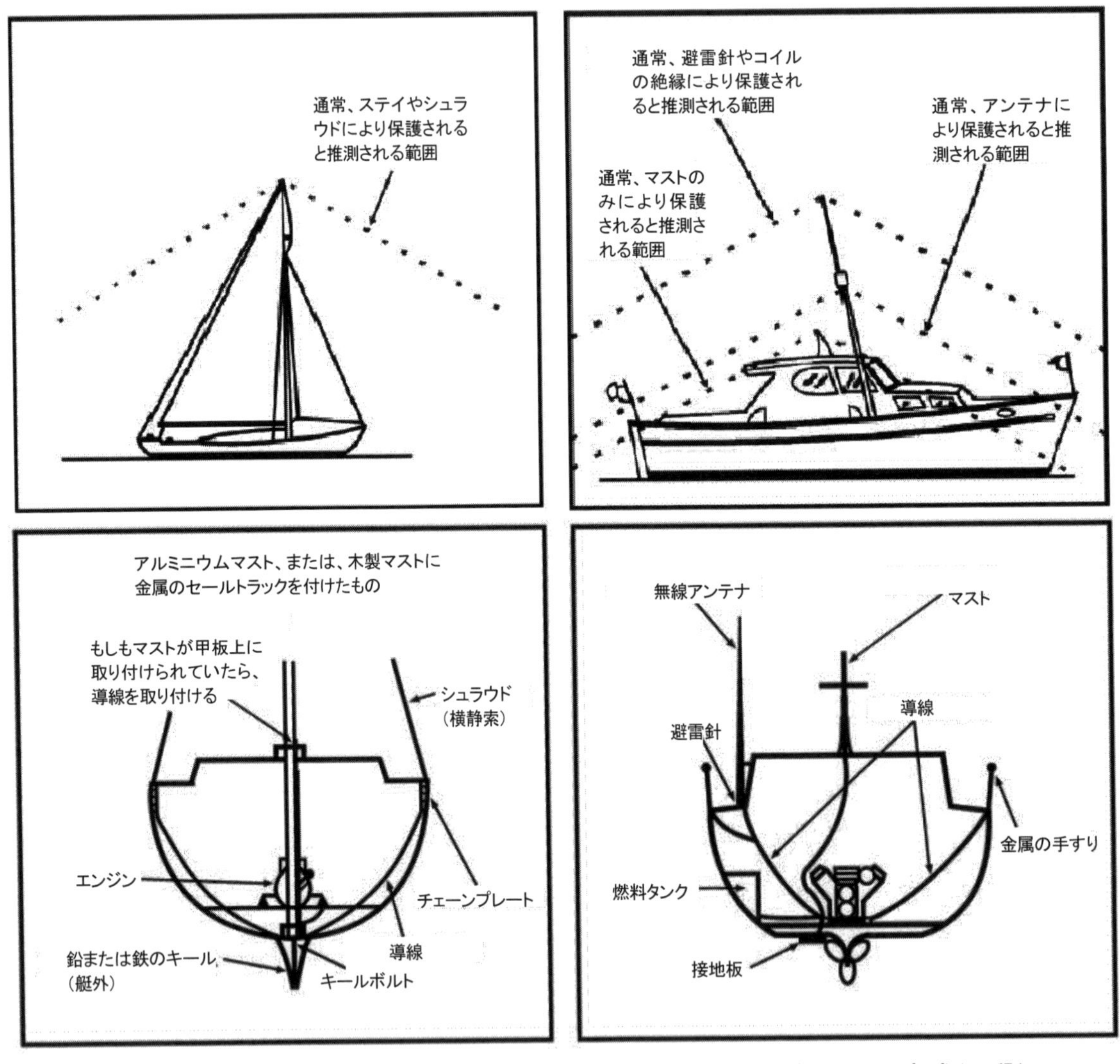

Figure 12 セールボートとモーターボートの避雷ゾーン（上段）と避雷アース方式（下段）

A.8. 雷雨からの距離

雷鳴の空中伝搬には1海里当たり約5秒を要するので、雷の嵐からの大まかな距離を知ることができる。

- 稲妻の光を観察する
- 雷鳴が到達するまでの秒数を数える

・ 秒数を 5 で割って海里数を求める

(注釈)“One thousand one, one thousand two, one thousand three, one thousand four, one thousand five”のように数えることにより、正確な秒間隔で数えることができる。

A.9. 安 全

稲妻の発生する海域では、以下の手順を実行する。

手順	要 領
1	陸岸または最寄りの避難場所に向かう
2	航行中は船内にとどまり、クルーは姿勢を低くして濡れたものを避ける
3	リモコンレバーや舵輪などの金属に触れないようにする
4	無線を使用しない
5	被雷した場合、コンパスが狂うほか、船上の電子機器に大きな被害が生じる

A.10. 竜 巻

竜巻は回転する大気の柱で、積雲または積乱雲から降下するように発生し、海面に達する。竜巻には二つの態様がある。

・ 激しい対流による嵐が陸上から海上に向けて移動するもの（トルネード）

・ 海上に発生する嵐で発生するもの（トルネードよりも一般的）

竜巻は、煙突のような形の雲が発生し、完全に成長すると海面から雲底までつながる。竜巻の中の水分は多くがその下部に含まれている。竜巻中の空気の動きは、生成の過程によって時計回りと反時計回りの場合がある。竜巻の直径、高さ、強さ、継続時間はさまざまで、多くは熱帯地域で観測される。

(注釈)竜巻は熱帯地域で頻繁に発生するが、高緯度地域でもまれではない。

霧

A.11. 概 要

霧は細かい水分が大気中に浮遊する状態で、光線を散乱させ、視界を低下させるのに十分な濃さがある。霧によって船位の確認が困難になり危険が増す。

A.12. 移流霧

海上で最も厄介なのは移流霧である。移流は水平方向の動きである。この種の霧は、暖かく湿った空気が冷えた大地や海面上を移動することで発生する。大気と地表や海面との温度差が大きいほど濃い霧が発生する。太陽光線は移流霧にはあまり影響しない。移流霧や昼夜を問わず発生する。風力や風向が変化すると移流霧は消滅するが、多少の風速の増加ではかえって霧が濃くなることもある。

A.13. 放射（地表）霧

放射霧は主に夜間と早朝に、地表面が周辺の大気よりも速く冷却することで発生する。地表付近の空気は微風で対流し、地表の低温で露点まで温度が低下することで霧の層になる。中～高緯度地域の湖や河川では霧に水蒸気が供給されるためよく見られる。霧は水面ではゆっくりと晴れるが、これは陸地が昼夜に水の 3 倍の速さで熱を吸収放出するためである。太陽光線によって大気が暖められ、放射霧は消滅する。また、地表面の風は空気をかき混ぜて霧を消滅させる。

A.14. 霧の発生頻度

（訳注：米国の地理に特有の内容であるため省略）

A.15. 霧中での航行

手順	要 領
1	速力を落とし、いつでも停船できる安全な速度で航行する
2	航海用の灯火を点灯し、適宜、音響信号を使用する（霧中信号）
3	使用できる航行援助施設はすべて利用する
4	エンジンやほかの灯火から離れた船首部に見張りを配置し、視覚と聴覚で見張りを行う。航海のルールでは適切な見張りを必要としている
5	ほかのボートの音に気をつけるほか、船位が間違っている場合に備えて、見張りは波の音にも気をつける
6	船の内外の 2 カ所で操舵できる場合、視界制限状態では外の操舵場所を使う。外にいることで、見張りと操船者は危険な音を聞き逃さない

(注釈) 特に船舶の航行が多い海域や狭い水路では、視界が回復するまで投錨して待つことを検討する。霧では衝突や座礁の危険が増すことに注意する。

氷

A.16. 塩 分

気温と塩分によって海水の凍る温度が変わるが、風と潮流によって海水表面直下の暖かい海水が混ぜられるため、結氷が遅くなる。真水は 0℃で凍るが、海水の氷点は水中の塩分のため-2℃まで下がる。塩分濃度が低い表面海水は、冷却される体積が小さいため深海よりも速く凍る。海水表面の一部が凍り始めると、風や波で海水が攪拌されなくなるため、氷は厚くなる。結果、季節の最初の氷は浅い大陸棚に流れ込む河口で生じる。秋の終わりに低温の夜間が長くなると、海岸線が結氷し始め、外海に向かって徐々に広がる。島同士が近くにあると、陸地の間の海面が氷で覆われやすくなる。

A.17. 上部構造物への着氷

氷点下の気温では艇体への着氷が発生し、大きく成長することがある。着氷は低温の海水飛沫、風、船体の動きなどが組み合わさって発生する。降水も船上で氷結することがある。着氷は、飛沫の氷結で成長を続け、甲板や上部構造物、マストなどの重量が増加する。氷によって装備品の使用が困難になり、甲板が滑りやすくなる。着氷の成長によって復原力が小さくなり、転覆することがある。

(注釈) 着氷を防ぐ最も効果的で簡単な方法は速力を落とすことである。氷はかいたり叩いたりして落とすことができる。配線や塗装を傷めないよう特に注意すること。

予 報

A.18. 気象の情報源

テレビやラジオの気象に関するニュース、NOAA（海洋大気庁）の気象放送、地域の気象に関する知識などを活用する。気象に関する言い伝えは正しいことが多いが、気圧計や温度計の情報も確認する。

A.19. 気象変化の兆候

専門家も常に正しいとは限らない。Table 12-3 に気象の変化を表す兆候を示す。

Table 12-3 一般的な気象の指標

状　態	天候悪化	降水予想	天候回復	好天継続	強風予想
雲					
雲が低くなり厚くなる	×				
雲が垂直に成長して暗くなる					×
空が西から暗くなる	×				×
雲量が増えて流れが速くなる	×				×
高度によって雲の流れる方向が異なる	×				
雲が東または北東から南に流れる		×			
薄いベール状の層雲が厚くなり、雲底が低くなる		×			
南風が強くなり、雲が西から流れてくる		×			
降雨がやんで雲が切れ、太陽が見えてくる			×		
雲が点のように分布し、午後の太陽が見える				×	
雲量が変わらないか減少する				×	
山間部で雲底が上昇する				×	
空					
西の空が暗くなる	×				
朝焼け	×				×
西の空に夕焼け		×			
早朝の空が晴れる			×		×
日没時に東の空が赤くなり晴れる				×	
朝に西の空が青く晴れる				×	
降　水					
夜間に大雨が降る	×				
雨がやんで雲が日没時に切れ始める			×		
気温が平年よりも著しく高い	×				
寒冷前線が 4～7 時間前に通過（空はすでに晴れている）			×		
霧、露、霜					
朝の霧や露			×		
早朝の霧が晴れる				×	
顕著な露または霜				×	

暑い日のあと露が消える		×			
風					
風が北寄りから東寄り、その後、南寄りに変わる	×				
朝の強風	×				
南風が強まり、雲が西から流れてくる		×			
西または北西よりの微風				×	
月が明るく微風				×	
北風が西寄りから南寄りに変わる		×			
気圧計					
気圧が急激に下がる	×				
気圧が下がり続ける		×			
気圧が上昇する			×		
気圧が上昇を続ける				×	
可視現象					
月に環がかかる（ヘイロー現象）	×				
遠くのものが水平線上に立って見える		×			
陸上で木の葉が風で揺れて裏が見える					×
太陽や月に環がかかる		×			
煙突から煙が真っすぐに立ち昇る			×		
煙突の煙が下に下がる	×				×
明るい月に微風				×	
可聴現象					
遠距離からの音がはっきりと聞こえる		×			
近くの音が聞こえにくい				×	
AM ラジオに静電気雑音が入る	×				

Section B. 海洋学

海洋学は波、流れ、潮汐などを対象とする広範な分野である。海洋の生物学や化学、海水に影響を与える地層の生成も含まれる。ボートクルーは、常に変化する自然環境の下で安全に航海するため、そうした知識を持っておかなくてはならない。米国では、海洋では次のような顕著な地域特性が見られる。
（訳注：米国固有の地理情報のため省略）

波

B.1. 概 要

波の生成と動きを知ることで、ボートとクルーの安全に役立つ。

B.2. 定 義

波に関する各種の定義は以下の通り。

用 語	定 義
砕 波（ブレーカー）	崩れる波
ブレークライン	波浪の外縁。波浪は一線上にそろっているとは限らない。波浪は外縁の外側にも発生し、どこから到来したのかわからないことがある
コーマー	崩れる地点の波。白い海水の泡の細い線（フェザー）が頂部に見られる
波 頭（クレスト）	波やうねりの頂部
フェッチ	風向と風速が一定の風が吹いた海面の範囲（長さ）。吹走距離
泡波頭	波が崩れたあとに海岸に押し寄せてくる泡立つ海水の頂部。一般に白波と呼ばれる
頻 度	連続した波頭がある点を通過する時間間隔
干 渉	反射した波は互いに干渉し、波高が増減するが、ときに予想外の高い波を生じる。干渉した波は、予想しない方向から大きく寄せてくることがあるので、特に注意が必要である
周 期	連続した波頭がある点を通過する時間間隔を、秒で表したもの
波 浪	風浪とうねりの総称
波の群れ（シリーズ）	同じ速度でともに進む波の集団
寄せ波（サーフ）	連続した線上の崩れる波
サーフゾーン	沿岸近くで大小の寄せ波が常に発生している場所
うねり	うねりは発生した場所から外に向けて移動する波である。波頭は低く、丸みを帯びており、周期は長い。深海ではエネルギーを保ったまま数千海里も伝わることがある。一般にうねりの進行方向は、風向と30°以上異なる

トラフ	波の谷間
波　高	波の谷間から頂部までを垂直に測った長さ
波　長	同じ波の集団や、連続した波の波頭の間の距離
波の反射	障害物に当たると波は反射する。水面下のサンゴ礁などの場合、波の主要部分は乗り越えていくように見えるが、一部は反射する。反射された波は、到来方向に向けて戻る。障害物が垂直かそれに近い場合、波はすべてが反射される
波の屈折	波が浅い海域に向けて伝わると、海底に干渉する部分の速度が落ちる。これにより、波の頂部は浅くなっている進行方向に向けて回り込み、波は海底の等深線と平行になる傾向を示す。打ち寄せる大きさは海底の地形に左右される。この現象は波が岬や突堤を通過するときにも発生する。波は部分によって水深ごとに伝搬速度が異なり、波頭の回り込みと波の方向は常に変化する。波の前縁が等深線および海岸線と平行になり、沿岸では波が真っすぐ岸に寄せてくるように見えるのはこの理由による。波が浅い沿岸で倒れて巻き込むと非常に危険な状態になる。波が浅瀬の両側を通過する際、進行方向の両側に回り込み、合成されてピラミッドのような形状の波が立ちあがる（Figure 12-4）
風　浪	海面を吹く風（地震の場合もある）により発生した局地的な波。周期は通常、うねりよりも短い

Figure 12-4 波の屈折

B.3. 波の種類

風が海面を吹くことによって波が発生する。風速が増すと白波が現れる。風が一定方向から連続して吹くと、波高は高く、波長は長くなる。ビューフォート風力階級に風力と開放水面での波の大きさを示す。波には大きく分けて二つの種類がある。

- 浅い海域で発生する、小さく尖った形状の波（湾内や湖水）
- 深い海域で生じる、丸みを帯びた大きな波

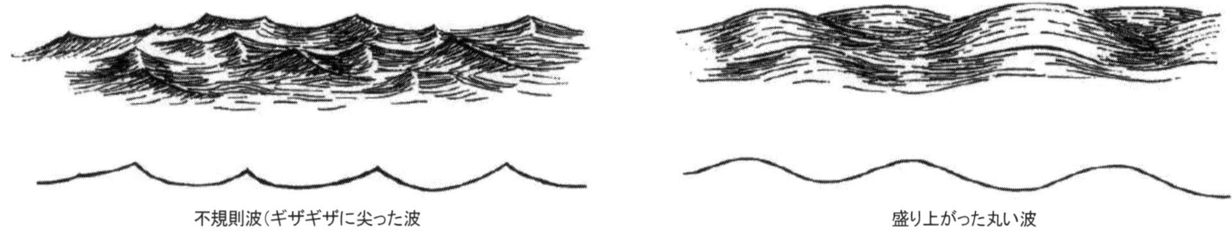

Figure 12-5 2 種類の波の形状

(警告)波高 20ft（6m）の波が崩れると、重量 1,500t の水がボートに落ちかかり、甚大な被害を生じる。

B.4. 砕 波

ボートの運用において、崩れる波は大変危険である。危険の度合いは、波高と波長の比および頻度によって異なる。急傾斜の波は最も危険である。崩れる波には 3 種類の形状がある。

- 巻き波砕波
- 崩れ波砕波
- 砕け寄せ波砕波

荒天下での航海と波浪については Chapter 20「荒天についての補足事項」も参照のこと。

B.4.a. 巻き波砕波

巻き波砕波は、急な海底の立ち上がりなど、波の前方で突然海水の行き場がなくなるような場合に発生する。この状況では、波は前方に進むことができなくなって波頭が前方に倒れ込み、巨大な力とともに崩れる。

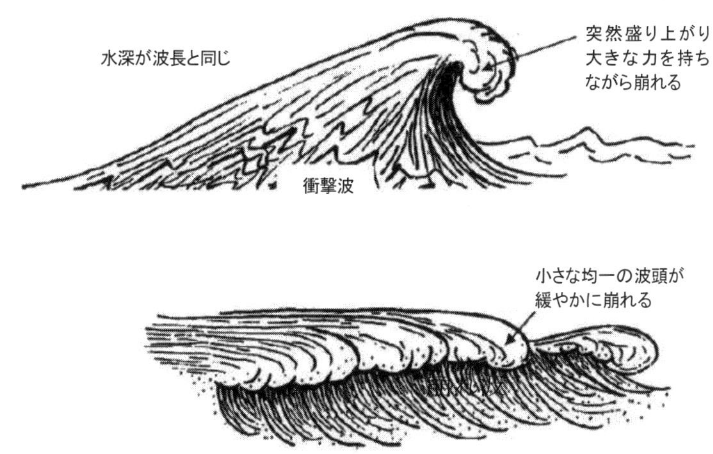

Figure 12-6 巻き波砕波（上）と崩れ波砕波（下）

B.4.b. 崩れ波砕波

崩れ波砕波は、穏やかな波がゆるやかな傾斜の海底に向かって伝搬するときに発生する。通常、白い波頭が均等に落ち込んでゆるやかに崩れる（Figure 12-6）。

B.4.c. 砕け寄せ波砕波

砕け寄せ波砕波は、きわめて急峻な海岸で発生する。波は急激に発生し、海岸に向けて押し寄せる。そのような場所に接岸していない限り、船上で押し寄せ波に遭遇することはほとんどない。

B.5. 深い海域の波

深い海域の波は風により発生する波で、波長の 1.5 倍以上の水深がある海域で発生する。

B.6. 浅い海域の波

浅い海域の波は、水深が波長の 1.5 倍以下の海域を伝搬する。水深が波長に比べて浅いと、海底が波の性質に影響する。

（注釈）波は発生した地点から伝搬するに従い、等間隔のうねりになって一定の速度で進行する。これにより、崩れる波の周期を測ることが可能になる。

B.7. 連続した波

風向と風速は常に変化するため、一連の波は不規則なものになる。海上の嵐は多数の波を作り、それらによってより高い波が作られる。崩れる波は大きさがまちまちで、これらの波の高さには規則的なパターンや順番はない。間隔にかかわらず、崩れる波は数時間継続する。

波高と継続時間は以下の要素に依存する。

- 風　速
- 風が継続して吹いた時間の長さ
- 風が障害物に遮られずに吹いた距離の長さ（フェッチ＝吹送距離）

沖に向けて風が吹いている場合、陸岸への近さによってフェッチが決まる。

波の寿命は以下の過程を経る。

- 風による発生
- 最大波高への成長
- 海面伝搬
- 風が収まり、または障害物にぶつかって消滅

（注釈）波と潮流が反対向きの場合、波は急峻になる。

B.8. 寄せ波

深い海域で発生する不規則な波は、海底と接する効果で規則正しくなる。それらの波は同様の速度で同じ方向に進み、水深が浅くなるに従って波は崩れ、波頭が前方に倒れて大量の気泡を含んだ白い海水を生じる。この前方への勢いが海水のエネルギーを運び、海岸に打ち付ける。この一連の海水の動きと、波が打ち付ける場所を寄せ波という。

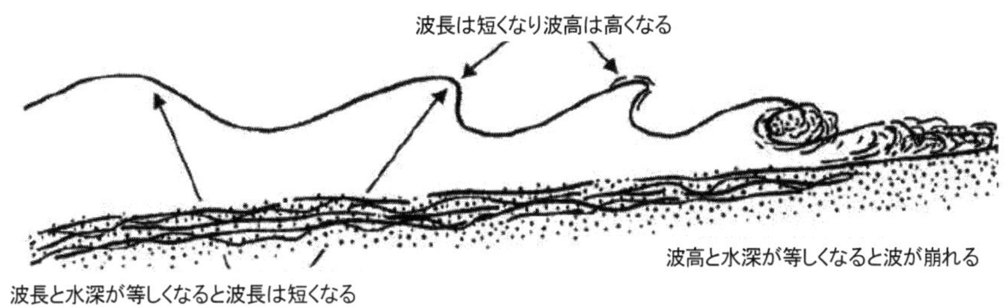

Figure 12-7 寄せ波

(警告) 巻き込む波から遠ざかる。コーストガードの汎用ボートは、崩れる寄せ波の中や沿岸砂洲での運用が認められていない。

海岸と外側の寄せ波線の間で二つの寄せ波が崩れることがある。これらはリーフや沿岸砂洲に波がぶつかり、海水が盛り上がるためである。そのようにして沿岸砂洲などを越えた海水は、内側に向けて巻き込みながら岸に向けて進む。入り江の周辺に生じる寄せ波は、押し寄せるうねりの大きさと海底等深線の状況によって決まる。波の速度と形状は、浅い海域に近づくにつれ変化する。速度が遅くなると波は互いに接近し、海底に接して急峻な形になる。この変化は、水深が波長の半分程度の海域で顕著になる。波が急峻になると、勢いによって前方に巻き込むように倒れ込み、巨大な衝撃力を発生する。

(注釈) 操船者は、うねりの高さと長さを水深と比較して、寄せ波の状況を推定することができる。

潮　流

B.9.　概　要

潮汐とは、月と太陽の運行の作用で生じる大洋の海水の上下動である。潮流は、潮汐によって生じる海水の水平方向の動きである。潮流は海流、河川の流れまたは風によって生じる海水の流れのいずれとも異なる。潮流はボートの運用において特に重要な事項である。

(注釈) 流れの方向は、海水が動いていく方向のコンパス方位である。

B.10.　上げ潮流、下げ潮流と憩流

上げ潮流は上げ潮によって発生する海水の水平方向の動きである。下げ潮流は、下げ潮によって発生する海水の水平方向の動きである。憩流は、流れの方向が変わることで発生し、水の水平方向の流れを発生しない。沿岸砂洲に沿って流れ出る下げ潮流は、流れ込んでくる上げ潮流よりも波の高い海面を形成する。波が高い海面は、流れ出す海水が入ってくるうねりにぶつかって速度を減じ、波の形状を急峻にすることで起こる。

(警告) 沿岸潮流には特に注意する。沿岸潮流はボートなどを不安定なブローチング状態にし、捜索対象船を想定以上の沖合に流し去る。

B.11.　沿岸潮流

沿岸潮流は、沿岸と平行に崩れる波の内側を流れる。沿岸潮流は、海水が波によって沿岸に運ばれることで発生する。

(警告) 渦流は注意して避ける。渦流は突然速力を変えてボートが制御できなくなる。

B.12. 渦 流

渦流は水路の屈曲部分の岬付近で発生し、海底が平坦でないところで起きやすい。

B.13. 流れに対する風の影響

風は流れの速度（流速）に影響を与える。一定時間同じ方向に安定して吹く風により流速は増す。風向が流れと逆の場合、流速は減じて海面が波立つ。入り江や湾口に向けて連吹する強風により、海水が上昇して高潮を発生する。同様に、非常に強い風が湾の外に向けて吹くと、潮は低くなり、干満の時刻がずれることがある。

B.14. ボートの速力への影響

流れに沿って航行しているとき、ボートの対地速力は速度／回転計が示す速力よりも速く、逆の場合は遅い。

B.15. ボートの操縦性への影響

流れの中を航行するとき、ボートの操縦性は対水速力によって決まる。ボートが十分な対地速力を有していても、流れに沿って航行している場合は、舵面を通過する水流の速力が十分でないと操縦性能は得られない。流れに逆らっている場合は、対水速力が十分であれば操縦性は確保される。ただし、流れが船首の片側を押すため、低速でも針路のわずかな変化で船首が大きく振れる。

B.16. 流れを横切る場合

流れを横切って航行する場合、ボートは流れや風に流されるのを修正して、横ばいで前進する。このため、ボートの船首方向と実際の進む方向は一致しない。流れを横切るときは、固定の目標物を見ながら偏移を修正しつつ航行する。

B.17. 潮汐と潮流の変化

潮流の変化は、常に干満の変化より遅れる。この遅れは、海水の周囲の陸地の物理的な性質と、海底地形の影響によって起こる。例えば、海岸線が真っすぐで浅い場合、干満の変化と潮流がゆるむ時刻には大きな差がない。しかし、大量の海水が狭い水路を通じて外洋とつながっている場合、干満の変化と潮流との間に数時間のずれが生じる。このような場合、水路を流れる海水は、外の海が満潮または干潮のときに最大流速になる。

B.18. 潮流表

潮流の中を航行する操船者は、流れの方向と速度を知ることが重要である。この情報は、国家海洋局（NOS）が毎年発行する Tidal Current Tables で得られる（訳注：日本では海上保安庁発行の『潮汐表』）。

B.18.c. 時間と速力

ボートクルーは航海している海域に最も近い標準港を選択しなくてはならない（航行海域が標準港周辺の場合は計算が不要）。補助港の場合は時刻と最強流の値に補正計算が必要である。

補助港の場合の最強流速度は、標準港の流速値に係数を乗じて得る。

B.18.d. 流 速

潮流の方向は、満潮で潮が流れていく真方位とおおむね同じである。渦潮の流れは、満潮の潮の流れのほぼ反対方向である。潮流と渦潮の平均流速は、それらの全時間帯を通じた流速の平均値である。潮流表により、ある時刻における流速を求める。

B.18.e.　実際の状態と予測値

国家海洋局（訳注：日本では海上保安庁）は、潮高と潮時を知るための潮汐表を発行している。求める手順は潮流の計算方法と類似しており、潮汐表と潮流表で求める予測値は、実際の値とかなり異なることが多い。風力、風向および大気圧が、特に満潮時の海面の高さに影響を与える。満潮と干潮の際の実際の海面高は、海風が吹く場合と気圧が低い場合に高くなる。高気圧や陸風の場合の海面高は予測値よりも低くなる。

潮流表を使う場合、潮流の最強時刻とゆるむ時刻は最大で 30 分程度ずれるが、実際には潮がゆるむ時刻の予測値と観測値は、90%以上の場合で 30 分以内のずれに収まる。潮流の変化を最大限利用するため、航海者は海峡や水路の入り口に、利用しようとする流れの予測値の 30 分以上前に到着するよう計画するのがよい。

Chapter 14.航　法【参考：航海】

航法は古代から伝えられている技術である。数千年以上にわたって航海者は星を航海の目印にしてきた。大昔は、権力に通じることから、航海術の奥義に触れることができるものはまれであった。星を見て安全に航海することができる技能者は、それができない者に対して優位に立つことができた。

航海の技術は、恒星と惑星を利用する天文航法から、高度な電子航法に発展した。ボートを安全に運航する技術は、クルーの安全だけではなく、救助対象者にとっても絶対的に必要な事柄である。ボートの航海術は三つの分野に分かれる。

- 地文航法：視認できる陸の物標や航路標識を用いて航海する
- 推測航法：真方位またはマグネット方位によって針路を定め、速力と時間を乗じてある地点からの距離を算出する
- 電子航法：GPS などによる測位

艇長はボートの位置を常に把握しておかなくてはならない。また、艇長はボート、クルーおよび要救助者らの安全に責任を有している。コーストガードのボートクルーはみな艇長練習生である。各クルーは、航海を通じて陸の物標、海図、航路標識などを熟知しなくてはならない。経験を通じてクルーは非常時に必要な諸々の技能を身に付ける。

Section A. 地球表面と座標

航海術は、球体である地球表面上で位置を求め距離を計測する技術だが、地球は完全な球体ではない。赤道上の直径は南北方向の直径よりも約 23 海里長い。この差はきわめて小さいものなので、航海術では地球が完全球体であるとの前提で問題を処理する。海図はこの微小な差異を反映するように作られている。距離はある基準線をもとに計算される。航海中のある時刻における位置は、それらの基準線からの相対位置および、視認できる陸上物標をもとに計算される。基準となるそれらの線の利用方法を知ることが重要である。

A.1.　地球上の基準線

地球は地軸を中心に回転し、その回転軸は地球の中心を通る直線と定義されている。地軸は、北極と南極で地表と交わる。位置を決定するためには、基準となる線を地表に Figure 14-1 のように設定する。図を見ると、ボートの航海者にとっての困難が理解できる。地表面は曲面だが、航海は通常、上下左右とも直線の基準線を持つ平面海図上で行う。

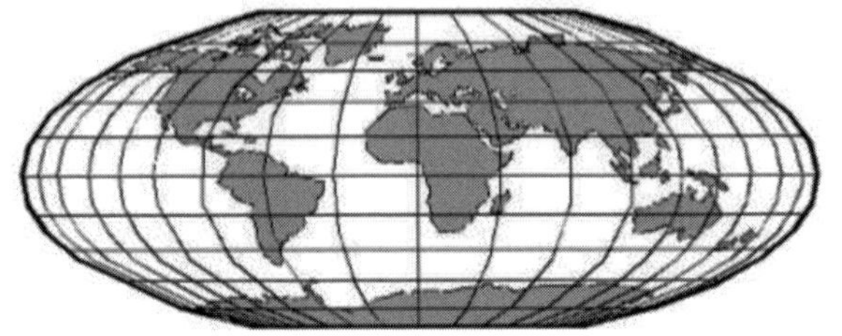

Figure 14-1 基準線を書き入れた地球

A.2. 大圏の円

大圏は地球の中心を通り、地球を等しく 2 分割する平面である。大圏は常に地球の最も広い断面を通過する。赤道は大圏である。南北両極を通過するすべての円も大圏である。大圏の縁の形状は地球の曲面に一致し、満月を見上げた状態と考えればよい。

(注釈) 地球の外周の長さは 21,600 海里である。地球表面の弧の長さ（海里）を 360 で割って 1 度の中心角に相当する弧の長さを得る。

A.2.a. 円の性質

月の外周を観察すると、大圏の持つ別の性質がわかる。円はすべて 360 度にわたる外周を持ち、球体の中心を通ってその球体を等しく 2 分割する。球体は無限の数の大圏を有する。

A.2.b. 度

大圏の円は 360 度分の弧を持ち、円の中心角 1 度は 60 分に分割される。60 分は 1 度に等しく、360 度で完全な円になる。度の表示には（°）の単位記号を用いる。

A.2.c. 分

円弧の 1 度は 60 分に分割される。分の表示には（'）の単位記号を用いる。14 度 15 分は 14°15'のように表記する。

分は常に 2 桁で表示する。0 から 9 までの 1 桁数値は 0 を前置する。3 分や 0 分はそれぞれ 03'や 00'のように表記する。

A.2.d. 秒

円弧の 1 分は 60 秒に分割される。60 秒は 1 分に等しく、60 分は 1 度に等しい。

秒の表示には（"）の単位記号を用いる。24 度 45 分 15 秒は 24° 45' 15"と表記する。

秒の表記は必ず 2 桁で、0 から 9 までの 1 桁数は 0 を前置して 2 桁にする。6 秒と 0 秒はそれぞれ 06"と 00"と表記する。

秒は分の 10 進法で表記することもある。10 分 6 秒（10'06"）は 10.1'とも表記する。

まとめると、弧の中心角は以下のようになる。

円弧全体 ＝360 度（°）

1 度（°）＝60 分（'）

1 分（'）＝60 秒（"）

平行緯度線

A.3. 平行緯度線

平行緯度線は、地球表面を赤道から南北方向に移動する円で、緯度を表す。緯度線は赤道と平行である。同緯度の平行線は東西（海図の左右）方向に延びる。緯度は赤道を基点に南北方向の度分秒で表す（赤道が 0°で両極が 90°）。

北極は北緯 90°で、南極が南緯 90°である。赤道は大圏円となる特殊な緯度線である。

地表で緯度の 1°に相当する弧は 60 海里（nautical mile : NM）で、1 分は 1NM に等しい。緯度を表す円の外周は、極に近づくにつれて小さくなる。北半球の海図で真北は海図の真上になる。緯度線は通常、真横の線で表される。緯度尺は海図の横の隅の余白に Figure 14-2 のように表示される。

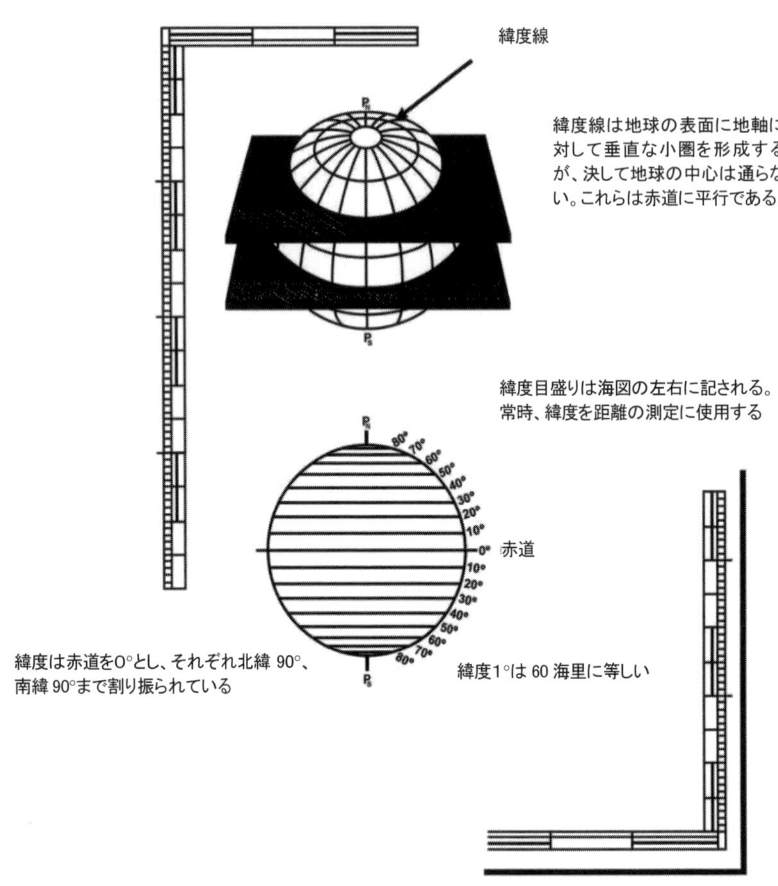

Figure 14-2 緯度線の表示

A.3.a. 緯度の計測

物体の位置の緯度を海図上で計測する方法は以下の通り。

手順	要　領
1	ディバイダーの脚の片方を物体に最も近い緯度線上に置く
2	他方の脚を物体の上に置く
3	ディバイダーの開きを保ったまま、最寄りの緯度尺の上に移動させる
4	手順 1 同様、脚の片方を尺の上で最寄りの緯度線上に置く。反対の脚の点が物体の正確な緯度を表している
5	緯度の値を読み取る

(注釈)航海で距離を測るときは常に緯度尺を使用する。

・ 度の数値はスケールの上下で読み取る

・ メルカトル投影図法の海図（ボートの航海用に通常使われる海図）では、尺は緯度により異なるが、その尺に囲まれる海域に関しては、距離は正確である

(注意) 経度の 1 度は、赤道上においてのみ 60 海里に等しい。航海術で緯度線のみが距離の計測に用いられるのはこの理由による。

A.4. 子午線

子午線は地軸と極を含む大圏によってできる円で、この線を経度線（経度の子午線）と呼ぶ。英国のグリニッジを通過する子午線を国際条約で経度 000°に定め、これを本初子午線と呼ぶ。経度はここから東西に向けて 180°まで計測する。

経度 180°の子午線は、000°の子午線の正反対側にある。国際日付変更線はおおむね経度 180°の子午線に沿っている。本初子午線と国際日付変更線によって地球は西半球と東半球に分かれる。経度の 1°は赤道上においてのみ 60 海里に等しく、両極ではすべての子午線が集まるため、度に対する距離は定義できない。経度を表す子午線は南北方向（海図の上下方向）に走り、東西方向の度分秒で表す。

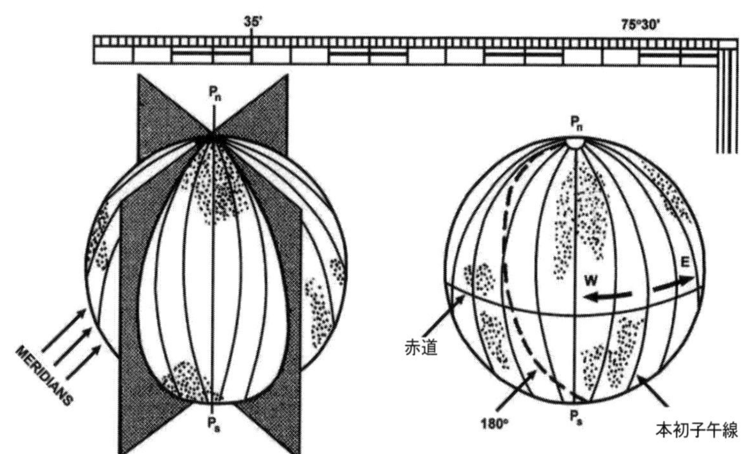

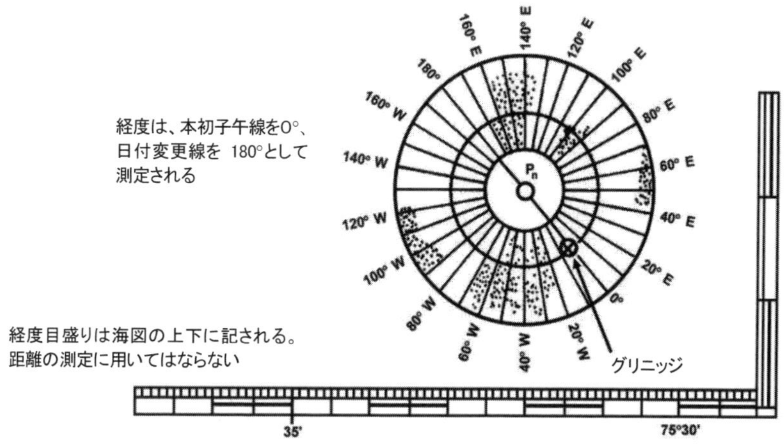

Figure 14-3 経度を表す子午線

A.4.a. 経度の計測

位置の経度を海図上で求める手順は、緯度と同じ手順を海図の上と下に表示された経度尺を用いて行う。

A.4.b. 航程線

ボートの航海ではメルカトル海図に航程線を引く。この線はすべての経度線と同じ角度で交差する（南北航の場合は平行となる）仮想の線で、球面上では曲線だが、海図の上では直線で表現される。コンパスコースなどのコースラインは、メルカトル図法の海図上では直線で表されるため、舵を一定の針路に保ったまま航海することができる。

A.5. 海図の投影法

沿岸航海では、地球を完全球体とみなす。地球の曲面を平面海図に表すため、「投影」というプロセスが使われる。海図ではメルカトル投影法が主に使われる。

A.5.a. メルカトル投影図法

海図で主に使われるメルカトル投影図法は、地球の表面を円筒形の表面に置き換える方法である。投影の基準は赤道である。メルカトル投影図法の特徴は、投影された経度線同士が等間隔で平行になることである。

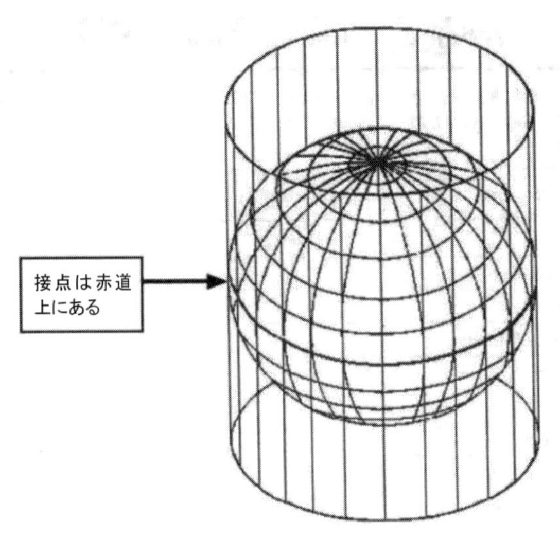

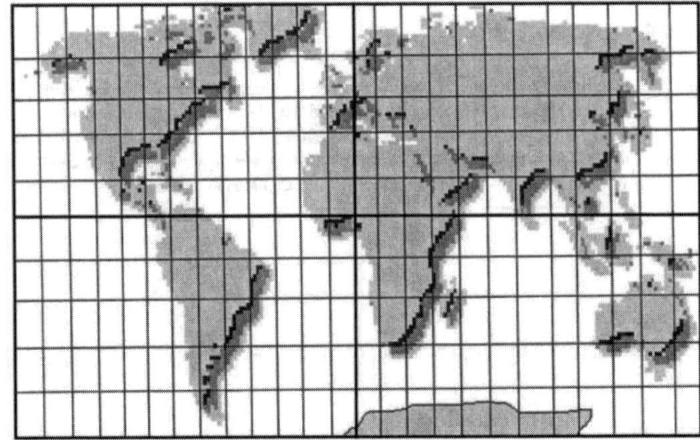

Figure 14-4 メルカトル投影

Section B. 海 図

海図は、海技従事者に最も有用で、最も広く使用されている航法補助具の一つである。航海図には、艇長にとって非常に価値のある多くの情報が含まれている。

コンパスローズ

B.1. 概 要

海図には通常1～2個のコンパスローズが印刷されている。コンパスカードに似ており、北方向が上に向いている。海図上の方角はコンパスローズで決める（Figure 14-5）。

方角は、円の中心からコンパスローズの外周円の数値を直線で結んで読み取る。手順は後述する。

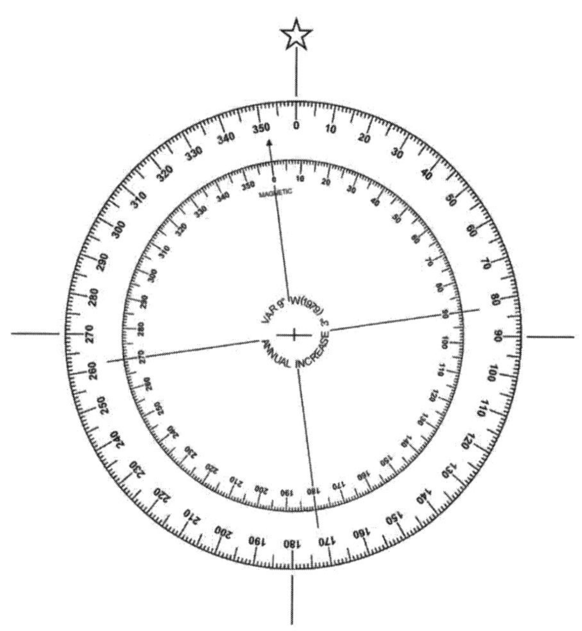

Figure 14-5 コンパスローズ

B.2. 真方位

真方位はコンパスローズの外側の円の周囲に印刷されている。

B.3. マグネット方位（磁針方位）

マグネット方位はコンパスローズの内側の円の周囲に印刷されている。矢印の方向がマグネット方位の北＝磁北である。

B.4. 偏差（Variation）

偏差は、海域ごとの真北と磁北のずれのことで、コンパスローズの中央付近に年変化とともに記載されている。

水 深

B.5. 概 要

海図の重要な機能の一つに、海底状況の情報提供がある。これは、数値、カラーコード、水面下の等深線および各種の記号などを使って行われる。

B.6. 基準面

水深は最低水面から測る。構造物などの高さは、平均水面からフィート（訳注：日本では m）単位で表される。安全な航海のため、水深は潮の干満周期の 2 回の潮汐の平均値から測定する。

B.6.a. 平均低潮

海図上の水深を表す数値は平均低潮時の値である。データム（基準面）は海図で垂直方向の長さを測定する基準である。

B.6.b. 平均低潮面

「平均低潮面」は、測定期間中におけるすべての低潮面の平均値で、潮位の基準面となる。

B.6.c. 平均低潮位

低潮時が航海中最も危険度が高いため、低潮時の水深の値を平均して平均低潮位を求めている。

B.6.d. 平均最低低潮面

「平均最低低潮面」は、潮位日変化の最低潮値の平均を基準面として用いるものである。

B.7. カラーコード

一般に、水深の浅い部分は海図上に濃い青色で表示し、深い部分は薄い青または白色で表示する。

B.8. 等深線

等深線はファゾム曲線とも呼ばれ、水深がおおむね等しい点を結んで海底の大まかな地形を表す。これらはドットとダッシュの特定の組み合わせを使用して、水深によって数字またはコードが付される。水深の単位は m、フィートまたはファゾム（尋＝6 フィート）で、どの単位を用いているかは海図の凡例に示してある。

海図の基本情報

B.9. 概 要

海図には水路、水深、ブイや灯台、著名物標、岩、浅瀬、沿岸砂洲など、航海のために有用な情報が多く記載されている。海図は航海で最も重要なツールである。海図の基本的な情報には以下のようなものがある。

- 海図は上が北である
- 海図は緯度と経度を基準に表示され、あらゆるものの位置は緯度経度で表される

緯度尺は海図の両側に表示され、経度尺は上下に表示されている。緯度は南北方向の基準線で、赤道が 0°である。経度は東西の基準線で、本初子午線が 0°である。

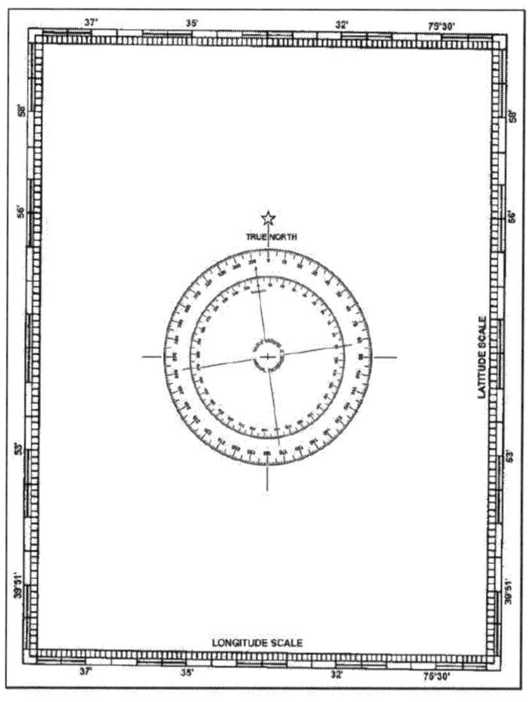

Figure 14-6 海図の方位

B.10. 表題部

表題部は一般情報を表示している区画で、以下の情報が記載されている。

- 海図の表題（通常はその海図がカバーする海域の名称）
- 投影法と縮尺
- 水深の単位（フィート、メートル、ファゾム）

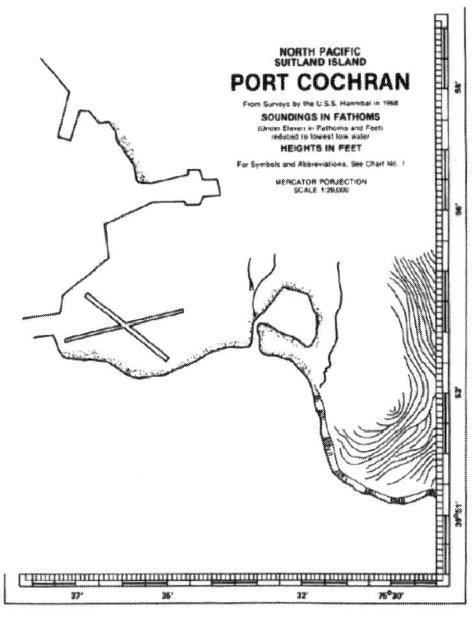

Figure 14-7 海図の表題部

B.11. 注 釈

注釈は、海図の欄内外随所に表示されており、図面的に表現できない内容を記述している。

- 海図で使用されている略語の意味
- 危険に関する特記事項
- 潮汐の情報
- 錨地の情報

B.12. 版 数

海図の版数および改訂の履歴を記述している。

- 版の番号と日付は左下隅の余白部分に記載されている
- 最新の改訂履歴がそのすぐ下の境目部分に記載されている。海図は、灯台や信号所、航路標識、危険な障害物など、発刊時点までに得られた修正内容を反映している。

発刊日以降の修正は水路通報で発出され、海図は通報後に手作業で改正しなくてはならない。

海図の縮尺

B.13. 概 要

海図の縮尺は、海図上の距離と地表面上の実際の距離との比である。

例　縮尺 1:5,000,000 は、海図上で測った距離が実際の距離では 5,000,000 倍になるという意味である。

海図上の 1 インチは実際の 5,000,000 インチを表す。1/5,000,000 は非常に小さい数値なので、この海図を小縮尺海図という。大縮尺海図は、小縮尺海図より狭い海域を表示している。大縮尺と小縮尺の間に厳密な区別はない。

(注釈) 大縮尺は狭い地域、小縮尺は広い地域を収録している。航海では最も大きい縮尺の海図を使う。

例　1:2,500（海図上の 1 インチが実際の 2,500 インチ）は大きい数字なので、大縮尺海図と称される。

B.14. 航洋図

航洋図は縮尺 1:600,000 以下で作られている。この海図は、航海者が外洋から沿岸に向けて航海する場合および、離れた沿岸港の間の航海で位置を記入するのに使われる。

この海図では海岸線と海底地形は大まかである。沖合の水深や主要な灯台、ブイ、視認できる顕著な物標などが記載されている。

B.15. 航海図

航海図は 1:150,000～1:600,000 の縮尺で作られており、船がリーフや浅瀬の外側の沿岸海域で、陸地の航路標識を見ながら地文航法で航海するのに使われる。

B.16. 海岸図

海岸図の縮尺は 1:50,000～1:150,000 である。湾や入り口が広い港、大規模な内水航路を航海するときなどに使われる。

B.17. 港泊図

港泊図は 1:50,000 以上の縮尺で作られ、港内、錨地、狭い水路などで使われる。

B.18. 小型船用海図

小型船用海図は 1:40,000 以上の縮尺で作られる。内水航路の特別な海図もある。小型船用海図は通常の海図より薄い紙に印刷され、折りたたむことができる。「SC : small craft 用」と呼ばれるこの海図には、小型船の操船者に有用な施設の概要や潮汐予測、気象情報の提供などに関する内容が記載されている。

（訳注：日本では『ヨット・モータボート用参考図（Y チャート）』などが発行されている）

海図の記号と略号

B.19. 概 要

海図情報や航路標識の情報を効率的に表記するため、海図には多くの記号と略号が使われている。これらの記号は標準化されているが、縮尺などによって異なる場合がある。

（訳注：B.20.～B.29.は、米国における海図の標準記号と略号などについての記述なので省略）

海図の精度

B.30. 概 要

海図は、ベースとなる調査と同じくらい正確である。ただし、ハリケーンや地震などの大規模自然災害により、海底の状況が突然大きく変化する。風と波の日常的な力でさえ、水路と浅瀬の変化を引き起こす。賢明な船乗りは、状況の変化や海図情報の不正確性の可能性に注意しなければならない。

B.31. 精度の決定

さまざまな要因により、特定の領域について収集されたすべてのデータの表示が妨げられる可能性があるため、海図の作成では妥協が必要になることがある。表示される情報は、簡単かつ確実に理解できるように提示する必要がある。

調査の正確性と完全性を判断するには、次のことに注意する必要がある。

- 情報源と日付
- 検 査
- 測深の粗密度
- 測深間の空白

B.31.a. 情報源と日付

通常、海図の情報源と日付は、調査の日付以降に行われた変更とともにタイトルに記載されている。現在の技術が確立されるより前の調査は、多くの場合、非常に詳細な精度を妨げる状況下で行われた。

B.31.b. 検 査

このような調査に基づく海図は、検査されるまで、注意して使用する必要がある。頻繁に船舶が通航する海域を除いて、すべての危険が発見されたことを確認できるほど徹底的な調査は、ほとんど行われていない。

B.31.c. 測深の祖密度

調査の完全性を推定するもう一つの方法は、調査の完璧さや不足に注意することである。しかし、取得した調査結果の多くは、海図にはほとんど表示されないことを覚えておく必要がある。

測深がまばらまたは不均一に分布している場合、予備知識として、調査があまり詳細ではなかったことを当然のことと考えておくこと。

B.31.d. 測深間の空白

測深間の大きな、または不規則な空白スペースは、それらのエリアで測深が得られなかったことを意味する。近くの測深が深い場合、空白部でも水深は深いと論理的に仮定することができる。周囲の水深が浅い場合、または地域の海図がその地域にサンゴ礁が存在することを示している場合、そのような空白部分の水深は浅いと疑いをもって見なされるべきである。これは特にサンゴ地域や岩が多い海岸沖で当てはまる。これらのエリアには広い錨地を与える必要がある。

電子海図

B.32. 電子海図

電子海図には、ラスター海図とベクター海図がある。ラスター電子海図は基本的に紙海図を写真化したもので、ベクター電子海図は紙海図を数値化したものであり、両者の表示方法は異なる。ベクター表示ではレイヤー（情報の層）を選択して情報密度を変えることができる。

電子海図に対応した専用表示装置（ECDIS）や電子航海機器では、水深や陸岸からの距離などの情報を基準に、可聴音による警報を設定できる。

(訳注) 日本では、ラスター海図が航海用ラスター海図（RNC)、ベクター海図が航海用電子海図（ENC）として刊行されている。

Section C. 磁気コンパス

磁気コンパスは古くから利用されているが、現代でも重要な航海計器である。陸から離れた海域、あるいは視界不良時における操船では、磁気コンパスはボートが目的地に向けて航行するための主要なツールである。大型船ではジャイロコンパスが使われるが、ボートでは一般的でないのでここでは述べない。

磁気コンパスの構成品

C.1. 概 要

磁気コンパスは、USCG のすべてのボートに標準搭載されており、機械的には単純な装置である。磁気コンパスは、ボートの船首方向を決定するために使われる。経験のある航海者は、コンパスが地磁気だけでなく船上の磁性体の影響を受けること、荒天時の激しい動揺でも誤差を生じることを知っている。

C.2. コンパスカード

コンパスカードの円弧は 360 度(°)に分割され、000°から 359°までの数値が時計回りに刻まれている。コンパスカードには、周囲の磁場に合わせて動くための磁石が取り付けられている。コンパスカードの 000°（北）は、取り付けられた磁石が示す方向に一致している。ボートが回頭しても、磁石は磁場に合わせてとどまるため、コンパスカードは常に静止しており、ボートがその周囲を回ることになる。

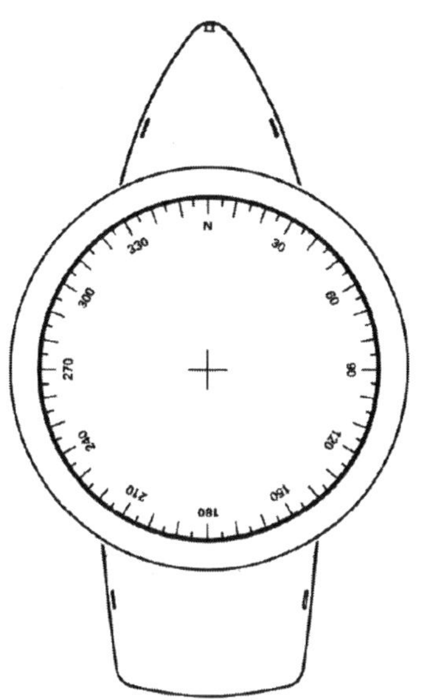

Figure 14-13 コンパスカード

C.3. 基線（ラバーズライン）

コンパスの基線は、ボートの進行方向を示すため、コンパスのハウジングに表示された線である。コンパスは、基線がボートの船首尾線上でキールと平行になるよう取り付けられる。

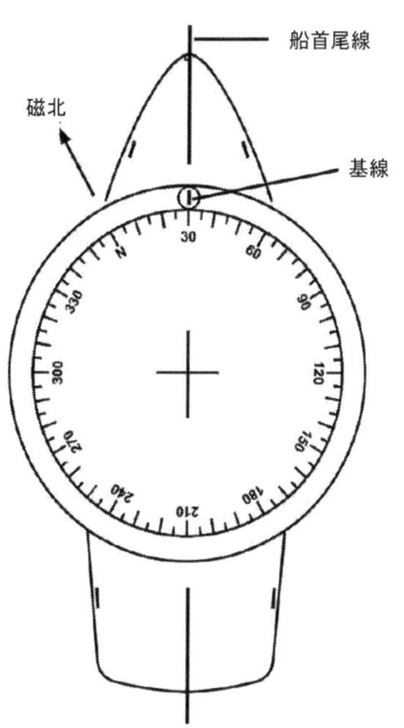

Figure 14-14 基線と磁北

方 位

C.4. 概 要

方位は時計方向に 000°から 359°まである。針路または船首方位を度（°）で表すときは 270°や 057°のように、常に 3 桁で表示する。方位の 360°は常に 000°と表現する。

C.5. 真方位とマグネット方位

海図上で求めた方位は、真方位またはマグネット（磁針）方位である。

- 真方位は北極を基準に求める
- マグネット方位は磁北を基準に求める
- 真方位は偏差分だけマグネット方位からずれている
- コンパスでボートを操船する場合はマグネット方位を使う

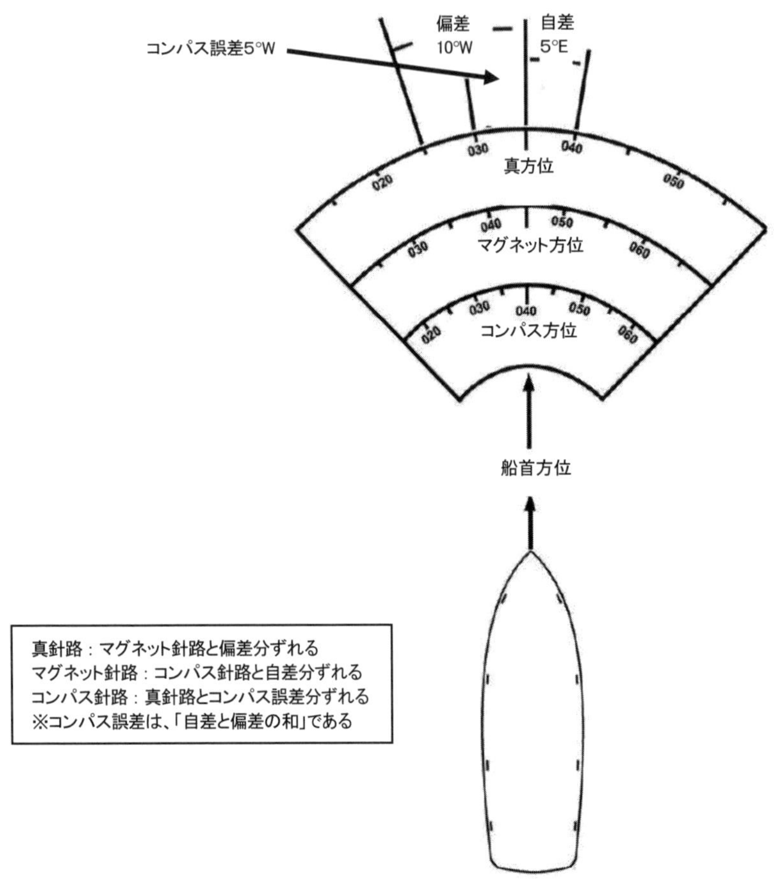

Figure 14-15 真針路、マグネット針路およびコンパス針路

コンパス誤差

C.6. 概 要

コンパス誤差は、コンパス方位と真方位との角度差である。磁気コンパスの読み取り値は、偏差と自差で修正しなくてはならない。

偏 差

C.7. 概 要

偏差は真北と磁北との角度差を度（°）で表したもので、地球上の位置により異なる。

C.8. 偏差の量

偏差の大きさは地球上の位置によって異なり、東寄り（easterly）または西寄り（westerly）の度（°）で表示する。偏差の量は海図のコンパスローズの内側に表示されている。

C.9. 偏差の増減

偏差は、長年増加して大きな値に数年間とどまることもあれば、減少に転じることもある。偏差の変化量の予測は、数年間という短期利用を目的としたものである。常に最新の海図を利用すべきで、コンパスローズには予想される偏差の変化量が記載されている。

C.10. 偏差の計算

偏差の年間増減量を計算するには以下の手順を用いる。

手順	要　領
1	航海する海域に最も近いコンパスローズを使う
2	コンパスローズの中心から、偏差と年間増減量を読み取る
3	コンパスローズの中心から、偏差と対応する年を読み取る
4	現在の年から項目 3 の年数を引く
5	年の差分に年間変化量を乗じる
6	項目 5 で得た値をコンパスローズの偏差量に加減する

(注釈) 偏差は地球の磁場によって生じるため、場所によって値が異なる。ボートの船首が向いている方向にかかわらず、同一地点における偏差は同じである。

自差（Deviation）

C.11. 概　要

自差とは、船と搭載機器の影響によるコンパスのずれである。自差は船の船首方位によって異なり、原因は以下のようなものがある。

- コンパスの周囲の金属物体
- 電気モーター
- ボート本体

自差によりコンパスにずれが生じる。正確な航法と安全のため、ボートのコンパス方位の自差を修正し、正しいマグネット方位で操船できるようにしておかなくてはならない。

(注釈) 自差は船首方位によって異なる。地球上の位置とは関係がない。

（訳注：位置が変われば変化する自差成分もあるがボートが活動する範囲内ではほぼ同一）

C.12. 自差修正表

USCG では、部隊の指揮官にコンパス誤差を正確に把握して記録するよう求めている。これは、船を回頭させて磁気コンパスの自差を知ることで可能になる。自差修正表は、作成してもよいし、USCG の大型船用の表をボート用に修正して用いてもよい。部隊の指揮官は、必要に応じてコンパスを較正する手順を作成しておくことも求められる。自差修正表は、ドック整備の都度毎年、またはボートの磁気特性に影響を与えるような装備増減や構造変更があった場合は更新し、指揮官が承認しなくてはならない。自差修正表は原本をボートの記録簿に保管し、写しをコンパスの近傍に掲示しておかなくてはならない。

C.13. 自差修正表の作成

自差はボートごとに異なるため、クルーは自差がコンパスに与える影響を知っておかなくてはならない。自差の量は通常、船を旋回させて知ることができ、その値を表に記録しておく。修正表は15°刻みの表になっており、船首方位ごとに、自差 easterly（E)、自差 westerly（W)、自差なし、の3通りがある。求めた自差は、ボートのコンパス方位を修正して正しいマグネット針路を得るのに用いる。

C.14. レンジを使った航行による自差の測定

レンジを使って自差を測定する方法がよく行われる。レンジは、固定された 2 点間を結んで方位を表す線である。レンジのマーカー線上となる水路の中央に船を走らせるか、著名な陸上物標を結び、自然のレンジとして利用する方法もある。

(訳注)日本ではレンジのことを、トランジット（重視線）という。

C.14.a. レンジの方位を知る

自差修正は船舶交通を妨げない海域を選んで行う。レンジのマグネット方位を知るため以下を行う。

- 平行定規の端を海図上の 2 点を結ぶように合わせる
- 定規を最寄りのコンパスローズに移動する
- 内側の円でマグネット方位を読み取る

コンパスローズの正しい側の方位を読み取ること。反対側を誤って読むと 180°逆の方位になる。正しい方位を読むには、クルーはボートがコンパスの中央にいると想像してレンジのほうを見るとよい。

(注釈)人工のレンジは示す方位が海図に記載されているが、このときの方位は真方位である。

C.14.b. 例

海図によるレンジのマグネット方位（M）は 272°、磁気コンパスによるレンジの方位（C）は 274°、このときの自差は 2°W である。自差の大きさはCとMの差で、この場合は 2°である。CはMより大きいため、コンパスを基準に、自差の方向はWである（詳細は後述)。

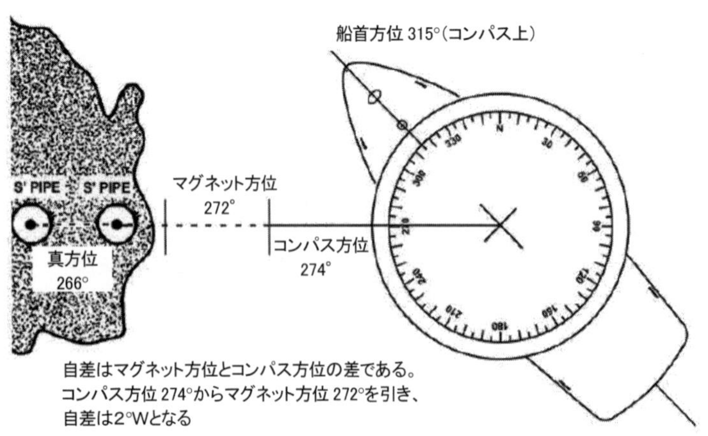

Figure 14-16 レンジを使った自差の測定

C.14.c. 練習問題

以下の手順で自差修正用作業表を作成し、その上で自差修正表を作成する。

(注釈)すべてのコンパス方位を事前に記入しておく。

手順	要 領
1	コンパスによる船首方位を 15°刻みで第 1 欄に記入する
2	海図で求めたレンジのマグネット方位（272°）を第 3 欄に記入する。これはすべての船首方位に関して同じ値である
3	ボートを低速で静穏な海域を走らせる。コンパスによる船首方位を第 1 欄の数値に合わせる。通常 000°から開始する。そのままの針路でレンジを横切る
4	レンジを横切るときに、そのコンパス方位を読む。この練習では 266°である。この数値を船首方位 000°に対応する第 2 欄に記入する
5	コンパスによる船首方位が 015°になるようにしてレンジを横切る
6	レンジを横切るときに、そのコンパス方位を読む。この練習では 265°である。この数値を船首方位 015°に対応する第 2 欄に記入する
7	コンパスによる船首方位が 030°になるようにしてレンジを横切る
8	レンジを横切るときに、そのコンパス方位を読む。この練習では 265°である。この数値を船首方位 030°に対応する第 2 欄に記入する
9	船首方位を 15°刻みで変化させ、同様の作業を続ける
10	船の回頭作業がすべて終了したら、各船首方位に対応する自差を、マグネット方位とコンパス方位の差分により計算する
11	自差修正表をボートのコンパスの近傍に掲示する。表はマグネット針路の修正量を示すものなので、針路の修正に使用する。前述のように、自差修正表は大型船用の表をボート用に修正して使用する

Table 14-2 自差修正用作業テーブル

コンパス船首方位	レンジのコンパス方位	レンジのマグネット方位	自 差	マグネット針路
000°	266°	272°	6°E	006°
015°	265°	272°	7°E	022°
030°	265°	272°	7°E	037°
045°	267°	272°	5°E	050°
060°	270°	272°	2°E	062°
075°	269°	272°	3°E	078°
090°	271°	272°	1°E	091°
105°	272°	272°	0	105°
120°	267°	272°	5°E	125°

135°	273°	272°	1°W	134°
150°	268°	272°	4°E	154°
165°	275°	272°	3°W	162°
180°	274°	272°	2°W	178°
195°	277°	272°	5°W	190°
210°	278°	272°	6°W	204°
225°	279°	272°	7°W	218°
240°	275°	272°	3°W	237°
255°	279°	272°	7°W	248°
270°	279°	272°	7°W	263°
285°	277°	272°	5°W	280°
300°	270°	272°	2°E	302°
315°	274°	272°	2°W	313°
330°	269°	272°	3°E	333°
345°	266°	272°	6°E	351°

(注釈) コンパス方位がマグネット方位よりも小さければ自差は東（east)、大きければ西（west）である。
コンパスの自差の方向は次のように覚えるとよい。
「compass least, error east; compass best, error west」

Table 14-3 自差修正表（コンパスの付近に掲示）

コンパス船首方位	自　差	マグネット針路
000°	6°E	006°
015°	7°E	022°
030°	7°E	037°
045°	5°E	050°
060°	2°E	062°
075°	3°E	078°
090°	1°E	091°

（表では 90°までだが、全周分を掲示する）

C.15. 同一地点からの複数方位の観測による自差測定

著名な杭など、海図上の複数の著名物標を 1 カ所から観測することで自差を求められる。十分な操船水域と水深が必要である。また、海図上の物標から 0.5 海里以上離れ、良好に視認して操船できる必要がある。できるだけ大縮尺の海図を使用する。

C.15.a. 準備

複数方位の観測による自差測定の準備は以下の通り。

手順	要　領
1	海図上で目標とする物標のマグネット方位を求める
2	理想的には物標は 15°離れているのがよいが、最低 10 個以上の物標が 360°にわたり均等に存在すればよい
3	この数値を下の表の（1）欄と（2）欄に記入する

(1) 海図上の物標	(2) マグネット方位（海図上）	(3) コンパス方位（観測）	(4) 自差（計算値）
尖塔	013°	014.0°	1.0°W
煙突	040°	041.5°	1.5°W
無線塔	060°	062.0°	2.0°W
5 番灯火	112°	115.0°	3.0°W
左突堤	160°	163.0°	3.0°W
給水塔	200°	201.0°	1.0°W
右突堤	235°	235.0°	0.0°W
灯台	272°	271.0°	1.0°E
旗竿	310°	309.0°	1.0°E
監視塔	345°	344.5°	0.5°E

C.15.b. 観 測

以下の手順で物標の観測を行う。

手順	要　領
1	上記（1)、(2）欄の情報を使用した点に船を位置させる
2	船を旋回させ、物標に船首が向いたときのコンパスによる船首方位を（3）欄に記入する。(2) 欄と（3）欄の数値を比較し、その方位に対応する自差（4）欄を得る
3	測定した（4）欄の自差を基準点となるマグネット船首方位の（2）欄に当てはめ、Figure 14-17 の自差修正曲線を得る

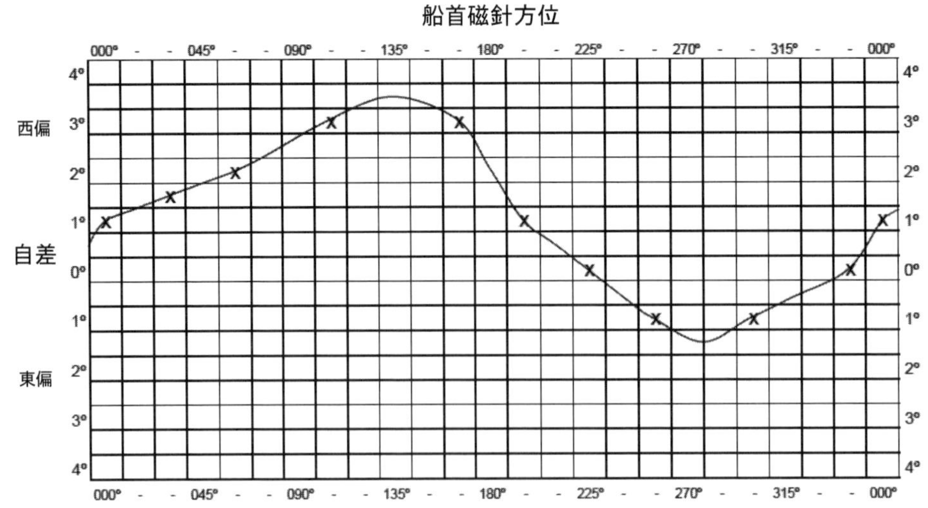

Figure 14-17 自差修正曲線の例

C.15.c.　自差修正

船首方位に対する自差を修正曲線から読み取る。

(注釈) グラフは横軸が方位（15°刻み）、縦軸が東西の自差（0.5°刻み）になっている。自差は4°以上の場合が考えられるが、3°以上の自差は許容範囲外である。これ以上の自差は、後述する方法または専門業者によってコンパス自体を調整する必要がある。

C.16.　複数のレンジによる自差修正

海域をカバーする最大縮尺の海図を使用する。平行定規や三角定規を用いて、航行中に視認できるレンジをできるだけ多く発見し、十分な操船水域と水深を確保できる位置の線（LOP）を設定しておく。偏差を一定に保つため、レンジはできる限り同じ海域にあるほうがよい。

(注意) 沈船、海底パイプライン、橋、鉄製桟橋などによる局所的な磁気異常により、海図記載の偏差が影響を受けていないことを確認する。海図記載の局所的な磁気の異常の有無を確認する。

C.16.a.　準　備

陸上で利用可能なレンジは限られているが、各レンジごとに船首を向けて接近する操船と船尾を向けて離す操船を相互に行う。作業の前に以下の手順で準備を行う。

手順	要　領
1	離す操船の場合、コンパスの基線がレンジの軸線と一致していることを確認する
2	4方位（N、S、E、W）および中間4方位（NE、SE、SW、NW）の自差を得るため、最低4個以上のレンジを確保する
3	海図からマグネット方位を求め、下表に記入する

(1) 海図上のレンジ	(2) マグネット方位 (海図上)	(3) コンパス方位 (観測)	(4) 自差 (計算値)
尖塔－突堤4番灯火	015°／195°	014°／195°	1°E／0°
無線塔－タンク	103°／283°	104°／282°	1°W／1°E

旗竿－5 番灯火	176°／356°	177°／355.5°	1°W／0.5°E
煙突－左桟橋	273°／093°	272°／094°	1°E／1°W
水路入り口のレンジ	333°／153°	332°／154.5°	1°E／1.5°W

C.16.b. 以下の手順で観測を行う。

手順	要　領
1	（1）、（2）欄の情報を基に、各レンジに向けて航走する
2	コンパスの船首方位を（3）欄に記入する
3	衝突や座礁の危険を避けるため、レンジに向けて航走することに気を取られすぎない
4	（2）欄と（3）欄の数値を比較し船首方位に対応する自差（4）欄を求める

C.16.c. 修正曲線の作成

船首方位に対する自差をグラフに記入して自差曲線を得る。これにより、どの船首方位についても自差修正が可能になる。

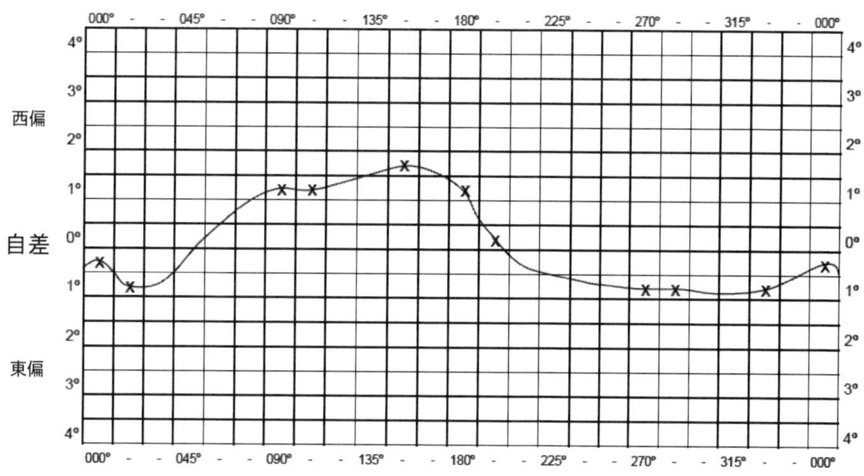

Figure 14-18 自差修正曲線の例

コンパスの調整

C.17. 概 要

ボートのコンパスを調整する手順は以下の通りである。

手順	要 領
1	海図上の既知の物標に向け、できる限り磁北に近い針路で航行する。非磁性体のツールでN/S補正磁石を操作し、観測した誤差を半分除去する（性急に調整しないこと。最初の修正で誤差をすべて除去すると、過大修正になる）
2	南に向けて航行し、同様に半分の誤差を取り除く
3	東に向けて航行し、E／Wの補正磁石で観測誤差の半分を除去する
4	西向けに航行し、同様に半分の誤差を取り除く
5	上記の手順を繰り返し、観測誤差を最小限まで取り除く
6	N、S、E、Wの各方位について、調整して得られた最終誤差を記録する
7	NE、SE、SW、NW方位の誤差を読み取り記録する。これらは手動で調整しない
8	コンパス修正では得られた記録値を使用する

多くのボートはこれらの単純な手順で十分である。さらに高精度の修正を行う場合は、専門業者に依頼するか、専門書の手順を使用する。

コンパス誤差への適用

C.18. 概 要

修正はマグネット針路を真針路へ、またはコンパス針路をマグネット針路へと行う。コンパス誤差を針路や方位へ適用する手順は以下の通り。

- コンパス針路を読み取る
- 自差の修正値で補正してマグネット針路を求める
- 偏差の修正値で補正して真針路を求める。この手順をFigure 14-19に示す
- コンパス針路 Compass（C）
- 自　差 Deviation（D）
- マグネット針路 Magnetic（M）
- 偏　差 Variation（V）
- 真針路 True（T）

（覚え方）コンパス誤差修正の順番

「死んだ男は選挙で二度投票できるか？」

Can	Dead	Men	Vote	Twice	At	Election
（Compass）	（Deviation）	（Magnetic）	（Variation）	（True）	（Add）	（Easterly error）

東の誤差は加算し、西の誤差は減算する。

C.19. 真針路の決定

Figure 14-19では、コンパス針路は127°である。コンパスローズから偏差は4°Wで、自差修正表から

自差は 5°E である。真針路は以下により決定する。

手順	要　領
1	各数値を紙に書く ・ C = 127° ・ D = 5°E ・ M = 132° ・ V = 4°W ・ T = 128°
2	手順 1 の値を以下の計算式に当てはめる
3	自差 5°E をコンパス針路（127°）に加えてマグネット針路 132°を得る
4	偏差 4°W をマグネット針路（132°）から減じる
5	真針路 128°が得られる

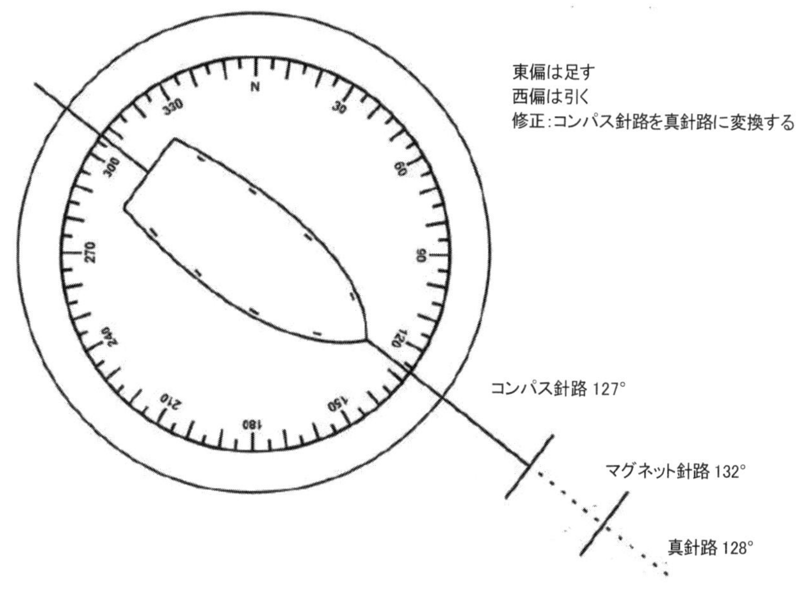

Figure 14-19 コンパス誤差の修正

C.20. 真針路をコンパス針路に変換

真針路（T）をマグネット針路（M）に、またはマグネット針路（M）をコンパス針路（C）に置き換えるのは以下の手順による。

- 真針路を読む
- 偏差を修正してマグネット針路を得る
- 自差を修正してコンパス針路を得る。順番は以下の通り
- 真針路（T）
- 偏　差（V）

・ マグネット針路（M）
・ 自　差（D）
・ コンパス針路（C）

（覚え方） 真針路をコンパス針路に変換する順番

「真の美徳は結婚したあとで悪い友になること」

True Virtue Makes Dull Company After Wedding

（True）（Variation）（Magnetic）（Deviation）（Compass）（Add）（Westerly error）

東の修正は減算、西の修正は加算を行う。

C.21. コンパス針路の決定

Figure 14-20 では、平行定規で 2 点間の真方位（T）は 221°と求められる。偏差（V）は 9°E で自差（D）は 2°W なので、コンパス針路（C）は以下のように求める。

手順	要　領
1	各数値を書く ・ T = 221° ・ V = 9°E ・ M = 212° ・ D = 2°W ・ C = 214°
2	手順 1 の値を以下の計算式に当てはめる
3	偏差 9°E を真針路 221°から減じてマグネット針路 212°を得る
4	自差 2°W をマグネット針路 212°に加える
5	コンパス針路（C）は 214°が得られる

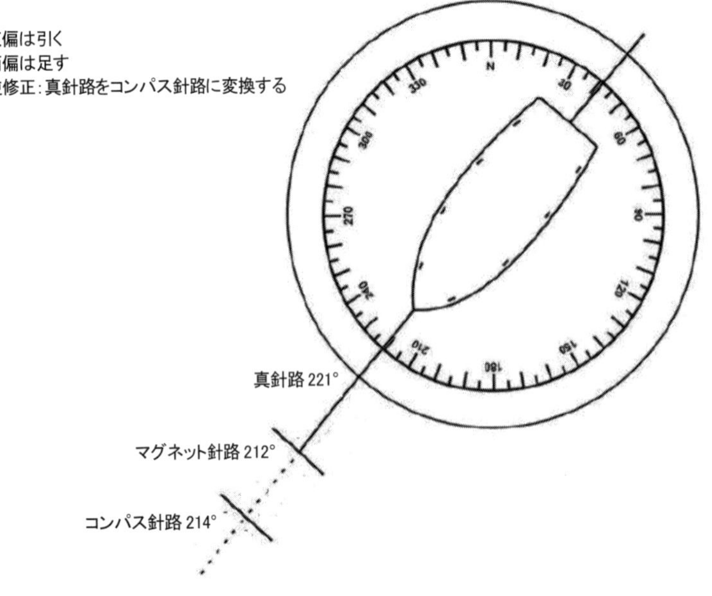

Figure 14-20 コンパス誤差の修正

Section D. パイロッティング

パイロッティングとは、陸の物標や航路標識などを使って船を導くことである。安全なパイロッティングのためには、正確な最新の海図が必要である。パイロッティングでは現在と未来の結果を扱うため、警戒心と注意力が必要で、船の現在位置と、これから向かう先を常に意識する必要がある。

D.1. 概 要

ボートのパイロッティングでは準備が重要である。パイロッティングはボートの位置を測定するための基本手段である。ボートの艇長が航海中に適切な判断を下すには、コンパス、ディバイダー、ストップウォッチ、平行定規、鉛筆、書誌などの準備が必須である。

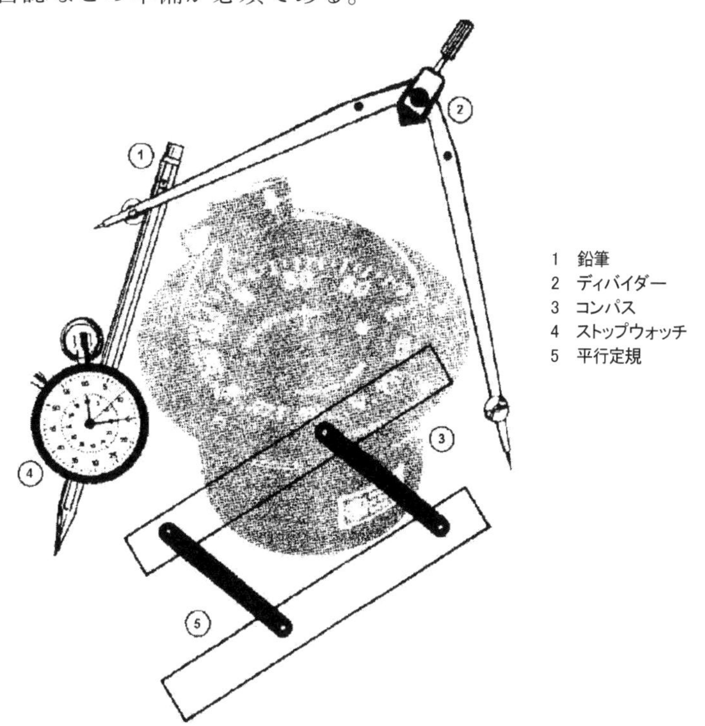

Figure 14-21 パイロッティングの基本用具

D.2. コンパス

ボートでは、以下の用途に磁気コンパスが使われる。

- 針路を定める
- ボートの船首方位を知る
- 物標の方位を測る

コンパスのハウジングの内側には基線が記されており、コンパスカードの周囲には基線に対して 90 度ごとのマークが記されている。これにより、物標などが正横や正船尾方向にあるのを知ることができる。

コンパスカードの中心には基線のピンよりも長いピンが立っていて、物標と重ねて観測することで、その方位を知ることができる。

D.3. 平行定規

平行定規は、アームでつながれた 2 本の定規で、平行を維持したまま動くようにできている。海図作業に使用され、コンパスローズの方位を海図上の各所に転移したり、その逆を行ったりする。平行定規は、常に下縁がコンパスローズの中心を通り正確なコースが得られるように使用する。

D.4. コースプロッター

コースプロッターは海図作業で平行定規の代わりに用いる。透明プラスチックの四角い板で、長辺との平行線がいくつも描かれ。半円スケールも備えている。スケールの中心は長辺の中央付近にあり、「ブルズアイ（Bulls Eye：牛の眼)」と呼ばれる小さい円がある。ブルズアイは、経度線上に合わせて方位や針路のプロットや、それらの数値を読み取るために使われる。一般的なモデルに“Weems Plotter”があり、動かしやすいようにローラーが組み込まれている。

D.5. 鉛 筆

プロッティングに適した鉛筆を使うことが重要である。柔らかい（No.2＝HB）鉛筆がよい。鉛筆は先端を削り、よくとがらせて使う。すり減った先の太い鉛筆では、プロッティングが不正確になる。

D.6. ディバイダー

ディバイダーは先端がとがった 2 本の脚を持つ道具で、脚の一方が蝶番でつながっている。ディバイダーは距離尺上の距離を海図に転移させるのに使う。

D.7. ストップウォッチ

航海用時計（ナビゲーショナルタイマー）ともいう。航路標識の点灯時間を測るのに便利である。通常これは標識の識別のために行われ、速力の計測にも使用する。

D.8. 航海用スライド尺

スライド尺は、本章の「距離、速力、時間」の節で述べる。

D.9. 製図コンパス

ディバイダーによく似た用具で、片方の脚には鉛筆が付いており、弧や円を描くために用いる。

D.10. 速力曲線（速力対回転数）

回転計の数値をボートの対水速力に置き換えるために用いる。速力曲線を作るには、一定のエンジン回転数で規定の距離だけボートを走らせ、反対方向についても同様に行う。得られた時間を平均して、」流れと風の影響を打ち消し、回転数に応じたボートの速力を得る。

Table 14-4 速力と回転数の換算表の例

静水速力 (kt)	エンジン回転数 (rpm)	燃料消費量 (ガロン／時)	燃料消費量 (ガロン／海里)	航続距離 (海里)
7.60	760	3.86	0.51	882
7.89	1,000	4.99	0.63	712
9.17	1,250	7.50	0.82	550
9.48	1,500	12.75	1.31	335
12.50	1,750	16.80	1.35	333

15.53	2,000	21.00	1.35	333
19.15	2,250	33.00	1.72	261
21.34	2,400	33.75	1.58	284

D.11. 海 図

海図は、慣れた海域であるか否かにかかわらず、位置のプロッティングに不可欠である。ボートクルーは海図を持たずに出港することがあってはならない。

D.12. 音響測深機

測深を行う器具にはいくつかの種類があるが、原理は同じである。音響測深機は高い周波数の音波を発生し、海底からの反射（エコー）を受信して電気パルスに変えて水深を記録し、読み取る。測深機は直下の水深を表示し、航海する先の水深を示すものではない。

D.12.a. トランスデューサー

トランスデューサーは測深機の構成品の一部で、超音波を送受信する。トランスデューサーは船体を貫通してごくわずかだけ船底から突き出して取り付けられているが、船底最下部とは限らない。トランスデューサーから船底最下部までの距離を知っておく必要があり、実際の可航余裕水深を知るため測定値からこの値を減じる。

例：測深機の指示値は 6 フィート。トランスデューサーは船底最下部から 1 フィート上（船底最下部はトランスデューサーより 1 フィート深い）場合、指示値から 1 フィートを減じた 5 フィートが余裕水深となる。

(注釈) トランスデューサーの位置を常に意識すること。通常、船底最下部よりも上に取り付けられている。

D.12.b. 水 深

水深はいくつかの方式で表示される。

- 表示器：デジタル表示画面または時計方向に回転する電光表示。電光表示の場合、最初の点灯がパルスの送信、2 回目の点灯が海底反射の受信時で水深を表す
- レコーダー：紙テープに記録
- ビデオスクリーン：小型テレビのような形式で、底辺部に海底を示す明るい表示がある

(注釈) 船体から下の余裕水深は、トランスデューサーと船底最下部の間の距離を指示値から減じる。

D.12.c. 海底の状況

経験から海底の底質を読み取ることができる。電光表示とビデオ表示では、一般に以下のような表示になる。

- はっきりとした明確な表示：堅い底質
- 幅広いぼんやりとした表示：柔らかい泥状の底質
- 複数のややはっきりとした表示：岩状の底質
- 複数の点灯や表示（二重反射）が出る場合、感度を下げる必要がある

D.12.d. 測深機の調整

測深機の形式によって調整方法は異なる。機器の操作マニュアルを参照すること。主な調整項目には、水深スケール（単位の切り替えを含む）と感度調整がある。

D.13. 測深ロープ（ハンドレッドライン）

水深は、パイロッティングで最も重要な情報である。音響測深機が使用できないときや、浅い海域で活動しているとき、手投げのハンドレッドライン（測深ロープ）で水深を確認できる。ハンドレッドラインは、ファゾム（尋）表示のマークがついたロープと 7～14 ポンドのおもりで構成され、おもりの片側は空洞で、グリスを詰めて底質サンプルを取得できるようになっており、単純で壊れることがない。ハンドレッドラインの短所としては次の通り。

・ 荒天時は使用できない
・ 使い方に経験を要する
・ 低速でのみ使用できる

（注釈）音響測深機が使用できない場合に備え、ハンドレッドラインはいつでも使えるように整頓して格納しておくこと。

D.13.a. ハンドレッドラインの水深マーク

ハンドレッドライン（測深ロープ）には以下のような目印がついている。

水深	測深ロープの目印
2 ファゾム（尋）	二又の革
3 ファゾム（尋）	三つ又の革
5 ファゾム（尋）	白綿布切れ 1 片
7 ファゾム（尋）	赤毛布切れ 1 片
10 ファゾム（尋）	穴あき革 1 片
13 ファゾム（尋）	三つ又の革
15 ファゾム（尋）	白綿布切れ 1 片
17 ファゾム（尋）	赤綿布切れ 1 片
20 ファゾム（尋）	結び二つ
25 ファゾム（尋）	結び一つ

（注釈）レッドはマークを付ける前に濡らして引っ張る。マークが正確についているかときどき確認すること。

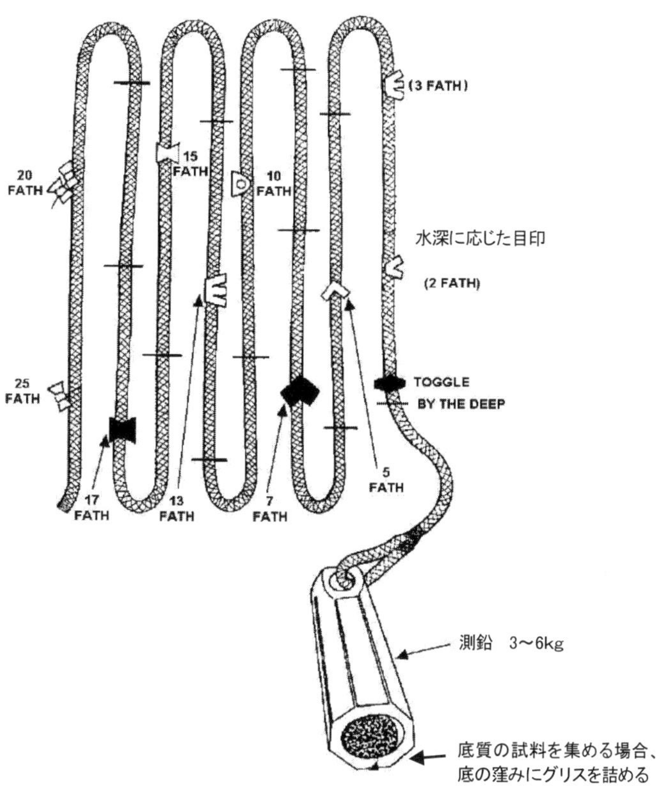

Figure 14-22 ハンドレッドライン(手用測鉛)

D.13.b. レッドの投げ方

手順	要 領
1	おもりの付け根付近でロープを握る
2	前後に振って勢いを付ける
3	十分な慣性がついたら、ロープの反対側を固く保持し、肩の高さからできるだけ遠方に投げる
4	先端のおもりが着底するまで繰り出す
5	ロープが真っすぐになったら測深の値を読む

D.13.c. 水深の報告

(英語でレッドの水深を読み上げる方法：省略)

D.14. 無線方位測定装置(RDF)と自動方位測定装置(ADF)

RDF により、視認距離外の無線送信機から到来する電波の方向を知ることができる。RDF は手動操作するものもあるが、ADF は自動で方位を測定し表示する。

無線による方位測定は、目視による方位測定ほど正確ではない。装置を効果的に操作するには経験が必要である。無線方位を正しく記入するには慎重を要する。

D.15. VHF-FM ホーマー

VHF-FM ホーマー（方位測定機のホーミング装置）により、FM 電波の到来方位に船を向けることができる。装置はVHF-FM受信機の予備機にもなる。この装置は、二つのアンテナで受信した信号の強度の違いを検出し、ボートから見た相対方位に置き換える。この方位が操舵室に置かれた表示器上の針の振れで示される。追跡するためには信号の送信が続いている必要がある。ホーマーの使い方は以下の通り。

(注釈) 表示器の中心に針が来た場合、発信源は真正面か真後ろである。電波は両アンテナの90°方向から到来するため、ホーマーは識別できない。この場合、船の針路を30°ずらして針が示す方向を確認する。大きな金属物体の周辺では、反射する電波によって針の指す向きが影響を受けることがある。

手順	要　領
1	ホーマーには、気象専用チャンネルのほかに6、12、13、14、16、22の6チャンネルがある
2	送信局に長い信号の連続送信を要求する
3	スケルチを時計方向いっぱいに回す
4	音量を適当な位置に設定する
5	スケルチを回してスピーカーの雑音を除く
6	スケルチ制御のボタンを押し込み、受信からホーミングに切り替える
7	到来方向の指示が中央に来るまでボートを回頭させる
8	30°回頭し、正面と真後ろの別を確認する
9	針が示す方向に針路を取り、障害物に注意しながら信号源に向かう

D.16.　灯台表

航路標識の情報は、灯台表に詳細に記載されている。

D.17.　潮汐表

毎年発行される潮汐表により、ほとんどあらゆる場所における任意の時刻の潮の干満を知ることができる。表の引き方は刊行物内に解説されている。

D.18.　潮流表

潮流表は、満潮および渦による流れが最強になる時刻と、流れが反転してゆるむ時刻および流れの強さ（kt：ノット）が示されている。流れがゆるむ時刻は干満時刻とは一致しないので、潮汐表によって流れを予測することはできない。

D.19.　沿岸航海資料

スペースと記号の種類などから、海図に表すことのできる情報には限りがある。安全航海に必要な追加の詳細情報は『沿岸航海資料（Coast Pilot）』として刊行されている。

各巻には主要地点間の方位、推薦針路および距離が記載されている。水路と水深、危険の所在なども完全に網羅されている。港湾と錨地は、補給や修理に関する情報とともに記載されている。運河、橋、ドックなどに関する情報も含まれている。

(訳注) 灯台表、潮汐表、沿岸航海資料の巻数と収録地域は、米国版のため省略。なお、日本では沿岸航海資料にあたるものとして、海上保安庁より『水路誌』が刊行されている

D.20.　海上における衝突の予防のための国際規則(COREGs)

国際的な海上交通規則で「国際および内航の航海規則」（訳注：USCG内規）に記載されている。

距離、速力および時間

D.21. 概 要

距離、速力および時間は航海計算の要素で、パイロッティングにおいてそれぞれ重要な意味を持つ。これらは、出港前または航海中のさまざまな計算で密接に関連して扱われる。

D.22. 距離、速力および時間の表現形式

測定の単位は以下の通り。

・ 距 離：海里（NM） ただし、西部河川水域では陸上のマイル（Statue Miles）を用いる
・ 速 力：ノット（kt）
・ 時 間：分（min）

計算結果は以下のように扱う。

・ 距 離：直近の 0.1 海里で端数処理する
・ 速 力：直近の 0.1 ノットで端数処理する
・ 時 間：直近の分で端数処理する

D.23. 計算式

距離（D）、速力（S）、および時間（T）の計算には以下の関係があり、2 要素が与えられればほかの要素は計算で得られる。

・ D = S×T / 60
・ S = 60D / T
・ T = 60D / S

各計算式の 60 は 1 時間＝60 分からくる数値である。以下に計算の例を示す。

D.23.a. 例#1

ボートが 10 ノットのとき、20 分で航走できる距離（D）はいくらか。

手順	要 領
1	D = S × T / 60
2	D = 10 × 20 / 60
3	D = 200 / 60 D = 3.3 NM

D.23.b. 例#2

速力 10 ノットで基地から水路まで 3 時間 45 分を要した。距離はいくらか。

手順	要 領
1	計算式に当てはめるため、時間を分に換算する。3 時間に 60（1 時間）を乗じ、残りの 45 分を加えて 3 × 60 + 45 = 225 分を得る
2	計算式は D = S × T / 60 となる
3	計算式に各数値を当てはめる D = 10 kt × 225 分 / 60
4	D = 2250 / 60 D = 37.5 NM（小数第一位で端数処理）

D.23.c.　例#3

ボートは 12NM を 40 分で航走した。速力（S）はいくらか。

手順	要　領
1	S = 60D / T
2	S = 60 ×12 / 40
3	S = 720 / 40　S = 18 kt

D.23.d.　例 #4

距離と時間が与えられれば速力が計算で得られる。出発時刻が 2030、目標までの距離が 30NM のとき、ボートが 2400 に到着するため必要な速力はいくらか。

手順	要　領
1	2030 と 2400 の間の時間差を分で求める。23 時 60 分－20 時 30 分＝3 時間 30 分
2	計算は分単位で行う。3 時間 30 分＝210 分である
3	計算式は S = 60D / T である
4	計算式に数値を当てはめる。S = 60D / T　S = 60 × 30 NM / 210 分
5	S = 1800 / 210　S = 8.6 kt

D.23.e.　例 #5

ボートは 15 ノットで航走しており、目的地まで残り 12NM である。到着までの所要時間はいくらか。

手順	要　領
1	T = 60D / S　D= 12 NM　S = 15 kt
2	T = 60 × 12 / 15
3	T = 720 / 15
4	T = 48 分

D.24.　航海計算尺

航海計算尺は、速力、時間および距離の問題を解くために作られた用具である。これを使うと、掛け算と割り算の計算違いをすることなく、迅速に解を求めることができる。形式にはいくつかあるが、原理はすべて同じである。航海計算尺には回転する三つのスケールがついており、それぞれ速力、時間、距離が刻まれている。スケールで二つの値を合わせると、対応するスケールから残りの値が得られる。例えば、速力を 18.2 ノット、時間を 62 分に合わせると、距離は 18.4 海里または 36,800 ヤードである。

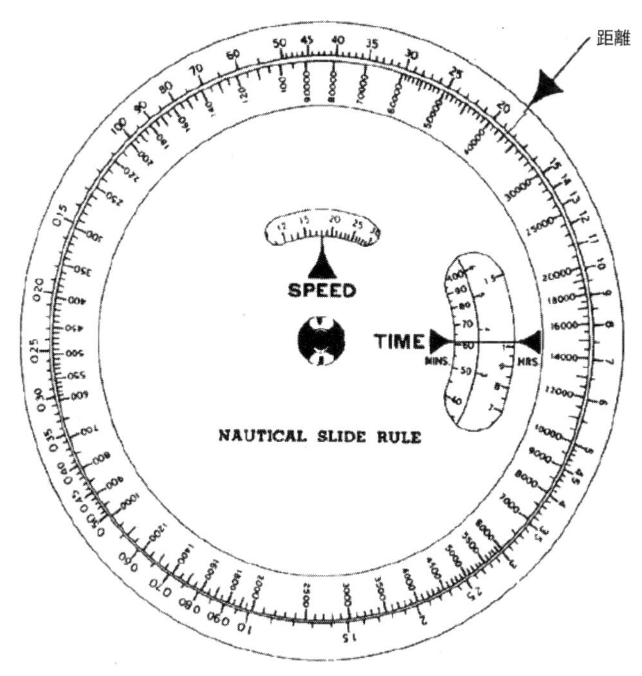

Figure 14-23 航海計算尺

燃料消費

D.25. 概 要

航海計算では、ボートが任務完了に必要な燃料を求めるための燃料消費量の算出が重要である。現場に到着し、任務を実施し、基地（または補給基地）に帰還するために必要な燃料が搭載されていなくてはならない。

D.26. 燃料消費の計算

以下の手順で計算する。

手順	要 領
1	燃料タンクが満載であることを確認する
2	各タンクの満載量を計測して記録する
3	エンジンを始動する
4	エンジンの始動時刻を記録する
5	エンジンの回転数を設定する
6	設定した回転数を記録する
7	設定した回転数を維持する
8	規定時間の運転後、エンジンを停止する（通常1時間）
9	停止時刻を記録する
10	各燃料タンクの残量を計測する
11	燃料の1時間運転後の残量を、当初の搭載量から差し引く

12	差分量を記録する
13	航走した距離を計測して記録する
14	ボートの速力を計算して記録する
15	計算式を適用する 時間（T）に時間当たりのガロンでの消費量（GPH）を乗じた値が燃料の総消費量（TFC）である。これを T × GPH = TFC と表す
16	TFC をほかの回転数でも計算する（回転数を変えて 6～15 の手順を繰り返す）

パイロッティングで使われる用語

D.27. 概 要

次の用語とその定義（Table 14-5）は、パイロッティングの実践で最も一般的に使用されている。

Table 14-5 パイロッティング用語

用 語	略語	概 要
方 位	B; Brg.	ある地点からほかの地点への、地表に沿った水平面内での方向（船から見た物標の方位）で、基準方向からの角度で表す。方位は通常、真北または磁北を基準に時計回りの 000°～359°で表す
針 路	C	船が進行する水平面内の方向を、基準方位（北）から時計回りに 000°～360°で表したもの。船が進むために舵を取る方向を表す言葉として使われる。船首方位 360°は常に 000°と表現する
船首方位	Hdg.	ボートの船首が向いている方向
コースライン		海図上に針路を記入した線
潮流航法		流れの影響を計算して針路を定める航法
推測航法	DR	前の位置からの針路と距離のみで現在位置を推定する方法。風や流れの影響を計算に入れない
推測航法プロット		ボートの位置を推測航法で算出して記入したもの
位 置		位置とは、ボートの地理的所在場所である。緯度経度の座標数値または既知の物標からの方位と距離で表す
推測航法位置		風や波など外力の影響を計算せず、最終位置からの距離と針路のみで計算した位置
推定位置	EP	推測航法位置を、ほかの情報を計算に入れて修正した位置
到着予想時刻	ETA	目的地に到着する予想時刻
実測位置（フィックス）		地文航法や電子航法、天文航法などにより高精度で決定した位置

位置の線	LOP	既知の物標への方位線などで、船がその上のどこかに存在する線
沿岸航法		ボートで海岸沿いを航海する方法
レンジ		パイロッティングでレンジは2通りの意味を持つ ・ 線上の二つ以上の物標は、レンジ（重視線）上にあるという ・ 単一方向または大圏上の距離。このレンジはレーダーや六分儀で測定する
ランニングフィックス	R	測得したLOPを異なる時刻に得られたLOPまで移動して交差させることで得られる位置
海　里	NM	航海で使用される距離の単位。1海里は1,852mで、緯度の1分に相当する弧の長さに等しい。6,076フィートまたは約2,000ヤード（訳注：1,828.8m）
ノット	kt	時速1海里に相当する速力の単位
速　力	S	船が水面上を航走するときの移動率をノットで表したもの。進行速力（SOA：Speed of Advance）は予定時刻に目的地に到着するために維持しなくてはならない速力をノットで表したもの。対地速力（SOG : Speed Over Ground。実際の速力）は、船の陸に対する相対速力をノットで表したもの。SOAと実際の速力SOGとの差異は、風や波といった外力の影響で生じる
トラック	TR	船がその上を航走すべき針路。真方位またはマグネット方位の度で表す
流　向（セット）		潮流が流れる方向を真方位で表したもの
流　速（ドリフト）		流れの速度を通常ノットで表したもの
対地針路	COG CMG	ある地点からほかの地点に向かうための方角（直行針路）

コースの設定

D.28.　概　要

ナビゲーションプロットには、出発地から目的地までのコースラインがいくつも引かれる。コースを設定する方法の概略を以下に示す。

(注釈)元の方位線が失われるので、定規が滑らないように注意すること。

手順	要　領
1	出発地点から目的地点までの直線を引く。これがコースラインである
2	平行定規の片方の端をコースラインに沿って置く
3	合せた側の定規を固定したまま、反対側を海図上の最寄りのコンパスローズに移動させる
4	移動させた側の定規がコンパスローズの中心に来るまで動かす
5	中心からコースラインの方向に沿った内側の円と定規との交点の数値を読み取る。これがマグネット針路（M）である

6	鉛筆で引いたトラックの上に、針路の3桁数値に（M）の記号を付してC 068° Mのように記入する。Figure 14-24 に、ブイ間の方位を測定した例を示す

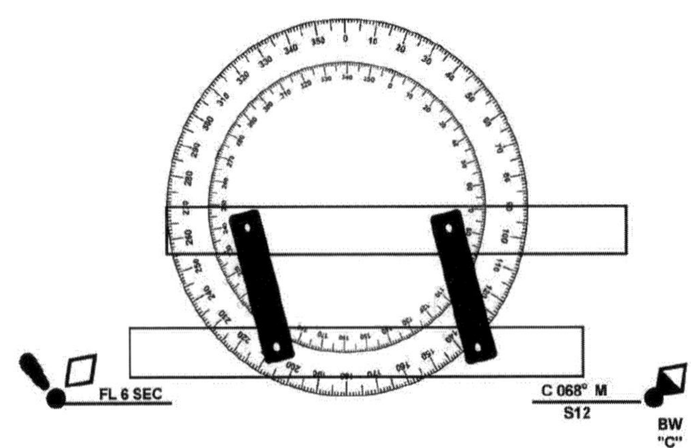

Figure 14-24　ブイ間のコース 068°M

推測航法（DR）

D.29.　概　要

推測航法（DR）は航海でよく使われる。これはボートの概略位置を最終位置からの速力、時間および針路をもとに算出するものである。

D.30.　推測航法の基本要素

DRの基本要素は、針路と風などの外力の影響を考慮しない航行距離である。

D.30.a.　操舵針路

DRでは船の向いている針路のみを用いる。ボートはジャイロコンパスを装備していないため、針路は通常、マグネット針路である。

D.30.b.　航行した距離

航行した距離（D：海里）は、速力（S：ノット）に航行時間（T：分）を乗じて得られる。

$D = S \times T / 60$

D.31.　標準プロッティング記号

海図に記入したすべての線と点は表示を付ける。主に使われる記号は、以下のように標準化されている。

- 実測位置（フィックス）：目視によるものは○、電子航法で得たものは△で表す。各測位点の時刻も明記する。目視のランニングフィックスは○に“R Fix”を付し、2番目のLOPの時刻を付記する。測位点を記入する際は海図をきれいにして汚さないようにする
- DR位置：半円マークに時刻を付す
- 推定位置（EP）：小さい□に時刻を付す。プロッティング記号の例はFigure 14-25を参照

(注釈) クルー全員が理解できるよう標準記号を常に用いる。

D.32.　DRプロットの記入

DRプロットは既知の位置（通常は実測位置）から始まる。DRプロットの記入は以下の要領で行う。

Figure 14-25 は左上の 0930 fix から始まる DR を示す（コンパスローズは参考で、海図上に常に表示されているとは限らない）。1015 にフィックスが得られ、針路を C 134° M に修正して新たな DR を開始した。その後、1200 のフィックスが得られ、新たな DR（C 051° M および S 16）を開始した。

手順	要　領
1	コースラインを記入し、明瞭丁寧に表示を付ける。 ・ 針　路：コースラインの上に大文字の C と 3 桁の針路数値を記入する ・ 速　力：コースラインの下に S と速力を記入する
2	DR プロットの標準記号を用いる ・ フィックスは○で囲む ・ DR 位置は半円で囲む ・ 推定位置は□で囲む
3	DR 位置を記入する ・ 最低でも 30 分ごと ・ 針路変更の都度 ・ 速力変更の都度
4	フィックスまたはランニングフィックスの都度、DR プロットを更新する（フィックスから新しいコースラインを引く）
5	時刻は 4 桁数字で記入する

針路はマグネット針路（M）、真針路（T）またはコンパス針路（C）で、常に 3 桁数値で表す。100°未満の針路は 0 を前置する。

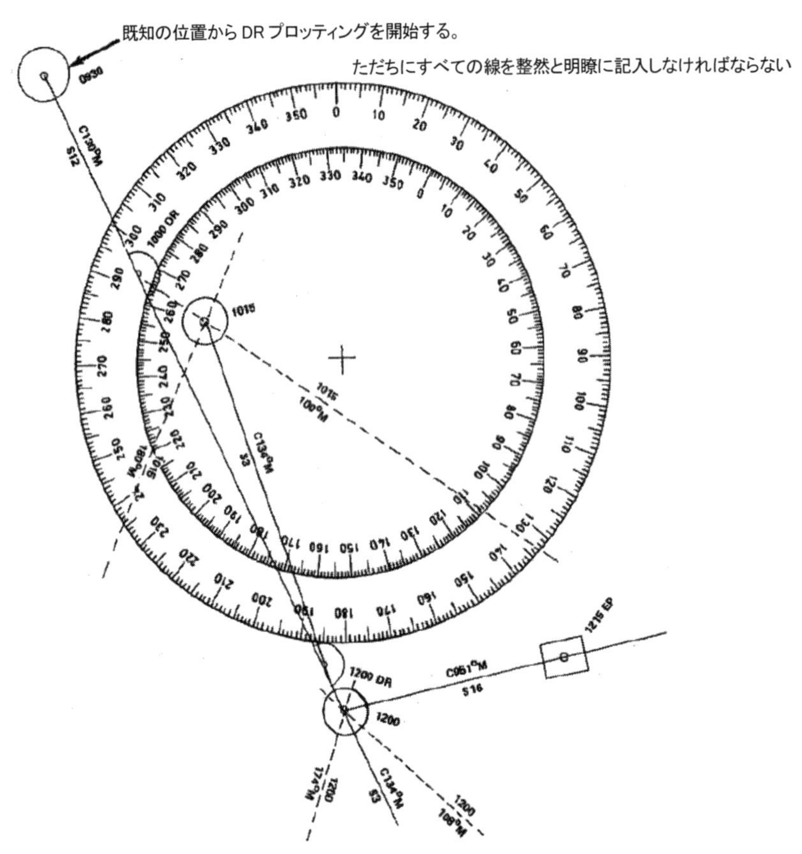

Figure 14-25 DR プロットの表示

パイロッティングの基本要素

D.33. 概 要

正確なパイロッティングの基本要素は方位、距離、時間である。

D.34. 方位（Direction）

方位は、ある地点とほかの地点（通常基準点と称する）との相対関係である。方位は度（°）を単位として 000°～360°で表す。針路の 360°は常に 000°と表す。

D.34.a. 基準点／基準方位

通常の基準点は 000°である。基準点と基準方位の関係は以下の通りである。

基準方位	基準点
真方位（T）	地理的北極
マグネット方位（M）	磁北極
コンパス方位（C）＊	コンパスの北
相対方位（R）＊	船首方向

＊ 海図には記入しない

D.35. 方位(Bearing)

方位は、度単位で表す基準点からの方向である。方位には真方位、マグネット方位、コンパス方位または相対方位がある。これらは、相対方位を除き、船首方位または針路を表すために用いる。ボートの船首を基準とする相対方位は常に変化する。航海では、マグネット針路とマグネット方位が通常用いられる。真方位を得るにはジャイロコンパスが必要で、通常ボートには搭載されていない。

D.35.a. 方位の測定

方位は基本的に磁気コンパス（コンパス方位）またはレーダー（相対方位）を用いて測定する。通常、沿岸航海では固定されている既知の物標から位置の線（LOP）を得る。コンパスで方位を測定する場合、物標をコンパスの向こう側に見る。

D.36. コンパス方位

コンパスとコンパス誤差の節で、コンパス針路をどのようにマグネット針路や真針路に換算するかを説明した。コンパス方位はプロットする前に必要な換算を行う。

(注釈) 自差はボートの船首方向によって変わる。物標の方位（コンパスまたは相対）は針路とは一致しない。自差修正表にコンパスの船首方向を当てはめ、適切な自差の値を確認する。

D.36.a. コンパス方位の計算

船首方位が 263° M

キース岬灯台のコンパス方位 060°

船首方位に対応する自差は修正表から 7°W

キース岬灯台のマグネット方位は以下のように計算する。

（訳注：マグネット方位＝マグネットコンパス方位＋自差。ただし、自差は、東偏が正、西偏は負）

手順	要　領
1	コンパス方位 60°をマグネット方位に換算する C = 060°　灯台のコンパス方位 D = 7°W　船首方位 263° M に対する自差 灯台のマグネット方位はいくらになるか
2	上記の計算式に数値を当てはめる
3	自差の 7°W をコンパス方位（060°）から減じてマグネット方位（053°）を得る M = 053°

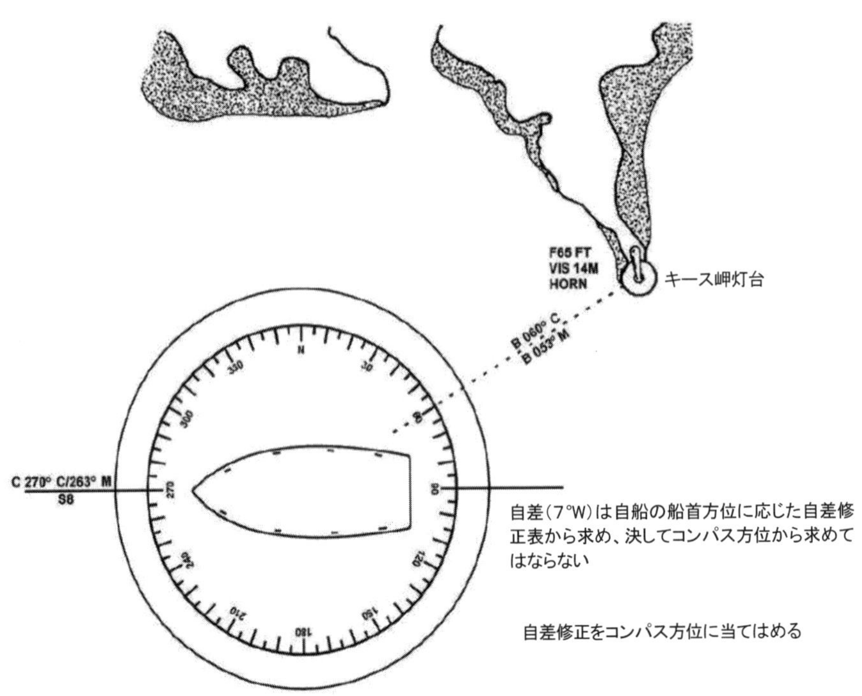

Figure 14-26 コンパス方位のマグネット方位への換算

D.37. 相対方位

物標の相対方位はボートの船首方向を 000°として時計方向に 360°まで計測する。

D.37.a. マグネット方位への換算

相対方位は、以下の手順で海図に記入する前にマグネット方位に換算する。

手順	要　領
1	船首方位をマグネット針路に換算する。コンパス方位を元に、自差修正表から自差の値を加える（自差は相対方位ではなく、船首方位に依存する）
2	相対方位の値を加える
3	合計が 360°以上になる場合、360°を減じてマグネット方位を得る

D.37.a.1. 例 #1

ボートの船首方位 150°、スタンドパイプの相対方位 125°、修正表から船首方位に対応する自差 4°E。スタンドパイプのマグネット方位を求めよ。

手順	要　領
1	船首方位 150°をマグネット方位に置き換える C = 150° D = 4°E（+ E、- W） M = 154°（V と T は今回使用しない）
2	上記の数値を計算式に当てはめる

3	自差 4°E をコンパス船首方位に加え、マグネット針路（154°）を得る
4	スタンドパイプの相対方位（125°）とマグネット針路（154°）を加え、スタンドパイプのマグネット方位（279° M）を得る

D.37.a.2. 例 #2

ボートの船首方位 285°、X 灯台の相対方位 270°、もう一つの灯台の相対方位 030°、修正表から船首方位に対する自差 5°W。このときの両灯台のマグネット方位はいくらか。

手順	要　領
1	コンパス船首方位 285°をマグネット方位に置き換える C = 285° D = 5°W（+ E、- W） M = 280°（V と T は使わない）
2	計算式に数値を当てはめる コンパス船首方位（285°）から自差 5°W を減じてマグネット方位（280°）を得る
3	各灯台の相対方位（270°と 030°）に船首のマグネット方位（280°）を加え、それぞれマグネット方位を得る X 灯台 280° + 270° = 550°（360°より大きい）　550° - 360 = 190° もう一つの灯台 280° + 030° = 310°

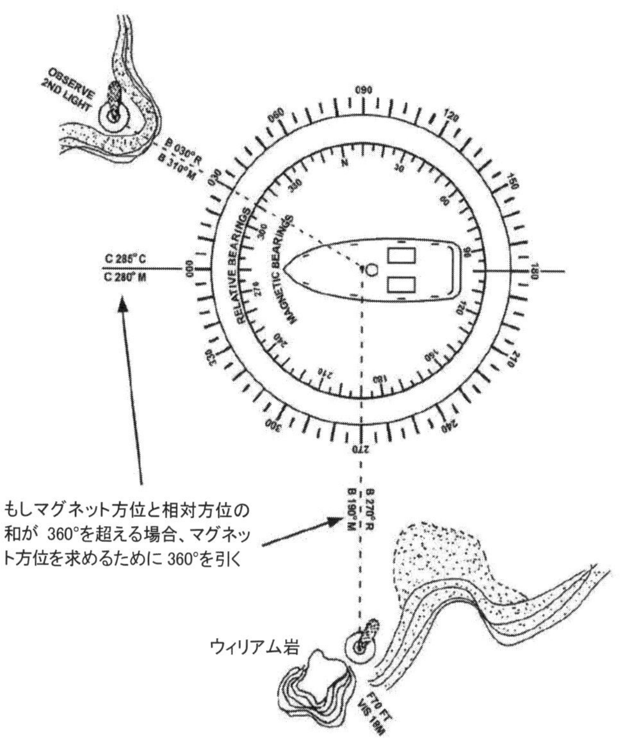

Figure 14-27 相対方位をマグネット方位に換算（合計の値が 360°を越える場合）

D.38. 距 離

パイロッティングの基本要素の二つ目は、2 地点間を直線で結んだときの長さ=距離である。パイロッティングではこれをマイルまたはヤードで表す。マイルには航海用の海里（Nautical Mile : NM）と陸上のスタチュートマイル（Statute mile。法定マイル。1 スタチュートマイル＝1,609.344km）の二つがある。

D.38.a. 海 里

航海では海里を用いる。1 海里は 6,076 フィートまたは約 2,000 ヤード（訳注：1.852m）で、緯度 1 分に相当する地球上の弧の長さに等しい。

D.38.b. スタチュートマイル

（訳注：特殊な場合を除き、航海では使用されないので省略）

（注意）距離の計測で経度尺を使用することはない。

D.38.c. 距離の計測

手順	要 領
1	ディバイダーの脚を計測する距離の両側に合わせる
2	開いた間隔を変えずに近くの緯度尺に合わせ、分単位の長さを読み取る（Figure 14-28）
3	計測する距離がディバイダーのスパンよりも大きい場合、ディバイダーをスケールで 1 分の長さに開き、計測点の間をステップ移動しながら計測する
4	計測の最後のスパンがディバイダーの開きと一致しない場合、その部分を別に計測する
5	その長さを最後に加える
6	緯度尺は計測対象に最も近い部分を使う

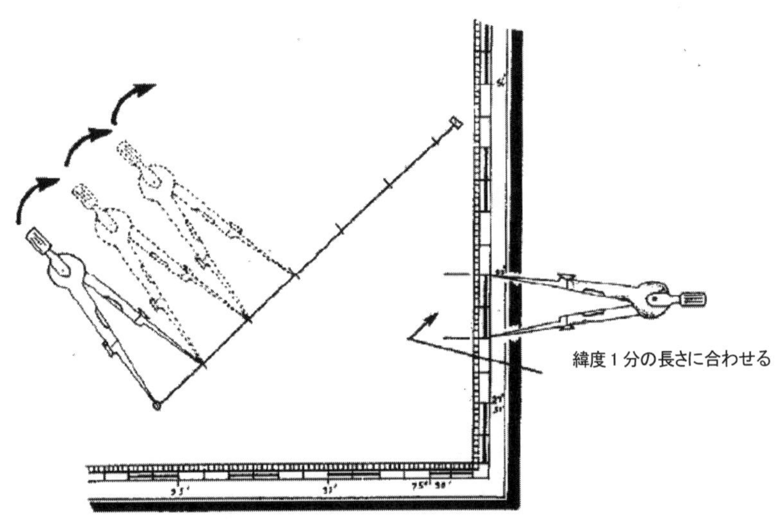

Figure 14-28 距離の計測と緯度尺

海図上で短い距離を計測する場合、ディバイダーを合わせ、海里の尺から直接読み取る（Figure 14-29）。

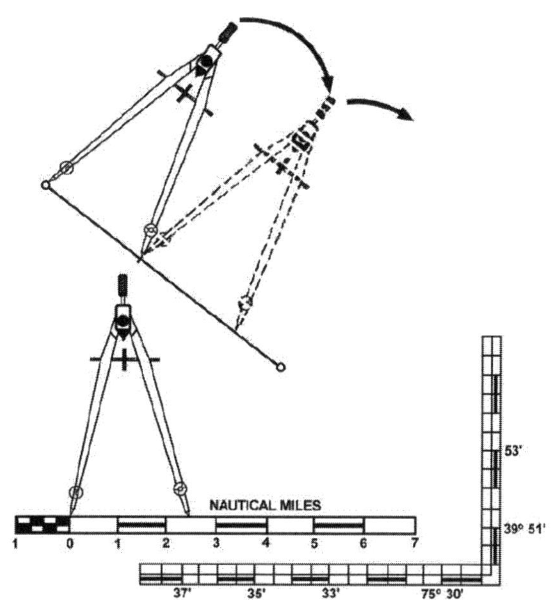

Figure 14-29 距離の計測と海里尺

D.39. 時 間

時間はパイロッティングの三つ目の基本要素である。時間、距離、速力は相互に関連しており、2 要素の値を与えられるとほかの要素を求めることができる。これらの関係を表す計算式、航海計算尺およびそれらの使い方は前述の通り。

方位のプロッティング

D.40. 概 要

観測した方位は、コンパス方位（C）、マグネット方位（M）、真方位（T）、または相対方位（visual or radar）と表す。コンパス方位は通常、プロッティングの前に換算し、海図上に位置の線（LOP）として記入する。

D.41. 平行線

海図に方位を記入するには平行定規またはコースプロッターを使い、以下の手順で記入する。

D.41.a. 例

ボートのコンパス船首方位は 192°、1015 の給水塔の相対方位が 040°、修正表から得た自差は 3°W

手順	要 領
1	コンパス船首方位 192°をマグネット方位に換算する C = 192° D = 3°W（+ E、- W） M = 189°（V と T は今回使わない）
2	数値を計算式に当てはめる。自差 3°W をコンパス船首方位（192°）から減じ、船首のマグネット方位（189°）を得る

3	相対方位（040°）をマグネット船首方位（189°）に加えてマグネット方位（229°）を得る。 189°（M）+ 040° = 229°
4	平行定規の 1 辺を、コンパスローズの中心と内側の円（マグネット方位）の 229°のマークに重ねる（Figure 14-30）
5	平行定規を給水塔の位置に正確に移動する
6	給水塔からの方位線を点線で引き、コースライン（C 189° M）に交差させる
7	方位線の上部に数値を書き込む。方位線はコースラインと交差する一部分だけ記入し、給水塔からの全長にわたって引かない
8	線の下側にマグネット方位 229° M と記入する

1015 においてボートは LOP 上のどこかにいるが、方位測定による LOP が 1 本ではボートの正確な位置を決定できない。

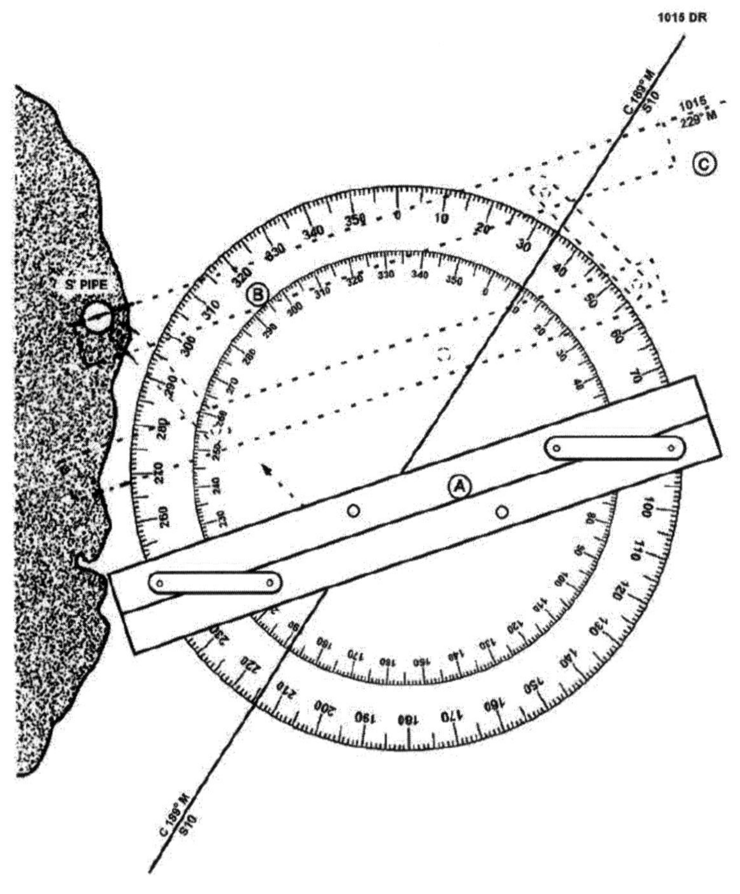

Figure 14-30 方位のプロッティング

位置の線（LOP）

D.42. 概 要

パイロッティングで船位を決定する方法はいくつもあるが、LOP を使うのが一般的である。例えば、灯火と旗竿が見通せる場合、ボートはその見通し線上のどこかに所在する。この線をレンジまたはビジュアルレンジと呼ぶ。

一つの物標の方位が取れたとき、そこから引いた線を方位の LOP という。測得した方位は、マグネット方位か真方位に換算してプロットする必要がある。方位はコンパスローズで知ることができる。一つの観測で LOP は得られるが、位置を求めることはできない。ボートは LOP 上のどこかに所在する。

(注釈) ボートは LOP 上のどこかに存在する。

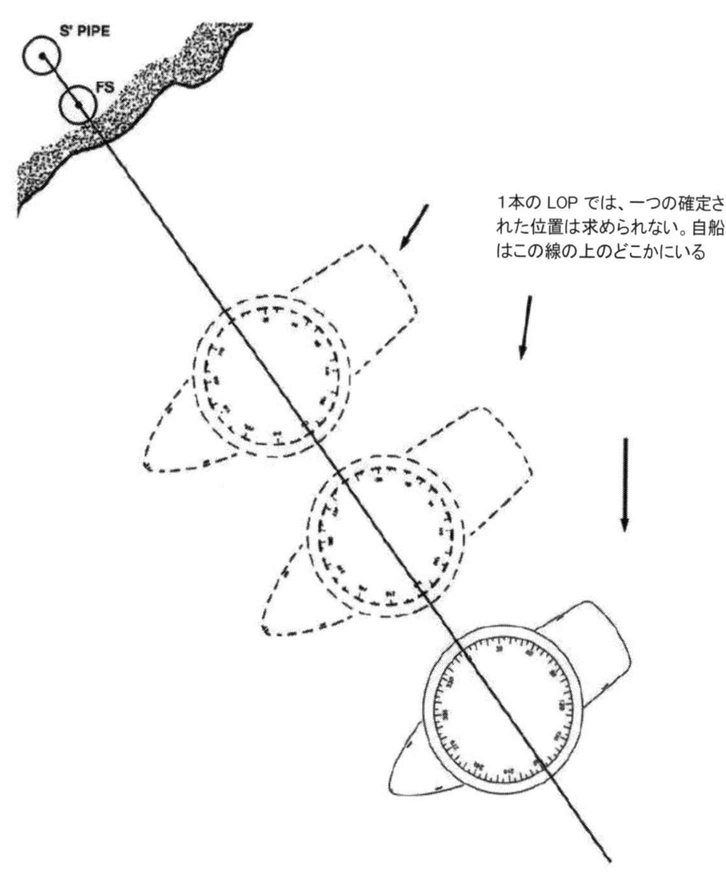

Figure 14-31 ビジュアルレンジによる方位の LOP

D.43. 位置を決定するための物標の選定

フィックス（実測位置）を得るための海図上の物標の選定では、それらの方位間隔（角度）に注意するとともに、できるだけボートに近い物標の方位から取るようにする。小さい誤差でも物標から遠くなるほど拡大されて大きくなる。

(注釈) 1 度の誤差は 1 海里先で 100 フィートの誤差を生じる。

D.43.a. 2 本の LOP

LOP が 2 本の場合、フィックスの精度は LOP が 90°で交差する場合が最も高い。交差角度が 60°以下または 120°以上の場合、精度が落ちるので、LOP はできるだけ直角に近い角度で交差させる。

D.43.b. 3 本の LOP

60 度以上の角度で 1 点で交差する 3 本以上の LOP を得るのが理想的である。ただし、120°以上でないほうがよい。

D.44. 位置の決定

1 回の方位測定で LOP が得られ、ボートはその線上のどこかに存在するが、1 本の LOP では船位は得られない。正確なフィックスを得るには、2 本以上の LOP またはレーダーレンジが必要である。LOP やレーダーレンジの数が多いほどフィックスの精度が高い。LOP は同時に測定するが、航海中、連続で方位を測定した場合、それらは同時に測定したものとする。

(注釈)正確なフィックスのためには、LOP は同時に測定して得る必要があるが、連続して取得した方位は同時として扱う。

(訳注)方位を同時として扱うのは、測定間隔（航走距離）が小さくて無視できる場合。

D.44.a. 方位の測定

方位測定は、艇に搭載されたコンパス、ハンドベアリングコンパス、相対方位コンパス、レーダーなどで行う。物標の方位を記録し、マグネット方位または真方位に換算して記入する。

D.44.b. クロスベアリング（交差方位法）

交差方位法では、位置が明確な二つの著名物標からの方位を海図に記入してフィックスを得る。もう一つの物標からの方位を得れば、クロスベアリングの精度はさらに高くなる。3 本の LOP は 1 点で交わるか、交点付近で小さい三角形になる。大きい三角形ができた場合、LOP の精度が低いことを示しており、再確認が必要である。

(注意)ハンドベアリングコンパスを鉄製の船で使用しないこと。自差が正確に得られない。船上で位置が変わると自差が変化する。

D.44.b.1. 例

コンパスの船首方位 330°のとき、監視塔とスタンドパイプの見通し線でフィックスを得る。監視塔とスタンドパイプの方位はそれぞれ 030°（C）と 005°（C）である。修正表から自差は 5°E であるときのフィックスを記入せよ。

手順	要　領
1	二つの物標のコンパス方位（030°と 005°）を、マグネット方位に換算する 監視塔　　　　　　　　スタンドパイプ C = 030°　　　　　　　C = 005° D = 5°E（+ E、- W）　　D = 5°E（+ E、- W） M = 035°　　　　　　　M = 010°
2	計算式に数値を当てはめる。自差 5°E をコンパス方位 030°と 005°に加え、それぞれ 035°と 010°を得る
3	2 本のマグネット方位線を記入する。経験のある航海者は、これらの交差角が 60°～120°よりもかなり小さいので、フィックスの精度が低いと考える

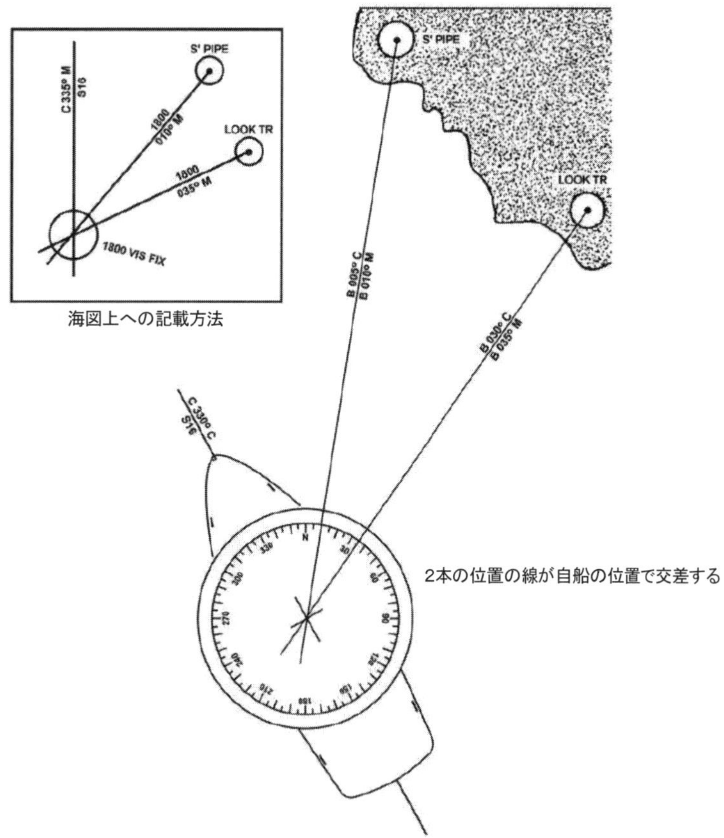

Figure 14-32 2 本の LOP(方位線)

(注釈)コンパス方位は海図には記入しない。

D.44.c.　レンジ(見通し線)

海図上で二つの物標が見通し線上(レンジ)にあるとき、ボートはその線上のどこかに所在する。レンジは水路の中央を示すために使われることも多く、ボートはレンジに沿って航海するように操舵する。レンジは、教会の尖塔や給水塔などを利用することもできる。港に出入りするとき、レンジを利用して位置を出すことがよく行われる。

D.44.c.1.　例

レンジに向かって航走しているとき、0800 に二つの物標(給水塔と煙突)が右舷方向で見通し線上に重なった。ボートの位置は、これらの線が交差する点である。2 本のレンジでフィックスを得たあと、マグネット針路 000°で安全な水域に向かう。

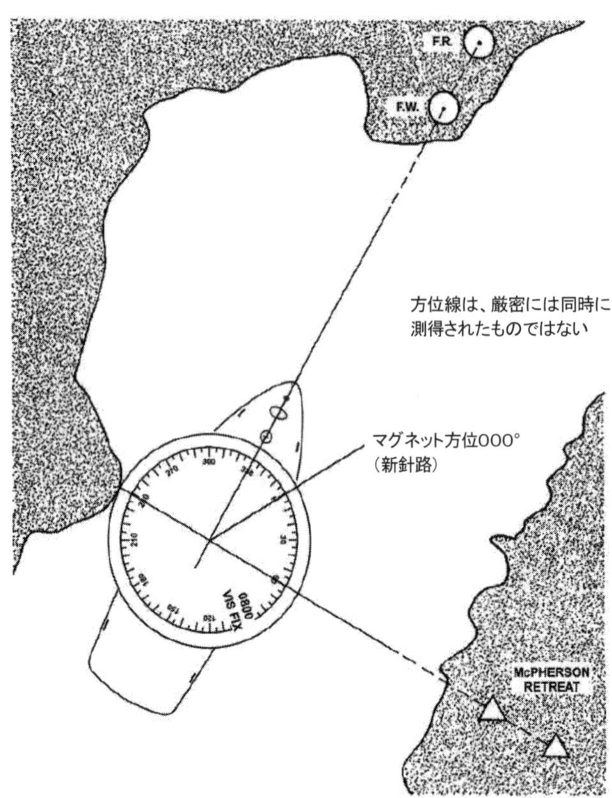

Figure 14-33 2 本のレンジによる位置決定

D.44.d.　ランニングフィックス（R FIX）

2 カ所からの方位を好条件で同時に観測することが難しい場合があるが、異なる時点の LOP を使ってランニングフィックス（R Fix）を得る方法がある。これは、以下の手順のように、以前に得た LOP を推測航法でボートの針路方向に平行移動させて位置を決定する方法である。

(注釈) LOP の時間間隔が短いほどランニングフィックスの精度は高い。

手順	概　要
1	1 本目の LOP と 2 本目の LOP を記入する
2	1 本目の LOP を、DR による移動距離分平行移動する
3	2 本目の LOP がこれと交差する点が R Fix である。LOP は 30 分以上移動させない

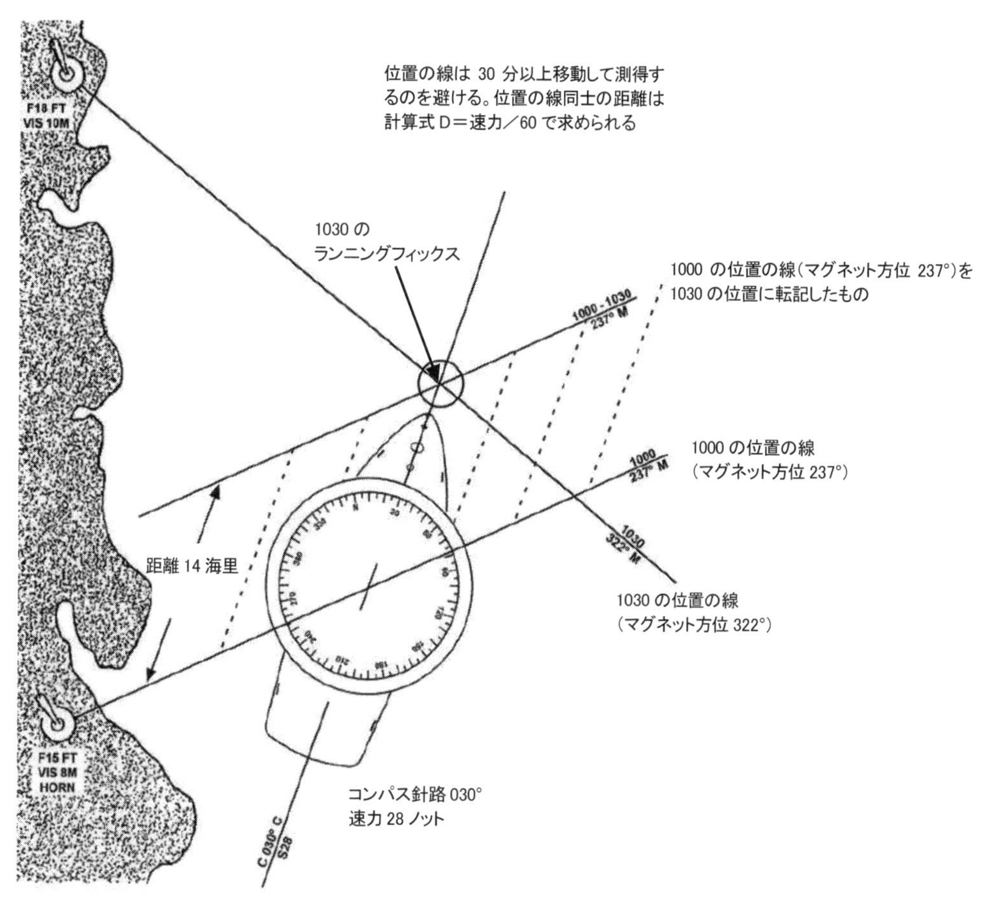

Figure 14-34 ランニングフィック

D.44.d.1.　例

1000 にコンパス方位 240°に灯台を観測し、マグネット方位 237° M に修正した。

ほかに観測できる物標はなく、コンパス針路 030°、28 ノットで航走を続けた。

1030 に別の灯台をコンパス方位 325°に観測し、そのマグネット方位を第 2LOP として記入したあと、第 1LOP を移動させた。これらの交点がランニングフィックスである。

手順	要　領
1	1000 LOP の時点からの航走距離は、28 ノットで 30 分なので 14 海里である（航海計算尺を使ってもよい）
2	ディバイダーで 14NM を距離尺から取り、コースライン上の前方に記入する
3	第 1LOP をその地点まで平行移動し記入する
4	第 2LOP のコンパス方位（325° C）を、自差でマグネット方位（322° M）に修正する
5	修正した LOP を記入し、移動した LOP との交点をランニングフィックスとする

D.44.e. 危険方位（避険線）

危険方位は、ボートが航路付近の危険や障害物を避けて航行するために用いる。危険方位とは安全に通航できる地点からの最大または最小の方位の値で、ボートが暗岩、リーフ、沈船、浅瀬などの危険を避けて通航できる物標からの方位である。危険水域は二つの固定物標からの相対位置で示し、それらの一方が危険水域である。他方は以下の条件に合致するものから選ぶ。

- 視認できること
- 海図に記載されていること
- 危険水域の方位がボートからの概略方位と一致していること

手順	危険方位の記入要領
1	海図上の物標と危険水域との間に線を引く。計画航路から見たこの線の方位が危険方位である。Figure 14-35 では 311° M が危険方位である
2	危険方位に“DB”の表示と方位を記入する（DB 311° M）。頻繁に方位を観測し、方位の値が危険方位よりも増えれば、ボートは安全水域に向かっていることになる

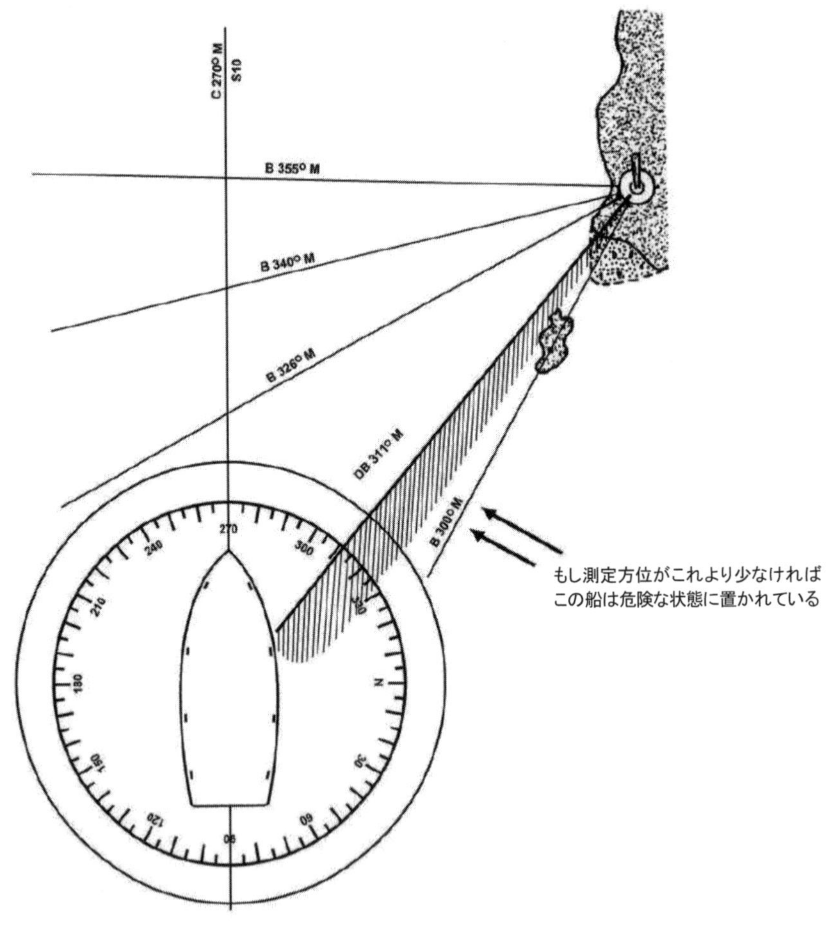

Figure 14-35 危険方位

測定方位が 300° など、危険方位よりも小さい値であるとき、ボートは危険水域に接近している。危険方位は見やすくするため、Figure 14-35のように海図上で危険側に影を付けて表示する。DBの表示には、NMT（not more than）またはNLT（not less than）を付してもよい。艇長は、クルーに危険の所在を認識させなければならない。すなわち、危険方位のどちらの数値側に危険があるかを認識するということである。

偏流修正（Set and Drift）

(訳注) 日本では、「潮流航法」と呼ばれることが多い。

D.45. 概 略

流れの中を航行する場合、流れの影響を勘案して目的地に向けた針路と速力を修正する必要がある。ある時点における DR 位置とフィックスとの間には、ボートに加わる外力の影響で差が発生する。それらの外力を計算に入れるのが偏流修正である。

D.46. 定 義

セット（流向）とは、風や流れの力が働く方向である。セットは度（°）を単位として、“Set 240° magnetic”（ボートがマグネット方位240°方向に流されている）のように表す。

ドリフトは、受ける力の大きさをノットで表したものである。“Drift 1.5 knots”は、ボートがセットの方向に1.5ノットで流されることを意味する。

D.47. 流れの影響の見込み

流れの中を航行する場合、実際のフィックスと DR を比較して、流れの影響を見込むことが必要である。しかしながら、現実には常に可能とは限らず、途中まで航海しないとわからないこともある。

D.48. 潮流図

ボストン港やサンフランシスコ湾など、一部の海域については潮流海図が発行されている。潮流海図はある時刻の流れの方向と強さを、主な標準港での予測値として記載している。こうした海図では、流れが水路で12時間ごとにどのように変化するかを視覚的に把握できる。潮流海図を参照することで、流れを利用した効率的な航路や、強流を避ける航路の選択が可能になる。

D.49. 潮流表

潮流表は潮流の予測に用いられる。潮流予測をどのようにして行うかは表の末尾に書かれている。これにより、危険を避けたり目的地に安全に到着したりする計画を事前に立てることが可能になる。予測では、潮流三角形というベクトル図を用いる。

(注釈) 潮流の方向は度（°）単位の真方位で与えられるので、偏流修正に使うときはマグネット方位に置き換える必要がある。

D.50. 流 れ

流れの三角形は、ボートが流れの中を航行する場合の針路と速力を示すベクトル図である。予定の航路を航行するのに必要な針路と速力の決定にも使われ、海図のコンパスローズを使って潮流三角形を作成し、以下のように解を求める。

- 三角形の辺（AB）はボートの予定針路と速力を示し、線の長さがボートの速力（ノット）を表す。
- 辺（CB）は辺（AB）の目標地点側に向けて引かれ、流向を表す。辺の長さは流速（ノット）を表す。

- 辺（AC）は、偏流を修正して目的地に到着するための針路と速力を表す。2 辺が与えられれば、もう一つの辺は作図で得られる。

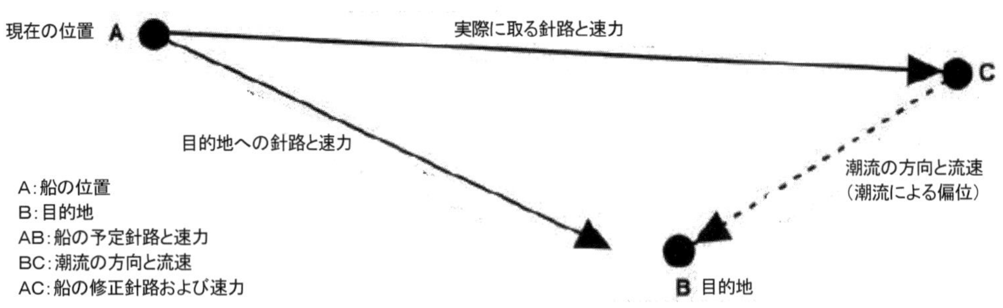

Figure 14-36 潮流三角形

D.50.a. 例

目的地への予定針路は 093°（093° M）、速力は 5 ノット、潮流表から海域の偏流は 265°（265° T）、流速は 3 ノット、海域の偏差は 4°（W）である。偏流修正後の針路と速力を求めよ。海里尺は単位を求めるための例として示してある。

手順	要　領
1	海図を広げる。コンパスローズの中心を始点とする。ボートの予定航路（093° M）の線を、コンパスローズの中心から速力 5 ノットに相当する 5 海里の長さに引き、先端に矢印を付ける。これが計画針路と速力のベクトルである
2	偏流のベクトルを作図する。流向は真方位で与えられるのでマグネット方位に換算し、コンパスローズの中心から 269° M（265° T ＋ 4°W = 269° M）、流速 3 ノットに相当する 3 海里の長さの線を引き、先端に矢印を付ける。これが偏流ベクトルである
3	予定航路のベクトルと偏流ベクトルの矢印同士を結ぶ線を引く。これが偏流修正を行った針路と速力である
4	このベクトルの長さ（＝速力）を緯度尺で計測し、推定速力 8.7 ノットを得る
5	ベクトルをコンパスローズの中心に移動し、内側の円の目盛りからマグネット針路（088° M）を得る

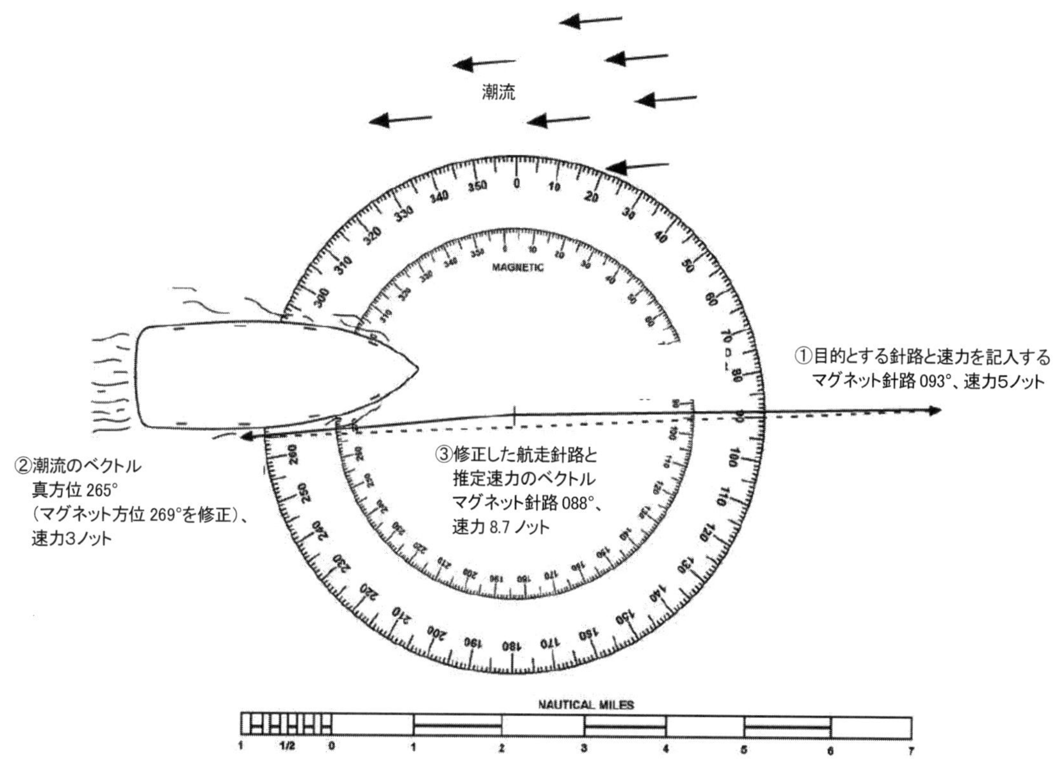

Figure 14-37 偏流修正の記入

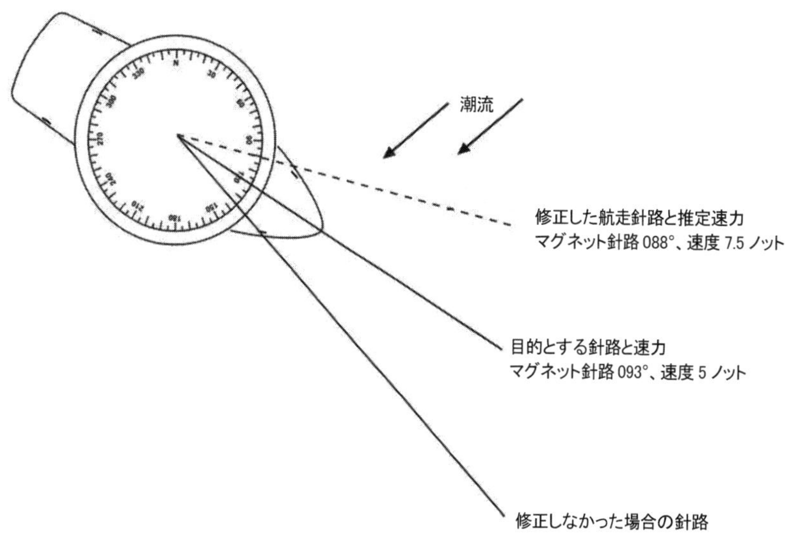

Figure 14-38 偏流修正の有無

レーダー

D.51. 概 要

レーダーは航海計器の一つだが、根本的な航海の手段ではない。ボートが視界不良時にレーダーを使って航行する場合、艇長のレーダー操作の経験が重要である。レーダーは艇長の補助になるが、目視の見張りを代替するものではない。

D.52. 基本原理

レーダーは電波をアンテナから送信し、目標の方位と距離を表示する。近傍の物標（コンタクト）は電波を反射し、レーダー表示器に映像（エコー）として表示される。海上用のレーダーの表示装置は PPI（平面位置表示器）と呼ばれる。

D.53. レーダーの利点

- 夜間や視界不良時に使用できる。
- 二つ以上の海図上の目標からの距離を測定し、フィックスを得ることができる。一つの目標からの距離と方位で推定位置を得ることもできる。
- フィックスを迅速に得られる。
- 目視よりも遠距離からフィックスを得られる。
- 衝突防止を支援する。

D.54. 短 所

- 機械的、電気的故障を起こすことがある。
- 探知できる距離に上限と下限がある。

D.54.a. 最小探知距離

最小探知距離は電波パルスの長さと復帰時間で決まる。また、強すぎる海面反射や空気中の水分、ほかの障害物や機器の性能からも影響を受ける。計測可能最短距離は通常ボートから 20～50 ヤードである。

D.54.b. 最大探知距離

最大探知距離は送信出力と受信機感度で決まる。レーダー波は地表に沿って見通し範囲外まで伝搬しないため、水平線以遠の物体は探知できない。

（訳注） レーダー波は直進性があり、島や大型船などの影になる物体も探知できない。

D.54.c. 運用レンジ

搭載されたレーダーの有効な使用可能レンジは、主にアンテナの海面からの高さによって制限される。

D.55. レーダー指示器の読み取り方

レーダー指示器に表示された情報を読み取るには訓練を要する。すべてのエコーを正確に視認するため、レーダーの指示器は暗闇で見るのがよい。海図にはレーダーのエコーを識別するために必要な情報のすべてが記載されてはおらず、明確な識別にはほかの選別情報が必要である。

（訳注） 最近のレーダーは昼間でも明るいディスプレーを持つものが多い。

ボートやブイなどの小さい物標の探知は、以下のような状況では難しい場合がある。

- 時 化
- 海岸付近
- 非金属製の物体

D.56. 運用操作

レーダーは製品ごとに操作部の配置が異なるが、基本機能の操作は標準化されている。ボートクルーは、操作マニュアルを読み、操作を練習して、レーダーの運用に慣熟しておかなくてはならない。

D.57. レーダー映像の読み方と補完

PPI は明るい掃引輝線が中心から外側に向けて伸びており、アンテナの回転に合わせたレーダービームを表す。掃引輝線は、スクリーン上で明るい点によりエコーを表示する。

レーダー表示器上では、ボートの進行方向が上向きに船首輝線で表示され、下が船尾にあたる。船首方向に対して直角に進む物体は、表示器上では横向きに移動するように表示される。

レーダースクリーンの中心は、ボートの位置を表す。表示器には、目標の相対方位が示され、ボートの周辺の地図のような表示になる。物標の方向はエコーの中心からの方位、距離は中心からの長さで表される。カーソルは、可動式の基準線であり、カーソル操作器で動かす。カーソルは、表示器上の物標の相対方位を求めるのに使う。

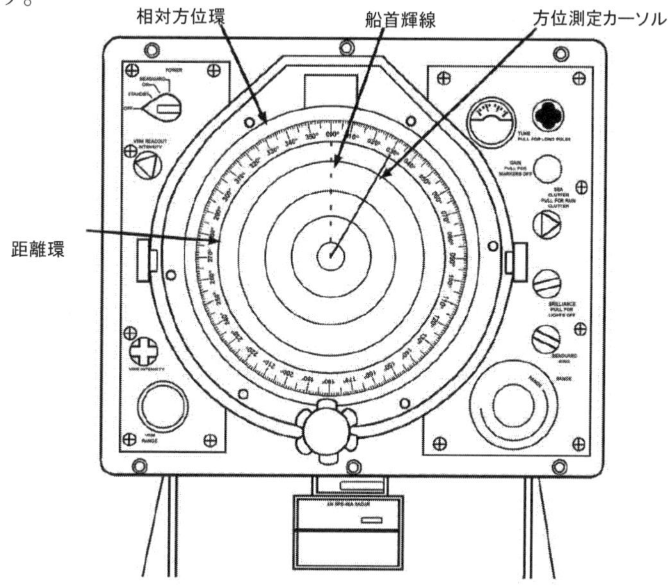

Figure 14-39 レーダーの距離環、相対方位環、船首輝線および方位カーソル

D.57.a. レーダー方位

レーダー方位は目視と同様、000°を真正面の基準として表す。レーダー表示器を見る際は、中心の点が自船位置を表す。中心点から相対方位環に向けて伸びる線は船首輝線といい、ボートが向かっている方向を示す。物標の相対方位を知るには、カーソルを操作してカーソル線が物標に重なるようにする。レーダー方位はカーソル線が相対方位環と重なる位置の目盛りを読み取る。

(注釈) 目視の場合と同様、レーダーの相対方位は海図にプロットする前にマグネット方位に換算する。

D.57.b. 物標との距離

レーダーには可変距離マーカーがある。クルーはマーカーのダイヤルを回してエコーの内側に合わせ、レンジの数値を直読する。

距離環を持つレーダーもある。エコーが環の上にない場合、距離は環の間のエコーの位置から推定する。

D.57.b.1. 例

レーダーは 2 マイル（NM）レンジの設定で 4 本の距離環がある。物標のエコーが 3 番目と 4 番目の環の中間にあるとき、以下のように距離を推定する。

- 距離環は 2 マイルレンジのとき、1/2 海里または 1,000 ヤード間隔
- 距離は 1,000 + 1,000 + 1,000 + ½ × 1,000 = 3,500 ヤード

D.58. レーダーのコンタクト（エコー）

訓練を経てもレーダーのエコーの正確な識別は容易とは限らない。頻繁な運用と経験でのみ、スクリーン上のエコーを正しく読み取ることができる。レーダーを視界良好なときに運用しておくことで、夜間や荒天時のエコーを正しく読み取ることができる。スクリーン上のエコーは、目視で得られる情報とは大きく異なる。これは、物標によってレーダー電波の反射の度合いが違うためである。

D.58.a. 一般的なレーダー映像

主なレーダーによる目標物の反射の度合いと見え方は以下の通りである。

対象物	正確性
リーフ、浅瀬、沈船	高さがあり波が立っていれば、短距離から中距離レンジで探知できる。これらのエコーは、通常、クラッター（映像の乱れ。不規則な縞模様）のように映る
砂嘴、干潟、砂浜	反射が弱く映りにくい。多くの場合、低い海岸の背後にある崖などの高い地点から反射される。桟橋などからの反射で偽像の海岸線が映ることがある
孤立岩や沖合の島	明確に映り、位置も正確に得られる
大型のブイ	中距離レンジで強い反射が得られる。小さいブイは波のように映ることがある レーダー反射器を備えたブイは実際よりも大きく映る
桟橋、橋、突堤	短距離レンジではっきりと映る
降雨、みぞれ、降雪	レーダーで探知でき、荒天の接近を知ることができる。荒天はクラッターとして表示される

D.59. レーダーによるフィックス

レーダーナビゲーションは視界不良時でほかに方法がない場合に位置を出す方法である。明確な物標が一つあればレーダー上に方位と距離を出すことができ、複数の方位と距離を組み合わせて位置を出すこともできる。可能な限り複数の目標を用いて位置を出すべきである。レーダーフィックスは目視のフィックスと同様に海図に記入する。

(注釈) 目視による方位はレーダー方位よりも信頼できる。

D.59.a. 例

コンパスの船首方位が 300°、レーダーコンタクト（映像）の相対方位が 150°で、船首方位（300° C）に対する自差が修正表から 3°E であるとき、マグネット方位は以下の手順で求める。

手順	要　領
1	コンパス船首方位 300°をマグネット船首方位に置き換える C = 300°　D = 3°E（+E、-W）　M = 303°である（M V、T = 適用なし）
2	数値を数式に当てはめる。自差 3°E をコンパス船首方位（300° C）に加え、マグネット針路 303° M を得る

3	レーダー相対方位（150° relative）をマグネット針路（303° M）に加え、レーダー目標のマグネット方位（093° M）を得る。計算式は 303° + 150° = 453°（360°より大きい） 453 - 360° = 093° M である

D.59.b. 距離環（レンジリング）

レーダーの距離環は輝線の環で表示され、距離の推定に役立つ。主要な距離環には海里スケールの表示が付され、さらに狭い距離環に分割されている。レーダーの距離環スケールは½、1、2、4、8、16 NM である。次の表は、レンジスケールごとの距離環の数の例である。

距離環スケール（NM）	リング数	距離環の間隔（NM）
½	1	½
1	2	½
2	4	½
4	4	1
8	4	2
16	4	4

D.59.c. LOP

レーダーによる位置の線（LOP）を組み合わせてフィックスを得る。組み合わせは二つ以上の物標からの方位、同じまたは別の物標からの方位と距離、同じまたは別の物標からの距離がある。レーダーLOP は目視の LOP と組み合わせることもできる。レーダー方位のみで位置を出す場合、目視の方位よりも精度が劣るので注意が必要である。レーダー方位または距離で得たフィックスは、海図上に三角形で表示してから時刻の後ろに“RAD FIX”を付し、「1015 RAD FIX」のように記入する。

D.59.d. 距離測定の例

0215 においてボートのコンパス針路が 300°（303° M）であった。レーダーの距離スケールは 16NM である。二つのエコー（陸上の物標）が観測され、一つ目のエコーは相対方位 330°、距離 12NM で、3 番目の距離環に重なった。二つ目のエコーは相対方位 035°、距離 8NM で、2 番目の距離環に重なった。距離の測定は以下の手順で行う。

(注釈) レーダー距離の測定は通常、がけや岩などの明確な陸上の目標物から行うが、灯台やタワーなどのほうが低い海岸などより遠距離から映ることがある。

手順	要　領
1	海図上の物標を選定する
2	緯度尺を使い、コンパスの開きを一つ目の目標までの距離 12NM に合わせる
3	製図コンパスの開きを変えず物標の位置に正確に針を置き、DR（推測）航跡上に弧を描く
4	距離 8NM の二つ目の物標に対し、上の手順を繰り返す。弧が交差する点がフィックスである。0215 RAD FIX と記入する

(注釈) 二つの距離の弧は 2 カ所で交差する。場合によっては 3 番目の LOP でフィックスとなる交点を選ぶ必要がある。

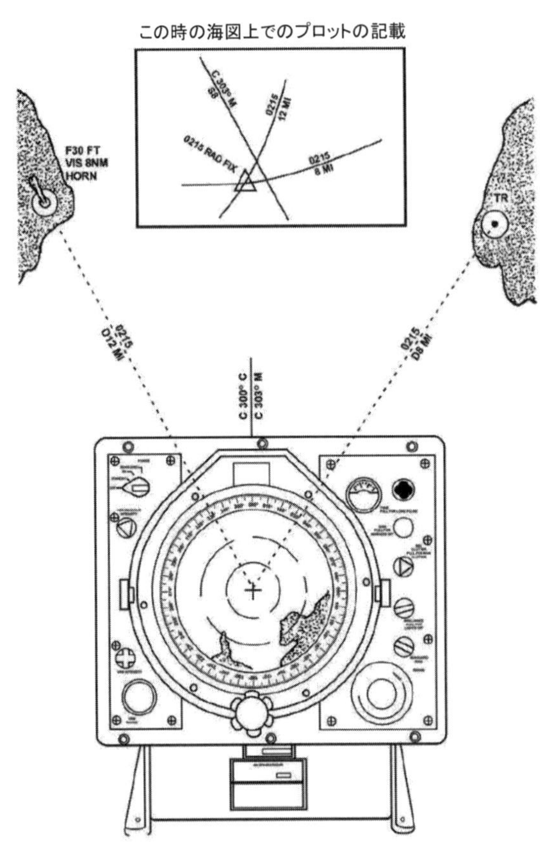

Figure 14-40 2 カ所からの距離測定によるレーダーフィックス

D.59.e. DR プロットの例（14-59、14-60 ページ参照）

DR プロットには多くの種類の LOP とフィックスが含まれる。適切に維持された DR プロットの表示例を Figure 14-41 に示す。図中のフィックスについては、ここでは説明しない。

LORAN-C

D.60. 概 要

(訳注) 日本は 2015 年にすべてのロラン C 局が閉鎖され、システムが現存しないため省略。

全地球測位システム（GPS）

D.64. 概 要

GPS は国防総省が運用する 24 基の人工衛星による電波航法システムである。世界中で 24 時間、天候にかかわらず常時利用可能である。各 GPS 衛星はそれぞれの正確な位置情報を送信している。レンジングと呼ばれる処理により、ボート上の GPS 受信機は信号から自船と衛星との間の距離を算出する。受信機が最低 4 基以上の衛星から距離を算出すれば、誤差 33m 程度の精度で 3 次元位置を出すことができる。GPS は、民生用の SPS と、軍用の PPS という、二つのサービスを提供している。

D.65. 標準測位サービス(SPS)

民生用の SPS は、誰でも世界中で常時利用できる。精度は 99%の時間帯で約 33m である。

D.66. 高精度測位サービス(PPS)

PPS は 10m 以内の高精度で測位が可能である。このサービスは、米国連邦政府、同盟国軍および承認された民間ユーザーが利用できる。

D.67. 装置の特徴

GPS 受信機は小型の装置で、小さいアンテナを備え、消費電力は小さい。携帯型の装置もある。位置情報はモニターに緯度経度の数値で表示される。これらの受信機は EPIRB などの遭難警報装置などと接続され、自動的に位置情報を共有することができるようになっている。GPS 受信機の航法機能には以下のようなものがある。

- 変針点やコースの事前入力
- 針路と速力の表示
- クロストラックエラーの表示
- 高精度の時刻情報

ディファレンシャル GPS

D.68. 概 要

コーストガードは GPS の SPS 信号の精度を向上させるために DGPS を開発した。DGPS は地上の基準受信機で GPS の標準測位信号の測位誤差を補正し、DGPS 機能を持つ受信機に向けて送信する。補正信号は受信機で処理され、99.7%の時間帯で 10m 以内の測位精度が得られる。DGPS の測位精度は 10m 以内だが、受信機の高性能化によって DGPS の精度は cm 級になっており、ノイズなしでリアルタイムの位置情報更新が可能である。

(訳注)日本での DGPS は 2019 年に廃止されている。

Section E. 河川の航行

(訳注：ミシシッピ川の航行に関する地域ルールの記述であるため省略)

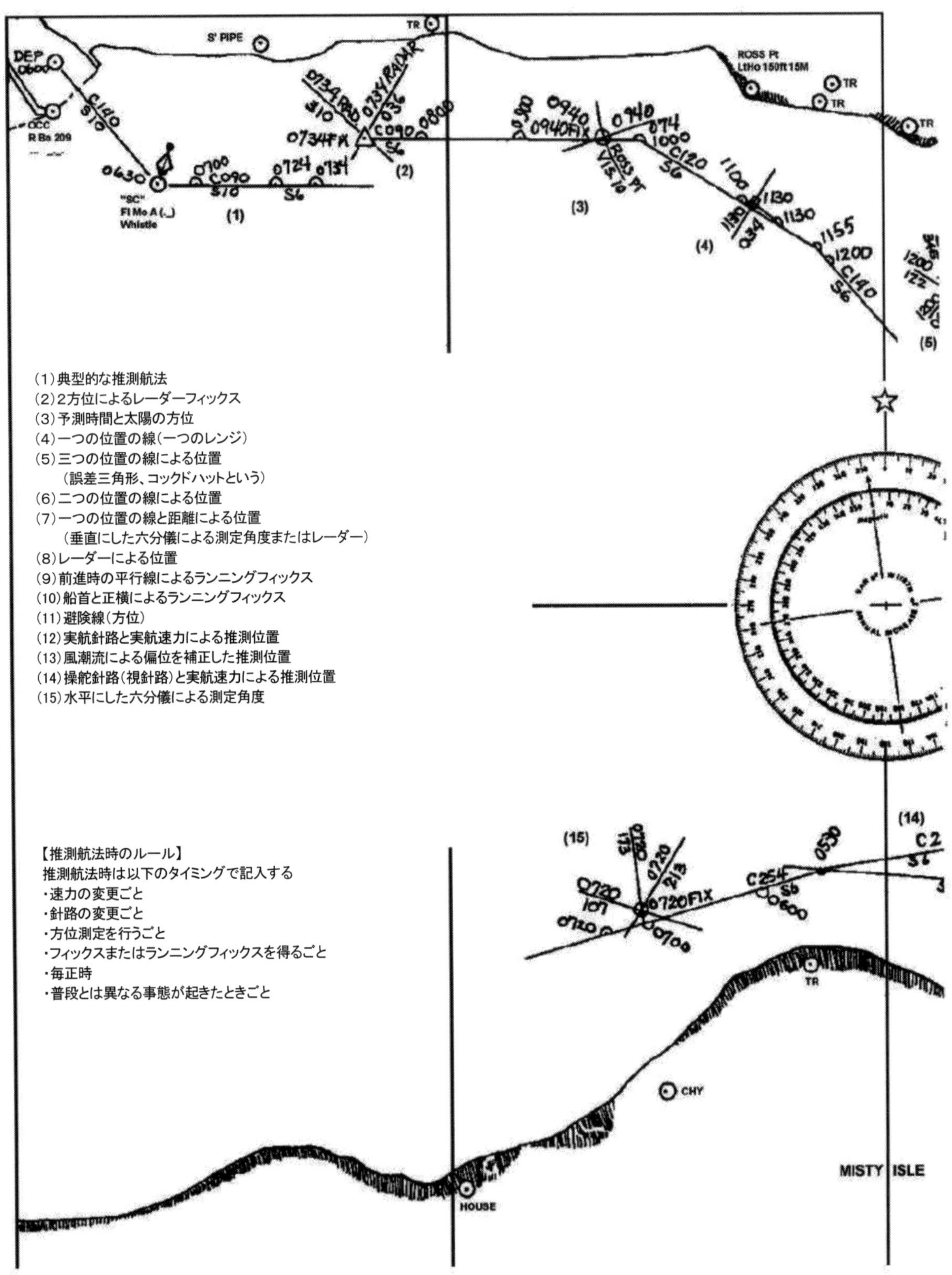

Figure 14-41 DR プロットの例

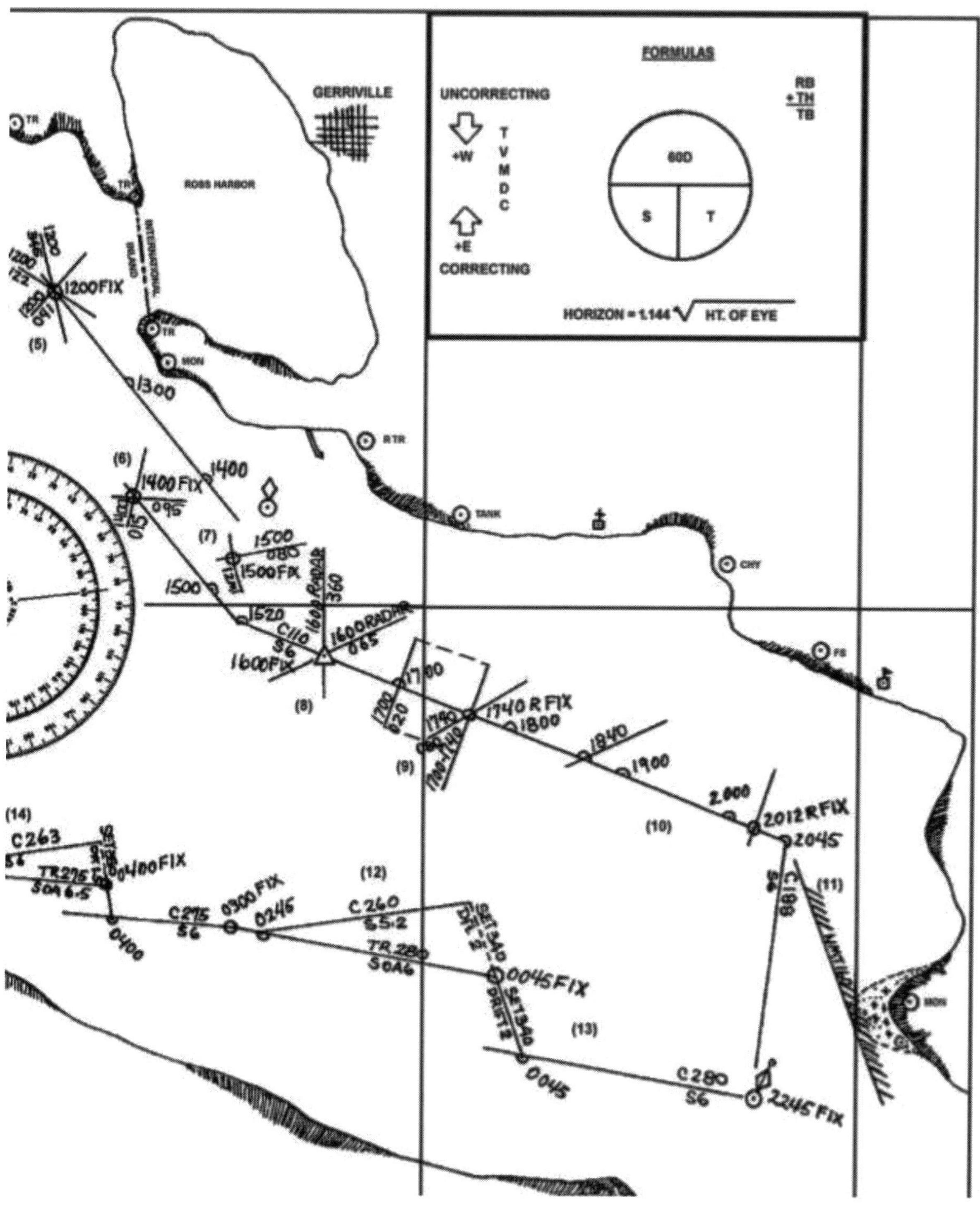

Figure 14-41 DR プロットの例（続き）

Chapter 16.海中転落者の救助【安全：運用】

「人が海中に落ちた！（Man Overboard!)」は航行中に発生する最悪の通報である。海中転落では決然とした迅速な行動がなにより重要である。最高の泳者であっても不意に海中転落すると方角を失う。時化や低温の海水中に長時間さらされると、泳者は急速に衰弱する。本章では、海中転落（MOB）と落水者（PIW）の揚収方法および生存技術について述べる。救助の成否は、クルーのすべてがこれらの手順を的確に実施できるかにかかっている。

(警告) 曳航、甲板作業などを行うクルーが宝飾品や腕時計など制服やPPEでないものを着用することは引っかかる恐れがあるため禁じられている。当直士官や艇長はこのことを事前のブリーフィングで徹底し、甲板作業前にそれらが外されていることを確認する。

Section A. 救助方法

すべてのクルーは、海中転落があった場合に備えていなくてはならない。人を揚収するためどのように行動するかを練習しておくことは重要である。海中転落では常に最悪を想定しなくてはならない。転落者はショック状態になり、意識を失い、負傷するといった可能性があり、迅速な揚収が必須である。
ここに述べる内容は一般的な指針である。実際の場面ではいろいろな状況が発生し、すべての詳細な状況を本書で網羅することはできない。プロフェッショナルは、救助の成功は準備、練習および緊張の維持であることを理解し、いろいろな想定を理解して練習している。

海中転落時の一般手順

A.1. 概 要

海中転落発生直後の数秒間の対応が、転落者を回収できるかどうかを左右し、クルーの緊張感を持った適切な対応が転落者を救うか溺れさせるかを分けるので、最初の行動が迅速的確でなくてはならない。

A.2. 転落の防止

クルーがまず知っておかなくてはならないのは、転落をどのように防ぐかである。自身や同僚の海中転落を防ぐのはクルーの責任である。注意が必要なのは以下のような事項である。

- 舷側に転落防止用のライフラインが設置され、良好な状態に手入れされていること
- 甲板上が整頓され、滑りにくくなっていること
- 亀裂や損傷のある手すり（スタンション）を修理または交換しておくこと
- 投錨や曳航など、転落のおそれのある甲板作業は２人で行うこと
- 荒天時は安全ベルト（ライフハーネス＆テザー）を着用すること

クルーの安全に関するもう一つの重要な要素は、船内のすべての者が適切なPPE（個人用保護具）を着装できることである。PPEは転落時に意識を失っても浮いていることができ、水面への露出時間を長引かせ、位置を知らせる信号具も備えられている。

A.3. 最初の発見者がとるべき行動

人が海中に落ちたら、最初に目撃したクルーは以下の手順を行う。

手順	要　領
1	周囲に知らせるため、大声で「落水！」と繰り返し叫ぶ。右舷、左舷、船首、船尾など、転落した場所を叫ぶことも重要である。例えば、左舷に転落した場合、「左舷落水！」と叫ぶ
2	転落者を注視し、空いている手で指さし続けながら艇長などの近くに移動する。転落者の状況（意識の有無、負傷など）を大声で明確に艇長などに伝える
3	クルーが転落者を見失ったら、ストロボライト付きの浮環など、浮くものならなんでも、できるだけ早く舷外に投じる

A.4. 艇長または操船者の取るべき行動

警報を鳴動させたら、艇長は転落者を揚収するためいくつかの手順を実行する。揚収は迅速に越したことはないが、落ち着いて状況を判断し、揚収を一度で成功させるため、ゆっくりと行動したほうがよい場合もある。転落者の揚収は毎回状況が異なる。ゆっくりと接近し、転落者の揚収を 1 回目の試みで成功させるほうがよい。

下記の手順を実行するのに、唯一の正しい順番があるわけではなく、すべてはそのときの状況いかんによる。回頭して転落者に向かうのは通常の第 1 ステップだが、船舶の交通が多い場合、回頭が危険な場合もある。それぞれの行動は慎重に行い、揚収を成功させなければならない。

(注釈)拙速に行動する前に状況を正しく判断すること。

(警告)揚収のため回頭するときは、増速するのがよいとは限らない。急に増速して波に乗ったりすると、船体は不安定になり、さらに転落者を増やす恐れがある。

(注意)常に安全速力で航行すること。

A.5. 転落者を揚収するための操船

人が転落したら、ボートは揚収するための操船を行う。多くの場合、転落者側の舷に向けて舵を取る。これにより、船尾が転落者と反対側に振れてプロペラへの巻き込みを防ぐ。

人が船首側に転落した場合、船尾を振るためにはどちらに転舵してもよい。船尾側に落ちた場合は、渦で船尾に吸い寄せられている場合がある。急転舵の際に増速することで、転落者を押し離すことができる。

付近の航行船舶や狭い水路のため、転舵できない場合もある。こうした場合、減速停止する方法もある。ボートが停止したら、転落者は泳いで帰還することもでき、その場で回頭して揚収することもできる。回頭する際に増速する必要はない。

転落者の迅速な揚収は重要だが、増速するとほかのクルーを不意に転落させることがある。高速航行中に海中転落が発生したら、転舵の前に減速するべきである。艇長は安全な速力で転舵し、揚収作業を行うクルーが安定して作業できるようにする。

A.6. 位置の記録

GPS 受信機の MOB ボタンを押し、転落が発生した正確な位置を機器に記録することが重要である。

これによって船を戻す場所が明らかになり、捜索を開始できる。GPS 受信機を搭載していない場合、DR、物標目視、レーダーなどあらゆる手段で記録する。

A.7. 付近船舶への周知

5 回以上の短音を吹鳴するなどにより、周辺のボートなどに転落が発生して危険が生じていることを告げる。周辺の船は信号の意味が解らないかもしれないが、なにかの異常が発生していることは認識する。

A.8. 浮き具の投入

クルーが転落者を見失った場合、艇長はストロボライトがついた浮環（あるいは浮くものならなんでも）を舷外に投入するよう指示する（Figure 16-1）。これには二つの目的がある。まず転落者がそれを手にすることで発見されやすくなり、浮力も増加する。また、投入された浮き具が捜索基準点の目印となり、ボートを操船して戻す位置の目安になる。

(注意)浮き具を、転落者を狙って投げないこと。当たると怪我をする。

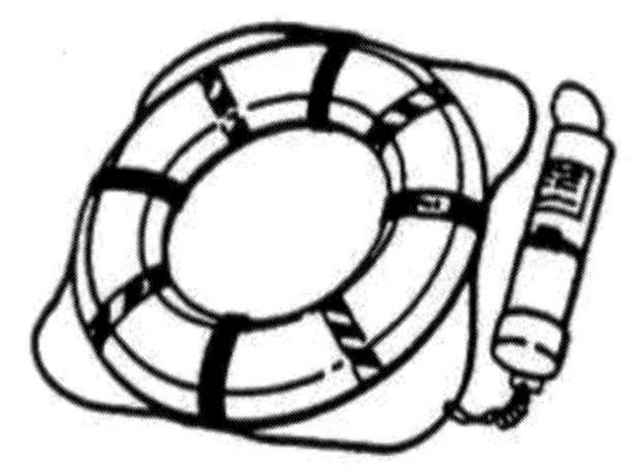

Figure 16-1 ストロボライト付きの浮環

A.9. クルーへの任務の割り当て

「落水」の一報を聞いたら、艇長はクルーに以下の任務を割り当てる。

- 天候が許せば、ポインターを船首に配置する。これは通常、第一発見者のクルーを当てる。ポインターは転落者を注視し、指で方向を示し続ける。ポインターは、転落者の状態を声で伝える
- 揚収作業を担当するクルーにはヒービングラインの準備を指示する。転落者が意識不明の場合、海面泳者の準備にかかる。転落者を見失った場合、揚収作業担当にストロボライト付きの浮環（またはなんらかの浮き具）を投入するよう指示する
- 海面泳者はスタンバイし、ほかのクルーは泳者のセーフティーハーネスの引き綱を保持する

A.9.a. ポインター

ポインターは転落者を目視で捜索し、発見したら指さし続ける。艇長はポインターの手信号でボートを操船し、揚収地点に向かう。艇長は、ポインターに任務を解除するまでの間、集中を妨害するほかの任務を与えてはならない。

A.10. クルーのブリーフィング

艇長は揚収のための接近準備が完了したら、揚収方法についてクルーにブリーフィングを行い、揚収舷の指示を行う。接近は風、波、操船性能、海域の広さなどの制約を受ける。

A.11. 指揮官への報告

可能な状況であれば、艇長は指揮官に海中転落発生の状況を連絡する。これは発生後できるだけ迅速に行うべきである。

A.12. 緊急(PAN-PAN)通信

落水者を発見してすぐに揚収できず、援助要請が必要な場合、CH16 または 2,182kHz で、緊急呼び出し信号「Pan（発音はパーン)」の 2 回 3 セット繰り返し（Pan-Pan, Pan-Pan, Pan-Pan）を前置したあと、ボートの識別番号、位置、状況の概略などを送信する。

“Mayday（メーデー）”を使用してはならない。これは緊急重大な危険の際にのみ使用する。

転落位置に戻り、ひと通り周囲を確認しても転落者が見当たらない場合、位置指示マーカー（最初に投入しなかった場合）を投入し、捜索パターンを開始する。捜索は指揮官が別途指示するまで継続する。

A.13. 追加支援の要請

追加支援の要請は指揮官に対し無線で行う。必要に応じ、付近の船舶に対して艇長が要請することもできる。

A.14. まとめ

海中転落者を揚収する以下の一般手順は、すべてのボートからの転落者について同様である。事案発生の時系列で記述している。

手順	要　領
1	人が海中に転落する
2	転落を目撃したクルーは「落水！」を大声で叫び、転落舷を告げ、落水者を注視して指をさし続ける
3	艇長は以下を行う。順番は状況によって変わる。減速して状況を判断してから行動することを忘れないこと ・　転落位置に向けて回頭する。クルーが揚収を準備できるよう安全速力を維持する ・　GPS のボタンを押して転落位置を記録する ・　付近船舶に笛やホーンを短音 5 回以上鳴らすことにより、緊急事態の発生を周知する ・　落水者を見失ったら浮き具を投入する
4	クルーに任務を割り当てる ・　ポインター（または目撃者）は操舵室付近に移動し、落水者を注視し指さし続ける ・　揚収クルーは救助の準備を行う
5	揚収地点への接近を開始し、クルーに作業手順と揚収舷を指示する。状況によって風下または風上からの接近を選択する
6	状況が許せば指揮官に状況を連絡する
7	追加の支援が必要な場合、指揮官や周囲船舶に要請する。“PAN-PAN”を放送する

接　近

A.15. 概　要

艇長は状況に従って風上（追い風・流れ）または風下（向かい風・流れ）からの接近を選択する。

(警告)落水者が船尾側を漂流している場合、後進してはならない。プロペラで負傷させる恐れがある。

A.16. 風下からの接近

風下からの接近は、受ける力が最大になる方向に船首を向け、以下の手順により揚収を行う。受ける力には風、流れ、波またはそれらの組み合わせがある。風と流れが異なる方向から到来する場合もある。

手順	要　領
1	接近しやすい方位に船首を向け、うねりの影響を抑えるようバランスをとる
2	素早く接近し、落水者に近づいたら航走波を抑え、直前で後進をかけて停止する。落水者が揚収地点の近傍にくるようにし、ボートの行き足を完全に止める
3	エンジンを中立にし、落水者が舷側にきたらクルーは揚収を行う
4	操船を容易にするため、揚収作業中も船首は風や波に正対させる
5	落水者を行き過ぎたり、行き足過大で流されて乗り揚げたりしないように注意する
6	落水者がボートの後方に流れてしまった場合、揚収するため後進してはならない。プロペラが生存者を傷付ける恐れがある。ボートを前進させて再度回り込み、再接近を試みる。慌てて何度も接近するより、ゆっくり接近して一度で成功させるほうがよい

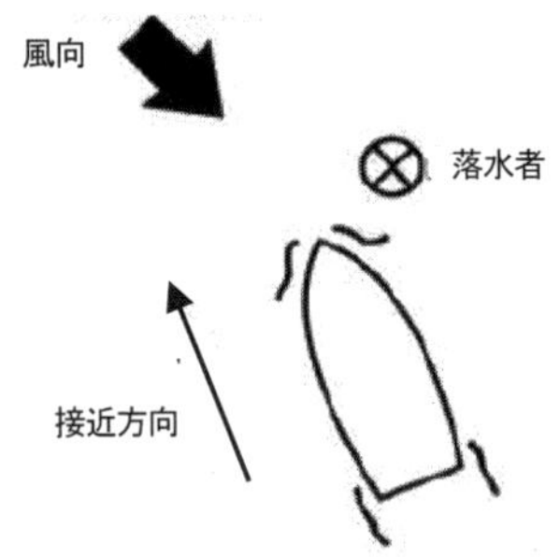

Figure 16-2 風下からの接近

A.17. 風上からの接近

風上からの接近（Figure 16-3）は、落水者が狭い水域にあって風下からの接近が困難な場合に、風を船尾から受けて行うが、構造物や船首の風圧面積の関係で船尾を風上に向けることができない場合は行わないほうがよい。風上からの接近は以下のように行う。

手順	要　領
1	操船者は転落者の風上あるいは上流となる地点に向けて操船する
2	エンジンを中立にする
3	落水者に向け、流れで接近する
4	落水者がボートの揚収舷側に来るようにし、乗り揚げないよう注意する

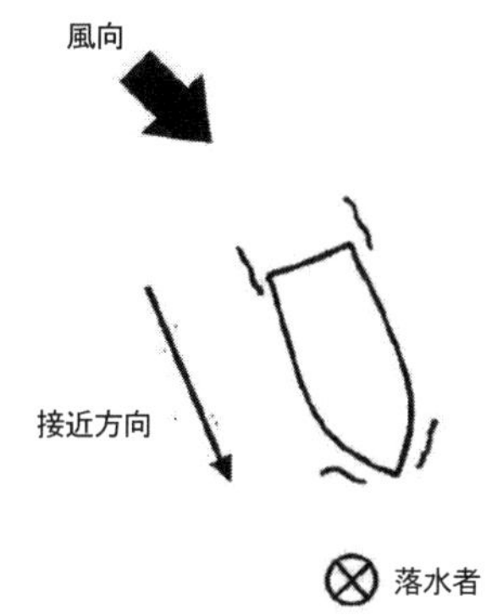

Figure 16-3 風上からの接近

A.18. 複数落水者の場合の風上と風下側からの揚収

技能と経験があれば、複数の落水者を揚収する場合など、風の上下双方からの接近が必要な場合がある。

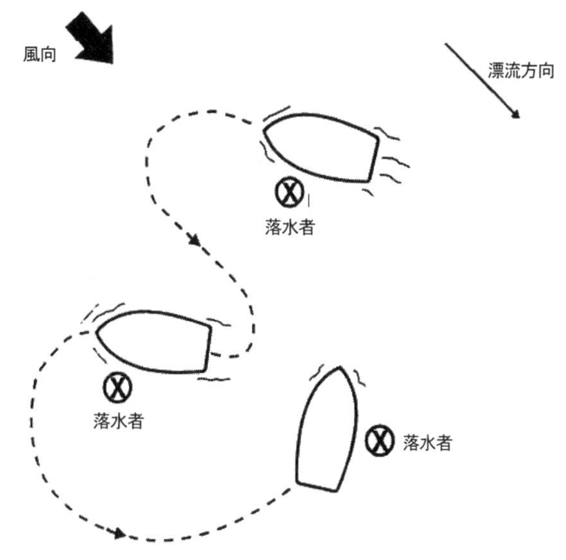

Figure 16-4 複数落水者への風上と風下からの接近

A.19. 即時の停船

停船し、落水者が船かロープでつないだ浮体に泳いで戻れるようにするのが最善の場合がある。これは落水直後に停船できる場合に効果的である。落水者が船尾付近にあるとき、プロペラに巻き込まないよう常に注意する。

A.20. 停船とその場回頭

特に狭い水路では、停船してその場で回頭し、落水者に戻る方法がある。ボートの回頭と後進の性能、風と波の状態でどのように接近するかが決まる。ボートを落水者の風上に移動させ、風で落水者に寄せられるようにする。

A.21. デストロイヤー(駆逐艦)ターン

狭い水路の場合を除き、落水者側に転舵する方法がある。船尾は落水舷と反対側に振れて落水者を巻き込むことを避けられる。2 軸船の場合にも応用できる。2 軸船は両舷機を逆転させることでその場回頭できる。1 軸船では、舵をいっぱいに切り増速する。

手順	要　領
1	落水者側に転舵する
2	回頭を続け、落水者の風上側から船首がゆっくりと接近するように操船する
3	船首が落水者に向いたら速やかに接近する
4	落水者には慎重に接近し、横にきたら停船する

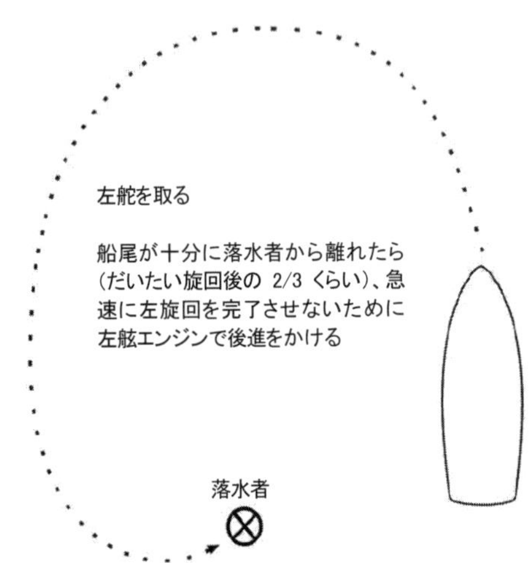

Figure 16-5 デストロイヤーターン、左回頭

(注意) 落水者がすぐそばにいる場合は決してプロペラを回転させてはならない。落水者が船の近くにいる場合にどうしても操船するために動力が必要な場合は、落水者側に舵を取り、船尾とプロペラを落水者から離すことで安全な距離を確保する。

A.22.　荒天下での接近

荒天の場合はボートの操船を安定させるため、船首を風に立てて風下から接近しなくてはならない場合がある。特に 1 軸船の場合、艇長の操船技量が試される。

視界不良時の接近

A.23.　概　要

視界不良時や夜間は、目撃者は「落水」と叫び、艇長はストロボライト付きの浮環（浮体ならなんでもよい）の投入を指示する。落水者を注視し、できるだけ長く指さし続ける。艇長は GPS の MOB（落水位置記録）ボタンを押して信号を吹鳴し、以下の方法のいずれかで落水点に戻る。

- アンダーソンターン
- レーストラックターン
- ウイリアムソンターン

A.24. アンダーソンターン

この方法の利点は、最も迅速な揚収方法ということである。欠点は1軸船に向かないことである。

手順	要　領
1	落水側に舵をいっぱいに取り、可能な場合、回頭外側のエンジンを増速する
2	⅔まで回頭したら、回頭内側のエンジンを⅔ または全速まで増速する
3	落水者が船首 15° 方向にきたらエンジンを停止する
4	舵を戻し、エンジンを使って適切な位置に船を誘導する（Figure 16-6）

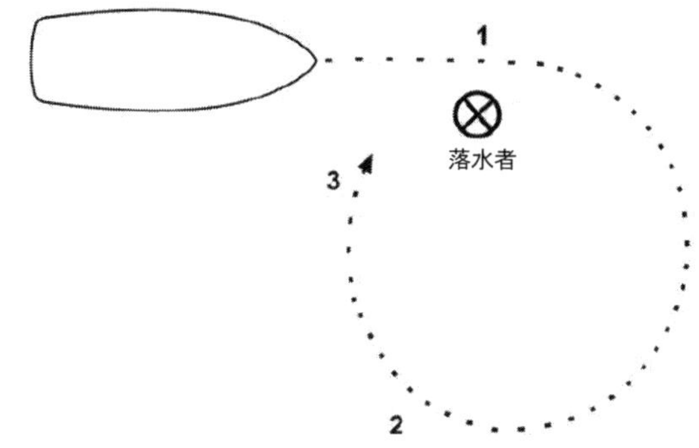

Figure 16-6 アンダーソンターン

A.25. レーストラックターン

レーストラックターンは最終直線レグで接近の目安をつけやすい。

手順	要　領
1	落水者側に舵をいっぱいに取り、可能な場合増速する
2	元の針路と逆になるまでいっぱい転舵を続ける
3	この逆の針路でしばらく進んだのち、同じ方向にいっぱいに転舵して落水者に向かう（Figure 16-7）

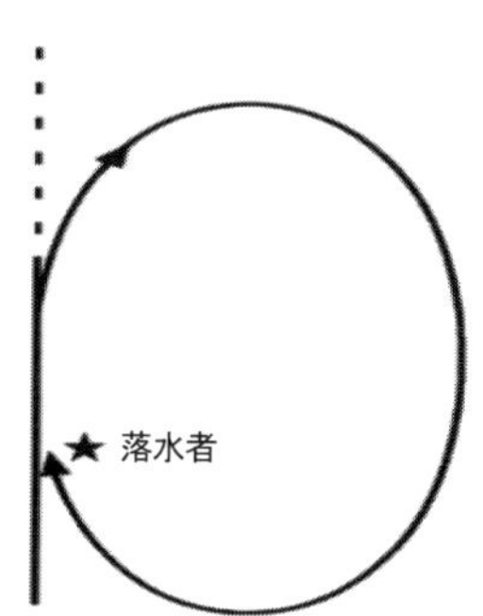

Figure 16-7 レーストラックターン

A.26. ウイリアムソンターン

夜間や視界不良時に落水して発生時刻が正確にわからない場合、ウイリアムソンターンで落水者を捜索する。この方法の利点は、適切に行えばボートが正確に元の航跡上に戻れることである。これにより、落水が発生した航路上を、平行捜索を使わずに捜索を開始できる。当然、落水警報が発せられたら一般の海中転落対応手順を取る。

A.26.a. 手順

ウイリアムソンターンの手順は以下の通りである。

手順	要　領
1	警報と同時に現針路を記録し、捜索点の目印にストロボライト付き浮環などを投入する
2	左右どちらかに 60°変針する。右に変針する場合は針路の値は+60°、左の場合は-60°である
3	次に、元と反対の針路を計算する（180°　反対方向）
4	反転針路の計算と 60°の変針が完了したら、最初の変針時と反対側に転舵して反転針路に入る

A.26.b. 右　転

Figure 16-8 は、右 60°回頭によるウイリアムソンターンを示す。コンパスが指す船首方位は、A 点では元の針路である 000°、B 点では 060°である。反転針路は 180°であるから、コンパスが 060°　を示したら逆に転舵し、針路 180°　に持っていく。この針路に沿って航行しながら捜索を行う。反転針路での捜索時点で二つ目のマーカーブイなどを投入する。

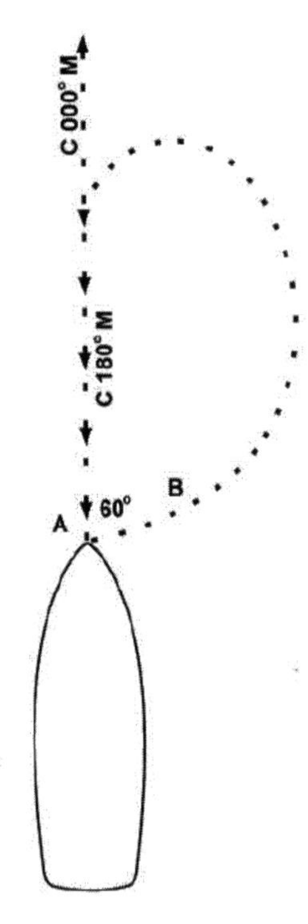

Figure 16-8 ウイリアムソンターン

A.26.c. 一定速力の維持

ウイリアムソンターンでは回頭中に速力を変えてはならない。速力の増減は回頭を始める前に行う。速力を変えると、ボートはもとの航跡上ではないところで反転針路に入り、落水者から遠ざかる危険がある。ウイリアムソンターンは、ボートを反転させて正確に元の針路上に戻すために行う。

A.26.d. 60°回頭の計算

落水警報を聴いたら、艇長は現針路から左右いずれかに 60°変針する。

IF	THEN
右変針	現針路の値に 60°を加える ・ 現針路の 080°を記録する 右回頭 +060° 針路が 140°になったら舵を戻す
左変針	現針路の値から 60°を引く ・ 現針路の 080°を記録する 左回頭 -060° 針路が 020°になったら舵を戻す

A.26.e. 反転針路の計算

反転針路は現針路の値に 180°を加えるか減じるかによって得られる。加減は現針路の値が 180°よりも大きいか小さいかで決まる。

A.26.f. 現針路の値が 180°以下の場合

反転針路は 180°を加える。

例：現針路 070° + 180°　反転針路は 250°

A.26.g. 現針路の値が 180°以上の場合

反転針路は 180°を減じる。

例：現針路 200° - 180°　反転針路は 020°

A.27. 曳航中の場合

曳航中の海中転落ではいくつかの問題が発生し、困難な状況となる。

(警告) 曳航中に大きく転舵してはならず、転舵はゆっくりと少しずつ行う。常に被曳航船が真後ろ方向に位置するようにする。

A.27.a. 船の操縦性

ボートが船尾方向で曳航しているとき、船の操縦性は以下のようになる。

- 減速すると被曳航船が追突する危険がある。曳航船が減速して曳航索を取り込まないと、ロープが沈み込んでプロペラや舵に巻き込まれる
- 曳航船がどちらかに大転舵すると、曳航索の張力で曳航船が横方向に引かれて復原力を超え、転覆する恐れがある（トリッピング）

(注釈) トリッピングは曳航船よりも被曳航船のほうが大きい場合によく発生する。

A.27.b. 気象条件

後方からの流れ、風、波、うねりなどでヨーイングが発生し、曳航船は後ろからの力で一層不安定になる。被曳航船が横から流れを受けると、スリップで保持が難しくなり、ヨーイングが発生する。

(注釈)沿岸砂州や入り江の状況によって、条件はさらに厳しくなる。

A.27.c. 事前の計画

発生の可能性がある多くの問題について、操船者は慎重に状況を判断して事前計画を行い、海中転落に対処しなくてはならない。

(注意)巧遅の対応は拙速に勝る。

A.27.d. 追加手順

曳航中に人が海中転落した場合、警報の鳴動や浮環の投入などの初期対応は同様に行うが、さらに以下の手順を行う。

- 付近にいるほかの船舶に揚収を依頼する
- 曳航速力が遅い場合、被曳航船が揚収することもできる。被曳航船が操舵できる場合は落水者に向けて操船し、舷側での揚収を試みる。いずれの場合も、曳航船も減速して落水者に接近し、揚収を支援する
- 船尾での曳航の場合、被曳航船に海中転落の状況を連絡し、落水者の発見を依頼する
- 被曳航船が大きく針路を変えると、トリッピングやブローチングで危険になることを確実に伝える
- 曳航索が沈んで舵やプロペラに絡まないよう注意する
- 落水者救助のため曳航索を放棄する場合、気象や交通など周囲の状況から曳航索放棄が危険な状況を生じないよう注意する。あとで曳航を再開・継続できるよう、可能であれば曳航アンカーを入れる
- 曳航船がぶつかって落水者が負傷する危険があることを常に念頭に置く
- 船首や舷側から転落した場合、プロペラによる重大な負傷や致死の危険がある。回頭する場合、常に船尾を落水者から離すように操船する

A.27.e. 被曳航船からの海中転落

被曳航船から海中転落が発生した場合、先に述べた警報の鳴動や浮環の投入などの初期対応は同様に行う。援助できるほかの船が周囲にいない場合、落水者を救助するため曳航索を放棄するのが最善である。狭い水域での転落の場合、航行不能となった船は、曳航索を放したのち、ただちに投錨すべきである。

(注釈)被曳航船の乗員は総員 PFD を確実に着用する。

A.27.f. 横抱きによる曳航中の海中転落

ボートを横抱きで曳航している場合、先に述べた警報の鳴動や浮環の投入などの初期対応は同様に行う。横抱き曳航の場合、回頭はやりやすく、以下を考慮して行う。

- 2 隻分の負荷があるので、エンジン操作に対する反応は通常通りではない
- 回頭するときは横抱きしている船の側に舵を取り、その船を中心に旋回する。その際、横抱きしている船が沈まないように注意する
- 操船者から落水者がよく見えるようにするため、揚収は、横抱きしている船の接舷側とは反対の舷で行う
- 必要があれば曳航を中止する。曳航船、被曳航船のどちらで落水が発生しても手順は同じである

A.27.g. まとめ

ひとつひとつの対応がボートとクルーなどに与える影響を常に考慮すべきである。財産よりも人命が

最優先である。被曳航船の乗員は落水者と等しく重要である。被曳航船が無人の場合、曳航の中断も検討する。すべての関係者と関係船舶に状況を伝達する。

海中転落事案における最善の対応は、そもそも落水が発生しないようにすることである。クルーがどこでなにをしているかを把握することが肝心である。

荒天下での接近

A.28. 概 要

荒天下における落水者の揚収には、先に述べた通常の落水者救助手順を実施する前に、特別な予防措置を取ることが求められる。通常手段は、アラームがなったらただちに実行する。荒天下での対応の詳細はChapter 20 Section D を参照する。

落水者の揚収

A.29. 概 要

落水者の揚収技術は、どのような事故においても共通である。落水には、自船クルーの海中転落、着水航空機の乗客、沈没漁船の船員、桟橋からの転落など、いろいろな状況がある。

A.30. 揚収の方法

落水者の状態によって揚収方法は異なる。艇長は落水者の意識の有無によって揚収方法を以下から選択し、クルーに作業を割り当てる。通常、揚収は乾舷が最も低くプロペラから離れた場所で行う。

(注釈) 落水者揚収の訓練は、人型のダミー（OSCAR）を使って行う。OSCAR は 180 ポンド（約 82kg）程度の重量を持たせ、首と脚に露出防止のカバーオールをしっかりと着用する。

A.31. 落水者に負傷がなく意識がある場合。

落水者に意識があって水中で動ける場合、以下の手順を実施する。

手順	要　領
1	艇長の指示により、クルーは落水者にヒービングラインまたはフロートラインを投げる
2	落水者がロープを保持したら、船上から引き寄せる
3	落水者が乗船の補助を要する場合、以下のいずれかの支援を行う ・　2 名がそれぞれわきの下に手を入れ引き揚げる（反対の手はボートを保持する） ・　揚収用ストラップまたは舷梯で揚収する

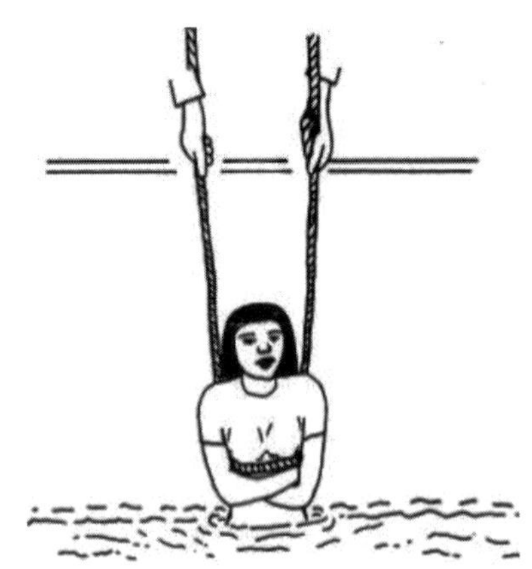

Figure 16-9 揚収用ストラップ

A.32. 追加の手順

ボートの構造によっては、落水者にクルーの手が届く場合がある。

- ボートのクルーは落水者を真っすぐ舷側に引き揚げる
- 舷側に背中を引きずらないよう注意する

Figure 16-10 落水者の海面からの揚収

負傷していない人を単独で揚収する要領は以下の通りである。

手順	要　領
1	落水者をボート側に向かせ、両手を差し上げさせる
2	ボートのクルーは両腕を交差させて下に下げ、落水者の手首をつかむ
3	水面から真っすぐに引き揚げながら腕の交差を解き、落水者を回転させながら引き上げる

ボートの乾舷が高すぎて安全に引き揚げられない場合、以下の手順で行う。

手順	要　領
1	救助用（揚収用）ストラップをわきの下に入れる
2	ストラップは胸の前からわきの下を通し、頭の後ろから引き揚げる
3	擦れて痛むようであれば、当て物をあてがう

落水者は浮力により水中では軽いが、水から引き揚げると本来の重量で重くなることに注意。

A.33. 負傷または意識不明の落水者

落水者に意識がない、または負傷している場合、現場で安全に実施可能であれば直接の揚収を試みる。安全に実施できない状況であれば、海面泳者による揚収を検討する。

(注意)意識のない落水者をボートフックで扱うときは慎重に行うこと。

A.33.a. 海面泳者

(訳注) 海面泳者の制度は、米国固有の制度のため省略。

A.34. 救助泳者の要請

(訳注) 専門の救助泳者の制度は、米国固有の制度のため省略。

A.35. 複数落水者の揚収

複数落水者の場合、救助の順番が問題で、艇長の最適判断が必要になる。その際、現場の状況判断が艇長の行動を左右する。こうした場合、以下を考慮する。

・ 負傷者はいるか？

・ PFD を着用していない者はいないか？

・ 落水者は浜や突堤にどれくらい近いか？

・ 落水者の年齢はどの程度で、体調はどうか？

A.36. 複数落水者の揚収(MPR)システム

MPR システムは、多数の落水者を船上に揚収するための膨脹式救助用具である。MPR は 41 フィート型の汎用艇（UTB）用に設計されている。正しく使用すると MPR は 10 秒以下で膨脹し使用可能な状態になる。この装置により、救助者がランプを降りて落水者の揚収作業を支援し、複数の落水者が自分で水中から船に這い上がることもできる。

Figure 16-13 複数落水者の揚収装置

Section B. 水中での生存技術

クルーが事故で落水した場合に救助率を高める生存方法を事前に考えておく必要がある。本節では、落水者が水中で生存する可能性を大きく高める技術について述べる。クルーは PPE（個人用保護具）を適切に着用することが生存の最大の保険であることを忘れてはならない。

B.1. 低温海水中での生存可能性

人が低温の水中で生存できる時間は、水温、体調および生存者がとる行動によって決まる。Figure 16-

14 と Table 16-1 は、負傷者の行動、水温、生存推定時間の関係を示す。泳ぐと体温の消耗が速くなり、生存率は大きく低下する。

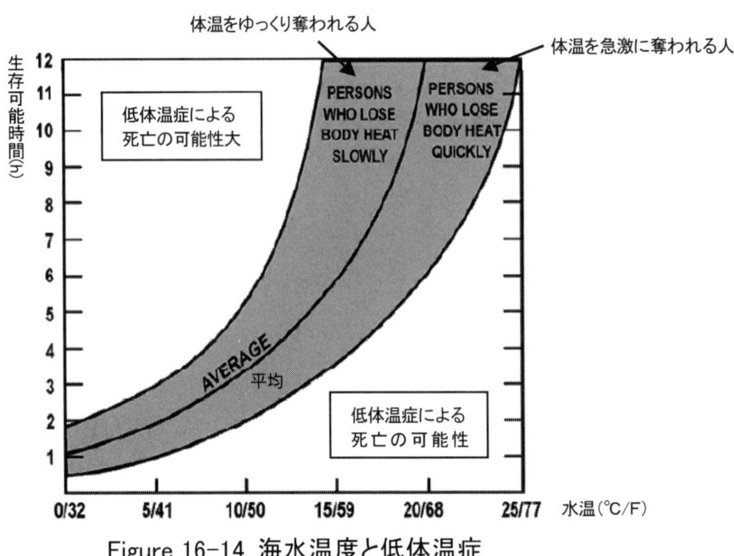

Figure 16-14 海水温度と低体温症

Table 16-1 水温と生存時間の関係

大人への低体温症の影響		
水温（℃）	疲労または意識不明	生存推定時間
0.3 以下	15 分以下	15～45 分以下
0.3～4.4	15～30 分	30～90 分
4.4～10	30～60 分	1～3 時間
10～15.6	1～2 時間	1～6 時間
15.6～21	2～7 時間	2～40 時間
21～26.7	2～12 時間	3 時間以上
26.7 以上	上限なし	上限なし

B.2. 重要な要素

低温の水中では時間が問題で、体温の喪失が生存に最も大きい影響を与える。低体温症や低温水中での障害に影響する要素にはほかに以下のようなものが含まれる。

- 低温水への長時間の曝露
- 海水飛沫
- 外気温
- 冷たい風

B.3. 生存技術

水中での生存可能性を向上させる方法には以下のようなものがある。

- できるだけ多くの防寒着で頭、首、手、脚を覆う

- 低体温症の防護服に十分な浮力がない場合、PFD を着用する
- 可能であれば水に入らない。飛び込む必要がある場合は肘を両脇に付けて締め、手で口と鼻を覆い、反対の手で手首または肘をしっかりと握る
- 入水の前に服のボタンをしっかりと締め、夜間であれば信号ランプを点灯し、呼笛の位置を確認するなど、救助に関するあらゆる手段を準備する

B.4. 水中での生存技術

水中で生存するための技術には以下のようなものがある。

- 入水したらただちに周囲の状況を把握し、沈没するボート、浮遊物、ほかの生存者などを確認する
- 救命艇、筏、転覆しているボートなどの浮いている物にできるだけ早く上がり、体温の喪失を防ぐ。水中での体温は、空気中よりもずっと早く失われる。断熱素材は水を吸うと急激に機能が低下するので、風を防いで体温の低下を防ぐことが重要である。救命艇に這い上がることができたら、キャンバスやターポリンで寒気を防ぐ。艇内ではほかの生存者と密着すれば体温を温存できる
- 浮かんでいる場合、ほかの生存者や、つかんだり乗り込んだりしようとする浮体に接近する場合のほかは、泳ごうとしてはならない
- 不必要な水泳は体と衣類の間の暖かい水を追い出してしまい、体温喪失が速くなる。さらに、腕や脚を無用に動かすと体内中心部の暖かい血液が体表面に移動し、体温が急速に失われる
- 体温を維持するには水中の姿勢がきわめて重要である。脚を閉じてわきを締め、できるだけ動かず、PFD の前で腕を組む。これが HELP（Heat Escape Lessening Position）姿勢で、体が冷たい水に触れる面積が最小になる。頭部と首を水中から出すが、Type III PFD の着用や HELP 姿勢で顔が水に浸かる場合、脚をしっかりと閉じてわきを締め、頭を後ろにそらす
- 体温を温存する別の姿勢は、ほかの生存者と水中でしっかりと密着し、体表面の接触をできるだけ大きくすることである。PFD は、このような水中姿勢をとることができるように着用しなくてはならない
- 冷水中では溺水防止泳法は避けたほうがよい。溺水防止泳法とは、水中で緊張をゆるめ、呼吸の合間に頭を水中から出す方法で、これは水温が高く PFD を着用していない場合の技術である
- 体温は頭部と首から失われやすく、水面の上に出しておくため、低温の水中では PFD の着用が一層重要である。PFD を着用していない場合、頭を水面に出す最小限の立ち泳ぎを行う
- 生存と救助に希望を持つ。これにより、救助が到着するまでの生存時間が長くなる。生きようとする意志が大きな違いを生む

Figure 16-15 単独落水者

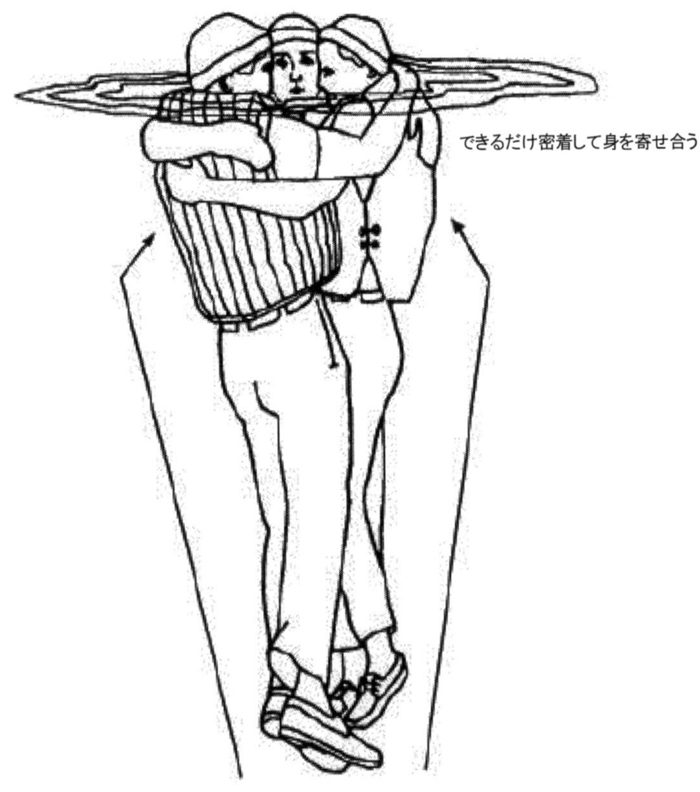

Figure 16-16 複数の落水者

Chapter 17.曳　航【安全：運用】

曳航は、ボートのクルーがよく行う任務の一つである。本章では、曳航で働く力、曳航用具、安全措置および手順について述べる。ボートクルーは曳航の原理をしっかりと理解し、怪我や死亡事故、財産の毀損などが起こらないようにしなくてはならない。

完全に同じ曳航状況というものはなく、曳航作業をルーティンと考えてはならない。ケースごとに技術と手順は異なる。原理と標準手順を理解し、気象、海象、船種、クルーの経験などが異なる個別の事案に当てはめる。曳航は常にクルーと船の能力の範囲内で行わなくてはならない。

(警告) 吊り上げ、曳航、甲板作業などを行うボートクルーが、指輪などの宝飾品や腕時計といった、制服やPPEでないものを着用することは、引っかかる恐れがあるため禁じられている。当直士官や艇長はこのことを事前のブリーフィングで徹底し、甲板作業前にそれらが外されていることを確認する。

Section A.　曳航時の安全

曳航においては安全が最重要事項である。曳航は本質的に危険な作業である。曳航船と被曳航船双方のクルーの安全は財産より重要であり、あらゆる曳航作業の主要な任務は安全の確保である。曳航の安全な成功は、クルーのプロフェッショナリズム、能力およびチームワークにかかっている。Chapter 4の「チームの調査とリスク管理」は安全に関する重要事項全般を述べており、ここでは曳航に関する個別事項について述べる。

(警告) 曳航作業を完遂するという目的が、リスク評価に優先してはならない。

A.1.　リスクの評価

すべてのボートクルーには、リスクを発見して管理する責任がある。作業の各段階に潜むリスクを正しく評価することで、曳航作業中の事故を防ぐことができる。曳航に関する重要な情報を持っている被曳航船のクルーとの意思疎通は、曳航を成功させるためにきわめて重要である。

A.2.　状況の把握

曳航作業の状況は、準備段階から作業が終了して係留するまでの間に刻々と変化する。クルー全員が変化する状況を常に認識していなくてはならない。各員は現在周囲でなにが行われていて、状況がどのように変化しているかを理解していなくてはならない。クルーの状況認識は、状況の会話や被曳航船との会話などの意思疎通により確実になる。曳航船側からはわからない状況の情報が、外部の目から得られる。

状況の把握ができなくなった場合、曳航を継続するか中断するかを決断しなくてはならない。決断は行動、反応、通信などのかたちをとる。すべてのクルーが意思決定のプロセスに責任を有する。

A.3.　リスク管理の計画

標準手順による曳航訓練、分析、ブリーフィングおよびデブリーフィングは、曳航のリスク管理計画の立案に重要である。すべてのクルーがリスク管理に参加しなくてはならない。Section Eの標準注意事項が曳航のリスク管理計画の基本だが、計画は状況の変化に応じて随時修正しなくてはならない。

Section B. 曳航に作用する力

ボートクルーは、被曳航船に作用する力や抵抗力を理解して安全に処理しなくてはならない。それらはあらゆる船に働く力と同じものだが、遭難船の対処能力は限られている。曳航船は被曳航船を動かすため、曳航索で力を伝える。クルーはそれぞれの力を理解して平衡を維持し、作用に対応しなくてはならない。

静的な力

B.1. 概 要

静的な力によって被曳航船には抵抗する力が生じる。船に作用する抵抗力の大きさは、被曳航船の排水量で決まり、曳航船はこれに抗して曳航しなくてはならない。慣性とその惰力が、曳航船に作用する抵抗力の要素である。

B.2. 慣 性

慣性は、船が動かず現状にとどまろうとする性質である。船の重量（排水量）が大きいほど動かし始めるのに大きな力が必要になる。

B.3. 慣性惰力

被曳航船の船首方向を変えるとき、垂直軸を中心に船を回そうとする力に抵抗する慣性惰力が発生する。船が大きいほど船の回頭に抵抗しようとする力は大きい。急な危険を避けるため、できるだけ遭難船を曳きながら船首方向を変えないほうがよい。慣性と慣性惰力の両方が遭難船の抵抗力に含まれており、2種類の力を個別に処理すると、船と甲板設備、曳航機材などに加わる抵抗は大きく軽減される。

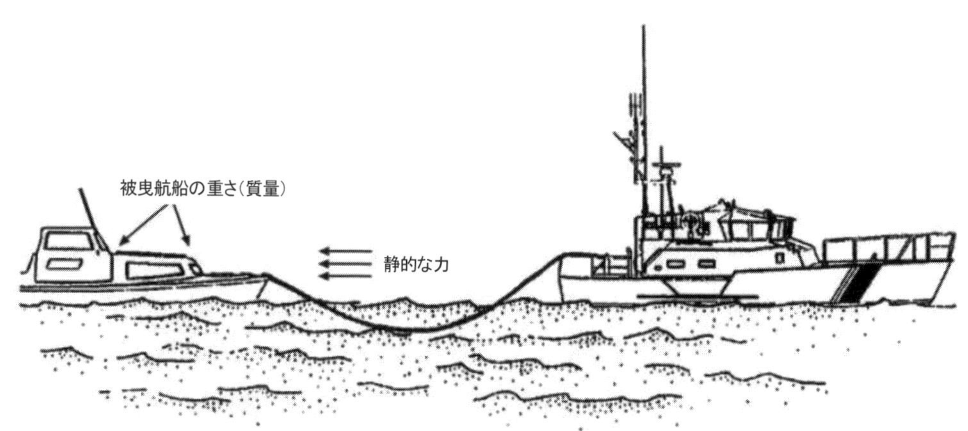

Figure 17-1 静的な力

静的な力に対抗するには、曳航はゆっくりと開始し、変針も徐々に行う。静止状態から引き始めると、船体や属具などに大きな力が加わる。被曳航船が曳航船と同じか大きい場合、曳航船には非常に大きな力が加わるため、ゆっくりと慎重に曳航し、徐々に変針する。

B.3.a. 船首方向への曳航開始

目的の方向に向けて曳航を開始するには以下の手順で行う。

手順	要　領
1	被曳航船の慣性に対抗するため、曳航力を徐々に加える
2	被曳航船に惰力が生じたら、徐々に速力を上げる
3	曳航する方向を変えるには、被曳航船が動き出してからゆっくりと徐々に行う

B.3.b. 被曳航船の針路変更

被曳航船の針路は以下の手順で変更する。

手順	要　領
1	曳航力を被曳航船の船首と直角に加える。被曳航船が回頭し始めたら抵抗力は大きくなる
2	曳航力を徐々に増加させる。慣性惰力が大きいため、大型船の針路を変えるのは、小型船の場合よりも困難である
3	徐々に目的とする方向に曳き、船が前進しようとする力に対抗する
4	動き始めたら静的な力の影響は減少し始める
5	安定した速力で目的の方向に曳航できるようになるまで、慣性と惰力に対抗する力を加え続ける

動的な力

B.4. 概 要

動的な力は被曳航船が動き始めてから生じる。動的な力は被曳航船の性質（形状、排水量、構造など）、曳航船の動きおよび波や風の影響によって決まる。

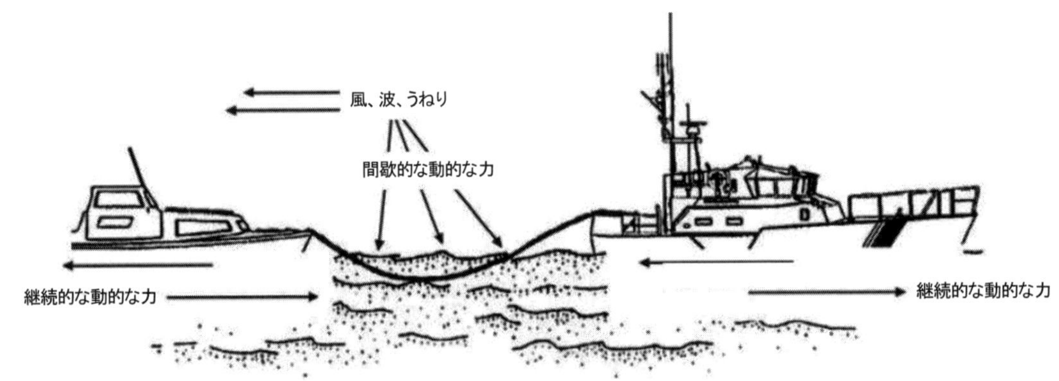

Figure 17-2 動的な力

B.5. 惰 力

船がいったん直線的に動き始めると、直線運動を維持しようとする性質が働く。排水量が大きく、船速が速いほど、止めることや針路を変えることが難しくなる。

B.6. 角運動量

いったん船の針路が変わり始めると、同じ方向に変化し続ける性質が働く。被曳航船の針路変更が急であるほど直進に戻すことが難しい。被曳航船の惰力は曳航速力に比例して大きくなる。直進惰力は針路変更の抵抗になり、曳航索の張力が減じても船は動き続ける。曳航針路を変える場合、被曳航船には針路が変わる間、曳航船を軸とした回頭方向への惰力が発生する。目的の方向に変針を完了するには、回頭方向と逆向きの力が必要な場合がある。惰力を処理する鍵は、惰力が船にどのように作用するかを予測し、相殺する力を早めかつ徐々に加えることである。

(注意) 被曳航船には常に摩擦抵抗が作用し、曳航具には常に強い張力が加わる。被曳航船の形状と船体表面の状態は変わらないので、摩擦抵抗は曳航速力を変えることで対応できる。曳航速力が速いほど、大きな摩擦抵抗を生じ、曳航具には強い張力が加わる。

B.7. 摩擦抵抗

船が動くと、船体に直接触れている水の層が動き、水の分子と船体表面との間の摩擦で抵抗が発生する。船は水中を進むように見えるが、この抵抗に対抗するためエネルギーが必要になる。船速が増加すると摩擦による海水の動きは渦になり、さらにエネルギーが必要になる。

(注釈) 摩擦抵抗は船底形状によって変わる。水中の表面積が大きいほど摩擦抵抗は大きい。プロペラ、プロペラシャフト、スケグ、キール、舵などの船底付属物も水中表面積に加わり摩擦が増加する。

B.8. 形状抵抗

形状抵抗は、被曳航船の動きを変える能力に大きく影響する。船底形状によって水中の動きは異なる。被曳航船の船底形状と大きさによって、変針の際に直進しようとする性質への影響や、波に対する浮力の反応が異なる。船体が押しのけようとする水の量が少ないほど、水中を進むのは容易である。船体の大部分が深い喫水の船は、船体が細く喫水が浅い船よりも動かしにくい。船体の全長にわたって横方向の抵抗が発生する場合、被曳航船の針路を変更する際の抵抗は大きく、目的針路に向いたときに回頭方向の惰力を抑える性質も強い。被曳航船は形状抵抗を抑えるために舵を使用してもよい。

(注意) 滑走型船型の船を、滑走速力を超える速力で曳航するのは安全とは限らない。排水量モードの船速から滑走モードの船速に遷移、またはその逆のとき、被曳航船の復原性が低下し転覆することがある。また、波の抵抗（単発の大波であっても）で船体が排水量状態に戻り、その後、滑走状態に戻ろうとして曳航索に急張負荷が発生することがある。

B.9. 造波抵抗

船体が水中を進むと船首に波が発生する。船首の波の大きさは速力に比例し、推進または曳航される船首に抵抗が生じる。ボートクルーは曳航船などの船底形状の違いと特性に留意する。曳航船は被曳航船の船型による設計速力を超えないように注意しなくてはならない。船型の違いについてはChapter 8「ボートの特性」を参照すること。

(注釈) 衝撃負荷とは、曳航索に加わった大きな急張力が甲板設備を通じて両船に伝わることである。

B.10. 波、飛沫および風の抗力

波、飛沫および風の摩擦の抗力は船体や上部構造物に作用し、被曳航船の動きに大きく影響して曳航船に伝わる。これらの力は被曳航船の動きに応じて常に変化し、衝撃負荷に加わることがある。風と波の抵抗は被曳航船を風下に押すように働く。

B.10.a. 波の抗力

波の抗力は、船体の水中表面積と波を受ける乾舷の高さによって決まる。曳航索には、波の抵抗で大きな張力が発生する。

・ 大波に正対すると、波の抗力に形状抵抗が加わって被曳航船の前進惰力を上回り、曳航が停止してロ

ープに大きな張力が発生する場合があることに注意する。衝撃負荷で甲板設備が損傷し、曳航索が切断して両船のクルーに危険が生じる

- 波に向かって曳航する場合、曳航船に加わる波の抵抗は、被曳航船の速力と波に対する角度で制御する。速力を制限し、波に対して曳く角度を変えないと、被曳航船の船首で波が崩れるのを抑えることができない
- 追い波で曳航する場合、波頭が後ろから接近するときは曳航索の張力を保つために増速し、波頭が追い越すときには減速する

B.10.b.　飛沫の抗力

飛沫の抗力も曳航の抵抗になる。波の飛沫で曳航速力が遅くなり、衝撃負荷は大きくなる。飛沫の抗力で船体が一時的に大きく傾斜し、水が操舵室に打ちかかり、寒冷時には着氷が生じて復原性が低下するなど、被曳航船の動きに悪影響を与える。

B.10.c.　風の抗力

風の抗力でも衝撃負荷が生じ、被曳航船の動きと復原性に悪影響を与える。一定の横風で船体が風下側に傾き、強い突風では危険な傾斜が生じる。こうした影響で被曳航船にヨーイングが発生する。正面からの風がある場合、波の頂部に乗った被曳航船によって曳航索の張力が大きくなり、衝撃負荷が生じる。

(警告) 曳航が始まって動き出すと、船の浮力と重力に応じた動きで大きな衝撃負荷が発生する。

B.11.　浮力と重力に応じた動き

ボートクルーは、浮力と復原性の特性から、曳航中に被曳航船が自然環境からどのような作用を受けるかを把握しなくてはならない。遭難船が安定して静止しているように見えても、曳航が始まると転覆することがある。被曳航船の船首は前方からの波で大きく上下動し、後方からの波で浮力が変化することによる大きなヨーイングや、重力による速力の増減が発生する。

力と衝撃負荷の組み合わせ

B.12.　概　要

曳航中に受ける力が一つだけであることは少ない。クルーは通常、異なる多くの力が組み合わさった複雑な状況に対処しなくてはならない。個々の力には大きく一定したものがあり、クルーは、曳航力の変化はゆっくり発生するという前提で安全に対処する。変化が不規則な場合、曳航索の張力は安定状態から変化し始める。

(注意) 衝撃負荷で両船に大きな損傷が生じ、曳航索で甲板の曳航索止め具が破損することがある。衝撃負荷では一時的に両船とも船首の向きを制御できなくなり、小型船は転覆することがある。

B.13.　例

海上が平穏であっても、漁網や縄がプロペラに絡んだ大型漁船を曳いている場合、曳航船は波の抗力と形状で生じる大きな摩擦抵抗を受ける。曳航索と甲板の曳航具に強い張力が加わり、曳航船のエンジン負荷は高くなるが、曳航は比較的安定する。漁網が水中でなにかに絡むと、曳航索に新たな抵抗が加わり、張力が危険なレベルに達してロープが切れたり甲板上の曳航具が破損したりする（この例では、漁網を揚収したり、目印を付けて切り離したりして、曳航を安全に開始することが望ましい)。また、曳航が

安全に開始されたあとの予期しない変化で状況が非常に危険になることがあるので、ボートクルーはこうした衝撃負荷の危険性を常に意識しておくことが重要である。

B.14. 衝撃負荷の防止と対応

曳航船は危険な衝撃負荷に対応するため、以下のような対応を取る。

対　応	効　果
曳航速力を下げる	減速すると摩擦抵抗と造波抵抗は減少し、曳航索の張力は低下する。波が前方からの場合、減速によって波、飛沫および風の抗力も低下し、曳航索に加わる不規則な力を低減できる。曳航力の全体的な低下は有効である。比較的平穏な海上で航走波を前方から受けるとき、早目に減速すると航走波に当たる前に惰力を減じることができる。小型船が大きな航走波にぶつかると大きな衝撃負荷が生じ、波をかぶり浸水することもある
上下動をそろえる	荒天で両船の上下動が反対になる場合、曳航索に強い張力が生じる。上下動の周期をそろえれば、惰力の増減が同期し、曳航力が徐々に上回って衝撃負荷を抑えられる。このためには曳航索を縮めるより延ばすほうがよい

(注釈)沿岸砂洲の近くや湾口では、水深と等深線の変化が大きいので、上下動を合わせるのは難しい。

対　応	効　果
曳航索を繰り出す	曳航索を延ばすと衝撃負荷を抑えることができる。ロープは自重で垂れ下がり、カテナリーという曲線を描く。ロープを長く繰り出すほどカテナリーは大きい。張力が増すと、ロープのカテナリーを延ばすためにエネルギーが使われ、船への衝撃負荷が減る。また、ロープの種類によるが、曳航索を 50 フィート延ばすと 5 フィート 20 インチ分の衝撃吸収能力が増加する。ロープを延ばすことで上下動が同期し衝撃負荷が低下することにも留意する
針路を調整する	大波の正面に向けて曳航してはならない。船首または船尾の 30～45°方向から波を受ける針路で曳航する。目的針路に向けて曳航するにはタッキングで前進する
ドローグを流す	被曳航船からドローグ（本章 Section C）を流し、被曳航船の波による急加速を抑えることができる。抵抗は増えるが、衝撃負荷は抑えられる
(注意)衝撃負荷で被曳航船が転覆または浸水することがある。衝撃負荷で生じた曳航力の増大で、小型船は波に登って不安定になり、船首が波に突っ込むこともある	
両船の速力を合わせる	波が高いとき、被曳航船をよく観察してこまめに曳航速力を調節することで、被曳航船が受ける波の力を和らげ、衝撃負荷を抑えることができる。これには多くの訓練と経験が必要である
(注釈)安全のためには衝撃負荷の軽減が必要である。衝撃負荷により甲板設備の破損や曳航索の破断の危険が常にあり、最も危険なのは曳航索の張力破断である。ゴムバンドが伸びすぎて切れる状態を考えるとよい。ナイロンのロープは破断するまでに全長の 40%分が伸びることに注意する	

Section C. 曳航用具

曳航では目的に応じた適切な用具を使用して事故や負傷を防止する。本節では、曳航用具の種類、使い方および限界について述べる。

曳航索と付属品

C.1. 概 要

USCGでは通常、外周が2〜4インチ（約5〜10cm）の二重編みナイロンロープを曳航索に使う。長さは最大900フィート（約275m）である。ナイロンはほかのロープよりも強度と伸縮性が優れている。補助隊はこれに限定されることなく、ほかの素材や寸法のものも使用できる。

(注意) 単に太いロープを使うことで、船の設計能力を超えた曳航を行ってはならない。ロープの破断強度が船の構造強度を超えると、甲板設備などが破損する。

曳航船の構造、馬力、大きさおよび甲板設備によって曳航索の太さが決まる。適切な曳航索にを使うことで船は設計上の強度を超えることなく曳航でき、甲板設備や船体構造などが損傷する前にロープが破断する。コーストガードでは各船型ごとに属具の一覧表が備わっており、その中に曳航索の寸法も含まれている。曳航索は、通常、被曳航船側にアイスプライスが施してある。曳航索の長さと太さは各船の設計と収納スペースによって異なる。外洋や荒天下では、曳航船と被曳航船との上下周期を合わせて衝撃負荷を抑えるため、500フィート以上の曳航索が必要である。

C.1.a. 曳航索の保管

曳航索は、片側を細ロープで結んだ状態でリールに均等に巻き取ってある。非常時に曳航索をただちに放棄できるようになっていることが重要で、細ロープをナイフで切断すると、繰り出された曳航索は全長が滑り出る。新品のロープを曳航索にする場合、両端にアイスプライスを施す。これによって片側が損耗した場合、新しい側に交換して使うことができる。

曳航索の巻き取りリールには、手回しハンドルや電動巻き取りなどの機構がついていて、ロープを容易に巻き取ることができるようになっている。この仕組みはゆるんだロープを巻き取るためのもので、張力が加わっているロープを巻こうとしてはならない。リールは定期的に点検し、滑らかに回るよう潤滑用の油脂類を施す。

(注釈) 緊急にロープを放棄するときを除き、最低4回はロープをリールに巻き込んでおく。ロープの全長を繰り出しておくと、曳航索と被曳航船の両方を失うことがある。

C.1.b. 曳航索の状態と点検

安全で効率的な曳航には、損傷のない良好な曳航索が必要である。曳航索の損傷を発見した場合や損傷が疑われる場合、クルーはロープを修繕または交換する。損傷を手当して必要な長さに満たなくなる場合はロープを交換する。使用可能な残りの部分は、横着け用のロープやブライドル、係留索などに再利用する。曳航索の定期点検では、以下のような損傷に注意する。

・ 切 断
・ 擦 れ
・ 潰 れ
・ 溶 着（摩擦熱や伸びすぎで起こる）
・ 絡まり

・ 固　着（酷使によって曳航索が収縮して堅くなり、破断強度が低下する）

曳航索にこうした症状が見られたら、曳航索として使用するのは不適当である。

C.2. 曳航ペンダントとブライドル

曳航索を、曳航船船尾と遭難船船首の1点にとるのは必ずしも可能かつ安全とは限らない。例えば、

・ 遭難船の甲板の配置がそのようになっているとは限らない
・ サンプソンポストや中央ビットがない
・ 曳航索が甲板設備に比べて太すぎる
・ 甲板の曳航設備が根元で腐食している

などの場合がある。これらの場合、ペンダントまたはブライドルを使って曳航索を接続する。ペンダントとブライドルは曳航索の一部で、曳航索のアイまたはシンブルから延びて被曳航船に接続する。ペンダントとブライドルは二重編みのナイロンロープ、ケブラーまたは鋼鉄製のワイヤーでできている。鋼鉄船や大型船には鋼鉄製のペンダントなどを使うのがよい。最も一般的な曳航索の取り付け具がペンダントとブライドルである。可能であれば、ペンダントとブライドルは、破断強度が曳航索と同じかそれ以上であるのが望ましい。被曳航船の甲板設備（クリートなど）の大きさによってブライドルやペンダントの寸法が制約される場合、そのサイズはそろっていることが望ましい。ペンダントまたはブライドルを二重にして使うことも検討する。予想される曳航力がブライドルの安全強度を超える恐れがある場合、二重のブライドルの各脚は同じ長さで均等に負荷がかかるようにする。

C.2.a. ペンダント

ペンダントは、曳航索の端（特にアイとスプライス）の損耗や擦れによる摩耗が生じないようにするためのものである。ペンダントは、曳航索との接続部分が被曳航船側の障害物をかわすのに十分な長さが必要である。

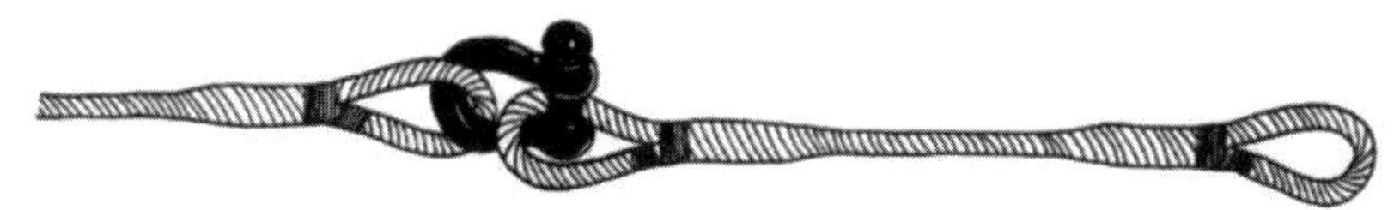

Figure 17-3 ペンダント

C.2.b. ブライドル

遭難船の船体の両側に取り付けて均等に引くため、Y型のブライドルが使われる。荒天時の曳航に適している。ブライドルは、被曳航船の甲板の設備（ビットやクリート）が船首の正面中央に配置されていない場合や、ブルワークなどの障害物があって曳航索を曳航船に向けて真っすぐ取り付けることができない場合に好都合である。曳航でブライドルを使用する場合の指針を以下に示す。

・ 取り付けに適した場所が甲板後部の舷にある場合は、長いブライドルを使い十分な擦れ止めを当てる
・ 両側のブライドにかかる張力は、脚の角度が開くほど大きくなることに注意する
・ ブライドルの脚を長くとり、脚の開きが30度以内になるようにする
・ 被曳航船のヨーイングを抑えるため、脚を十分長くする
・ 必要に応じて擦れ止めを当てる

・ ブライドルの脚のアイにはシンブルを使う
・ 曳航索にシャックル留めするときは、シャックルピンに回り止めを施す

ブライドルは、曳航船が船体の中央で引けない場合や、船尾に船外機などの障害物がある場合にも使用する。ブライドルは障害物をかわすようにして甲板設備に接続する。ブライドルの両脚は、張力が均等に加わるよう同じ長さにする。

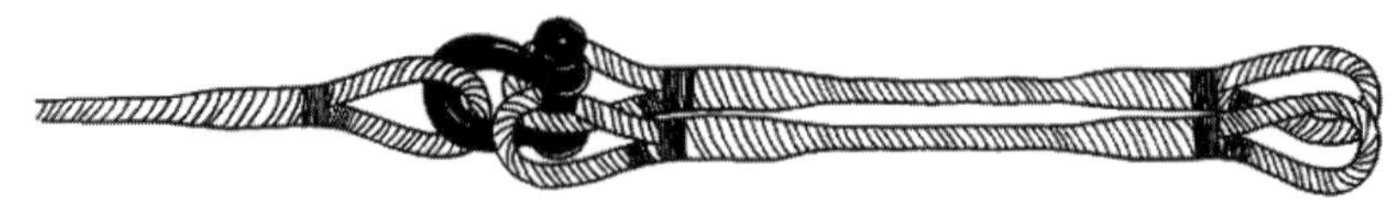

Figure 17-4 ブライドルの接続

C.2.c. ペンダントとブライドルの状態の点検

安全で効率的な曳航を行うには、損傷していない使用可能なペンダントとブライドルが必要である。クルーはペンダントとブライドルを定期的に点検して損傷などを発見し、ブライドルの脚の長さが均等であることを確認する。ナイロン製のペンダントとブライドルの点検は、C.1.b のナイロン曳航索の点検要領で行う。鋼鉄製のブライドルは以下を点検する。

・ 線の切断
・ 釣り針状態（切れた端が撚りから飛び出している）
・ キンク（よじれ）
・ 摩耗や腐食（摩耗部分は光って表面が平らになっている）
・ 潰　れ

(注釈) 曳航索、ペンダント、ブライドルの点検は、曳航終了後と衝撃負荷がかかったときに毎回行う。

メッセンジャーロープ

C.3. 概　要

曳航索は重く、数フィート程度しか投げられない。荒天で遭難船に接近できない場合、メッセンジャーロープで曳航索を送る。メッセンジャーロープは長い軽量のロープで、太いロープやホーサーを船の間で渡すのに使う。

C.4. 曳航索の送り方

メッセンジャーロープで曳航索を送る場合、細いロープの片側を曳航索の端に結び、反対側を他船の乗員に投げる。軽いロープは曳航索を引き寄せるのに使う。ヒービングラインと曳航索の間に中間の太さのロープを入れてもよい。多くの場合、ヒービングラインやフロートラインを曳航のために最初に送るロープとして使う。荒天や衝突の危険で十分接近できない場合（外洋でのカッター運用などは特に）に曳航索を渡すため、もやい銃が使われる。

C.4.a. ヒービングラインとヒービングボール

ヒービングラインは軽く柔軟なロープで、投げる側にゴムボールやモンキーフィストがついている。ヒ

ービングラインは75フィート以上の長さで、腐食に強く耐候性がある。ヒービングラインの片側は、曳航索の端にクラブヒッチやもやい結び、小型のカラビナ、スナップフックなどで結び付ける。寒冷時は、すぐにほどけるスリップクラブヒッチがよい。風下に投げると遠距離まで届くが、いつも可能とは限らない。相手船の中央部上方に向けて投げると、ロープが甲板を横切り、ガラスや人を傷付けることも避けられる。

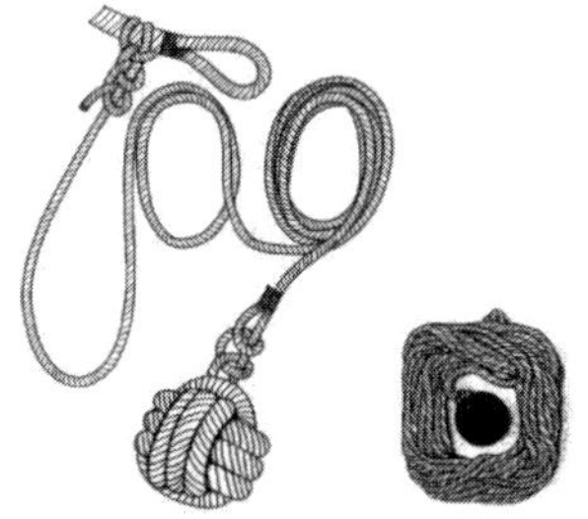

Figure 17-5 ヒービングライン

C.4.b. フロートライン

ヒービングラインが届く距離を越えて曳航索を渡すには、水に浮かぶ合成繊維ロープを下流や風下に流す。フロートラインの片側に浮環などを結び付け、反対側に曳航索を取り付けて遭難船の方向に浮環などを流す。流れや風でフロートラインは遭難船に到達する。この方法は、風や流れが浮きを他船まで流していくことができる場合のみに有効である。

擦れ当て

C.5. 概 要

擦れ当ては曳航索やブライドル、ペンダントが甲板や舷側、ブルワークなどと接触し、擦れて損耗することを防ぐためのものである。

C.6. 擦れによる損耗の防止

厚い帆布や皮を細ロープで曳航索やブライドルなどの擦れて当たるところに巻き付け、損耗を防ぐ。古い消火ホースの切れ端などが擦れ当てに使える。クルーは擦れ当てが曳航中にずれないことを確認する。

C.7. シンブル

シンブルは、アイの内側にかかる負担を均等にして擦れを防ぐものである。二重編みのナイロンロープでは、シンブルは合成繊維ロープ専用のものを使う。ワイヤーロープでは電気処理した涙滴型のシンブルを使う。

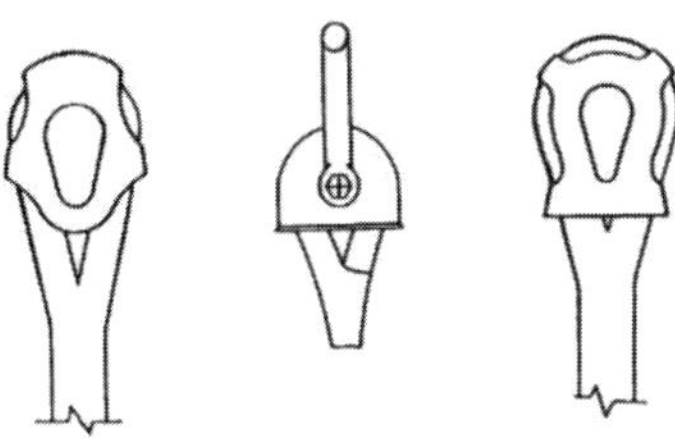

Figure 17-6 シンブル

甲板設備など

C.8. 概 要

甲板上には、曳航索や錨索、係留索などを通して結ぶ箇所がある。漁船や帆船にはほかの種類のロープを止める箇所もある。曳航の場合、ロープの接続点やロープを通す孔は、水平に力を支える箇所だけを使用する。

ロープを結ぶ設備には、ビット（係留および曳航）、クリート、ボラード、サンプソンポストなどがある。チョックやトーバー、タフレールは、曳航索の方向を変えて導いたり、支えたりする。当て物が付いたアイ、ターニングブロック、スナッチブロック、ウインチドラム、キャプスタン、ウインドラスは、被曳航船側の曳航索を結ぶ場所に使える。トレーラブルボートには通常、船首に曳航されるための曳航索を取り付けるアイボルトなどが付いている。

C.9. 状態の点検

曳航船の設備には、以下の定期点検が必要である。

- 亀裂や破損、錆び、腐食、グラスファイバー芯の軟化、剥離
- 通常見えない部分の点検、特に背面プレートや甲板下の固定具など
- トーバーには強い振動が加わり、基部にたるみや疲労が生じることがある
- ロープの当たる面には塗装せず、表面を滑らかに保ち、摩擦や擦れによる損耗が生じないようにする

C.10. スキフフック

主なスキフフックには、クイックリリースできる安全バックルとボートフックの柄に直接取り付けられるクリップが付いている。スキフフックは以下のように使用する。

(警告) スキフフックに過大な負担を加えない。小型のボートを曳く程度以上の負担がかかる作業に使用してはならない。

(注意) スキフフックを被曳航船のアイから外すときは特に注意する。ドック中でも、船が動いてクルーが怪我をすることがある。

C.10.a. スキフフックの使い方

手順	要 領
1	スキフフックのロープを曳航索にシャックルなどで取り付ける
2	スキフフックを遭難船の曳航用アイボルトにかける
3	フックをアイに通し、外れ止めをかける

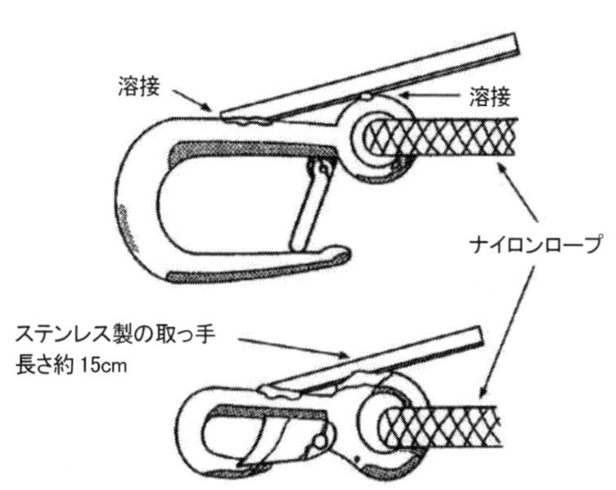

Figure 17-7 スキフフック

ドローグ

C.11. 概 要

ドローグは水中で働くパラシュートのような道具である。ドローグは被曳航船の船尾から投入し、被曳航船の動きを制御する。艇長とボートクルーはドローグの性質と効果を理解し、状況に応じた訓練を行い、いざというときに使えるようにしておく。

C.11.a. 曳航の状態

被曳航船がドローグを使うのは一般的ではないが、遭難船が舵の機能を失っている場合は効果的である。ドローグは外洋よりも、被曳航船の細かいコントロールが必要な沿岸近くで使われる。大きな波の中を船尾で直接船を曳く場合、ドローグを曳くより、曳航針路を修正するか曳航索を延ばすほうが適切なやり方である。ドローグは、船を湾などに引き込むため曳航索を縮める際によく使われる。短いホーサーで大波の中を曳航する場合、ドローグを投入すると被曳航船が曳航船の後方で振れ回らず、波から滑り落ちることもなくなる。ドローグは曳航索の張力を安定させ、衝撃負荷を抑える効果もある。

C.11.b. ドローグの大きさ

ドローグは、被曳航船の船尾を抑えて、波が下を通過するようにするものである。ドローグは被曳航船の大きさや甲板設備など、全体の状況に適したものであることが重要である。大型の円錐型ドローグは船尾に大きな力が作用するので、使用には注意が必要である。

ドローグには多くの種類や大きさがあり、すべて市販されている。ドローグは種類と大きさを対象船の大きさに合わせて使用する。以前からあるドローグは帆布または合成繊維布製の円錐型で、頂点には穴が開いている。この型のドローグは基部にリングがあり、4 脚のブライドルを取り付けるようになっている。ブライドルの反対側にはスイベルを取り付け、ドローグを被曳航船の船尾に取り付け、被曳航船がドローグを曳く状態になる。ドローグの頂点側に、回収用の別のロープを取り付ける場合もある。

(注釈) 大きなドローグは大きな抵抗を生じるので、小型のボートが損傷する場合がある。小型ボートに大型ドローグを使う場合は曳航速力を遅くする。わずかの増速でもドローグの張力は大きく増加する。

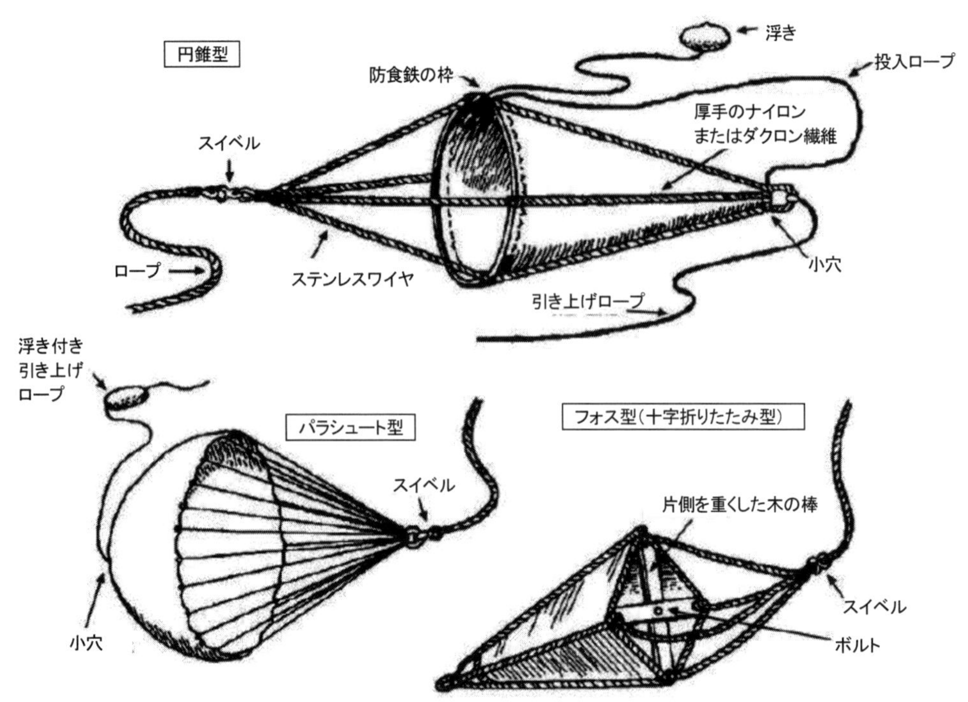

Figure 17-8 ドローグの種類

C.12. ドローグの準備

ドローグの準備は以下のように行う。

手順	要　領
1	ドローグのロープには 200 フィートで 2 インチの二重編みナイロンロープを使う
2	ドローグのロープに 50 フィート間隔で印を付ける
3	曳航を開始する前にドローグのロープを遭難船に渡す

ドローグを遭難船に渡す前に、以下のチェックリストで準備を確認する。

・ 目視点検（損耗、腐食、金具やスイベルの錆び、シャックルの大きさ、ブライドルの絡み）
・ ドローグは、長さ 200 フィート、太さ 2 インチの二重編みのナイロンロープと適当なサイズのシャックルにより、ブライドルのスイベルに接続されていること。鋭利な部分やワイヤーが飛び出しておらず、投入するまで損傷などがなく適切に格納されていること
・ ドローグロープを船尾に取り付けられるよう、予備シャックルやブライドル、ストラップ、擦れ当てなどが準備されていること
・ すべての用具を、防水処理を施した説明書と図解（ブライドルを使う場合と使わない場合）とともに収納袋に入れる。夜間はケミカルライトを収納袋に取り付け、フラッシュライトを袋の中に入れる
・ 袋に浮体（通常防舷物を使用する）を取り付ける。収納袋の取っ手に各 40 フィートのロープ 2 本を取り付け、その一方にヒービングラインまたはフロートラインを結ぶ

(注釈) ドローグを取り付ける甲板設備、取り付け方およびロープの長さを、ドローグを曳航船に渡す前に決めておく。補強板、取り付けサイズ、材質の強度を事前に確かめておく。取り付け場所が見当たらない場合は注意する。経験と判断がものをいう。

C.13. ドローグの移送

手順	要　領
1	位置関係から可能な場合、ドローグを曳航船から被曳航船に直接渡す
2	ドローグとロープは重く、遭難船の船員には扱いにくい。可能であれば、遭難船側で長距離引いて揚収しなくてもよいように、救助船を近くまで寄せる
3	ボートの曳航を開始する前に、遭難船のクルーがドローグを取り付けて使用できる状態にするまで待つ
4	状況を目視で点検し、必要な指示や助言を与える

(注釈)曳航船側からクルーを派遣しない限り、被曳航船側では以下の手順を実施する。

C.14. ドローグへのロープの取り付け

手順	要　領
1	取り付け具でできるだけ船首尾中心線付近にドローグを取り付ける
2	多くの場合、負荷を中心線の両側に分散させるためブライドルが必要である
3	ウインチ、モーターマウント、マスト、ダビッド基部などが強固な取り付け箇所になる
4	当て舵に使う場合、ドローグを中心線からずらし、舵が固まった反対側に取り付ける
5	ブライドルの脚またはドローグのロープを甲板の適当な箇所に取り付ける

C.15. ドローグの投入

曳航を再開する前に以下を行う。

手順	要　領
1	曳航を開始し、被曳航船のクルーにドローグの投入準備を指示する
2	曳航をコントロール可能な速力で前進する
3	被曳航船のクルーに、連結状態を再確認してからドローグの投入を指示する。安全な位置からロープをゆっくりと繰り出す。特別な状況がない限り、200 フィートすべてを繰り出す

(警告)ドローグがあっても崩れる波を乗り切れるわけではない。自信がなければ波を避ける。

C.15.a. 曳航の開始または再開

以下の手順で曳航を開始または再開する。

手順	要　領
1	ドローグが展開して張力が加わったら、徐々に増速し、被曳航船のクルーはロープを監視する
2	ドローグの取り付け位置と効き具合を確かめる。調整が必要であれば減速する
3	ドローグが展開したら、最適な針路と速力に設定する。速力よりも被曳航船のコントロールが重要である。ドローグを曳くのが速すぎると、ボートが損傷するか、ドローグロープが切れる。被曳航船のクルーはドローグを監視する

C.16. 縮索とドローグの回収

ドローグを適切に回収しないと被曳航船に絡むことがあり、放棄すると航路障害物になるので、以下の手順で縮索して確実にドローグを回収する。

手順	要　領
1	曳航を終了し、減速して停船する。ドローグの縮索と回収は完全に停船してから行う。被曳航船のクルーにドローグの引き寄せを指示する。被曳航船が動くための十分な水域を確保し、引き上げ中にロープに張力がかからないようにする
2	ほかの船を寄せてドローグのロープを受け取る。その船がドローグを揚収してもよい
3	色分けした別の短いロープ（ダンピングロープ）を、ブライドルのシャックルからドローグのコーン先端の外側に取り付ける
4	ダンピングロープを曳いてドローグを揚収する。ドローグは反転して回収しやすくなる。ダンピングロープは大きなドローグで排水に時間がかかる場合に使用する

C.17. ドローグの保管

手順	要　領
1	ドローグの保管と展開には合成繊維の収納袋を使う
2	ロープの片側を、袋の底のグロメット（ハトメ）を通して繰り込み、ロープすべてを袋に収める
3	収納袋の口を、紐を引いて閉じる
4	長さ 200 フィートの径 2 インチロープがすべて袋に収納されていることを確認する

C.18. ドローグの状態の点検

手順	要　領
1	ドローグの破れや破孔を点検する
2	ドローグロープとブライドルを C.1.b.と同じ手順で点検する
3	スイベルとシャックルの損耗や錆び、腐食を点検する
4	金物の端が鋭利になっていないことを確認する

ほかの用具

C.19. 概　要

横着け用ロープ、防舷物、汎用金具などが曳航作業に必要である。

C.20. 横着け用ロープ

曳航途中において、水域が狭くなるなどの理由で被曳航船を曳航船に横抱き、または他船に係留する必要が生じる場合がある。曳航船は大きさが異なる船に対応するため、各種の長さのロープを必要とする。

C.20.a. 横着け用ロープの収納

コーストガードのボートは、船の種類に応じて長さとサイズの決まった横着け用ロープを標準装備することになっている。搭載場所と重量は、船の種類を考慮する。

C.20.b. 横着け用ロープの状態と点検

横着け用ロープは曳航索やブライドルと同じ状態で保管しなくてはならない。

C.21. 防舷物（フェンダー）

防舷物は、ゴム、合成繊維、発泡素材などによる、可搬式の船体保護具である。防舷物はアイなどでロープを取り付けるようになっている。防舷物は球形、円筒形、方形多面体などの形状がある。大きさは多様で、状況に応じた適切な大きさのものを使用する。防舷物は、自船の船体やラブレールと他船の船体との間に隙間を確保するのに使用される。

C.21.a. 防舷物の使用

防舷物は、船体がほかのものに接触する恐れがある場合に必ず使用する。防舷物は船体の形状（船体の全幅部分、タンブルホーム、フレア、船体突起物など）に応じて合理的に配置されている。

(警告)岸壁、ボート、ブイなどを手や足で押さないこと。大怪我をするので必ず防舷物を使用する。

C.21.b. 防舷物の移動

船は水面を移動するので、防舷物は効果的に使うため移動させる場合がある。ボートクルーは少人数なので、防舷物の移動作業は最小限になるよう事前に準備しておく。

C.22. 汎用金具など

曳航に使用する汎用金具には、シャックル、スナップフック、カラビナ、スイベルなどがあり、以下のような特性がある。

- 強度に優れ、手入れが少なくてよい材質
- クルーによる着脱や開閉が容易
- ゆがみが生じにくい
- シャックルは開口が大きく、アイやシンブルを通しやすい。できるだけゆるみ止めピンの付いたシャックルを使う。ピンはシャックルに亡失防止の紐で結んでおく

汎用金具を使う場合、クルーは以下に注意する。

- 金物を清潔に保ち、潤滑しておく。使用の度に点検する
- 衝撃の加わった金物は特に注意して点検する
- ゆがみや開き、過度の損耗、剥離などが生じた金具はただちに交換する

Section D. 標準の曳航手順

以下の手順は、時間と経験を経て検証された技術で、効果、安全性、効率が証明されており、艇長とクルーが実践すべきものである。項目のいくつかは同時に行い、重複や時間の浪費を避ける。荒天下や非常時には実行できない項目もある。手順を省略する場合はリスクを考慮し、リスク管理に努める。手順のいずれかで問題が発生したら、実施が完了した手順に戻り、そこから再開するのが安全である。

曳航の事前準備

D.1. 概 要

事前準備が周到であるほど、安全かつ容易に曳航は成功する。

(注釈) 安全な作業には艇長とクルーおよび被曳航船との間の意思疎通が絶対的に必要である。

D.2. 指示の受領と任務の了解

曳航任務を指示されたら、艇長は以下の共通手順を実施する。

手順	要 領
1	重要な情報をできる限り収集する
2	情報を書き留める
3	状況を完全に理解するよう努める
4	任務を引き受ける意思表示を行う

艇長は任務の遂行に最終責任を負っており、任務は船とクルーの能力にかかっている。曳航作業が能力を超えており、特に遭難事案でない場合、艇長は明確に懸念を表明するべきである。曳航の限界、構造的な強度、海況、クルーの疲労などは、リスクを評価し管理するための重要な要素である。

(注釈) 重要な情報は簡潔にボードなどに書き留める。船舶の要目（長さ、種類、排水量、不具合の程度)、乗員数、位置、気象などである。情報を書き表すことで、クルーは重要な情報を記憶に頼ることなく任務に集中できる。無線で何度も情報を聞き返すのは精神的によくない。情報に変更があれば、記録を修正して基地に通報する。

D.3. クルーへのブリーフィング

艇長は以下の要領でクルーにブリーフィングを行う。

手順	要 領
1	クルーへのブリーフィングは完全に行う
2	状況を説明し、以後予想される状況を事実に基づいて説明する
3	疑問や混乱があればただちに明らかにする
4	クルーがブリーフィングに参加し質問する
5	準備要員を指名し、ロープや必要な機材を手配する
6	クルーに適切な PPE（個人用保護具）を着用させる

D.4. 状況の判断

ボートクルーは以下の要領で状況の判断を行う。

手順	要 領
1	現場の状況が作業に与える影響を考慮する
2	任務中に変化する状況によって作業がどのような影響を受けるか、また現場の状況と現場に向かう経路上の状況がどのように違うかを考慮する
3	現在と今後の気象予報を記録し、随時更新する（記憶に頼らない）

	・ 現状と今後の気象予報（風、波、気圧） ・ 潮流と潮汐（次回の高低、ゆるみと最強） ・ 日出没

D.5. 船の安全な運航と任務の実施

曳航作業は、曳航の目的地に安全に到着することによってのみ完了する。慎重さで判断を誤ることはない。このため、作業開始にあたって以下に留意する。

手順	要　領
1	安全な速力と状態を維持する（波、視程、船舶交通）
2	船位と航海上の危険に常に留意する
3	遭難船舶の位置に継続留意する

D.6. 遭難船との通信

手順	要　領
1	遭難船に ETA（訳注：到着予定時刻）を連絡する
2	遭難船の乗員に PFD の着用を指示する
3	甲板上の設備の配置と補強板の詳細を聞き取る。曳航索の太さなどを決めるため、クリートなどのサイズを把握する
4	遭難船の乗員が重要と考える情報を聞き取る（ロープなどの用具が水没しているか、付近に船はいないかなど）
5	通報後の状況の変化
6	緊急の度合いの感覚
7	現場に到着次第、状況を判断して準備を行い、曳航について指示を与える旨の連絡
8	通信スケジュールの設定と保持

D.7. 曳航用具の準備

手順	要　領
1	得られている情報をもとに、使用する曳航索を決める
2	艇長が指示した用具を準備し、再点検する（曳航索、ブライドル、シャックル、ナイフ、ヒービングライン、メッセンジャーロープ、擦れ当てなど）

D.8. 現場状況の評価

手順	要　領
1	遭難船の動揺（ピッチ、ロール）と風および波の影響による漂流と横方向の動きを観察し、自船の漂流と比較する。漂流速度の違いは接近方法を決める参考になる
2	甲板設備の配置と状態を見極める

3	乗員の数と PFD の着用状況を確認する
4	曳航に影響する特別な状況（設備のゆるみ、ロープの状況、水面の浮遊物など）を記録する
5	懸念があれば遭難船に伝える
6	遭難船にクルーを送るかどうかを判断する
7	遭難船の乗員を移乗させたほうがよいかどうかを判断する
8	機材（ドローグ、ポンプ、無線機）の移送の必要性を判断する
9	現場状況を判断してリスクを評価したら、曳航の可否を決定する

（注釈）事前および現場の判断においては、クルーの経験と両船の判断が交差する。曳航着手を指示する前に懸念について検討する。遭難船のクルーは、曳航船側のクルーにない情報を持っていることがある。全体の状況を把握するため、遭難船の周囲を 1 周してみる。漂流速度の確認には、遭難船と同じ方位に船首を向けて遭難船の船尾で停船することである。2 船間の距離が離れれば、片方の漂流速度が速い。両船の角度や向きの違いで波と風の影響が異なることに注意する。漂流速度と方位が同じになるのは、両船が同一船型の場合だけである。

D.9. 曳航索の準備と移送の準備

現場の状況に基づいて曳航作業を視覚的に把握することで、検討が必要な事項がわかる。曳航索の太さは遭難船に適したものでなくてはならない。

手順	要　領
1	曳航船の甲板上に所要の機材を整理して並べ、準備を完了する
2	2 本のヒービングラインを曳航索に取り付ける（片方は予備）
3	各ヒービングラインとビットやロープの処理をクルーに割り当てる

D.10. 接近方法の決定

接近は風下から行うのが望ましいが、接近方向は遭難船の漂流状況によって決まる。前部の構造物が大きい船は、船首が風に落とされる傾向がある（船外機船の多くがこれである）。喫水が深く構造物が低い船は舷側を風に向ける。その中間的な傾向の船も当然多い。両者への接近方法は異なる。曳航船の通常の接近は、船首を波に立てる方法である。艇長が接近方法を決定したらクルーに周知し、特に以下の事項を確認する。

- 曳航索や用具を渡す側になる舷
- 曳航索などを渡すタイミング（両船の相対位置）
- ヒービングラインの使用の有無

D.11. 遭難船への手順の説明

手順	要　領
1	曳航に先立ってクルーや用具を移乗させる場合の方法とタイミング
2	計画の説明と安全指示事項。接近を開始してから質問しなくて済むように十分説明する
3	接近の方法

4	曳航索の渡し方とタイミング
5	曳航索の結束方法（ロープの通し方、取り付ける場所）
6	結束場所の種類と状態
7	緊急離脱手順
8	緊急信号の方法
9	接近とロープを渡すときの一般的安全事項

(注釈)情報は遭難船のクルーが事前に知りたい事項に限定する。曳航が良好に開始されたら追加情報を伝える時間は十分にある。

船尾での曳航

D.12.　概　要

通常、救助船の船尾から遭難船を曳航する。

D.13.　接近の開始

両船に影響する現場の状況を理解し、経験を基に曳航船が曳航索を安全に渡すことのできる位置に操船する。

D.14.　危険ゾーンの設定

接近を開始する前に、仮想の危険ゾーンを遭難船の周囲に設定し、接近はその外側から行う。危険ゾーンの大きさは状況によって異なる。状況が厳しいほど危険ゾーンは広い。

(注釈)ボートクルーのチームワーク、意思疎通と経験が接近を安全に成功させる。

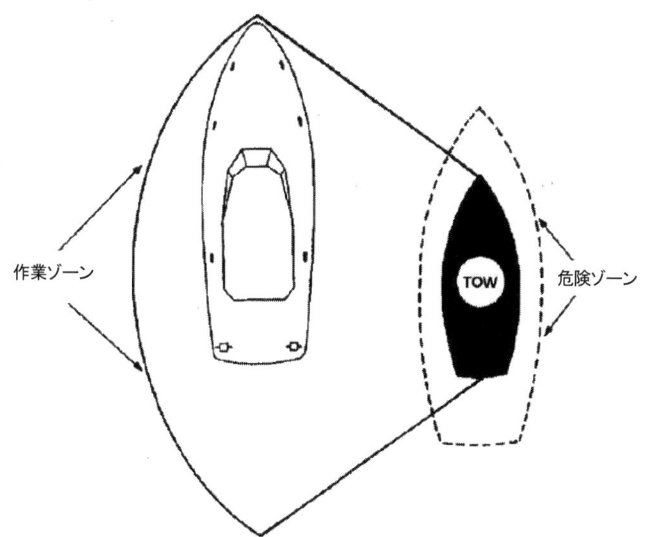

Figure 17-9 危険ゾーン

(注意)艇長は、クルーがロープを渡す準備ができるよう、接近操船方法を周知しなくてはならない。

D.15.　最適位置への操船

曳航船は、クルーがロープを渡す作業をするため、甲板上のスペースを最大限利用できるように操船する必要がある。こうすることで遭難船から安全な距離を維持し、非常時の離脱も容易にしながら、艇長は良好な操縦性と視界を確保できる。最適位置への操船は次のように行う。

手順	要　領
1	海上が静穏であれば、クルーがロープを渡しやすい方向から接近する
2	荒天であれば風と波に向かって接近する。風と波の方向が一致しない場合は、船首を波に立てて接近する。これで操船が安定し作業がやりやすい。船位を保持するには、主に波の影響を考慮する
3	舵が効く程度の微速で接近する
4	最適位置に占位したら、危険ゾーンの外で遭難船との相対位置を維持する。舵とエンジンを使って位置と船首方向を保持する
5	船位を保持しつつ、艇長は海面の状況、ビットと作業員、遭難船との相対位置にもまんべんなく注意する
6	舵とエンジンを早めに使い、遭難船との距離や方位の変化に対応する
7	危険ゾーンに接近し始めたら、距離を取るように操船する
8	遭難船が曳航船から離れるようであれば、接近するように操船する
9	早目かつこまめに操船して位置を修正する。早目の位置修正で大きな問題を避けられる

(注釈) 実際の操船は、船ごとに違い、実地の経験で身に付けるものである。同様に、船位の保持も気象条件が遭難船に与える影響の度合いによって異なる。

(注意) 状況に応じた操船を行うが、船間距離を修正する操船は、ロープ（ヒービングラインを除く）を渡す作業中には行わないほうがよい。波に乗った状態で修正操船は行わない。

D.16.　船位の保持

船位の保持は以下の要領で行う。

手順	要　領
1	艇長は危険ゾーンの外に船位を保持しなくてはならない（通常、船首と船尾から各45°の範囲である90°の内側で、ヒービングラインが届く距離の内側）
2	艇長は、曳航索が渡って取り付けられ、船尾で曳航する準備を開始するまでの間、船位を保持する
3	クルーは、曳航索を安全確実、迅速に渡す。平穏な状態では最もロープを渡しやすい船位を保持すればよいが、その場合でも、船の間の航走波や流れで船体同士が接触する危険が突然発生することがあるので注意する。接近したり、船位を保持したりしているときも、常に離脱する経路を考えておく

D.17.　曳航索の送り方

最適位置に占位したら次の要領で曳航索を送る。

手順	要　領
1	ロープや付属用具、接続状態などをすべて再点検し、準備を完了する
2	リールから直接繰り出すようにして、甲板上に伸ばした曳航索の量を最小限にとどめる
3	曳航船にリールがない場合、絡んだりよじれたりしないようにロープを折り重ねる（フェークダ

	ウン)
4	荒天時はロープが波にとられてプロペラに巻かないよう注意する

(注釈) 曳航索を送って取り付け、船尾曳航態勢に移るときは、艇長とクルーは大声で明瞭に意思を疎通し、事故が起こらないようにする。艇長が作業を指示したら、クルーはその作業を実施後復唱して確認する。クルーが艇長に状況などを報告したら、艇長は同様のやり方で確認する。

D.17.a.　海上が平穏な場合

平穏な状況でヒービングラインを使わず曳航索を送る場合

手順	要　領
1	艇長はロープを送る作業の開始をクルーに指示する
2	ロープの担当者(ラインハンドラー)はロープ端を遭難船側に慎重に放る。受け取った側はロープを取り付け場所に引き入れ、正しく接続する
3	ラインハンドラーは艇長にロープを送ったことを報告する
4	ラインハンドラーは、プロペラや舵に絡まないようにロープの繰り出しと引き込みを調整する
5	ラインハンドラーは、艇長に作業が完了してロープが遭難船に取り付けられたことを報告する

D.17.b.　ヒービングラインを使用する場合

手順	要　領
1	ヒービングラインが絡まないよう、水に浸して柔らかくする
2	コイルしたヒービングラインの 2/3 を投げる側の手に取り、残りを反対の手で保持する
3	周囲に邪魔になるものや人がいないことを確認する
4	艇長に投げる準備が完了したことを報告する
5	艇長は投げるよう指示する
6	大声で投げる合図をし、遭難船の乗員に態勢を取らせる

(注釈) ヒービングラインをうまく投げるには練習が必要である。状況にあわせて安全確実に投げる。

D.17.c.　ヒービングラインを投げたあとの手順

手順	要　領
1	被曳航船の甲板上に落ちるようにヒービングラインを投げる
2	投げたことと回収の成否を艇長に報告する
3	ヒービングラインが届かず海中に落ちた場合、操船により絡まないよう艇長に報告する
4	最初に投げたのが不成功の場合、ただちにロープを回収して次に投げる準備が完了したことを艇長に報告する。指示で再度投げる
5	被曳航船がロープを回収したら、使わなかった予備のヒービングラインを曳航索から外す(外す側を間違えないように)。艇長に曳航索を送る準備の完了を報告する
6	艇長は曳航索を送るよう指示する。必要に応じてメッセンジャーロープを使う。ロープの繰り出しが始まったら、操船できる余地はほとんどなくなる
7	繰り出しの状況を艇長に随時報告する

D.18. 曳航索の取り付け

曳航索の取り付けは甲板の曳航設備か曳航用のアイを使うのが普通である。

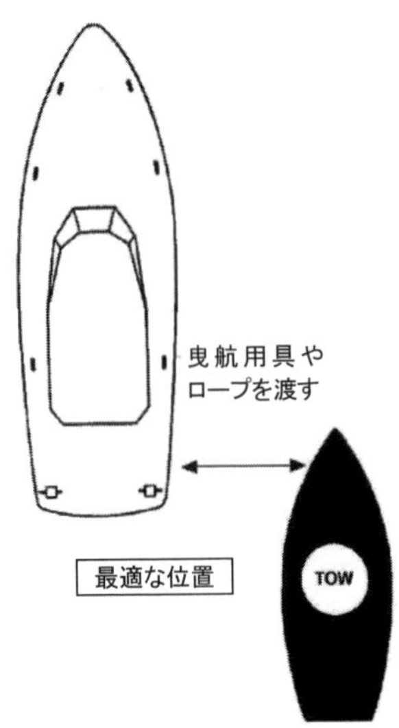

Figure 17-10 曳航索を渡す場合の最適位置関係

曳航索の甲板設備への取り付け

(注意) 甲板設備は事前に点検しておくが、異常を感じたら取り付けを中断する。必要な場合、曳航索を回収してクルーを遭難船に送り、設備の状況を実際に確認する。曳航船、被曳航船間での人員の移送は定例の作業ではない。これを行う場合は安全を考慮して慎重に行う。

D.19. 概 要

曳航索の取り付け場所は強固でなくてはならない。特に荒天時には非常に大きな力が加わる。被曳航船側では船首ビット、前部クリートまたはサンプソンポストが取り付けに最も適している。貫通ボルトと補強プレートで甲板に取り付けられた設備や、キールなどの強度部材に固定されている部分を取り付け場所に使用する。パッドアイ、キャプスタンなども強固な接続部分に利用できる。曳航船のクルーが遭難船に移乗しない限り、被曳航船のクルーが作業の責任者となる。被曳航船には必要事項を確実に伝えるが、急いで行うと大事な手順を忘れがちである。曳航船のクルーは状況を詳細に監視し、必要に応じて助言する。

(注意) 曳航索を船の中心線からずれた位置に取り付けることは避ける。ブライドルを使って張力が両舷に均等に加わるようにする。

D.20. フェアリーダー(導索器)の使用

手順	要 領
1	1本の曳航装置(ペンダントまたは曳航索)をできるだけ船首尾中心線に近いフェアリーダーなどを通して取り付ける。中心線付近の強固な部分を通したら、曳航索の端は適当な甲板設備に固定してよい
2	ブライドルを両舷のフェアリーダーに通し、左右均等な長さで取り付ける

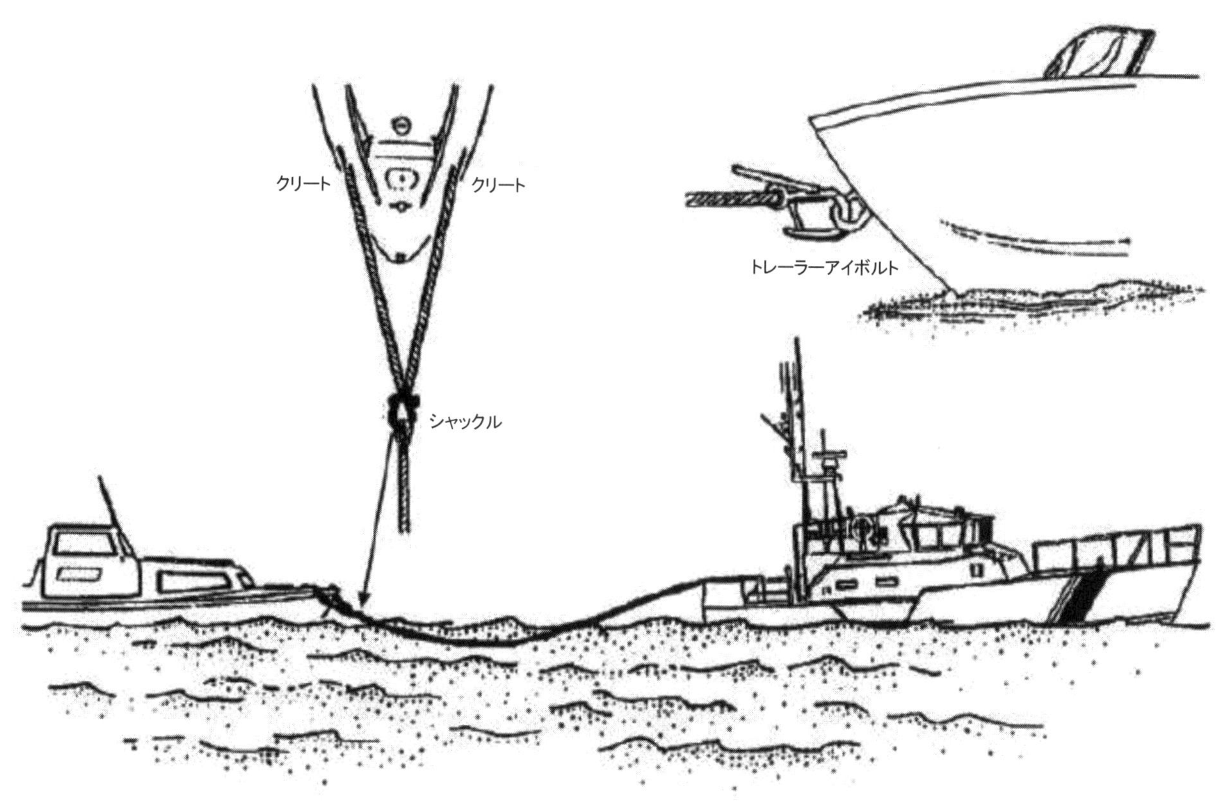

Figure 17-11 ブライドルと、トレーラーアイボルトへの曳航索の取り付け

D.21. 甲板設備への固定

手順	要 領
1	ペンダントまたは曳航索のアイを、サンプソンポスト、ビット、クリートなどに、張力が加わってもゆるまないようしっかりと取り付ける
2	ブライドルは、加わる張力が左右均等になるように取り付ける
3	ブライドルの中心が船の中心と一致するようにする
4	甲板設備はできるだけ船首に近い部分のものを使い、ブライドルが曳航索につながる部分の角度ができるだけ小さくなるようにする（Figure 17-12）

D.22. 擦れ当ての取り付け

曳航索がフェアリーダーで直角に折れ曲がったり、ほかの部分に当たるときは、必要に応じて擦れ当てを取り付ける。

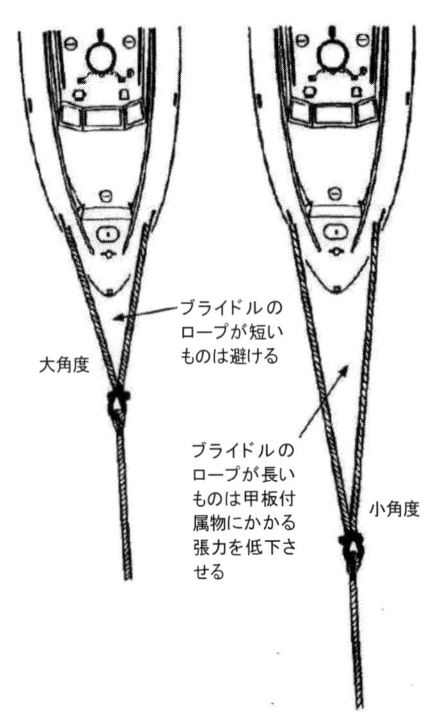

Figure 17-12 曳航索の取り付けとブライドルの開き角

曳航アイへの曳航索の取り付け

(注意) 曳航索をアイに取り付けるときは安全のためスキフフックを使う。

D.23. 概 要

小型トレーラブルボートには、曳航用のアイが強固に取り付けられている場合がよくある。曳航索をアイに取り付ける作業は危険が伴う。曳航船は遭難したボートに最接近し、クルーが舷側からフレア下の船首部分に身を乗り出さなくてはならない。

(警告) 曳航アイと曳航索を直接シャックルで繋ごうとしないこと。クルーが遭難船の船首の下に近づきすぎて危険である。

D.24. スキフフックの使用

最近のスキフフックには、クイックリリースできる安全バックルとスナップフックがついているものがある。使用する際は取扱説明書を読むこと。旧型のスキフフックは、以下のように使用する。

手順	要 領
1	スキフフックのペンダントを曳航索に二重引っ掛け結びまたはシャックルで取り付ける
2	スキフフックをボートフックの柄に滑らせて通す
3	ペンダントを保持したままボートフックを延ばし、スキフフックを曳航アイに引っ掛ける

船尾での曳航への移行

(注意) 曳航索が遭難船にしっかりと固定されて乗員が船首から離れるまで、曳航索を曳航船のビットに巻いてはならない。

D.25. 距離の確保

以下の要領で相手船から離れて距離をとる。

手順	要　領
1	曳航索が遭難船に固定されたら、遭難船の乗員は船首から離れる
2	曳航船は徐々に相手船から離れて距離を取る
3	曳航索が伸びる方向と、繰り出しでゆるんでいる長さに特に注意する
4	艇長はクルーに曳航索をビットに巻いて繰り出し準備をするよう指示する。ビットの形状によって巻き方は異なる。曳航索がビットと接触する表面積をできるだけ大きくし、ロープの繰り出しを調節しやすいようにする
5	曳航船の動きに合わせて曳航索を徐々に繰り出す
6	被曳航船の船首尾中央線の延長線上に占位するように操船する（操船余地がある場合）
7	遭難船を真っすぐに曳くようにして曳航を開始する。性急に変針しようとしないこと。きつい角度で引くと、曳航索に強い張力が加わり、用具を破損するかボートが転覆することがある

(警告) 曳航索が急に走り出した場合、クルーはビット、リール、甲板上に重ねられたロープなどで怪我をする危険がある。曳航索が走り出したらただちに減速する。曳航ビットで作業しているクルーは、ロープが止まってから繰り出し作業を再開する。

(注意) ロープを繰り出す針路に向けて徐々に変針する。急な操船や針路変更をすると、以下の危険がある。

- 曳航索がプロペラや甲板設備に絡まる
- 衝撃負荷が発生する
- 曳航索の繰り出しが調節できなくなる

D.26. ロープを繰り出す際の操船

2 船の間に十分な間隔が空いたら、曳航船は曳航索を繰り出すための針路に入る。曳航索に被曳航船を曳こうとする力が加わって張力が増加する。このとき、ロープの強度と取り付けが適切に行われているかを試すことになる。曳航船は最初の曳航張力が加わったとき、それぞれ独自の動き方をする。転心までの距離、推進器と舵、両船の大きさの違い、気象条件などによって反応は異なる。実際の操船方法を経験で習得し、衝撃負荷が発生しないように注意する。

ビットの担当クルーは曳航索の繰り出しを確実に調節しなくてはならない。曳航船の前進速力が速すぎると、ロープを抑えることができなくなって走り始める。

D.27. 曳航索の繰り出し

曳航索の繰り出しは、最初の予定繰り出し量を出しきるまで継続する。

(警告) 張力が加わっている曳航索をビットに固定しようとしないこと。ビットとロープの間に手や指、腕などをとられて負傷する危険がある。

D.28. ビットへの固定

予定の繰り出し量が出たら、艇長はクルーにロープの固定を指示する。減速してロープをゆるめ、必要な回数をビットに巻く。

D.29. 曳航当直の編成

曳航当直は重要な任務である。専従のクルーを指名するが、ほかのクルー総員の付帯業務でもある。被曳航船と曳航索の状態を常に監視する。

船尾曳航時の操船

D.30. 概 要

目的地に向け最短距離で曳航するのが常に最良の針路とは限らない。両船が最も航行しやすい適切な針路を選択する。場合によっては、タッキングで切り上がる必要がある。曳航中に発生する動的な力を理解することで、安全に曳航できる。

D.31. 被曳航船に対するブリーフィング

船尾で曳航する際は、以下のような指示事項や注意を被曳航船側が理解している必要がある。

- 一般的安全事項（PFD の着用、曳航索から離れていること、ロープへの擦れ当て、クルーの所在など）
- 資器材（ポンプ、ドローグ）
- 操舵（手動で操舵するか、舵中央で固定するか、曳航船の船尾に向けるよう操船するか、など）
- 予定航路、天候の予測、目的地、到着予定時刻
- 灯火、音響信号
- 通信方法（主と予備の周波数、定時連絡の時刻）
- 非常手順（切り離し、その際の信号）

D.32. ドローグの投入

（舵の偏向の解消などで）ドローグの投入が必要な場合、計画された曳航速力に増速する前に投入する。

D.33. カテナリーの維持

船尾での曳航を開始したら、本章 B.12 にあるように、曳航索の適当な長さを維持する。伸びた曳航索は中央が重力で垂れ下がり、カテナリーと呼ばれる曲線を描く。カテナリーは自然に衝撃を吸収する仕組みとして働き、衝撃負荷を吸収する。

D.34. 上下動の同調

曳航船と被曳航船は、適当な距離を置いた状態で動きが同調しているのがよい。曳航船が波の頂部にあるとき、被曳航船も後方で波に乗った状態にあるのがよい。

曳航船が波に乗っているときに被曳航船が波を滑り落ちると、曳航索がゆるんで調節ができなくなる。曳航船が波を滑り降りるときに被曳航船が波を登る状態だと、曳航索が急張して衝撃負荷が加わる。これを防ぐためには、曳航索を延ばして曳航船と被曳航船が同時に波に乗るようにする。エンジン回転数を細かく増減させ、曳航船の速力を調節するのも有効である。

上下動をそろえるための別の方法に以下がある。

- 針路を修正して波との角度を 45°前後まで大きくする
- ドローグを投入する。大時化の中では、被曳航船の波による大きな上下動を、ドローグを投入することで抑えられる。状況によっては上下動の同調ができない場合があり、このようなときは減速して衝撃負荷を和らげる

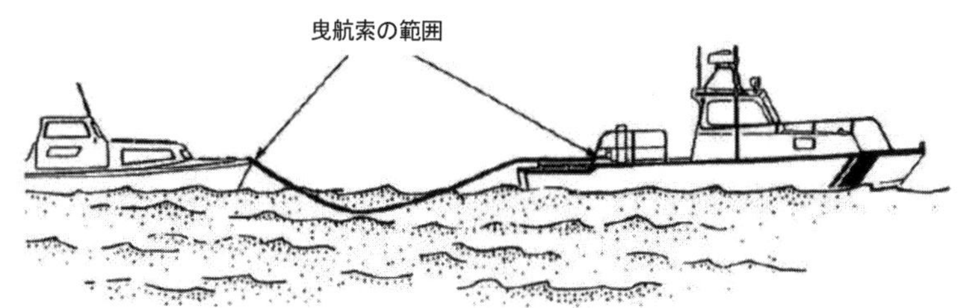

Figure 17-13 曳航索の範囲とカテナリー曲線

D.35. ヨーイングの軽減

曳航針路が左右に振れるとヨーイングが発生する。ヨーイングは船のトリム（傾斜やローリング、船首の下げ姿勢を含む）、舵の不具合および波の作用によって起こる。きついヨーイングは危険で、修正できなければ両方が転覆する恐れがある。ヨーイングにより、甲板設備と接続部分に大きな負荷が生じる。ヨーイングを軽減するには以下の方法がある。

・ 曳航索の長さを調節する
・ トリムを調節（小型船では容易である）して船首を上げるか傾斜を復原する
・ 減速または針路を変更して波や風の影響を減じる
・ ドローグを投入する（特に舵に不具合がある場合）
・ ブライドルを使う

クルーは被曳航船の動きに注意し、異常をただちに艇長に報告する。ヨーイングを抑えることができない場合、海象が収まるか、ヨーイングの原因が解消するまで、その場でとどまるのが賢明である。

（注釈）被曳航船は流れから一定の力を受け、曳航船の針路からずれようとする傾向が生じるが、この現象をヨーイングと混同しないこと。

（警告）被曳航船の設計値を超えた速力で曳航しないこと。船首が波に乗り上げ、安定を失って転覆することがある。波の抗力（単発の大きい波であっても）で船体が滑走モードから排水量モードに変わり、生じた強い衝撃負荷で再び滑走モードに戻ることがある。これによって被曳航船は船首を大きく波に突っ込み、浸水または転覆することがある。

（注意）安全な曳航速力を決める場合、風と波の影響を軽視してはならない。長時間の曳航中に状況は変化するが、比較的安全な水域にいたあとの変化には特に注意する。陸、岸壁、大型船の陰などの安全な水域から外に出ると、状況が変わって被曳航船に危険が生じる場合がある。

D.36. 安全な速力での曳航

安全で快適な速力での曳航が最も効率的である。損傷、沈没、人命の喪失などは曳航速力が過大であった場合に発生する。安全速力の最大値は、船の喫水線の長さと船底形状で決まるが、風と波の状態ではさらに大きく減速する必要がある。安全速力の最大値を計算する式は以下の通りである。

S＝ 最大曳航速力（船体の設計速力）、Ss＝ 最大安全曳航速力、Lw＝ 喫水線の長さの平方根とした場合、$S = 1.34 \times Lw$　$Ss = S - (10\% \times S)$（10％を最大曳航速力から減じる）となる。

例えば、喫水線長が36フィートの船の安全曳航速力は以下のように計算する。

S = 1.34 × Lw　S = 1.34 ×（36 の平方根）= 1.34 × 6 = 8.0kt

Ss = 8.0 −（0.1 × 8.0）= 8.0 − 0.8 = 7.2kt

Figure 17-14 に喫水線長と安全曳航速力との関係を示す。船体の設計値に近い速力で曳航できれば、両船に加わる負担を抑えることができるが、天候などの条件により設計速力で曳航できる場合は少ない。

(注釈) 曳航索の取り方で曳航速力は変わる。例えば、小型船は甲板のクリートなどより、アイボルトにつなぐと、曳航索により船首を持ちあげる方向に力が働くので速く曳ける。

最大曳航速力					
排水量型および滑走型船型の曳航速力					
喫水線長	平方根	最大曳航速力 kt	喫水線長	平方根	最大曳航速力 kt
20	4.5	6.0	70	8.4	11.3
25	5.0	6.7	75	8.7	11.7
30	5.5	7.4	80	9.0	12.0
35	6.0	8.0	85	9.2	12.3
40	6.3	8.4	90	9.5	13.0
45	7.0	9.4	95	9.8	13.1
50	7.1	9.5	100	10.0	13.4
55	7.4	9.9	105	10.3	13.8
60	7.8	10.5	110	10.5	14.1
65	8.1	10.8	115	11.0	14.7

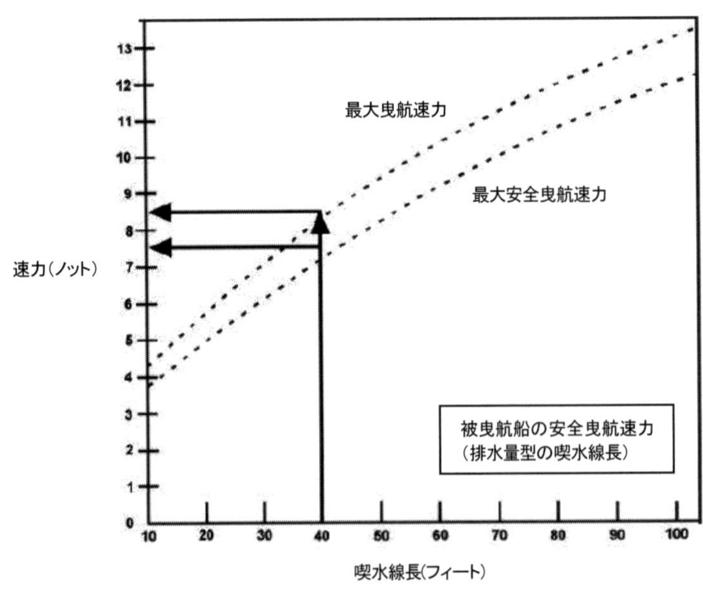

Figure 17-14 安全曳航速力の計算

流れの影響の修正

D.37. 概 要

河川や河口、強潮流域、吹送流が強い海域などでの曳航は高い技術が必要になる。流れの複雑な湾や沿岸砂洲、河口、川の湾曲部などでは特にそうである。曳航中に影響を受ける流れには4種類がある。

・ 船首方向からの流れ
・ 船尾方向からの流れ
・ 横からの流れ
・ それらが組み合わさったもの

流れに効果的に対処するには、曳航船と被曳航船が協力して航行しなくてはならない。一つの方法は、船尾曳航の場合、2隻を1隻の船とみなして操船することである。プロペラと舵が前部、転心が後部にあると考える。これは完全に正確とはいえない。つまり、曳航船（船首）が針路を変えても、被曳航船（船尾）はすぐには追従しないし、被曳航船は惰力で元の針路を維持しようとする。同様に、曳航船が流れに逆らい横方向に単独で動こうとしても、実際には（被曳航船を含めた）曳航索を超える長さの船を横方向に動かさなくてはならない。

また、流れに対処する場合、地域特性の知識が非常に重要である。

船が 12〜30 ノットで航走している場合の流れの影響は、6〜8 ノットで航行している場合よりもずっと小さい。

(注釈) 曳航の全長を常に意識しておく。流れの中では、曳航船が障害物やブイをかわすことができても、曳航索と被曳航船を合わせた全体ではかわせない場合がある。

(注意) 安全曳航速力は対水速力の問題であり、対地速力は無関係である。被曳航船の設計速力や、風や波の制約を勘案した安全速力を超えて曳いてはならない。流れが風や波の方向と反対の場合、波は高く、崩れやすくなる。対水速力を速くすると、曳航索と甲板設備に大きな負荷が加わる。動的な力は常時加わっている。

D.38. 前方からの流れ

針路正面からの流れがある場合、その速度と曳航速力によっては、対地速力が減ずるまたは停止、あるいは押し戻されることもある。

(注意) 曳航船と被曳航船の両方が十分な水深を確保し、座礁しないよう注意すること。

D.38.a. 狭い直線の水路

狭い水路での前方からの流れの場合、完全に直線の水路であれば、深い水域を安全に曳航できる限り、両側の浅い部分を気にする必要はあまりない。

D.38.b. 屈曲部分のある場合

屈曲部分のある水路を曳航する場合、流れは外側が強く、水深も外側が深い。屈曲に沿って曳航する場合、前方からの流れで曳航船と被曳航船は異なる作用を受け、被曳航船は外側に振れる。このような場合、次の要領で対応する。

手順	要 領
1	非常に強い前方からの流れの場合、流れがゆるむのを待つ、潮が変わるまで沖で待機する、目的地

	を変更するといった対応を検討する。流れの中心の外で航行できる場所を探すのも方法である
2	河川に入る前に状態を見る。流れがゆるむか潮が変わるまで外で待つのが賢明な場合がある

(注釈)水路に入る前に曳航索を縮め、被曳航船が外に振られるのを抑える。

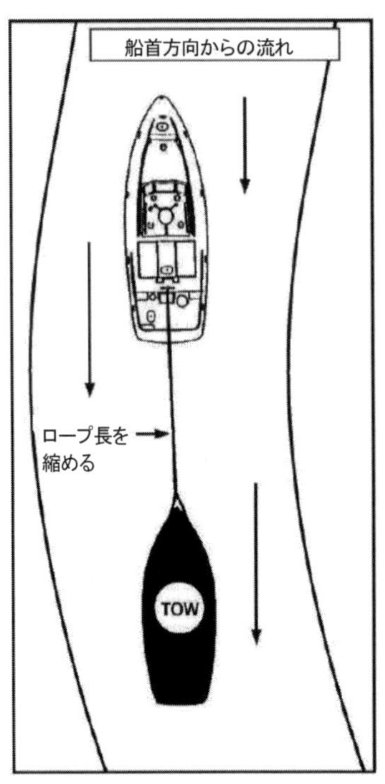

Figure 17-15 船首方向からの流れ

D.39. 船尾方向からの流れ

針路と同じ方向の流れがある場合、乗組員は、流れの影響が両方の船にどのように影響するかを常に認識しておく必要がある。流れが前方からの場合と同様、対地速力ではなく対水速力が操船に影響する。

D.39.a. 開けた海域

開けた海域では、後方からの流れは曳航の助けになるが、風や波に逆らう場合、後ろからの流れで波が高くなり、曳航速力を落とさなくてはならない。到着予定時刻にも影響がある。針路の変更や縮索作業は早めに行うことになり、目的地を過ぎて流され、流れに逆らって戻らなくてはならないこともある。

(注釈)早目の修正で後ろからの流れに対応する。

D.39.b. 狭い水路

前方からの流れと同様、後ろからの流れでも狭い水路では曳航に影響する。屈曲部の内側など、水路で曳航船が被曳航船よりも流れの弱い部分に入った場合、流れの速度の違いが大きいと、被曳航船が流れの方向に大きく振られる。これによって曳航索がゆるみ、制御を失って曳航船に追突する危険がある。これを防ぐため、以下の対応をとる。

手順	要　領
1	流れと同速で曳航し、後方からの流れで制御を失うのを避ける。このために曳航索を縮める

2	後方からの流れで操船が難しいと思われる場合、針路を変え、流れの内側に向ける操船が必要になる場合もある

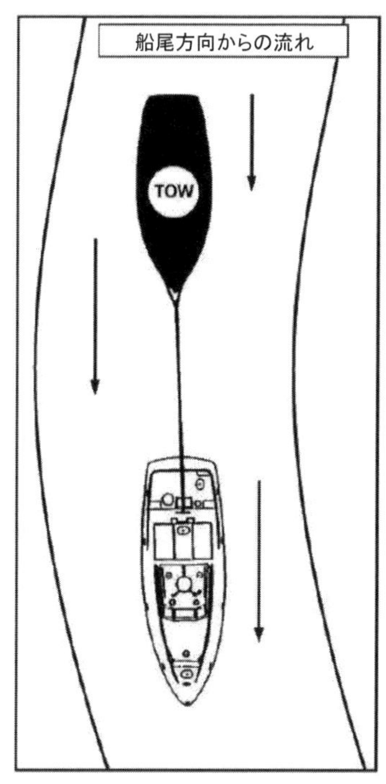

Figure 17-16 船尾方向からの流れ

(警告) 船尾で曳航している場合、レンジ（訳注：重視線）に対して横方向の流れがある場合、レンジに向けて航行してはならない。被曳航船が横からの流れの下流に押されて危険な状態になる。被曳航船の舵や復原性に不具合がある場合、被曳航船をレンジが示す水路の中央などの、安全な水域に保持するように曳航する。被曳航船のクルーに、レンジに入ったことを連絡させる。曳航中は被曳航船の安全は曳航船に責任があることを認識する。

D.40. 横からの流れ

目的地に向けた針路を横切る方向の流れがある場合、両方の船で偏流を修正する操船が必要になる。7ノットで曳航中に2ノットの流れを横切る場合、目的の航路を維持するには15°以上の針路修正が必要である。これは、開けた水域で曳航船が適切に針路を修正できれば問題ではない。狭い水域では、港口を横切る強い沿岸流などがあると、まず曳航船が針路を振られ、その後、被曳航船が流れに遭い、反対側に振られる。狭い水域では、流れを横切るときの被曳航船の修正針路を曳航船が行わなくてはならない。横からの流れで押されて被曳航船が危険な状態になるのを防ぐため、曳航索を縮めて曳航船は流れの上流に向けて舵を取る。同様に、被曳航船の舵が効くようであれば同じ方向に操舵して針路を修正するよう指示する。例えば、水路の入り口で右から左に向けて流れがあるとき、水路に入る前に縮索し、曳航船の位置を水路中央の右側にする。縮索できない場合、水路の右側に大きく移動する。

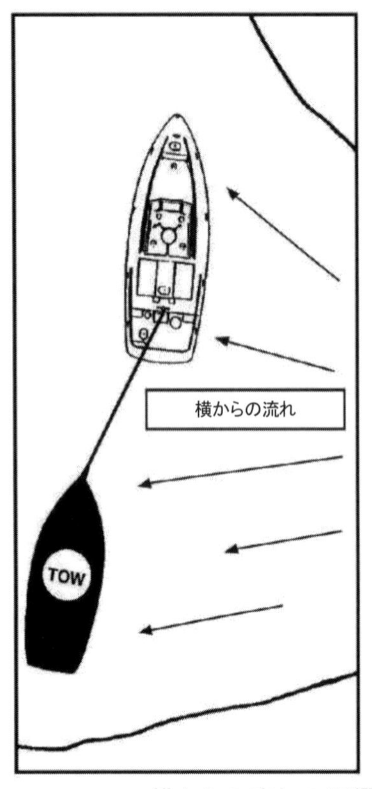

Figure 17-17 横からの流れの影響

D.41. 組み合わさった流れ

流れの向きが真正面や真後ろ、正横からであることはまれで、流れの方向は長く続かず常に変わる。流れに対する上記の修正方法は、流れが組み合わさっている場合も同じである。

海面をよく観察すると流れが変化していることがわかる。流れが変化する場所や異なる流れの境目には潮目が現れる。ほかの川からの流れで水の色が変化し、潮の流れや沿岸砂洲の状況が流れの強さで変わることもある。桟橋、橋、柱などの固定点やブイを観察することで流れの方向と強さを知ることができる。

(注釈)経験と準備に勝るものはない。航海する海域について知っておき、突然の危険でうろたえない。

曳航索の縮索

D.42. 概 要

目的地に近づいたら、曳航索を縮める準備をする。曳航索を縮めると狭い海域や流れの中で制御しやすくなる。曳航索を縮めるため、まずゆるめる。艇長はたるみの量と流れる方向を調節し、クルーはロープを取り込む。艇長とクルーは意思疎通を密接にし、作業を円滑に行ってロープがプロペラなどに絡まないようにする。ゆるんだロープがプロペラに絡まないように、ロープの取り込みは舷側または斜め後方で行う。

D.43. 縮索の事前準備

手順	要　領
1	風や水深、船の大きさ、操船水域、流れの方向と強さなどを勘案して安全な作業水域を決める
2	ロープを縮める長さを決める
3	被曳航船のクルーに説明する
4	自船のクルーにブリーフィングを行い、作業を割り当てる
5	被曳航船が急接近して衝突しないように徐々に減速する。排水量の大きい船は、惰力により小さい船よりも長く走り続ける。行き足のある船は、風や波に向けて変針すると早く停船する
6	曳航索がゆるんだら、クルーに指示して曳航索をビットから外す。ビット配置のクルーはゆるんだロープを引き込み、縮めてビットに巻き直す準備をする

D.44. 縮索の方法

(注意) 後進を急に行わないこと。曳航索が大きくゆるんでプロペラや舵に巻く危険がある。また、たるみが急に大きくなると、ラインハンドラーの引き込む作業負担が大きくなる。

手順	要　領
1	回頭が始まったら、艇長はビット配置員に指示してロープをビットから解放し、ロープを引き込み始める。引き込んだロープは曳航リールに巻き取る。曳航索が甲板上に乱雑に散らからないよう整頓する
2	艇長はロープをゆるめるため適宜後進し、ラインハンドラーがロープを取り込みやすいようにする
3	風が船首寄りでない場合、曳航船からロープが風で離れるように操船する
4	気象条件から曳航船の制御が難しい場合、縮索は段階的に行う。艇長はビット配置員にロープを仮巻きしてたるみを取るよう指示する。ロープが張る前に、クルーはビットと被曳航船の間から撤収する。張力を維持する必要があれば、しっかりとビットに巻く。艇長は操船を行い、縮索手順を再開する

縮索が完了したら、カテナリーによる衝撃吸収効果は低減するので、衝撃負荷に注意する。

(注釈) 平穏な状況で曳航索がそれほど長く出ていない場合、縮索が必要でない場合もある。直接横着けに移行するほうが容易である。

D.45. 荒天時のコントロールの維持

荒天下では以下の要領で曳航する。

手順	要　領
1	風と波の影響が大きいほうに向け、船首から30°～ 40°方向に力を受けて航行する
2	取り込むロープの量が多い場合、曳航船は波に正対して航行する
3	航行する針路にかかわらず、ロープを取り込むため後進するときは、常に波または風に正対する
4	ロープの巻き込みを防ぐには、クルーの意思疎通とボートの操船技量が重要である

曳航船が風と波を船首正面に受け、被曳航船が横から力を受けるのが最も操船しやすい。風と波により、被曳航船が曳航索から遠ざかる。

被曳航船に作用する力を小さくするため、曳航船を減速させる必要がある。

手順	要　領
1	荒天時は曳航速力を細かく調整し、被曳航船の波への乗り上げやブローチングを起こさないようにする
2	被曳航船の船尾に大波が接近する場合、増速して被曳航船が波に押されないようにする
3	被曳航船が波の頭に乗り上げたら減速する。曳航索の張りを維持し、艇長は安全水域に到着するまで後方に注意を払う
4	ドローグを投入する

(注釈) この技術は高度で、訓練と経験が必要である。リモコンレバーの操作（増減速）が被曳航船の速力に一致しなくてはならない。衝撃負荷を抑えるためにこの操船法が難しい場合、減速して波を斜めに受ける方法がよい。

D.46. 曳航索の解放または横抱きによる曳航

安全水域に到着したら、被曳航船を横抱きにするか、被曳航船が投錨したり別の支援を受けたりできるよう曳航索を取り外すかする。

(注釈) 曳航索を外す場合、曳航索のロープ以外の部分を被曳航船に残すかどうかを先に決める。シャックルやワイヤーブライドルの重量はロープの取り込みを困難にし、プロペラや舵に巻く危険が増す。

D.47. 曳航索の取り外し

曳航索はすでに、縮索によって部分的に取り込まれているはずである。被曳航船は操船しやすくロープの取り込みが容易な海域に移動し、被曳航船がほとんど動かない状態になったら、艇長は被曳航船に合図してロープを外させ、海中に放り出させる。曳航船のクルーはこれを船上に取り込む。

横抱きによる曳航

D.48. 概　要

横抱きして曳航すると 1 隻の船として操船しやすくなり、ドックや錨地などに向かうときや、狭い水域で操船するときは好都合である。船尾で曳航するときの事前準備はここでも共通だが、横抱きでの曳航索の構成とアプローチに多少の追加手順が必要である。曳航索の処理と接近は、係留時の作業により近い（Figure 17-18）。

D.49. 準　備

以下は横着け作業の追加手順である。

(警告) 大きな被曳航船と岸壁などの間に曳航船が位置してはならない。離脱操船の余地がなくなり、曳航船は他船の惰力に対応できない。常に離脱経路を確保しておくこと。

D.49.a. 横着け舷の決定と接近

手順	要　領
1	被曳航船を着ける側を決める
2	両船に作用する気象そのほかの条件を勘案し、それらを最大限活用する

3	係留のための接近操船に類似しているが、被曳航船を自船から見た風上と風下のどちらに持ってくるかを決める
4	漂流速度と風に向かう角度を判断し、接近する速度と角度を決める
5	曳航船よりも小さい被曳航船が風で急速に流される場合、水面に余裕があれば風下からの接近を検討する

(注意) 曳航索を被曳航船の船首係留索として使用する場合、長いロープが甲板上に伸びて、絡まりや引っかかる危険が増す。

D.49.b.　曳航索の使用の決定

船尾曳航が終了して横着けに移行するとき、艇長は曳航索を放してもらい回収するか、取り付けたままで被曳航船の船首係留索に使用するかを決める。曳航船の船尾にブライドルを使用していた場合、曳航索を船首係留索に使うのであればこれを取り外す。曳航索を船首係留索として使う利点は、被曳航船に異常が発生したとき、取り付けたままの曳航索で曳航を再開できることである。

D.49.c.　ロープの準備

クルーは横着けに必要なロープを用意し、ロープを取り付ける場所を決める。

D.49.d.　船体の合わせ方

横着けでの船体の合わせ方を検討する。横抱きで曳航する場合、曳航船が被曳航船から下がった位置につき、自船の舵やプロペラを相手船より後方に位置させる。

D.49.e.　防舷物の取り付け

使える防舷物は、接舷の際に手持ちで移動させるものを除き、すべて取り付ける。防舷物は、横着けするまでにクラブヒッチやスリップクラブヒッチでしっかりと取り付ける。

(注釈) すべてのロープが海面上に出るようにする。

D.49.f.　被曳航船へのブリーフィング

艇長は被曳航船に以下のブリーフィングを行う必要がある。

手順	要　領
1	横抱き舷を指示する
2	すでに船尾で曳航している場合は、縮索の方法と、曳航索を船首係留索に使用するかどうかを指示する
3	接近方法と横着けする位置を指示する
4	被曳航船に、横着けする側の障害物などをできるだけ取り除いてクリアにするよう指示する（ロープ、アウトリガーなど）
5	主要部に防舷物を取り付けるよう、被曳航船に指示する
6	ロープを取る場所を指定する
7	クルーに作業の支援を指示する

D.50.　接　舷

接舷する場合、二つの方法がある。

・ 曳航索を船首係留索に使う
・ 自由に接舷する

D.50.a. 曳航索を船首係留索に使う

被曳航船が船尾側にいる場合、以下の手順を用いる。

手順	要　領
1	縮索と同じ方法で前進を停止し、後進でロープをゆるめる。被曳航船がエンジンを使える場合、少しの後進でよい。必要な場合、曳航索で変針を補助する
2	被曳航船の前進が止まったら、艇長はクルーにビットからロープを外すよう指示する。曳航船は少し後進し、曳航索を取り込みやすくする
3	被曳航船の前後位置が決まるまで舷側の間隔を維持する
4	両船の間隔が縮まったら、艇長の指示を受けたクルーは曳航索を持って前部に移動し、甲板設備に巻いてたるみを取る
5	被曳航船を自船の舷側に横抱きする

(注釈) 被曳航船のクルーに横着けロープを取る場所を指示する。係留時と同様、ロープのハンドリングは艇長の指示で行う。被曳航船には必ずロープのアイ側を渡し、反対側を曳航船で調節する。

(警告) 横着けする際にボートを手や脚で押さえてはならない。

D.50.b. 自由接舷の場合

岸壁に係留するのと同様の接近方法だが、最初に渡すのは船首係留索である。被曳航船が前に移動しないためのスプリングロープは取らない。横着け時、艇長はクルーに船首係留索を渡すよう指示する。

D.51. 横着け時の追加ロープの固定

横着けして船首係留索を固定したら、曳航船の舵とプロペラは被曳航船の船尾より後方になっていなくてはならない。これによって狭い水域で良好に操船できる。防舷物が各点で良好に取り付けられていることを確認する。

D.51.a. 平穏な状態

風や波、流れの影響が少ない場合、次の順番でロープを固定する。

・ 2番ロープ：両船の船尾同士（このロープはスプリングを取る間、船尾を保持する）
・ 3番ロープ：前部スプリングロープ（曳航船の船首から被曳航船の船尾に取る）
・ 4番ロープ：後部スプリングロープ（曳航船の船尾中央部から被曳航船の船首に取る）

(注釈) 操船しやすくするには、横抱き用ロープはすべてきつく固定する。スプリングロープは、艇長がたるみを取るため前後進をかけるのに合わせて締める。

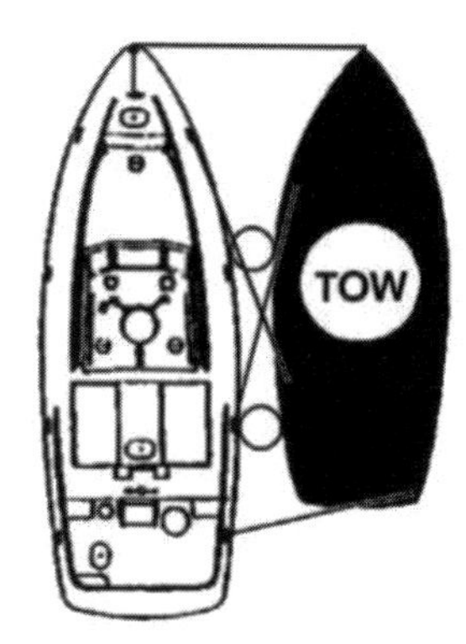

Figure 17-18 横抱き曳航

D.51.b. 風、波および流れ

船が危険な方向（浅瀬や防波堤）に流され、時間がない場合、以下の順でロープを取る。

・ 2番ロープ：曳航船の前部スプリングロープを固定すれば曳航船で前進し、危険を避けることができる
・ 3番ロープ：前進しながら後部スプリングロープを取る。被曳航船は減速の必要がある。
・ 4番ロープ：船尾ロープ

D.52. 横抱き状態での操船

横抱き状態での操船は高い技術が必要である。横着けが完了したら、艇長は結合された船に風、波、流れがどのように作用し、それをどのように活用するかを観察する。見た目は実際よりも容易に見えることがある。

D.52.a. 係留に向けた接近

横抱きでの曳航で安全に着岸係留するには以下の要領で行う。

手順	要　領
1	時間の余裕をもって徐々に減速する
2	大きいほうの船を岸壁側に向ける
3	風と流れに向かって岸壁に接近する
4	ドックや岸壁の風下側に係留する
5	クルーを被曳航船の適当な位置で見張りにつけ、艇長の視界を補助する
6	曳航船が岸壁や係留施設に接舷する場合は、曳航船側に防舷物と係留索を準備する
7	被曳航船の舵が使える場合、係留を補助してもよい

曳航中の沈没

D.53. 概　要

被曳航船が沈没することが明らかな場合、人命の救助は急を要する。船体放棄の手順に取り掛かると無線連絡は失われることが多い。最初に取るべき行動は、曳航を中止して船上または海中から乗員を救うことである。状況を注視していないと、沈没船が曳航船の船尾を引き込む。沈没が始まったら、被曳航船の側で曳航索を外す時間の余裕は限られている。沈没が始まったら、曳航船は前進を止めないと、曳航索で伝わる力でヨーイングが始まり、転覆が早まる。曳航される側ではロープの離脱に全力を挙げ、救助を待つ。

(警告) 曳航索に張力が加わった状態でビットを破壊しようとしないこと。曳航ビットの後ろ側からナイフで直接、曳航索を切断する。

(注意) 生存者を救助する作業中は、ロープや浮遊物がボートに絡まないように注意する。

D.54. 危険の極小化

沈没の際に危険を最小化するため、以下の手順を行う。

手順	要　領
1	沈没が避けられず（傾斜して復原しない、船首が浸水するなど）、曳航される側のクルーが曳航索を外すことができない場合、曳航索を切断またはビットを破壊してロープを解放する
2	GPS やレーダーフィックスで船位を記録し、救助を要請する。曳航索が外れたら乗船者の救助の準備にかかる

D.55. 沈没位置の記録

船上に誰も残っていない場合、水深が浅い（曳航索の長さ以下）場所であれば、着底するまで曳航索が繰り出されているはずである。防舷物、救命胴衣、浮体などを曳航索に結び付け、水面から見えるようにする。浮体は沈没船の位置を示し、後日、サルベージの目印になる。

Section E. 曳航の事前注意事項

本節では、曳航作業を確実に成功させるため、および船や乗員の損害が発生する可能性を排除するための多くの注意事項を述べる。

手順	事前注意事項
1	艇長とクルーが常に意思を疎通する
2	被曳航船の乗員が PFD を着用する。数が不足していれば支給する
(注意) PFD の着用を待つ間に乗員を危険にさらしてはならない。危険な場合、ためらわず乗員を救助する行動をとる	
3	安全に実施可能であれば、被曳航船の全乗員を移乗させる
4	事前に相手のクルーに手順を告げ、ヒービングラインを船体中央部に投げて甲板に落とす。
5	良好な通信（予備手段を含む）を確立して維持する。必要があれば携帯無線機を使う。最低 30 分ごとに定時連絡を行い、最初に被曳航船の以下の内容を確認する ・ 曳航索、擦れ当て、接続点、フェアリーダーの状況 ・ 船上の浸水の状況（浸水している場合） ・ 乗員の健康状態
6	航行中は両船とも乗員が曳航索から離れておく
7	曳航索をできるだけ船首尾中心線付近に取る
8	曳航索をライフライン、スタンション、ハンドレール、梯子などに取らない

9	曳航索は、被曳航船の甲板にネジだけで固定されているクリートやビットに取らない。曳航索を送る前に甲板設備の状況を確認する
10	被曳航船側のロープは曳航索に使用しない
11	曳航索を結んで延長してはならない
12	曳航索が遭難船側に固定されるまでロープを手で保持し、艇長の指示でクリートやビットに固定する。ラインハンドラーに 2 名を指名し、ビット作業に 1 名を指名する
13	曳航索をビットやクリートにハーフヒッチで取らない。絡む恐れや、摩擦で溶けることがある。8 の字に 3 回巻いてビットに固定する
14	ビット配置員は、ロープをビットやクリートに巻く作業を行うときに腕を交差させない。ロープに巻き込まれないように手を入れ替える
15	シャックルの破壊強度が曳航索の破断強度以上であることを確認する
16	曳航索は、プロペラ、プロペラシャフトおよび舵に絡まないよう、それらから十分に離す
17	曳航索の損傷を最小限にするため、擦れ当てを施す
18	コーストガードのボートに定められた限界を超える大きさのボートを曳航しない
19	状況に応じた安全な速力で曳航し、曳航索に衝撃負荷が加わらないようにする
20	ボートの船型による設計速力を超えない
21	急な操船を避ける
22	ヨーイングを減らすため、ドローグやブライドルを使う
23	可能な場合、被曳航船の舵に人を配置し、曳航船の船尾に向けて舵を取らせる。乗員が撤収する場合は舵を中央で固定する。船外機艇や船内外機艇の場合、船外機やドライブを通常の走行位置まで下げておくよう指示する
(警告) 船尾や中心線から外れた部分に過大な負荷を加えると、被曳航船に浸水や転覆の恐れがある	
24	以下を考慮して被曳航船のトリムを保つ ・ ボートの状態（構造部の破損、浸水など） ・ ボートの船体の構造（低船尾、低乾舷など） ・ 貨物の移動（魚倉、用具庫など）や、自由表面効果（ビルジ区画への浸水が動揺で動くことの作用）の影響 ・ 乗員の数と所在
25	曳航状態の監視と人員の数の頻繁な確認（無線または目視）
(警告) 曳航当直の任務は重要である。指名された者以外も補助して総員で行う	
26	ブライドルの破断強度が曳航索と同等以上で、曳航の要件と状況に適合した強度であること
27	事前に GPS に位置を入力し、海図への記入作業を行っておく。これらは航行が始まってからでは困難である
28	ドローグや排水ポンプが必要になりそうな場合は、曳航索が接続される前に渡しておく
29	曳航索を渡したら、接続する前に接続点の状態を点検する
30	遭難船に接近する場合、状況に応じて周囲に危険ゾーンを設定する

Chapter 18.防火、救助および支援の提供

クルーには、コーストガードの一員として、自船の安全を確保しつつ遭難船を救助するという重い責任がある。ボートクルーの第一責任は人命救助であって財産ではないが、財産救助を行う場合もある。クルーは自船の防火作業や排水、復原維持などに対応しなければならないことがある。本章では、遭難船を援助する場合の安全措置、非常事態の評価方法、ボートの火災を防ぎ、発見し、消火する方法、船からの排水方法、転覆船を復原する各種の方法、浸水を制御する方法について述べる。適切な防止措置や救助手順を怠ると、船舶の救助は困難であることを認識しておくことが重要である。

(警告)吊り上げ、曳航、甲板作業などを行うボートクルーが指輪などの宝飾品や腕時計など、制服やPPEの構成品でないものを着用することは、引っかかる恐れがあるため禁じられている。当直士官や艇長はこのことを事前のブリーフィングで徹底し、甲板作業前にそれらが外されていることを確認する。

Section A. 安全とダメージコントロール【USCG】

非常時の作業におけるクルーの安全は重要である。死傷事故はボートクルーが遭難船に対応しているときに発生している。重大な負傷事故は、性急な作業で常識と安全意識をおろそかにした場合に起こる。クルーの責任は人命救助であって、財産救助ではない。ボートクルーは、特に火災対応に従事するとき、緊急支援における限定的な役割を認識しておく必要がある。安全は、遭遇するさまざまな非常事態での責任と能力を評価するところから始まる。

A.1. コーストガードの消火活動の指針

「1972年港湾および水路安全規則」(PWSA)は、海上と周辺での船舶、貨物、人命、財産、環境の保護のために港湾活動の監督の充実が必要としている。財産救助に関するコーストガードの伝統的な機能と権限に加え、この規定がコーストガードの消火活動の根拠になっている。コーストガードは、これまでも自船の消火と救命などを行うための資器材を整備し訓練を実施してきた。コーストガードがそうした活動に従事することがあっても、それは一義的な任務ではない。港湾地区における消火活動は地域の機関の責任である。コーストガードは、能力や装備から可能な範囲で支援を提供するにとどまる。

A.2. 安全評価と管理の指針

緊急時に人はパニックを起こし、訓練と準備にもかかわらず、考えるより先に行動する。ボートクルーは自他双方の事故の際、チームで行動して危険を防止しなくてはならない。非常事態では、行動の前に以下のことを行う。

- 自分および民間被害者に対するリスクの評価
- 非常事態の推移の把握
- 事態への対応計画の策定(ダメージコントロールとリスク管理)

A.2.a. リスク評価

リスク評価は、災害の発生原因の特定から始まる。リスクを特定して管理する責任はクルー全員にあり、標準手順を用いた実践訓練や分析、デブリーフィングによってリスク管理計画を立案できる。リスク

管理の計画は、事前に想定した要素に基づいてリスクを特定し管理する。

A.2.b. 状況の把握

状況把握はリスク管理の重要スキルで、事態の進展においてクルーに影響する要素と、それらの状況を正確に認識することである。簡単にいえば、周囲でなにが起こっているかを常時把握することである。状況が不明になり、救助を継続するかどうかの判断を迫られる状況はしばしばある。クルーはそれぞれがこうした状況で重要な判断を下す責任があり、決断は行動と意思疎通の形で表される。

(注釈)状況を高いレベルで把握しているクルーが安全に任務を遂行できる。

A.2.c. ダメージコントロールのリスク評価

以下は、ダメージコントロールでのリスク評価計画で考慮すべき注意事項である。非常事態は毎回状況が異なり、計画は一般指針としてのみ活用することを認識しておく。クルーの経験と知識をリスク管理計画に反映し、このリストをさらに改善するよう努める。

- すべての者の意見を取り入れる
- 遭難船上にある全員がPFD（個人用浮具）を着用する
- すべてのロープを水中から引き揚げ、プロペラへの絡みつきを防ぐ
- 艇長とクルーの意思疎通を継続確保する
- すべての機材を試験して使用できる状態にする
- 防舷物を取り付け、ロープを準備して接近する
- 火災船には風上から接近する
- まず生存者を救助していったん後退し、火災の状況を見る
- 爆発の危険性が不明（積荷の種類がわからない）の場合、消火を試みず後退する
- 水中に生存者がいれば救助する
- 必要があれば、遭難船から排水する
- 常に指揮官や上級部隊に最新の状況を報告する

Section B. ボートの防火と脆弱箇所【安全:運用】

ボートから火災の危険を完全に除くことはできず、火災は常に脅威である。ボートのクルーは常に火災の原因と脆弱箇所に注意しなくてはならない。クルーはボートによくある火災原因に特に注意する。

火災予防措置

B.1. 概　要

ボートの火災で最も重要なのは予防である。ボートと属具の点検で、燃料やオイル、配線系統の点検を行わなくてはならない。クルーは、配線の擦れや亀裂、ゆるみ、燃料とオイルの配管のピンホールなどを点検する。不具合を発見し次第、手当する。

B.2. 防火対策

防火点検では以下も有効である。

- ビルジからオイルとグリスを除く
- 燃料やオイルの漏れを修理する
- 漏れた燃料や潤滑油はただちに清掃し、陸上で処理する
- 清掃後の布などは船外に出す
- 不要な雑布などを船内に散らかさない
- 可燃液体を適切な容器に保管する
- 不審な臭いや煙に注意し、エンジンを始動する前にすべての区画を換気する

脆弱な箇所

B.3. 自然発火

ボートでは、自然発火が火災原因として見過ごされがちである。多くのありふれた物質が化学反応で危険な火災原因になる。潤滑油や塗料がしみ込んだ雑布を機関室に放置しておくと、容易に自然発火する。

B.3.a. 酸 化

区画が高温で換気が行われていないと、雑布のオイルが酸化（高温空気中の酸素と反応）して発熱し、酸化を促進してさらに熱を発生する。

B.3.b. 換 気

換気によって熱を逃がさないと、雑布の温度は上昇を続けて炎を発し、付近の可燃物に燃え移って大きな火災になる。これは外部からの熱供給がなくても発生する。この場合、防火は船内の整頓管理の問題である。雑布や廃棄物は閉鎖された金属容器に保管し、できるだけ早く処分する。

B.4. 機関室火災

機関室は電気火災や油火災に脆弱である。機関室で火災が発生する原因はいくつもある。海水配管の破損から漏出した海水でショートが発生し、発電機や配電盤などから発火して付近の可燃物に燃え移ることがある。燃料配管からの漏油はさらに重大で、クルーは常にこうした漏えいに注意する。

B.4.a. 電気系統

電気系統のショートは火災の原因になる。これは小規模で、CO_2 またはドライケミカル消火器で容易に制圧できる。

B.4.b. 燃料配管

配管から燃料が漏れて熱したマニホールドに落ちると発火し、気づかず放置すると大規模火災になる。

B.4.c. 潤滑油配管

熱したエンジンに潤滑油が落ち、エンジンの周辺で燃え始めると、燃料配管が熱せられて発火する。これにより、エンジンを停止しても熱源に燃料が供給され続け、大規模火災に発展する。

(注意) ボートではエンジン始動前にビルジ区画を適切に換気しないと爆発することがよくある。エンジンキーを操作したときのスパークで充満したガスが瞬時に着火し、爆発を起こすことがある。

B.4.d. ビルジ区画

燃料やオイルがたまったビルジ区画で火災が発生することがある。燃料や潤滑油は、未発見の配管破損箇所から漏れてビルジ区画に流れ込むことが多い。油が気化して可燃性蒸気になり、ビルジ区画に充満

する。これが空気と混ざって適当な濃度になると、スパークで容易に着火し爆発する。ビルジ火災は延焼が速く、制圧が難しい。機関室火災としては最も消火が難しい火災である。ビルジ区画に油が混入するのは、多くの場合、漏えいが原因なので、ビルジ区画を監視し、配管を点検して漏油箇所を探知する。

B.5.　電気配線と電気設備

適切に絶縁配線された電気設備であっても、耐用年数を超えた使用は誤配線があると、電気エネルギーから熱が発生し、火災の原因となる。このため、電気設備は関連規則に従い、適切に設置管理や試験、修理を行わなくてはならない。

(注釈)電気設備の作業は有資格者が行わなくてはならない。

B.5.a.　部品と設備の交換

通常の家庭用または産業用の電気設備は海上では長持ちしない。塩分を含んだ空気で腐食し、ボートの振動で故障し、鉄製の船体で誤動作や短絡が生じる。これによって配線から発熱してスパークし、付近の可燃性のものに引火して火災を起こす。このため、小型ボートの電気機器の修理には正規の交換部品のみを使う。適切な保守を行えば、装置や部品は海上の厳しい環境に耐えるよう設計されている。

(警告)ヒューズやブレーカーの容量が大きすぎると、過負荷でも回路が遮断されない。過大な電流が流れ続けると回路が過熱して被覆が発火し、付近に燃え移ることがある。

B.5.b.　配線とヒューズ

電気配線の被覆は劣化し、永久には持たない。経年使用で硬くなって亀裂が入り、振動や摩擦で破損する。被覆が破損すると裸線は危険である。単線でもほかの金属との間にアーク放電が生じ、複数の裸線が接触すると短絡する。いずれの状態であっても、過熱して被覆や付近の可燃物に燃え移ることがある。このような老朽配線を交換することで電気火災を防ぐことができる。ヒューズやブレーカーは適切な容量のもののみを用いる。

B.5.c.　正規の方法によらない応急修理

配電盤からの無秩序な配線の分岐は危険である。電気配線はすべて容量の上限が設定されている。電気設備の過剰接続で回路に過負荷が生じると、設備が故障するだけでなく、過熱して被覆が燃える。過熱した配線は付近の可燃物に引火して火災の原因となる。

B.5.d.　電気モーター(オルタネーター)

手入れ不良や寿命を超える酷使で故障した電気モーターは、火災の主な原因である。モーターは定期点検と試験、潤滑と清掃が必要である。巻き線のショートやアースからの漏電、ブラシが滑らかに回らない不具合などでスパークやアークが発生し、それらが強いと付近の可燃物に引火する。ベアリングの潤滑不足も過熱の原因になり、同様の結果を生じることがある。

(注意)バッテリーから発生する気体は爆発性が高い。バッテリーの付近での喫煙や、区画を完全に換気せずに端子を外したり、メンテナンス作業を行ったりしてはならない。

B.5.e.　バッテリーの充電

バッテリーの充電中は水素が発生し、引火や爆発の危険がある。水素は空気よりも軽く、発生すると上昇する。充電区画の上方換気が不十分だと水素が滞留し、点火源があると爆発して火災を起こす。

Section C. 火災の理論、分類および燃焼源【安全:運用】

ボートクルーが火災の理論と種類、燃焼源について知っておくことは重要で、装備や消火剤により、効果的に火災に対処できる。

C.1. 火災の原理

火災は燃焼と呼ばれる化学反応である。燃焼物質の急速な酸化によってエネルギーが熱と光の形で放出される。

C.1.a. 燃焼三角形

燃焼三角形が燃焼と消火の説明に長く使われてきた。この理論は、燃焼には適度な濃度の酸素、熱および燃料が必要というもので、これら要素のどれかが失われると、燃焼は停止する。

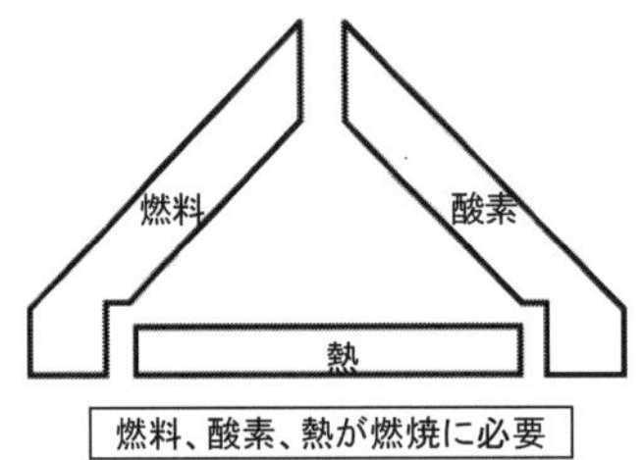

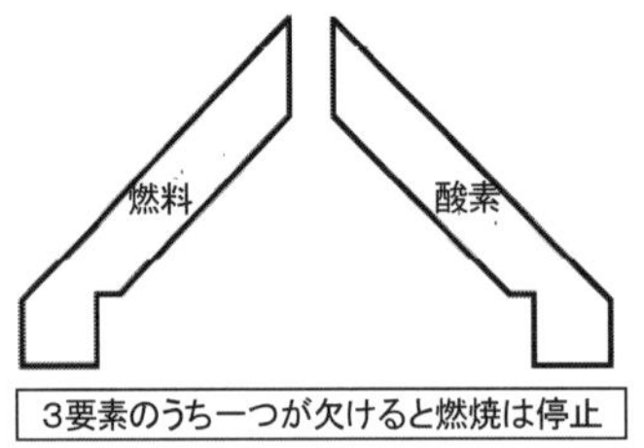

Figure 18-1 燃焼三角形

C.1.b. 燃焼三角錐

新たな燃焼理論に燃焼三角錐があり、三角錐の底面は化学反応を意味する。ほかの 3 面は熱、酸素および燃料で、これらから一つ以上の面を取り去ると、三角錐は不完全になり燃焼は停止する。

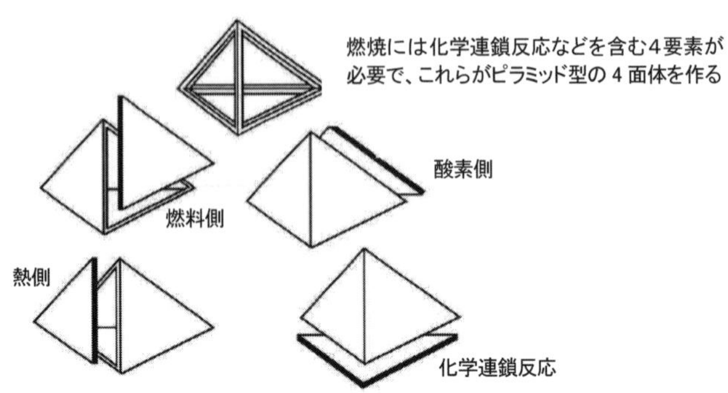

Figure 18-2 燃焼三角錐

C.2. 火災の分類と燃焼源

火災には Class A、B、C、D の 4 分類がある。

C.2.a. Class A

一般火災。燃焼源は木や紙、ゴム、プラスチックなどである。

C.2.b. Class B

可燃性液体や可燃性ガスによる火災。燃焼源は石油類である。

C.2.c. Class C

電気火災。通電された電気装置、コンダクター、電化製品の火災などである。

C.2.d. Class D

金属火災。燃焼源はナトリウム、カリウム、マグネシウム、チタニウムなどである。

Section D. 消火剤の概要と使用法【安全:運用】

消火剤は、燃焼三角錐の 1 面以上を取り除いて燃焼の継続を停止させるものである。消火剤の使い方はひと通りではなく、最適の使用法は条件によって異なる。各種消火剤の基本的な使用法を以下に示し、その後、使用機材について述べる。

消火剤の働き

D.1. 概 要

消火剤は、冷却、窒息、反応遮断または酸素希薄化により、燃焼三角錐の一つ以上の要素を取り除いて消火する。

- 冷　却：燃焼源の温度を発火点以下に下げる
- 窒　息：燃焼源への酸素の供給を断つ
- 反応遮断：燃焼を継続させる化学反応を遮断する。反応要素のなにを遮断するかは火災の種類と消火剤の種類によって異なる
- 酸素希薄化：窒息の過程で燃焼が継続するのに必要なレベル以下に酸素の量を下げる

火災の種類、燃焼源、使用する消火剤、主要効果を次の表に示す。

種類	燃焼源	使用消火剤	主な効果
A	一般的な可燃物（木、紙、布、ゴム、プラスチックなど）	・ 水 ・ PKP（ドライケミカル）	温度を下げる
B	可燃性液体、可燃性ガス、石油製品など	・ 水溶性泡消火剤（AFFF） ・ CO_2（二酸化炭素） ・ PKP（ドライケミカル）	酸素を除去する
C	エネルギーを発する電気機器	・ CO_2（二酸化炭素） ・ PKP（ドライケミカル）	酸素を除去し、温度を下げる

D	燃焼性金属（ナトリウム、カリウム、マグネシウム、チタニウム）	・ 水（高速噴霧） ・ 砂（金属にかける）	温度を下げ酸素を除去する

放　水

D.2.　概　要

コーストガードの船には固定または可搬の消火ポンプが装備されている。放水は以下の方法のいずれかにより行う。

・　直接放水
・　高速噴霧
・　低速噴霧

D.3.　直接放水

遠距離に圧力で水を送る場合に行う。

D.3.a.　Class A 火災

Class A 火災では、燃焼源を吹き飛ばして炎の基部に水を送り込むことが目的である。このため、放水は燃焼の基部を直接狙って行う。

D.3.b.　Class B 火災

Class B 火災では、直接放水は効果的でない。放水で燃料が空中に舞い上がると表面積が増えて燃焼反応が激しくなり、燃料が飛び散って多方面に火災が広がる。

D.3.c.　Class C 火災

Class C 火災では、水は導電性があるので直接放水を用いてはならない。電流が水を伝わって消防隊に伝わることがある。

D.3.d.　Class D 火災

Class D 火災では、冷却して燃焼源を拡散させるため、直接放水は有効である。

D.4.　高速噴霧

高速噴霧も有効な消火方法である。

D.4.a.　Class A 火災

Class A 火災では高速噴霧は直接放水よりも有効である。これは、広い範囲に対する冷却効果が高く、より多くの熱を吸収するためである。また、霧が熱せられた表面に接触して水蒸気になり、酸素を遮断して消火する効果が得られる。

D.4.b.　Class B 火災

Class B 火災では、細かい水の粒子が効果的に冷却するため、有効な消火方法である。可燃性液体の火災では、AFFF 消火剤（D.7 参照）が使用できない場合にのみ高速噴霧を使用する。

D.4.c.　Class C 火災

Class C 火災では、細かい水の粒子は電流を逆流させる危険は小さいので、噴霧消火が可能だが、ノズルから火源まで最低 4 フィート（約 1.2m）の距離を取る必要がある。

D.4.d. Class D 火災

Class D 火災では高速噴霧による消火が適切である。燃えている金属に水を掛けると、小爆発が起こることがある。消火員は安全な距離を取るか、防護シェルターの背後から放水する。Class D 火災の燃焼金属は完全に燃え尽きるまで燃焼を続けるが、温度を下げればこれを制圧できる。しかしながら、船内に水がたまるのを抑えるには、燃えるものを船外に捨てるか、洗い流すほうがよい。高速噴霧は消火員を熱から保護する効果もある。

(注釈) ノズルは電気を伝えるので、消火員に電気ショックの危険がある。ノズルや放水が電気設備や回路に接触すると、電気が消火員に伝わり負傷することがある。

(注意) 先頭のノズルマンを濡れた状態にしないこと。霧と高温で蒸気火傷を負うことがある。

D.5. 低速噴霧

低速噴霧は可変ノズルで噴射する。低速噴霧は高速噴霧よりも低圧の霧を放出する。低速噴霧は高速噴霧よりも広い範囲を覆うので、火災に接近して消火活動を行う場合に有効である。また、水幕で火源と消火員の間の熱を遮断できる。消火員が適切な防火衣を着用し、可変ノズルを使用していれば、必ずしも自己防護のために低速噴霧を使用する必要はない。噴霧の使い方を誤ると負傷する恐れがある。高速噴霧のスクリーンは前方ノズルマンの視界を遮る。これは、区画に消火進入路以外の開口部がない場合に重要である。一つしか開口部のない区画では熱と煙が噴霧に向かって逆流する。こうした状況で消火進入しなくてはならない場合、短い直接放水を前方の火源に当てて炎を制圧する。消火剤に水を使うと、船の浸水と重量が増加し、安定が悪くなる。通常、鎮火後に排水を行うが、復原性を維持するため、排水はできるだけ早く行う。

D.6. 効 果

状況に合わせて使用すれば、水はあらゆる種類の火災で有効だが、最も有効なのは Class A の火災に対してである。Class D（金属火災）においても冷却効果と燃焼源を吹き飛ばす効果が期待できる。

水溶性泡消火剤（AFFF）の使用

D.7. 概 要

泡は気泡の幕で、火災を主に窒息効果により消火する。泡は、水、空気と濃縮発泡剤と呼ばれる薬剤が混ざって形成されている。水、空気および発泡剤を混ぜると、泡を含んだ水溶液ができる。

泡消火剤を使う場合、炎全体を泡で覆う必要があり、覆われなかった部分は燃え続ける。1 ガロン（約3.8L）の発泡剤から約 133 ガロンの泡水溶液を作ることができる。5 ガロンの缶入り発泡剤から 1.5 分間で 660 ガロンの泡水溶液ができる。泡は Class C の火災でも非常の際には最終手段として用いることができる。濃縮 AFFF は 35°F（1.7℃）以下の温度で分離するが、使用前に缶を振って混ぜれば効果は変わらない。

D.8. 効 果

泡消火剤は Class B 火災に有効である。泡水溶液は、可燃性液体の最も軽いものよりもさらに軽い。燃焼している液体にかけると、表面に浮かんで酸素が燃料に触れるのを妨げる。また、泡消火剤の水成分が冷却効果を発揮する。いったん火が消えても、泡の層は確実な消火のためそのままにしておく。

化学消火剤の使用

D.9. 概 要

化学消火剤はきわめて有効な消火剤だが、正しく使わないと有効ではなく、また危険である。それぞれの化学消火剤の正しい使用法と長所および短所を、使用前に理解することが重要である。二酸化炭素（CO_2）および炭酸カルシウム（PKP）について述べる。

D.10. 二酸化炭素（CO_2）

CO_2は空気よりも約50%重い。容器から放出すると、450倍の体積に膨張し、一時的に酸素を遮断して窒息消火する。CO_2は電気を通さないので、電気火災の主要な消火剤として使われる。

(注意) CO_2を単独で大規模火災に使用しないこと。

D.10.a. CO_2の効果

CO_2は小規模のClass A、B、C火災に有効である。冷却効果は限定的で、燃焼源から恒久的に酸素を遮断することもない。このため、CO_2は炎の勢いを抑えることにのみ有効である。CO_2を完全消火まで連続して使わない限り、炎は再発火する。CO_2を使用した場合の再発火の可能性は、ほかの消火剤を使用した場合よりも高い。10ポンド消火器に充填したCO_2を連続放出したら、40〜45秒程度しか持たない。携帯型CO_2消火器の有効放射距離は5フィート程度である。それ以上の距離では空気が混入し、効果が薄くなる。

(警告) CO_2は放出すると急激な膨張できわめて低温になり、皮膚に触れると低温火傷を生じる。CO_2消火器を使うときは絶縁ハンドルを手で握る。

D.10.b. CO_2の放出

気体のCO_2に導電性はないが、消火器からCO_2を放出するとホーン（噴射口）付近に静電気が発生する。よって、爆発性のガスが存在する場所でCO_2による消火を行うことは非常に危険である。容器は常に地表に接触させて静電気を逃がす必要がある。CO_2は、風の影響のない密閉空間で最も効果的である。消火器の使い方は以下の通り。

手順	要 領
1	バルブのロックピンを抜く
2	消火器を真っすぐ縦にして保持し、安全な距離まで近づく
3	5ポンド型以下の消火器の場合、ホーンを水平位置まで起こす
4	大型消火器の場合は、静電気を逃がすため、CO_2容器を甲板に接地する
5	絶縁されたホーンハンドルを保持し、放出レバーを握って放出を開始する
6	CO_2の噴射を火炎の基部に向け、ノズルを振って炎を制圧する

Figure 18-3 CO_2 消火器の使い方

(注意) CO_2 同様、PKP 消火器も大規模火災に単独で使用しないこと。再発火の危険が大きい。

D.11. 炭酸カルシウム消火器(PKP)

PKP はパープル K 粉末とも呼ばれる。PKP の成分は無害である。PKP を使用すると、高濃度の雲状の気塊が燃焼箇所の付近に生成され、炎の中心に向かって再放射される熱を遮る。これにより、燃料蒸気の量が減少する。ドライケミカルの PKP は、燃焼連鎖を遮断して消火する。

D.11.a. PKP の効果

PKP に冷却機能はない。PKP は炎を一時的に消す効果はあるが、拡散するのは速いので、熱源を冷却して再発火を防がなくてはならない。PKP はすべての種類の火災にある程度有効だが、可燃液体の火災に対して最も効果的である。可燃液体の火災に対しては、最初に PKP を使用し、その後、AFFF の泡で覆って再発火を防止するのが最も効果的である。PKP 消火器の多くは、有効範囲が 10～12 フィートで、8～20 秒間の連続使用ができる。

D.11.b. ドライケミカルの放出

携帯容器に格納されたドライケミカルは、カートリッジや容器内の高圧ガスで噴射する。この種の消火器の使用方法は以下の通り。

手順	要　領
1	容器に印刷された使用方法に従う
2	ドライケミカルの噴射量はノズルの遮断バルブで調節する。カートリッジ式も内圧式も同様である
3	安全距離まで接近する
4	ピンを抜く
5	トリガーを引き絞る
6	火炎の基部に向けて噴射し、掃くようにして炎を鎮圧する

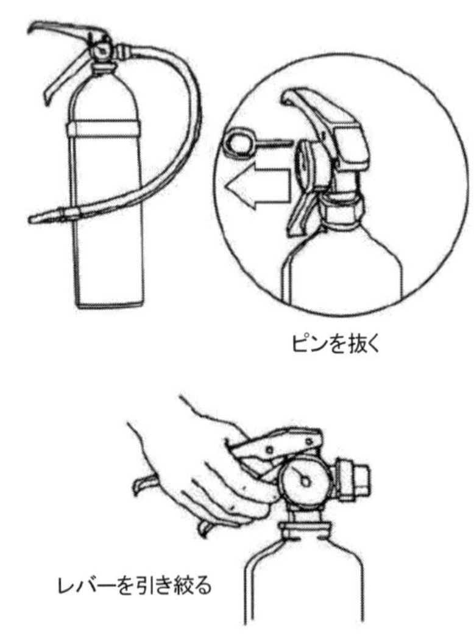

Figure 18-4 ドライケミカル消火器

ハロン消火器の使用

D.12.　概　要

ハロンは、無色無臭で導電性のない圧縮液化ガスである。ハロンは消火の原理がほかとは異なる。ハロンはある程度の水のような冷却効果と CO_2 のような窒息効果を持つが、実際には火炎と反応して火災が広がる連鎖反応を遮断することで消火する。このプロセスは連鎖遮断として知られ、本節で前述した。ハロン放出システムは、Class B、C 火災が発生している機械設備の区画などでよく使われる。

(注意)酸素吸入器具（OBA）を着装しない限り、ハロンが放出されている区画にとどまらないこと。

D.13.　安全な保管

ハロンは鉄製の円筒容器に液体で保管される。円筒容器内には超高圧の窒素でハロンが液化保存されている。消火器を作動させると、ハロンはガスになって放出される。ハロン放出システムは、5～7%の濃度で均等に拡散する。

ハロンが放出された空間では、人が酸素呼吸具を付けずに進入する前に、15 分間換気を行う必要がある。機械式の換気装置を持たない船では、自然換気で区画の空気を完全に入れ替える。

D.14. ハロンの効果

ハロンの消火原理は完全には解明されていない。基本的には、ハロンは燃焼連鎖に関わる活性化学物質を空間から取り除く。ハロンは、携帯型消火器などの手段が尽きたときの補完的な最終手段として用いられる。

FE-241 の使用

D.15. 概 要

ハロン同様、FE-241 は高圧の液化ガスである。これはクリーン消火剤と呼ばれ、消火を行ったあとに残留するものがない。化学名はクロロテトラフルロエタンで、ハロンのように燃焼連鎖サイクルを遮断して消火する。FE-241 は USCG が EPA に基づいて環境承認したハロン代替消火剤である。従って、FE-241 は Class C の火災でハロン消火器の代わりに使用することができる。

Section E. 消防器具【USCG】

消火剤を扱うには専用の装置を用いる。本節では、コーストガードのボートに装備された一般的な消防器具の基本的な使用法について述べる。

消火ホース

E.1. 概 要

消火ホースは消火作業の基本用具である。当然ながら、消火ホースは開発され尽くした用具で、適切な使用と管理が必要である。標準の消火ホースは二重構造で、綿またはナイロンを編み、内側をゴム引きにしたオレンジ色のホースである。直径は 1½または 2½インチで、標準の長さは 50 フィートである。コーストガードのボートによっては、格納場所の関係で標準よりも短いホースを持っている場合がある。標準長のホースに加え、1½インチ径のホースには 25 フィート、2½インチのホースには 30 フィートのものもある。

(注意) 水圧の加わったホースには大きな力が加わっている。振られて制御できなくならないよう、十分な人数を配置して扱う。

E.2. 安全上の注意

消火ホースを使用する前に、安全点検を必ず行う。点検は火災現場では時間を浪費するように思えるが、点検を怠って不具合を起こすとそれ以上の時間を浪費する。点検は以下の事項について行う。

・ すべての接続部分がきつく締められ、ねじれやキンクが生じていないこと
・ 加圧するまではノズルの操作ハンドルが閉じていること
・ ホースを加熱した甲板に置かないこと
・ 加圧する前に十分な操作人数を配置していること

なお、加圧したホースを放置してはならない。

E.3. 最小操作人数

1½インチ径のホースを扱うには最低2名が必要である。

E.4. カップリング（継ぎ手）

消火ホースは真鍮などの金属製結合部を持っており、オスとメスで連接する。メスのカップリングはボートのポンプ側に接続する。オスのカップリングはノズルまたは延長ホースのメスに接続する。消火ホースを連結して延長するには、メス側を左方向に半回転して金具を合わせ、右に回してしっかりと連結する。継ぎ手は手で締める必要がある。

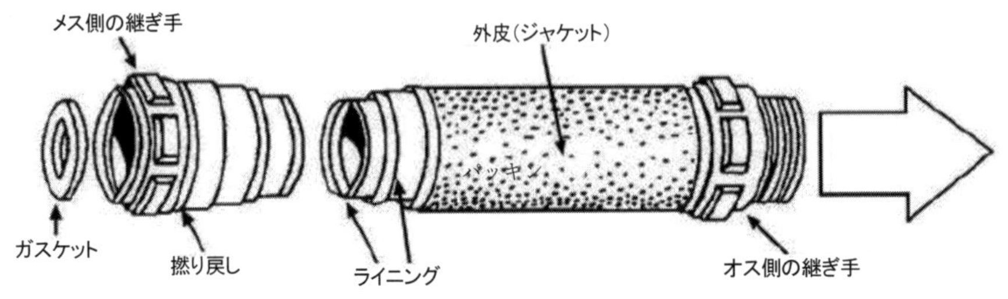

Figure 18-5 消火ホースのカップリング（継ぎ手）

E.5. 手入れ

消火ホースの手入れは以下のように行う。

手順	要　領
1	ホースの外側から泥や油、砂などの異物を取り除く
2	中と外の両側を石鹸の水溶液で洗う。研磨剤を使わないこと
3	使用後は以下のようにして保管する ・ 水を完全に抜く ・ メス側のカップリングにあるガスケットに、亀裂や損傷がないことを確認する ・ ホースを巻き取る際は、オスのカップリングが巻いたホースの層の中にあって溝が損傷しないようにする。これにより、メス側をつなぎ、ねじれずにホースを繰り出すことができる

スパナレンチ

E.6. 概 要

スパナレンチは消火ホースの取り扱いで重要な道具である。前述のように、ホースの連結は手で行うが、締めが不足する場合、スパナレンチで増し締めする。締まりすぎて外れない場合にもスパナレンチが便利である。スパナレンチは標準ホースのどれにでも合うように調節でき、調節できる幅はハンドルに表示してあり、カーブしている側をカップリングのノッチに合わせる。

E.7. 安全上の注意

スパナレンチ使用上の注意は以下の通り。

- ほかのレンチの場合同様、レンチとカップリングの間に指を挟まないよう注意する
- 大きな力を加える前に、レンチの可動部の端がノッチに確実に入っていることを確認する

E.8. 操作方法

良好に手入れされているホースは手で連結して締めることができるが、連結部から水が漏れる場合、スパナレンチを使って増し締めする。調節したレンチの端をノッチに入れ、ハンドルを右に回す。

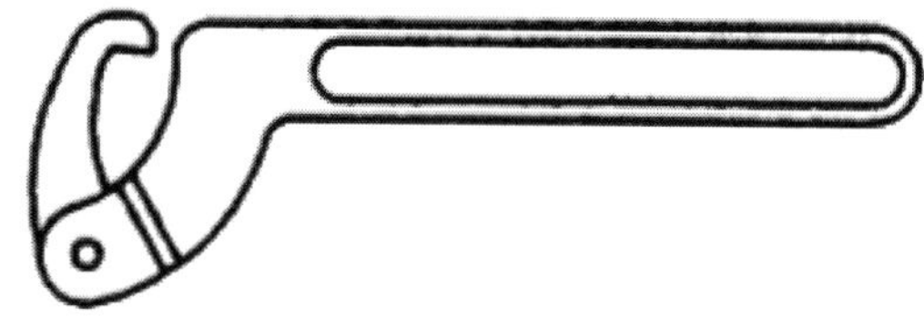

Figure 18-6 スパナレンチ

E.9. 手入れ

材質によっては錆びを落とし、定期的に防錆油を塗っておく必要がある。

Y ゲート

E.10. 概 要

Y ゲートは重要な消防器具で、1 系統の消防用水を 2 方向に分ける。

Y ゲートは Y 字型の道具で、消火管などにつなぐ消火ホースを増やすことなく 2 系統で放水できる。片側が 2½インチのメス型入り口で、反対側が 1½インチのオス型出口である。メス側をポンプの吐出口や延長ホースに連結（2½インチが 1½インチの小口径に変換される）する。オス側には 1½インチのホースが 2 本連結できる。

E.11. 安全上の注意

Y ゲートを使うと、直接火災に向けるホースの数を増やすことができるが、ノズルに加わる送水圧力は大きく下がる。

E.12. 操作方法

Y ゲートにより、消火ホースを 2 本使うことができる。1½インチ径の開口部は、それぞれバルブやレバーで吐出を調節できる。2 系統のゲートは独立で、片方を開放、他方を閉塞することもできる。ゲートは 1/4 ずつ回して開閉する。Figure 18-7 に、片方だけを開いた使い方を示す。調節ゲートの位置に注意。

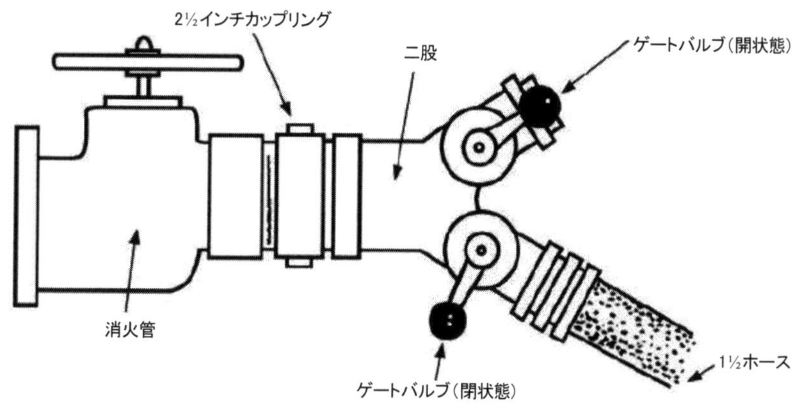

Figure 18-7 Y ゲートの消火管への連結

E.13. 手入れ

Y ゲートは定期的に点検して腐食を除き、防錆油を塗る。

トライゲート

E.14. 概 要

Y ゲート同様、トライゲートは放水を 3 系統に分岐するときに使用する。

トライゲートには、2½インチ径で送水側に連結するメス金具と、2½インチ径一つ、½インチ径二つの放水側のオス金具があり、複数のホースを分岐して消火を行うときに使う。

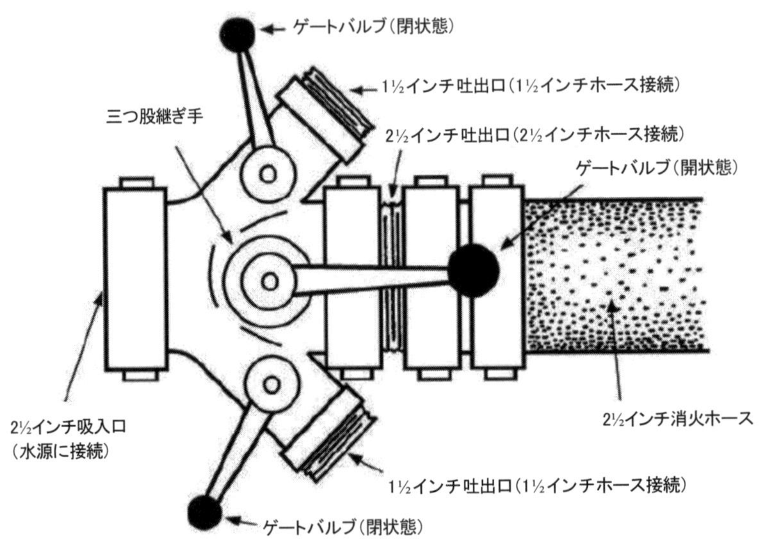

Figure 18-8 トライゲート

E.15. 安全上の注意

トライゲートは複数のホースで消火を行うことができるが、ノズルでの放水圧は大きく下がる。

E.16. 使用方法

トライゲートのバルブ調整は Y ゲートと同じである。使用方法は以下の通り。

手順	要 領
1	トライゲートを取り出す
2	ポンプなどの水源に接続する
3	2½インチ径のホースを接続する
4	1½インチ径のホースを接続する
5	2½インチと 1½インチの放水側を「開」の位置にする
6	2 番目の 1½インチ放水側が「閉」であることを確認する
7	送水を始める前に、ホースがノズルなどに連結していることを確認する
8	トライゲートのバルブや連結部からの水漏れがないか確認する。漏水があればスパナレンチで増し締めする

E.17. 整備

トライゲートは定期的に清掃して腐食がないか点検し、防錆油を塗る。

可変ノズル

E.18. 概 要

可変ノズルはあらゆる消火活動で使用する。噴霧設定では水幕で消火員の保護にも使える。海軍式の可変ノズルは下側にピストル型のグリップハンドルがついており、上側に 2 段階の放水切り替えハンドルが付いている。可変ノズルの放水パターンは、可変パターンチップを回して調整し、90° の広角放水から直線放水、またはその中間に設定できる。

E.19. 操作方法

このノズルは AFFF（水溶性泡消火剤）で Class B 火災に対応する場合に用いる。

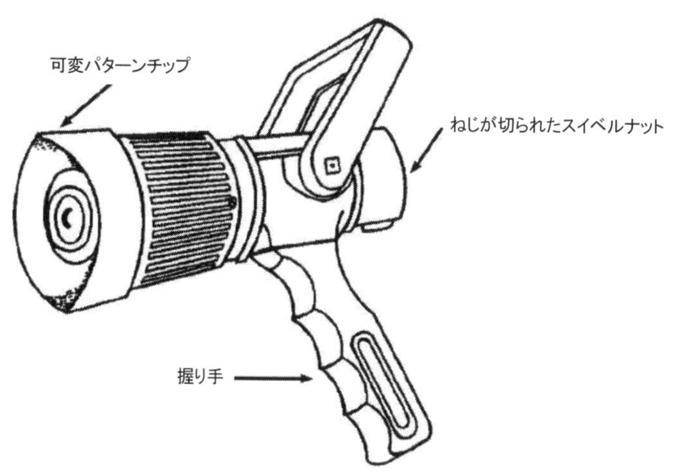

Figure 18-9 可変ノズル

E.20. 手入れ

可変ノズルの手入れは以下のように行う。

手順	要 領
1	石鹸液でノズルを洗う。ノズルの洗浄に研磨剤を使わないこと
2	使用後はノズルを保管する。可変ノズルは開閉ハンドルを必ず「閉」の位置にし、放水パターンを 30°角の噴霧に設定しておく

ドロップポンプと AFFF

E.21. 概 要

ドロップポンプを使用すると、AFFF 濃縮液を水に一定の比率で混合し、比較的高圧で放出できる。ドロップポンプは大量の水を低圧で送水するためのものである。ドロップポンプは消火用の機材ではないので、消火ホースの連結具は付いていないが、非常の際には保管容器とホースを使って AFFF を放出できる。

E.22. 安全上の注意

AFFF は必ず水と混ぜて使う。タンクから直接、または（ドロップポンプで攪拌せず）手で混ぜたものを火にかけてはならない。ドロップポンプを可変ノズルと混合器の代わりに使う場合、キャニスターが空になったらいったん放水を中断して補充しなくてはならない。また、消火剤の混合比が最適な値にできるとは限らない。

E.23. 操作方法

ドロップポンプの場合、混合器と可変ノズルを使用する場合のように泡を放出することはできないが、以下の要領で使用すれば、ドロップポンプで泡を放出できる。

手順	要　領
1	ポンプを格納容器から取り出し、水を吸い上げるようにセットする
2	ポンプの放出ホースで水タンクを満水にする。約 38 ガロンの水を貯えることができる
3	約 2 ガロンの AFFF（標準缶の約 1/3 の量）をポンプの水タンクに注入する
4	水タンクが水と AFFF の混合物でいっぱいになったら、ポンプのサクションホースをタンク側につなぎ変える（ここから消火剤を吸い出す）。放出側のホースの長さは 15 フィートである。可変ノズルのように操作して消火作業を行う。この方法で大量の AFFF を短時間に放出できる

Section F. 消火活動の手順【USCG】

消火活動の安全注意事項を以下に示す。

F.1. コーストガードが行う消火活動の責任

ボートクルーは、自分たちが消火の専門家ではないことを認識しなくてはならない。コーストガード消火活動指針によれば、ボートクルーは必要に応じて専門の消火活動を補助することになっているが、火災現場への最初の到着や、自船の火災に遭遇した場合、財産ではなく人命の救助が優先である。火災船の乗員らを避難させてから、その後のリスク評価を行う。

F.2. 安全上の注意

消火活動は危険である。コーストガードの職員は、本来職務でない消火活動で負傷しないように判断し行動しなくてはならない。所掌の任務を越えた行動により、死傷や財産の毀損につながることがある。

F.2.a. サルベージ業者と海洋化学専門家

船上や海浜での火災では、有毒物質や化学物質により消火員に危険が及ぶ場合がある。これらは、火災による場合もあれば、火災の二次的生成物による場合もあるので、どのような種類の火災であっても注意が必要である。詳細不明の物質が関係する火災では、専門家の支援を受けるのが賢明である。

サルベージ会社は豊富な知見と経験を有しており、化学の専門家によるガス検知などの支援や情報提供などの迅速な対応が可能である。

F.2.b. 煙の塊（プルーム）

火災から発生する煙は視界を妨げ、健康にも有害なので、艇長はこれを避けるように注意しなくてはならない。煙は炎から発生し、水蒸気や酸、そのほかの吸い込むと有害な化学物質を運ぶ。煙は炭素の粒子と燃え残った物質でできており、燃焼で発生して風下に流れる。

F.2.b.1. 風上に占位する

煙が火災から離れて風下に流れると、発生した有毒物質は薄くなる。有害物質が多いほど風下と煙周辺の危険区域は広くなる。有害な煙を避ける区域を風上側に設定するべきである。風上側に位置すれば、眼に見えない有害物質の影響を避けることができる。

(注釈)一般に風上側では煙に含まれる有害物質を避けることができる。

F.2.b.2. 安全な距離の維持

煙からの安全な距離を設定し、状況の推移に応じて随時見直す。気象の変化によっては範囲を広げる必要がある。煙が見えて熱の放射を感じるようであれば、危険区域内にいると考えられる。

F.2.b.3. ガスと蒸気への注意

煙の拡散に加え、眼に見えずさらに広範囲に広がるガスや蒸気への注意も必要である。燃えるプラスチックやゴムからはガスや炎、煙が発生し、これらの二次生成物は有害な成分を含むことがある。これら以外にも、燃焼により生成される物質の中には、条件によってきわめて有害なものがある。

F.3. 消火活動の計画

ボートクルーは、船や海浜での火災の現場で責任を与えられて決断をしなくてはならない場合がある。決定によっては生命や高額な財産、海上交通に大きな影響を及ぼす。部隊の方針を決定する際は以下を考慮する。

- 火災の脅威の程度
- 所掌事務の関係
- 地域消防の能力
- 投入可能なコーストガードの勢力
- USCG の訓練レベル

一般に、USCG の職員は、人命救助の場合と火災の初期段階で無理なく対処できる場合を除き、独立して消火活動を行ってはならず、専門の消火活動組織の支援以外や、資格を有する消防士の監督なしで消火活動を行ってはならない。

(注釈)資格を有する消防士とは、国家消防協会の指針に基づいた訓練の証明を受け、消火活動の指揮をとることができる者をいう。

F.3.a. 要員の訓練

消火活動に従事するコーストガードの職員は、必要な訓練を受け、適切な装備を有しなくてはならない。コーストガードの消火活動への関与の度合いは、リーダーシップ、経験、訓練および装備によって異なる。コーストガードの消火活動の計画と訓練は、地域の消防機関や港湾当局と協力して行わなくてはならない。これは大型船や港湾施設について行う場合、特に重要である。コーストガードは地域の消防機関、船舶や施設の所有者、互助組織などと緊密に協力し、担当水域における火災の緊急時対応計画を作成している。

F.4. 消火活動

コーストガードのクルーが消火活動に従事する場合、できるだけ早く火を消すことを考えがちだが、協調しないで性急に活動すると、人にもボートにも危険である。

F.4.a.　クルーへのブリーフィング

艇長は、火災現場到着までにクルーに状況を説明する。ブリーフィングでは、各クルーの割り当てと安全の重視を説明する。クルーは割り当てられた任務に責任を持ち、不明な点があれば質問して明らかにする。必要な機材をすべて用意し、現場到着までに防火衣を着用する。防火衣はボタンをすべて留め、グローブを着用し、ズボンの裾を靴下に入れる。艇長にはこれらの準備を確認する責任がある。

F.4.b.　初期手順

火災に対応する際の初期手順は以下の通り。

手順	要　領
1	風上から火災に接近する
2	現場に到着したら、クルーは全員で付近海域に落水者がいないか確認する
3	火災船の乗員らを全員コーストガード側に移乗させる
4	乗員の健康状態を確認し、必要があれば手当を行う
5	負傷などの程度が応急手当の範囲を超えている場合、医療機関に搬送して専門処置を行う
6	指揮官に状況を報告する

これらの手順は消火作業よりも先に行う。財産よりも人命が優先である。生存者がいない、または生存者がみな良好な健康状態で安全に避難していることを確認してから消火に対応する。

(警告)爆発の危険の有無が不明な場合、安全区域に後退する。消火しようとしてはならない。

(注意)全体の状況の中での各クルーの判断は常に見直す必要がある。

F.4.c.　状況の把握

艇長とクルーは、以下の状況を確認する。

- 火災の場所と程度
- 火災の種類
- 積荷の種類
- 爆発の危険性
- 可航水路での船の沈没や転覆の可能性
- クルーへの危険
- 船の操縦性
- 気象の予報
- 海洋汚染事故につながるリスク

手順	要　領
1	火災が鎮圧され、クルーへの危険がない場合、前進する
2	そうでない場合、後退して安全な地域にとどまり、ほかの船舶が火災に接近しないようにする
3	状況は何度も再確認する。火勢が衰えても、火災の状況は刻々変化する
4	火災に接近しなくてはならない場合、常に風上から接近する（Figure 18-10）

5	消火や人命救助で火災船に横着けする必要が生じたら、ロープは 1 本だけとり、すぐに切断して離脱できるようにナイフを用意しておく

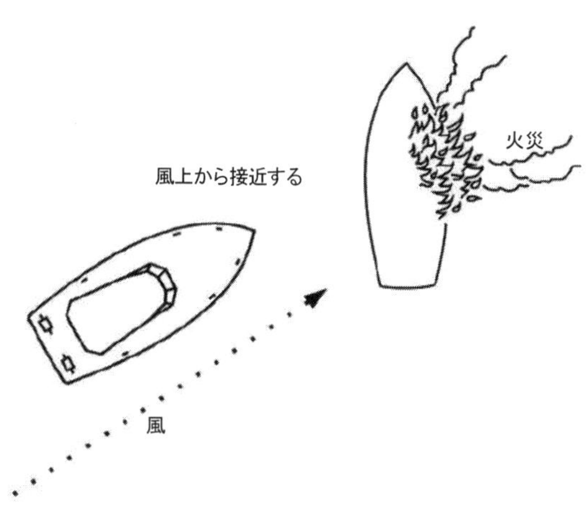

Figure 18-10 火災船への接近

F.4.d. 完全鎮火措置

火災が鎮火したように見えても再発火の危険は残っている。再発火を防ぐため以下の措置を講じる。

手順	要 領
1	炎が消えたら、熱が残っている場所を点検し、再発火を監視する見張りを立てる
2	再発火の危険がなくなったら、船内の排水を行う

Section G. 消火活動【USCG】

早期に発見した火災は、携帯消火器での消火が容易だが、携帯消火器に入っている消火剤の量は少ない。訓練不十分なクルーは、使用法が不適切で消火剤を無駄遣いしてしまう。船上に備えた実際の消火器で定期的に訓練を行う必要がある。期限で廃棄する前の消火器で訓練を行うとよい。

G.1. 安全のルール

携帯消火器を使うときは以下に注意する。

・ 火災を発見したら警報を鳴動させ、支援を求める。単独で対処せず、第一に助けを求めること。
・ 消火器を取りに行くため火災を横切らないこと。
・ 消火のため閉鎖区画に入るときは、脱出経路を開け、火炎がドアやハッチをふさがないよう注意する。姿勢を低くすること。
・ 携帯消火器で区画の消火に失敗したら脱出する。ドアやハッチを締めて、火炎を閉じ込める。

G.2. 火炎への対処

消火は迅速に開始し、延焼を防ぐ。消火は状況に応じて直接または間接で行う。適切に行えばどちらも効果的である。

G.3. 直接消火

クルーは適当な位置まで前進し、火勢が大きくない場合は消火剤を直接かける。火勢が大きい場合は間接消火を行う。

G.4. 間接消火

火災に到達できない場合、間接消火を行う。これは通常、機関室やビルジ区画などの低い場所に対して行う方法である。区画に完全に火勢を封じ込めることができれば、間接消火は成功である。火炎が及ぶ可能性のある経路はすべて閉塞し、船内換気を停止する。

G.5. コーストガードのボートの消火手順

火災は新たな燃料や酸素があれば急速に延焼するが、延焼する経路は船の構造や空間の造りによって異なるので、消火の際はこうした要素を考慮する。燃料と、燃焼で生成される物質は、消火作業に影響する。このため、消火作業はルーティン的に行うのではなく、システマティックに対処しなくてはならない。火災への対応は以下の手順で行う。

(注意)小さい火災でも、消火開始前に必ず火災警報を鳴動させる。火勢が増すと急速に延焼する。

手順	要　領
1	発見者は警報を鳴動させ、火災の発生と場所を大声で告げる
2	火災の状況を把握する ・ 空気の供給箇所の特定 ・ 火災の種類（可燃物）の特定 ・ 燃焼源の特定 ・ 消火剤の選択 ・ 消火方法の決定（直接・間接） ・ 延焼防止方法の決定 ・ 機材の選定と消火員の指名
3	遮断の必要性を判断する ・ 配電盤 ・ 個々の電気設備（オルタネーター、レーダー、インバーター） ・ エンジンと燃料供給 ・ 空気の循環（換気、ドア、ハッチ、舷窓）
4	機材のすべてを甲板に並べる ・ 可搬消火器 ・ 消火ホース ・ AFFF ・ ドロップポンプ ・ 救急セット
(注意)放水でボートの復原性が低下する。放水量を最小限にとどめるため、噴霧放水を優先する	
5	適切な消火剤を選択する

6	上級部隊に早期に通報し、最新の状況を伝える。 ・ 位　置 ・ 火災の種類 ・ 乗船者の数 ・ 活動方針 ・ 状況の変化と人員の状態
7	鎮火後の点検 ・ 鎮火後は換気し、煙、可燃物、有害ガスなどを排出する。有害ガスが残留している懸念があれば、区画に入ってはならない。基地に帰還し、専門家の点検を受ける。換気の際は空気の供給による再発火に注意する ・ 区画に進入したら、上方の区画、甲板、隔壁などを点検する ・ 配線は配管の貫通部を点検する ・ 燃えたものを除去する ・ 残り火を可燃物から分離し、海中に投棄する ・ 再発火の専従監視員を立てる
8	監視員用のものを除き、消防機材を格納する ・ （一部しか使用していない場合でも）基地帰還後ただちに携帯消火器を交換または再充填する ・ 消火ホースを乾いた交換品と入れ替える。使用後のホースは水を抜いて乾かし、巻いて格納する
9	ダメージコントロール点検を行う。排水作業を行う。被害の程度に応じ、システムの詳細な点検ができる場所に回航する。損傷した電気機器や機械装置を使用すると、さらに破損したり、別の火災を引き起こしたりする可能性がある

G.6.　補助隊ボートの消火活動手順（略）

G.7.　他船の消火

手順	他船消火の要領
1	クルーに手順のブリーフィングを行う
2	各クルーに任務を割り当てる
3	現場に向かいつつ、火災船との通信を試みる
4	風上から火災船に接近する
5	乗船者がいない場合、安全距離を維持して火災船を周回し、海中転落者を捜索する
6	乗船者に、炎と煙のない、高い場所への退避を指示する
7	火災の規模と状況を把握する。状況が不明の場合、遭難船の乗員に問い合わせる
8	火災がクルーの対応能力を超える場合、乗船者を収容し、援助を要請する
9	生存者の健康状態を確認する。医療措置が必要な場合、措置可能な最寄りの場所に搬送する
10	火災が小規模で制圧可能な場合、乗船者の安全を確保してから消火作業を行う
11	状況を把握し、使用可能な機材で消火を行う。クルーと生存者を危険に晒さないように注意する

G.8. 火災の制圧

以下の場合、火災は制圧できたと考えてよい。

・ 火炎に消火剤がかけられ、冷却が効果的に行われている
・ 火炎の基部が暗くなる。この点で付近の可燃物に延焼する熱を発生できなくなっている
・ 延焼可能性のある経路に延焼が発生していないことが確認できている

G.9. 鎮 火

鎮火を判断する前に、艇長は以下の実施を確認する。

・ 火災の周辺状況を完全に確認
・ 燃え跡を完全に確認
・ 再発火監視員を配置
・ 再発火監視員の用具を除き、すべての用具撤収を完了
・ ダメージコントロールの点検を実施
・ クルー全員の点呼を完了

G.10. ボートの放棄

火災が激しい場合でも、クルーは慌てて船を放棄してはならない。クルーは落ち着いて訓練通りに用具を使用し、消火に努める。船体放棄は、あらゆる手段を尽くしても消火できない場合の最後の手段である。船体放棄よりも、果敢な消火活動のほうが望ましい選択肢ではあるが、以下の場合にはためらわず船体を放棄する。

・ 炎に取り囲まれる
・ 消火活動を行うための機材がない
・ （燃料タンクに火が迫るなど）爆発の危険がある
・ なんらかの生命の危険が明らかである

可能であれば、艇長は位置などの情報を司令センターに連絡し、以下の措置を確認する。

・ 遭難信号の発信
・ 総員が救命胴衣を着用
・ 利用できるなら、救命筏や救命ボートを準備
・ 携帯無線機の持ち出し
・ 追加の信号用具の持ち出し

Section H. 排 水【USCG】

排水は火災を消火後に行う処置だが、排水が重要でないという意味ではない。排水でボートの転覆を防ぐことができる。排水に使用できる機材と使用方法を理解しておくこと。

H.1. 排水を行う前の処置

遭難船の排水を行う前の処置は、浸水の状態によって異なるが、いずれの場合でも、艇長はクルーに対

し、安全を確保しつつ排水を行う手順を説明する。火災を鎮火させたあとは、安全上問題がなければその船に移乗し、浸水の状況を確認する。艇長はクルーに浸水の点検を安全に行う手順を指示する。
浸水している船からの遭難信号に応答する現場での対応要領は以下の通りである。

手順	要　領
1	付近海域の生存者を捜索する
2	遭難船の生存者をすべて収容して点呼し、安全な場所への退避を完了したら、沈没しようとする船の船体の損傷や浸水源を確認する
3	浸水区画に進入する前に、感電しないよう電気を遮断する
4	浸水源が特定できたら、船内への水の流入を抑える。クルーの安全が第一で、転覆や沈没の危険がある場合は移乗しない
5	移乗したら、クルーはPFDを必ず着用し、転覆や沈没の危険がある場合、甲板下には進入しない
6	浸水が制御できる状態、または最小限に抑えることができていれば、排水を開始する。排水の方法は現場の状況による

(注釈)本マニュアルは、市販のガソリンポンプや電気ポンプの技術事項や使用法について記述するものではない。それらの事項は添付のマニュアルを参照する。

H.2. エダクター(真空揚水ダクト)による排水

エダクターを使った排水は、天候がよく、両船が安全に横着けできる状態でのみ可能である。エダクターはボートの消火ポンプと組み合わせて使用する。1½インチ径の消火ホースの片方を同径の消火ポンプの排水側、他方をエダクターの加圧側に接続し、2½インチ径の消火ホースをエダクターの吐出側に接続する。大型エダクターで2½インチの加圧ホースと4インチの吐出ホースを持つものは、大型船に搭載されている。エダクター自体は排水する水面の下に設置する。吸入口は底面に凹凸があるので、どのように置いても吸水する。エダクターの動作原理は、ボートの消火ポンプからの水が高速で通過するときにエダクター内に生じた真空が水を吸い上げ、船外に吐出する。吐出ホースは舷外に出し吸入口は水中に置く。これを間違えると、吐出側の水がボートに浸水する。

(注意)吐出ホースにキンクや詰まりがないことを確認する。ポンプの送水が吸入口からボート側に吐出する。

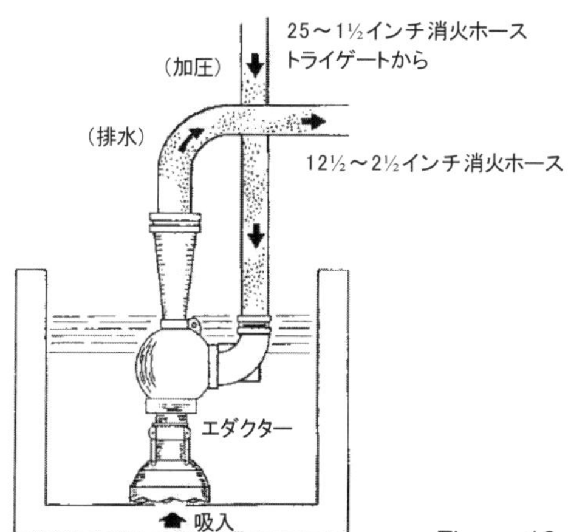

Figure 18-12 排水用エダクターの設置

(警告) ドロップポンプは水冷式のため、ビルジに燃料が混入して汚れている水の排水には使用しない。

H.3. ドロップポンプによる排水

USCG のボートはドロップポンプ（可搬式のガソリンポンプ）を装備しており、これを浸水船に設置して排水を行う。ドロップポンプの種類により、毎分 100～250 ガロンの水を排水できる。

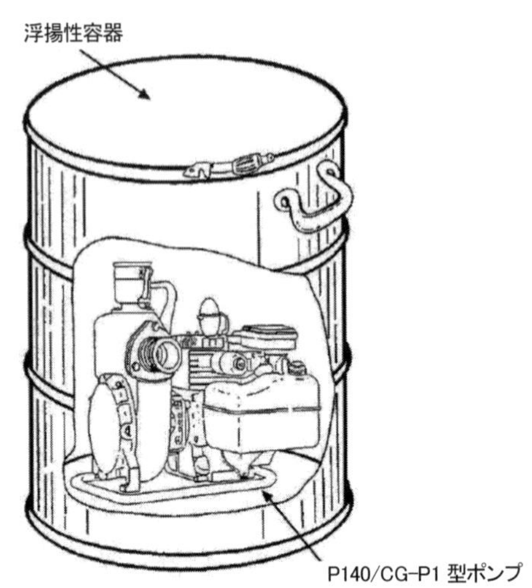

Figure 18-13 ドロップポンプ

H.3.a. ドロップポンプの移送

防水容器に格納されたドロップポンプはボートから簡単に移送できる。これには二つの方法がある。

H.3.a.1. 直接移送

最も簡単な方法は、両船が横着けして渡す方法である。ポンプは重くて持ちにくいので、最低 2 名が必要である。横着けが安全にできない場合、以下の方法で直接移送する。

手順	要　領
1	漂流速度を見極める
2	ポンプ格納容器、またはポンプ格納容器のハンドルにセットしたブライドルに、2 インチの係留索を取り付ける（Figure 18-14）
3	係留索にヒービングラインを取り付ける
4	水中での制御と非常の際の引き戻しのため、コンテナにもう 1 本のロープを取り付ける（Figure 18-15）
5	ヒービングラインを投げ、相手船に取り込ませる
6	ドロップポンプを流し、相手船に引き揚げさせる。引き揚げられるまでロープを繰り出す

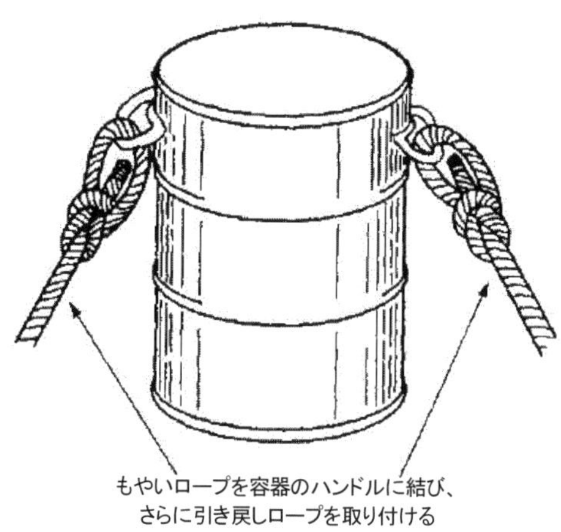

Figure 18-14 ドロップポンプの格納容器にロープを取り付ける

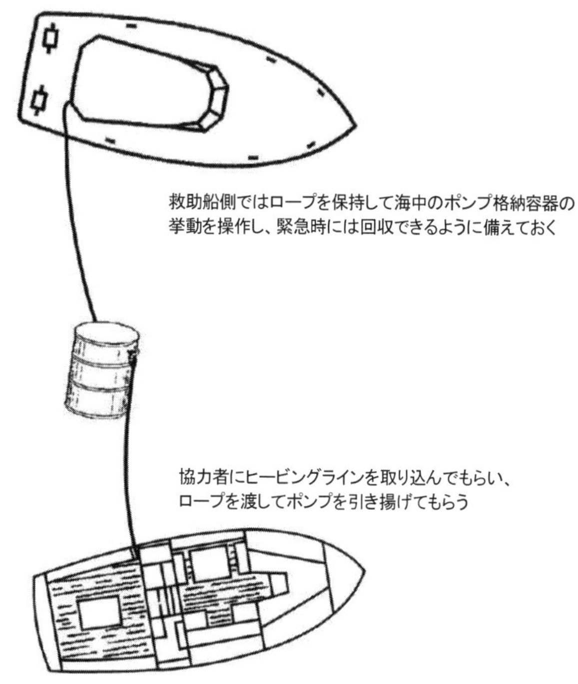

Figure 18-15 ロープを使った直接移送

H.3.a.2. 被曳航船へのポンプの移送

曳航中に排水が必要になる場合、事前にポンプを渡しておくほうが簡単である。曳航中に浸水が始まったら、以下の要領でドロップポンプを移送する。

手順	要　領
1	既設のブライドルがなければ、ポンプ格納容器のハンドルにブライドルを取り付ける
2	被曳航船の船首から船体側面の最低点までの長さを推定し、おおむねこの長さの係留索をシャックルでブライドルに取り付ける

3	係留索の反対側に、もやい結びまたはシャックルで環を作る。この環を曳航索に通す。環やシャックルは、曳航索上を自由に動く大きさでなければならない（Figure 18-16）
4	ポンプを風下側に流す（Figure 18-17）
5	ポンプが水没しない程度の前進速力を保つ
6	被曳航船に、風や流れに立つよう操舵を指示する。これによってポンプが船首に当たらず舷側に回り込む

（注釈）被曳航船が浸水しないリスク管理が重要である。相手船の乗員らの収容準備を常に整えておく。

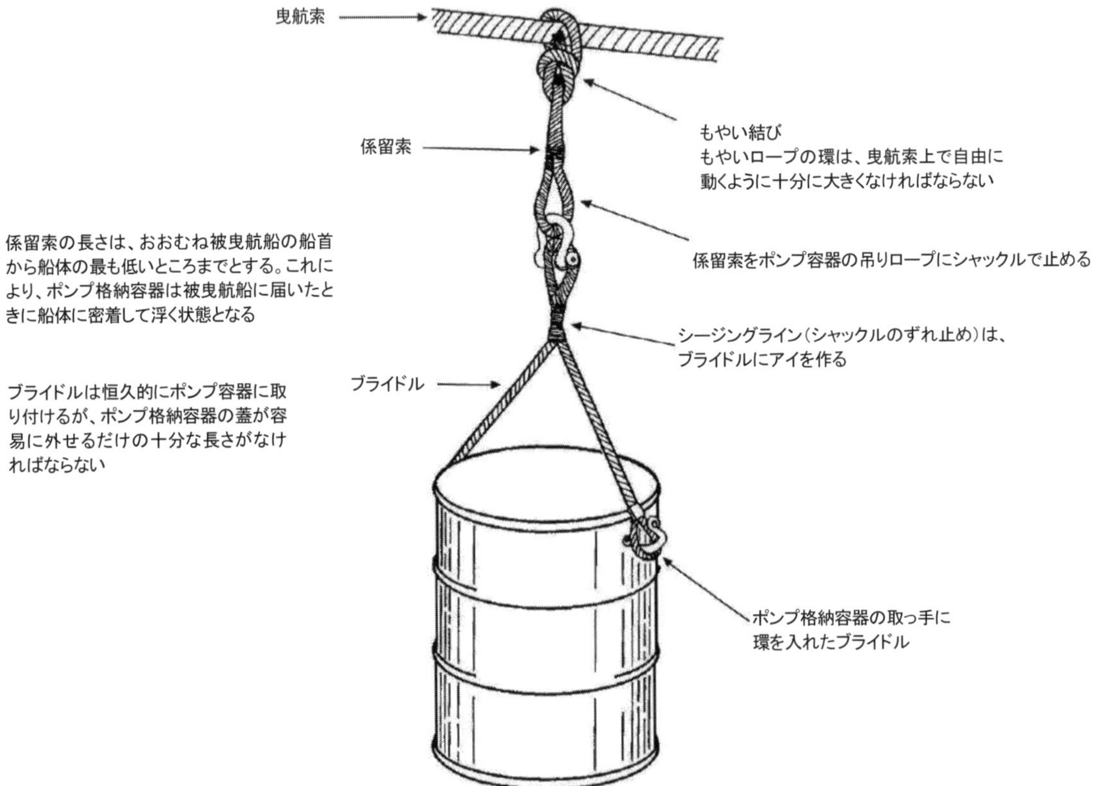

Figure 18-16 曳航索によるドロップポンプの移送

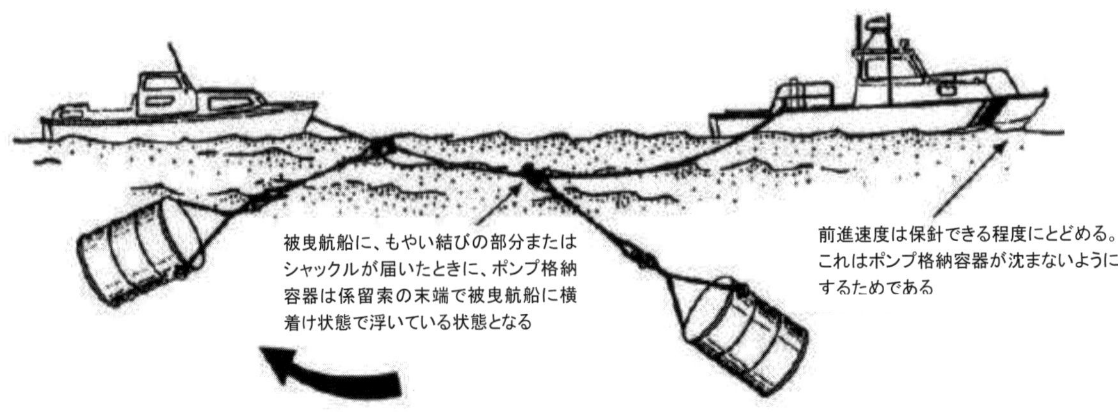

Figure 18-17 曳航索によるドロップポンプの移送

H.3.b. ポンプの操作

USCG ではドロップポンプの機種を更新しており、個別の使い方はそれぞれの機種についてコンテナ内に指示書がある。他船に移送した場合に有用なので、各クルーはこれを参照して使用に慣熟しておくこと。

(注意) ポンプの排気を吸い込むと危険である。コンテナ内で始動せず、始動したら十分な換気を行い、甲板下の区画で運転しないこと。

手順	要　領
1	ハンドルを操作して格納容器の蓋の固定を外す
2	蓋を開けてポンプ、ホース、燃料を取り出す
3	エンジンオイルのレベルを点検する（外から見えること）
4	燃料タンクとエンジンとの接続部を確認する。必要に応じて燃料を補給する
5	燃料タンクを接続する
6	吐出ホースを接続して船外に振り出し、ねじれやキンクがないことを確認する。運転中は船内に排水が戻らないよう固定するか、監視を配置する
7	ポンプの吐出バルブを「閉」に設定する
8	吸入用のホースをポンプに接続し、ストレーナー（濾し器）側を水中に設置する
9	手動プライミングポンプのハンドルを保持し、上下に動かしてプライミングを行う。充水できないときは吸入側の接続を確認する
10	エンジンのチョークレバーを「チョーク」側に設定する
11	スターターロープを引いてエンジンを始動する
12	チョークレバーを「運転」に設定する
13	エンジン始動後、再度プライミングを行う。エンジンは、1 分程度はドライ運転できるが、基本的には吸入側から給水しながら動作するようになっている
14	吐出バルブを徐々に開く
15	ポンプの監視員を配置する。エンジンはタンクの燃料で 2～3 時間程度運転できる。吸引側の浮遊物と燃料漏れに注意する
16	5 時間運転したら、エンジンを停止してオイルのレベルを確認する

H.3.c. ポンプの停止

ポンプの停止は、格納のための通常停止と非常停止とで手順が異なる。

H.3.c.1. 非常停止

手順	非常停止要領
1	停止レバーを押してプラグのスパークを止める。これは燃料補給やオイル点検時にも行える

H.3.c.2. 格納時の通常停止

手順	格納時の停止要領
1	燃料配管を取り外す。ポンプは 1 分間程度運転を続けて停止する
2	吸引／吐出の両ホースを取り外す
3	ホースとポンプに残っている水を排出する
4	ポンプとホースに清水を通す
5	乾燥させる
6	乾燥後、すべての用具とともにコンテナに格納する

Section I. 動力艇と帆走艇の復原【USCG】

(注意) 転覆船を復原させると損傷が広がる場合があるので、作業の開始前に指揮官に連絡する。一義的にはその船の責任であって、USCG はサルベージ業者ではない。この作業は基本的に業者が行うものである。天候などで危険がある場合、この作業を行ってはならない。転覆船の引き起こしは慎重に行い、開始前にその船のクルーが残っていないことを確認する。船内機艇が転覆している場合、復原しないと排水を行うことができない。船体を復原させる方法はいくつかあり、現場の状況に応じて選択する。いずれの方法でも、乗船者の確認が第一である。作業前に全員に PFD を支給し、救助船に移乗させ、浮遊物に注意して慎重に転覆船に接近する。

I.1. 動力艇の復原

引き起こし方によってロープの取り付け方が異なる。

- 巻き上げロープによる引き起こし
- 船首尾のアイボルトの利用
- キールの前後に曳航索を取り付ける
- トレーラーアイボルトの利用

I.1.a. 巻き上げロープによる引き起こし

(警告) 船内に閉じ込められた人を救助するために泳者を使ってはならない。転覆船の安定性を維持しながら救助を要請する。

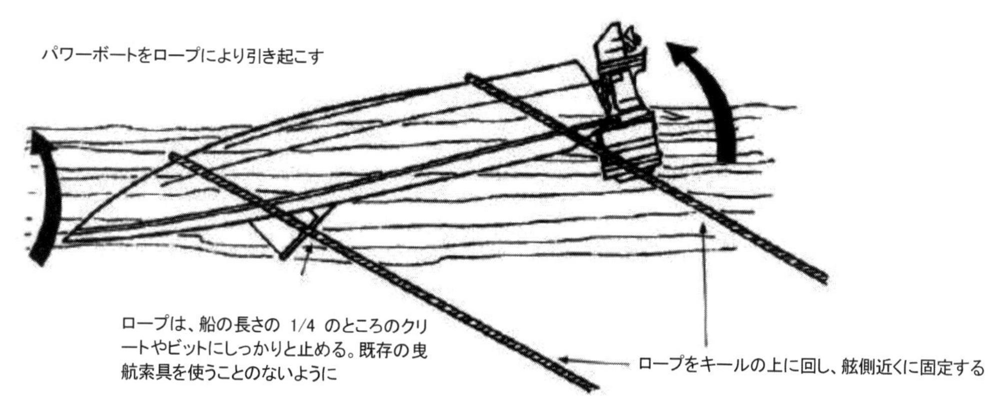

Figure 18-18 巻き上げロープによる動力船の復原

（注意） 天候が水中の人やボートに危険を及ぼす状況の場合は、復原を試みないこと。

手順	要　領
1	転覆船に慎重に接近する。付近のロープと浮遊物に注意する
2	転覆船の乗員らの脱出を確認する
3	救助者に PFD を着用させる
4	泳者に命綱を付けて派遣し、ロープ取り付け作業の準備を行う
5	曳航ブライドルまたは係留索を転覆船の舷側に取り付ける
6	泳者はブライドルまたはロープを、水中を通してキール上の反対側に回す。ロープがハンドレール、救命ロープ、スタンションなどの外側に出ていることを確認し、救助船側に引いてクリートまたはビットに取る
7	泳者を水中から回収する
8	引き起こすときに船尾に当たらないよう、十分な長さのロープを繰り出して固定する
9	徐々に加速する。転覆船は自然に起き上がる
10	引きすぎて再転覆しないよう減速する
11	横着けして排水する

I.1.b. 船首尾のアイボルトを利用する方法

手順	要　領
1	水中のロープや浮遊物に注意し、転覆船に風下から慎重に接近する
2	転覆船の乗員らの脱出を確認する
3	救助者に PFD を着用させる
4	転覆船を自船の作業区画に横着けさせる
5	曳航索を転覆船のトレーラーアイボルトにシャックルで取り付ける
6	係留索の端を船外機のアイボルトに取り付ける（Figure 18-19）。泳者の水面作業が必要な場合もある。曳航索は引き起こしに必要な強度のものを使用する

7	両方のロープを調節し、転覆船を救助船の斜め後方に引き寄せる
8	両方のロープを、転覆船の船尾斜め後方のビットまたはクリートに取る
9	引き起こすときに船尾に当たらないよう、十分な長さのロープを繰り出してから固定する
10	徐々に加速する。復原が始まったら船尾側のロープを外すか切断する。ボートは自然に復原する。船尾から水が抜けるまで曳き続ける
11	船尾から水が抜け始めたら徐々に減速し、水が抜けて自立浮力が回復するまで曳く
12	復原したボートを横着けにし、さらに排水する

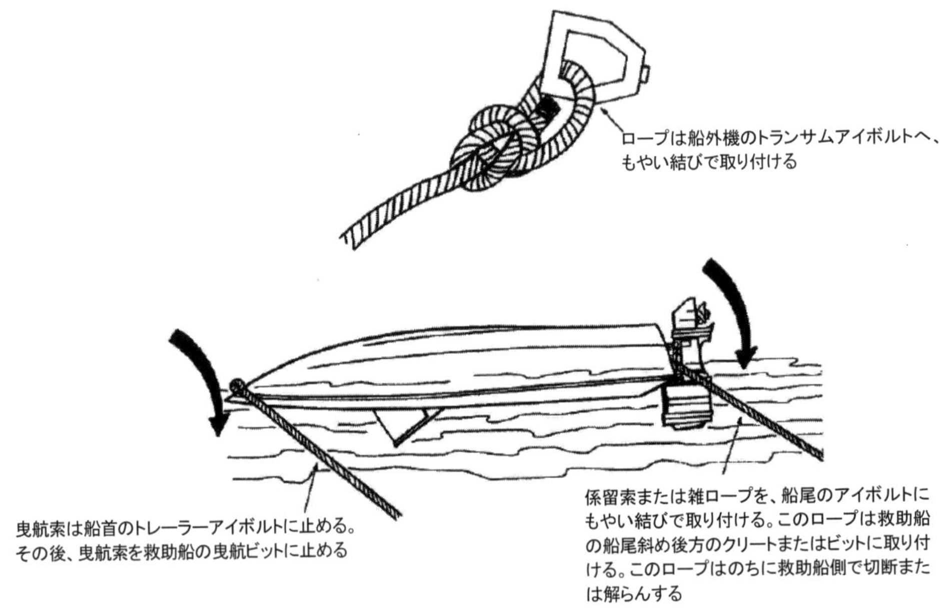

Figure 18-19 船首尾のアイボルトを利用する方法

I.1.c. キールの前後に曳航索を取り付ける方法

手順	要　領
1	水中のロープや浮遊物に注意し、転覆船に風下から慎重に接近する
2	転覆船の乗員らの脱出を確認する
3	救助者に PFD を着用させる
4	クルーの中から泳者を指名し、命綱を付けて水中での準備作業を行う
5	泳者に指示して転覆船のキールの前後に曳航索を取り付ける
6	泳者は曳航索を転覆船の曳航アイボルトにシャックルで取り付ける
7	船尾同士が向かい合うように配置してから泳者を回収する（Figure 18-20）
8	引き起こすときに船尾に当たらないよう、十分な長さのロープを繰り出してから固定する
9	徐々に加速して曳く。転覆船は最も重い船尾の反動で復原する
10	船尾から水が抜けるまで曳く

11	船尾から水が抜けたら徐々に減速し、水が抜けて自立浮力が回復するまで曳く
12	復原したボートを横着けにし、さらに排水する

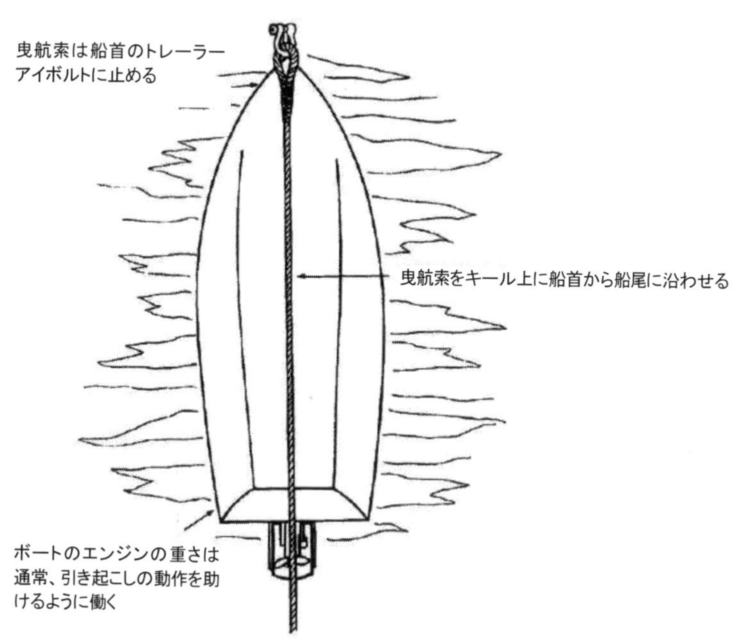

Figure 18-20 キールの前後に曳航索を付けて復原する方法

I.1.d. 曳航アイボルトを使用した浸水船の再浮揚

船尾から浸水した船は、以下の手順で復原する。

手順	要　領
1	水中のロープや浮遊物に注意し、浸水船に風下から慎重に接近する
2	浸水船の乗員らの脱出を確認する
3	救助者に PFD を着用させる
4	浸水船を救助船の作業区画に横着けさせる
5	浸水船のトレーラーアイボルトに、シャックルで曳航索を取り付ける
6	曳航索を調節し、浸水船を船尾に引き寄せる
7	引き起こすときに船尾に当たらないよう、十分な長さのロープを繰り出してから固定する
8	徐々に加速し、水が船尾から抜け始めるまで曳く
9	船尾から水が抜けたら徐々に減速し、水が抜けて自立浮力が回復するまで曳く
10	復原したボートを横着けにし、さらに排水する

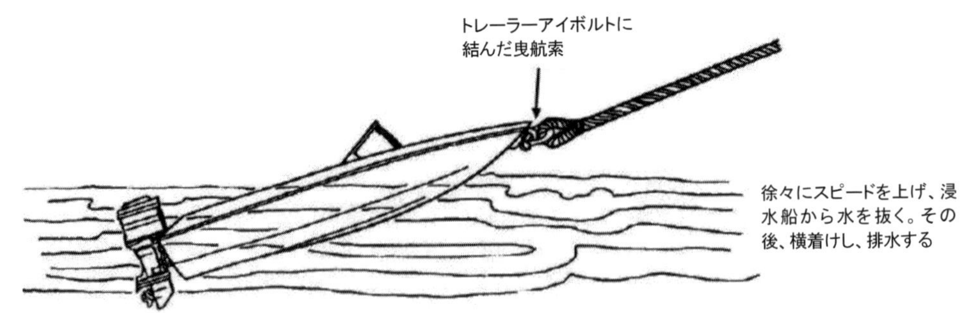

Figure 18-21 トレーラーアイボルトによる船尾が浸水したボートの再浮揚

I.2. セーリングディンギーの復原

転覆船には、浮遊物に注意しながら、風上や流れの上流から接近する。帆船の乗員は必要に応じて移乗させ、人数を確認する。命綱を付けた 1 人以上の泳者が水中作業のため必要である。天候や海況により危険な場合は作業を行わない。セーリングディンギーの復原は以下の手順で行う。

(注釈) セーリングディンギーのクルーは自船を復原させる方法を熟知している場合が多い。それらのクルーが自ら水中作業で復原しようとする場合は、ほかの乗員らを回収し、PFD を着用させて作業に従事させる。

手順	要　領
1	水中作業者がセールを取り外す
2	取り外したセールを回収または固定する
3	水中作業者はキールまたはセンターボードの上に立ち、舷側をつかんで反り返り体重をかける。ボートは徐々に復原する
4	復原したら泳者を回収し、排水する

(注釈) セールが垂れ下がっていると大きな抵抗になり、復原してもまたすぐに転覆する原因にもなる。

I.3. セーリングクルーザーの復原

25 フィート以上のセーリングクルーザーは、巻き綱を使って引き起こす。前述の方法で復原できないセーリングディンギーもこの方法で復原する。転覆船のクルーまたは救助側の命綱を付けた泳者が水中で準備作業を行う。

(警告) マストにロープを取らない。引き起こしの力でマストが破損する。

大型船の復原は以下の手順で行う。

手順	要　領
1	セールを取り外す
2	水中作業者がブライドルまたは曳航索を転覆船に取り付ける
3	引き起こすロープが、シュラウドやステイ、リギン、ライフラインやスタンションなどの外側をかわしていることを確認する
4	動力艇の際と同じ要領（I.1.a.）でロープを甲板に固定する

5	ブライドルを使う場合、反対側を曳航索に取り付ける。繰り出しを調整し、遭難船のマストが復原の際に回転して救助船に当たらないようにする
6	水中作業者を回収する
7	徐々に加速して引き起こす
8	復原したら、(不安定なので) 船尾から移乗し、散らばっている索具を固定する
9	ブームが振れ回り、再度転覆しないように固定する
10	排水を開始する

Section J. 浸水の制御【USCG】

ボートは、座礁や衝突、水中物体の衝撃などで損傷し、破孔や亀裂を生じることがある。損傷で船内に浸水が始まったら、浮力を維持するため破孔などをふさぐ必要がある。

(注釈) コーストガードの第一義的な任務は人命救助である。財産救助のみが目的の浸水制御は、リスクを評価し、クルーへの不要な危険がないことを確認しない限り行ってはならない。この種の作業はサルベージ業者が行うべきものである。

栓による破孔の閉塞

J.1. 栓

木製または鉄製の船体に生じた破孔をふさぐ最も単純な方法は、栓を挿入することである。栓は通常、松やモミなどの柔らかい木と、密着度を高める材料の組み合わせでできている。

J.2. 栓の準備

栓を挿入する前に、密着をよくするため布で包む。

J.3. 栓の挿入

栓を破孔に挿入する際、内側からのほうが打ち込みやすいが、内側にバリが突出していて打ち込みにくい場合がある。可能であれば外側から打ち込み、栓をスクリューアイとロープで内側の部材に固定し、抜けないようにする。

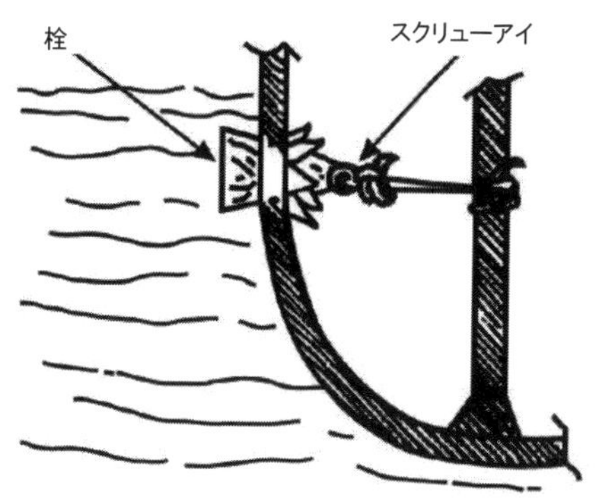

Figure 18-22 スクリューアイによる支持

J.4. 大破孔

破孔が大きいと栓でふさぐことは難しい。大破孔からの水の流入を抑える場合はパッチを当てる。

J.5. FRP のハル

FRP のハルの場合、円錐型の栓を打ち込んでも亀裂損傷が広がるだけである。ボロ切れ、シャツ、帆布の切れ端、毛布などを詰め込むのがよい。

破孔へのパッチ当て

J.6. 喫水線下の破孔

水線下破孔へのパッチ当ては、水圧が加わり、接近困難でもあることから容易ではない。小さい破孔は内側からパッチを当てる。適当な材質のパッチを当てて内側から支持する。例えば、船底の破孔であれば、PFD やシートクッションを当てて、缶、クーラーボックス、道具箱などで押さえる。

J.7. 喫水線下の大破孔

流入する水圧で内側からのパッチは非常に難しい。

J.7.a. コリジョンマット(大型の帆布またはナイロン布)の使用

手順	要　領
1	マットの四隅にロープを取り付ける
2	マットを船首から水中に下げる
3	ロープを持って両舷を船尾に移動する
4	マットを船底に滑り込ませる
5	マットが破孔を覆ったら、4 本のロープを船上に固定する。水圧でパッチが保持できる

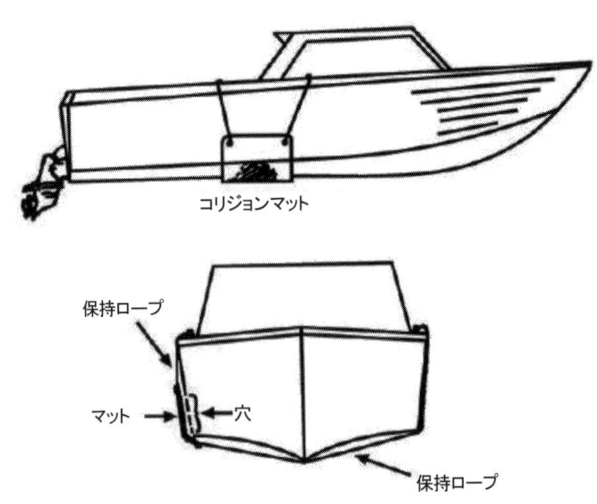

Figure 18-23 コリジョンマット

J.7.b. 箱パッチ

内側にバリが突出した破孔にも有効である。ネジやクギで事前に作成した箱を適当な材料で固定し、箱と船体の間にガスケットを入れて密着度を上げ、ずれないようにする。

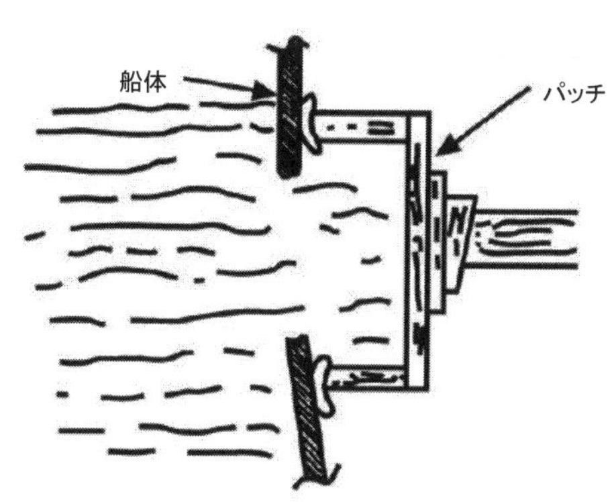

Figure 18-24 箱パッチ

J.8. 喫水線上の破孔

喫水線上の破孔は見た目より危険である。ボートのローリングで水が重心よりも上の部分に浸入し、復原性が低下する。以下の要領でパッチを当て、穴をふさぐ。

手順	要　領
1	中央に穴を開けた枕やクッションを用意する
2	クッションを外側から破孔にかぶせ、同じくらいの大きさの板で後ろを支持する
3	板とクッションをロープで貫通させ、ロープの片側に結び玉を作る
4	ロープを内側に引き込み、ボートの部材に結び付けてパッチ全体を固定する（Figure 18-25）

Figure 18-25 水線上の破孔

亀裂のパッチ当て

J.9. 船体の亀裂

船体の亀裂には以下の要領でパッチを当てる。

手順	要　領
1	亀裂に雑布やロープの切れ端など繊維性のものを詰める
2	帆布やゴムなどをかぶせてガスケットにする
3	その上から合板やパネルなどを当てる
4	ネジやクギで止め、支持部材などを当てて保持する
5	特にグラスファイバーのハルの場合、亀裂が進行しないよう、亀裂の両側にストップホール（それ以上割れを進行させないための孔）を開ける

Chapter 20.荒天時の補足事項【USCG】

荒天は任務遂行が厳しい環境である。クルーは荒天に関する知識を備え、適切に対応しなければならない。

Section A. 荒天時の任務の準備

荒天時の活動ではクルーの協調と意思疎通が重要である。小型ボートの活動ではリスクが通常より高い。任務を行う際の計画立案では、リスクを完全に理解することが最優先事項である。

荒天時におけるリスク管理／TCT

A.1. 概 要

心身ともに消耗する荒天時の航海の不快さは、経験しないとわからない。経験に基づく合理的な判断力が低下し、疲労と緊張でチームワークとリスク管理も困難になる。クルーはこうした状況を理解し、荒天時であっても適切に任務を遂行しなくてはならない。波が発生した際には、大きさにかかわらず、それらがボートや人に及ぼす作用を理解しなくてはならない。

A.2. リスクとゲイン

ボート運用でのリスクとゲインの分析の指針を以下で述べる。

A.2.a. 捜索救助(SAR)と法執行(LE)

SAR においては、救助作業が行われなかった場合の救助対象のリスクと自己のリスクを比較検討する。クルーの喪失の可能性は許容できないリスクである。決断においては、特になんらかの負傷などが遭難者に生じている場合、救助で生じる追加のリスクも考慮しなくてはならない。

法執行（LE）の場合は、法執行を行わなかった場合にボートに生じるリスク、法執行職員の身体に生じるリスク、人質に生じるリスクおよび善意の者が被るリスクなどを比較検討する。

A.2.b. 人命救助

人命の救助には最大限の努力を払わなければならない。ほかに適当な手段がなく、救助が成功する合理的な見通しがあれば、ボートに回復不能な損傷が発生する可能性があっても、船を喪失しない限り受容すべきリスクである。

A.2.c. 財産の救助

米国および米国民の財産は、救助される価値が船の価値よりもはるかに大きい場合は、船を喪失しない限り、損傷のリスクを許容しうる。

A.2.d. 連邦法の違反事案

連邦法の違反事案に関する証拠の収集、容疑者の追跡逮捕を行う活動は、船を損傷喪失する正当理由にはならない。

A.3. 決行可否の判断

荒天で任務を決行するか否かの判断は難しく、ボートとクルーの限界を考慮する必要がある。限界に挑んで救助に成功した例もあれば、限界を超えて自ら救助を必要とする状況に陥った例もある。一度出港したら、転覆事案など、前進と撤退の判断を要する局面の連続である。

リスク評価は終わりのないプロセスである。リスク評価ツールを使用した、クルーと艇長、SAR 執行責任者とボートクルーのオープンな通信は、リスクレベルを測定し、危険を緩和する優れた方法となる。

荒天時の任務遂行計画の立案

A.4. 概　要

荒天での任務は驚きに値するものではない。任務遂行計画の立案にあたっては、気象予報、地域の天気の特性などを完全に理解しておかなくてはならない。第一に考慮すべきなのは、ボートと装備の状態およびクルーの経験と能力である。対応可能な能力を備えたクルーと船がないと、他船の救助は不可能である。ノルウェーの船舶調査機関の選任技師である G.Klemha は、「救助船は、ほかの船が極限と考え、できれば避けたいと考える状況下にあっても、適切に機能を発揮しなくてはならない。許容可能か失敗かという考えは通用しない。通常の船が対応できない状況で救助船は活動しなくてはならない」と述べている。

A.5. ボートの即応性

出港に先立って操船者は以下を確認しなくてはならない。

- すべての装備が荒天下で動かないように正しく格納されていること。固縛不適切な物品は動揺でクルーの負傷や損傷につながり、ボートの復原性に影響する
- すべてのシステムが正常に機能し、任務遂行に影響する不具合がないこと
- クルーがボートと装備の状態を完全に信頼していること

A.6. クルーの即応性

疲労と緊張にさらされる荒天時は、クルーの選定を慎重に行う。

- 艇長の経験の度合い：艇長が不安な場合、より経験の豊富な艇長やサーフマンとの交代を要請するのは賢明な選択である
- クルーの経験の度合い：荒天下で活動する場合のリスクは通常よりも高い。安全管理者としての経験豊富なクルーが不在であることは好ましくない。艇長／サーフマンには、クルーを管理し、意思を疎通する補助者が必要である
- クルーの健康状態：荒天下での活動は疲労が激しく、肉体的に過酷である。クルーは十分な休息を取り、出港時は健康でなくてはならない。荒天は健康不良のクルーがいる場所ではない。クルーの健康に不安がある場合、人員の手配が可能なら交代を要請すべきである
- クルーの精神状態：荒天は精神的にも過酷であり、クルーは心理的な準備が整っていなくてはならない。家庭の心配事や業務遂行の不安を有する者は、荒天時の出動クルーとしては適当でない
- 予想される任務の期間：ボートで長期間荒天に対応する際の疲労度はきわめて高い。人員の手配が可能であれば、艇長の交代要員などを要請すべきである

A.7. 救命装備

荒天下で活動するクルーには以下の装備が必要である。

- 低体温症保護衣

・ ヘルメット（ストラップを調整して確実に着用する）
・ 救命胴衣と関連装備
・ 防水靴と防水グローブ
・ 眼球や眼鏡保護が必要な場合のオーバーグラス
・ 安全ベルトの適切な調整と着用
・ 着座時のシートベルト

これらの装備の確実な携行や装用は艇長の責任である。

A.8. 天 候

荒天とは、波高 8 フィート以上、風速 30 ノット以上のいずれかまたは両方の場合をいう。荒天が予想される場合、任務遂行計画の立案において考慮すべきで、信頼できる詳細な情報が必要である。利用できる情報源には各種あり、情報を入手し理解することは各人の責任である。

(注釈) 荒天の定義は特定の船型を対象にしたものではない。船型ごとの状況は、艇長がその都度判断する。

A.8.a. 天候の定義

・ シーステート（海面状態）は、うねりと有義波高、両方の状態である
・ 有義波高は、風によって発生する波の、上位 1/3 の平均値である
・ 合成波浪は、実際の海上の状態である
・ さらに詳細な定義は Chapter 12 と付録・用語集に記載している

A.8.b. 気象条件

気象は活動の危険度を判断する最重要要素で、クルーが対応しなくてはならない状況を知ることはきわめて重要である。気象の情報源には以下のようなものがある。

・ 国家気象サービスからの情報
・ 出港前の陸上からの観測
・ インターネット：観測ブイや船舶気象、衛星写真など多数
・ 海事関係先からの信頼できる情報（水先人、商業運航者など）
・ 遭難船の船員（遭難現場からの情報は誇大になりがちなので、ほかの情報と照合して正確を期す）

A.8.c. 特定地域の気象特性

地元船員との議論や彼らの経験は、特定の気象現象がその地域でどのような状態になるかを乗組員が知るのに大いに役立つ。地域とその天候パターンを知る責任は、なにものにも代えられない。地域固有の気象パターンには、地峡風、長大な吹送距離、強い潮流、雷雨、雷、凍結スプレー、急峻な波、およびほかの多くの現象が含まれる。これらの条件のいずれかのために、ボートおよび乗組員にとって、より操作が困難で危険になる。

波浪【安全：運用】

A.9. 概 要

波の特徴と発生パターンを理解することは、安全運航のために重要である。荒天下で活動する艇長は、波の発生のタイミングと波高を判断できなくてはならない。

A.10. 波

海上で波を発生させる主要な力は風で、風で発生する波の性質を決める要素に以下のものがある。

・ 風　速
・ 吹送時間
・ フェッチ（開けた海域での吹送距離）

これらの要素の関連を下表に示す。

フェッチ（海里）	吹送時間（h）	風速（kt）	シーステート（ft）〔m〕
5	1	40	4.9〔1.5〕
10	3	40	6.5〔2〕
200	24	40	20〔6〕

風が吹き始めると波が発生するが、最初は頭が尖って低く、周期性は少ない。風が連続して吹くと、波の状態は際立ってくる。荒天では波の状態の観測値が重要である。クルーが波の観測に慣れていれば、適切な運航を行うことができる。

荒天による波浪は、その地域か遠方のいずれかの気象現象によって発生する。気象現象によって生み出される状態を決定するにはいくつかの要因がある。波浪の大きさに影響を与える要因には以下のものがある。

・ 潮汐の状態：渦の流れで波の伝わる速さが増減する。逆に、潮汐による流れでは、速度が増して高さは低くなる
・ 降　　　水：激しい雨では波高が抑えられるが、河川からの大量の流れ込みで潮汐による流れが止まるか、湾内や沿岸砂洲での流況が大きく変化する
・ 海域の広さ：水域が広いほど大きい波が発生する
・ 水　　　深：水深が深いほど大きなうねりが発生する。うねりは海岸付近で浅い海域に達し、速度が落ちて波高が高くなる
・ 気　　　温：低温の空気は密度が高く、海面に与える力が大きく高温時よりもうねりが高くなる

A.11. 波の発生原理

遠く離れた外洋で波が発生すると、風の発生源から外向けに発散移動し、うねりに変わる。移動距離が長いほど多くの波が合成されてうねりの性質が安定し、伝わる速度も一定になる。このため、はるか外洋の嵐で発生したうねりは、付近で発生したうねりに比べ滑らかで形状が一定している。通常のうねりの周期は 6～10 秒で、これは波長に置き換えると 184～1,310 フィート（約 56～399m）、伝わる速度は 18～49 ノットである。

同じ方向に伝わる別のうねり同士が干渉し、外側に向いた独立の波の集合が発生する。7～12 個の波の集合が外側に向けて伝搬すると、前端の波が消滅して新たな同様の波が後方に発生する。このプロセスは、波のエネルギーが海に吸収されるか、海岸に打ち寄せて消滅するまで継続する。波のパターンと性質を理解することは、波の高い荒天下で活動するために欠かせない。こうした状況で運用する艇長は、波の動きと高さを正確に読めなくてはならない。波の動きに影響する要因は以下の通り。

・ 屈　折
・ 反　射
・ 干　渉
・ 水深の減少

A.11.a. 屈 折

屈折とは曲がることである。波の屈折は、波が浅海域に伝わり、海底と干渉して速度が落ちるときに発生する。浅海に達した波の前端は、波頭が前方に倒れ込む。屈折の量は海底の地形で決まる。屈折は岬、突堤、島などでも発生する。

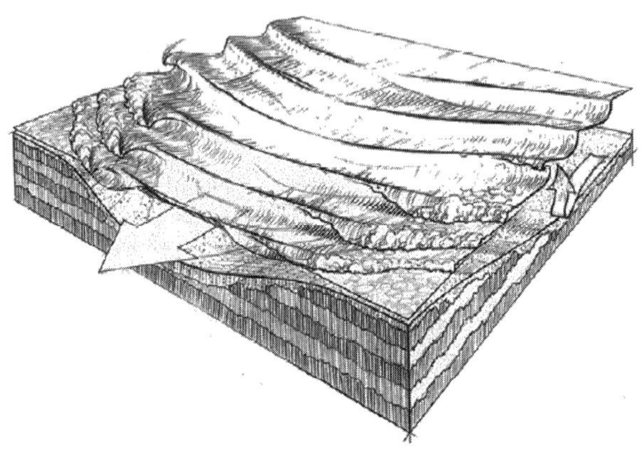

Figure 20-1 海底谷

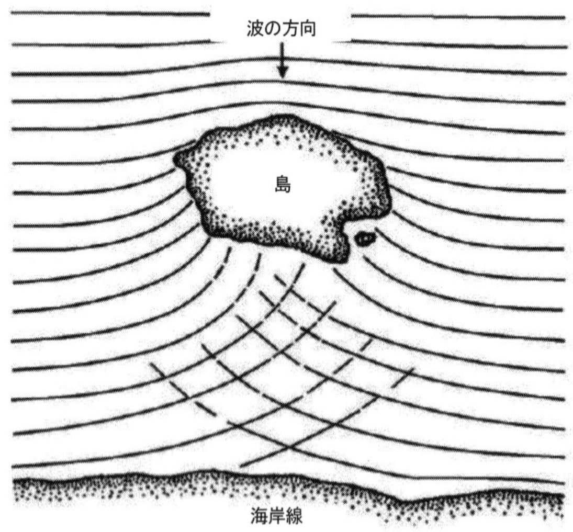

Figure 20-2 波の屈折

A.11.b. 反 射

波は物にぶつかると反射し、水中の障害物に当たると水面上の部分はそのまま進むが、水中部分は反射する。反射波は入射波の方向に戻る。垂直やそれに近い障害物にぶつかると波全体が反射する。

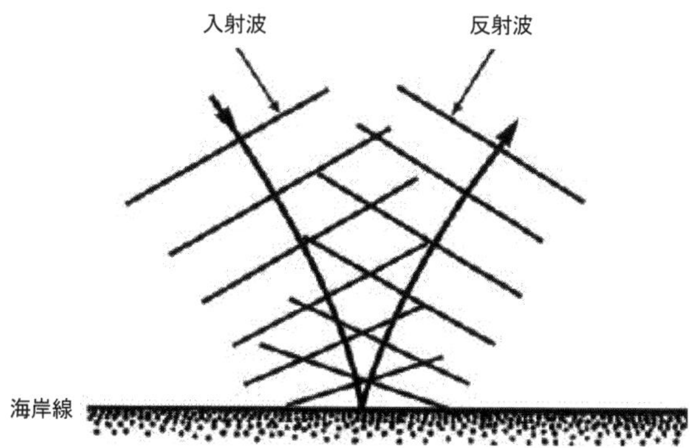

Figure 20-3 波の反射

A.11.c. 干 渉

屈折または反射した波は、元の波とも相互に干渉して通常よりも波高が大きくなる場合がある。干渉で定在波（動かず同じ場所で上下する波）が発生することもある。干渉によって、予想しない方向から思わぬ高さの波が来るため、ボートでは特に注意が必要である。

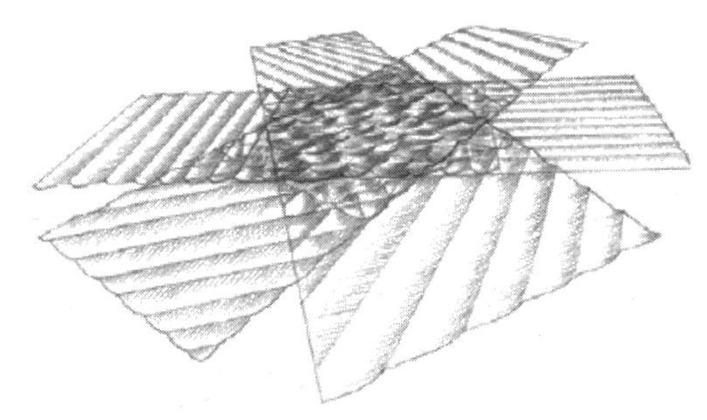

Figure 20-4 波の干渉

A.11.d. 水深の減少

波の集合が持つ性質を理解することは、沿岸砂洲の上や入り江、砕波帯など、水深が浅くなるところで活動する場合に有益である。波の集合を観察すると周期がわかる。ボートは、波の集合の間を縫って、動きが収まっているときに航走すると安全である。

深い海域で発生した波が浅い海域に伝わると、海底地形の影響で性質が変わる。海岸に接近する際、海底が浅いため速度が遅くなる。このため屈折が生じると同時に波長が短くなる。波長が短くなると、波の傾斜が急になり、不安定になる。波高の 2 倍程度の深さの海域に達すると、波頭の高さは最高になり、丸い形のうねりの頭は尖った形になって傾斜がきつくなる。この波形の変化は、浅海域に達すると一層顕著になる。この波長と形の変化は、水深が波高の 1.3 倍程度になると不安定になる（波頭が崩れるのは、波高が水深の 80%になったときである）。これは、前方の浅海域で波頭と対称をなすための水の量が不足するためである。寄せる波の頂部は支えるものがなくなって崩れ、寄せる波になる。

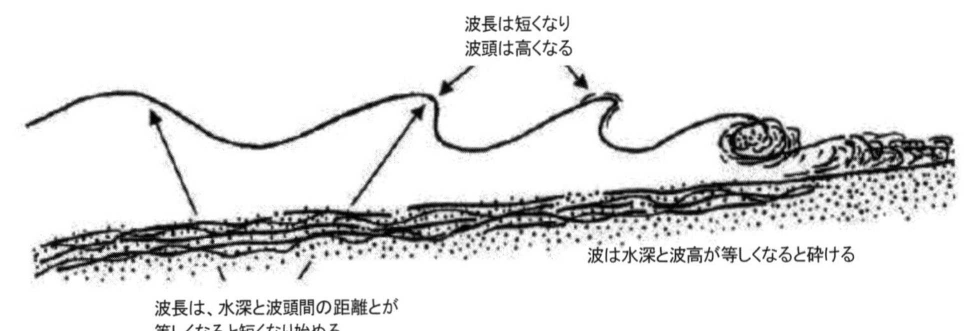

Figure 20-5 寄せ波

A.12. タイミング

波が収まっている時間は、沿岸砂洲や入り江、浅海域などを安全に航行できるチャンスである。タイミングを見計らうことで、波が収まっている間に航行でき、次の収まるタイミングを狙うこともできる。基本はストップウォッチで大波の間隔を測ることである。これが波の隙間で、1 分以下から数分に及ぶ。このパターンを一定時間観測し、その間隔（時間）をつかむ。

(注釈)一連のうねりの間隙を lull という。

A.13. 波高の推定

波高の推定は主観的になりがちで、正確に測るのは難しいが、いくつか方法がある。

A.13.a. 眼高または乾舷の利用

波の谷間で水平を維持している船から見ると、水平線より高く見える波の波高は眼高よりも高い。47 フィート型 MLB の眼高は、操舵席に座った場合で約 14 フィート（4m 強）である。ハンドレールなどの固定された構造と波高を比較することもできる。波の表面は、船首が波に突入するときや、波の間で水平のときに観察できる。一般に、これが寄せ波を判断する最良の方法である。

A.13.b. 浮いている構造物や船との比較

これは、陸上からの観測に適した方法だが、航行中にも応用できる。浮標の高さが 13 フィートとわかっている場合、通過する波と比較して高さがわかる。ブイは波の周期を知るためにも利用できる。航行中の船の乾舷と海面の動きとを比較することによっても波の高さを推定できる。

A.13.c. 固定構造物との比較

波が防波堤や突堤、岸壁などの固定構造物を通過するときには、波高と周期を正確に推定できる。

A.13.d. 測深器

高速デジタル測深器で正確に波高を知ることができる。波の谷間にいるときの水深と、波の頂部にいるときの水深を、それぞれ水平状態で測定すると、正確な水深がわかる。

これらはみな有効な方法だが、練習と経験が必要になる。付近の気象サービスブイからの通報とクルーの観測値を比較することで、波高を読む感覚を磨くことができる。十分な経験を積むことで、見ただけで波高がわかるようになる。

A.14. 寄せ波の種類

崩れる波には下図の三つの基本形態があり、これらの詳細は、気象と海洋について述べた Chapter 12

を参照すること。これらには、それぞれ吸い込み流、大量の海水の落ち込み、巨大な力の発生といった、被害を及ぼす特徴がある。荒天下でボートを運用する場合、これらの影響は静穏時よりもはるかに大きくなることを認識しておく必要がある。

Figure 20-6 巻き波砕波

Figure 20-7 崩れ波砕波

Figure 20-8 砕け寄せ波砕波

A.15. 寄せ波が発生する海域の特性

寄せ波が発生する海域では、特に荒天時に注意すべき以下の事項がある。

- 波の合間
- 波の高い側と低い側
- 波の鞍部
- クローズアウト
- 波の肩部
- リップカレント（離岸流）

A.15.a. 波の合間

波の合間は、波が一時的に崩れなくなり、ボートの航行可能水域が開けることもある部分である。波の合間は、大きな波が崩れたあとの泡立った海域に生じることが多い。波の合間は、長続きしたあとに突然崩れ始めることがある。ボートは可能な限り波の合間を航行することが望ましい。

A.15.b. 波の高い側と低い側

波の高い側は、波が運ぶポテンシャルエネルギーが最も大きい部分である。これは崩れる点に向けて波が盛り上がる部分、またはすでに崩れた直後の部分である。低い側は、ポテンシャルエネルギーが最も低く、うねりに向かった場合に最も安全に回頭できる部分である（Figure 20-9）。これら高い側と低い側は頻繁に変化し、それを見きわめて迅速に操船するのは、寄せ波海域での重要な操船技術である。

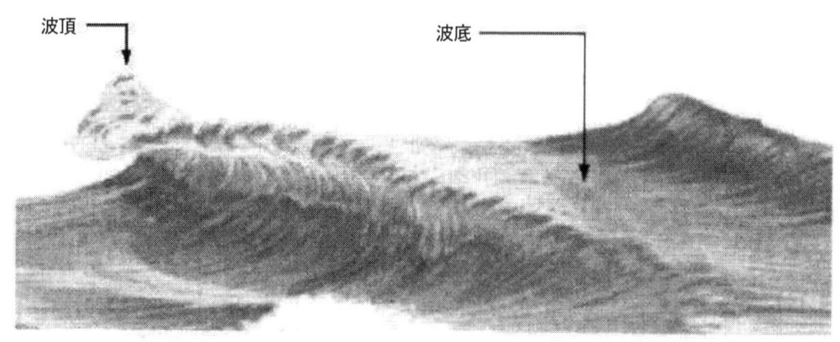

Figure 20-9 波の高い側と低い側

A.15.c. 波の鞍部

鞍部とは、波の最も低い部分で、高い部分が両側にあり、崩れる波の間で崩れない狭い部分である。可能であれば、ボートは鞍部を航行して崩れる白波を避けることが望ましい。鞍部を航行することは有益だが、クローズアウトに変化することもあるので、よく観察することが必要である。

A.15.d. クローズアウト

クローズアウトは、波が両端から中央に向かって崩れるか、または二つの波が互いに向けて崩れる場合に発生する。波の中間は鞍部に見えるが、急に泡立つ白い海域に変化する。クローズアウトは、一つの波が崩れたときよりも大きいエネルギーを発生するので避けたほうがよい。

A.15.e. 波の肩部

肩とは、波の端の部分で、崩れた波による白い海面の端である場合もあれば、崩れる直前のピークの端の部分である場合もある。肩は通常、波の中央部よりも低い。狭い寄せ波の海域では、崩れる波の付近を比較的安全に航行できるため、肩の部分を走るのがよい。

A.15.f. リップカレント（離岸流）

離岸流は、寄せ波が起こる長い海岸やリーフの海域で発生する。波で海岸に寄せた海水は、海岸線に沿って流れ、長い海岸流になって最終的に海に戻る。この海に戻る流れが砂を掘って深い水路を形成し、その状態は日々変化する。リーフの場合には、水路は動かないが、水流の振る舞いは同じである。水路の中は水深が大きいため、波や寄せ波は低い。このため、離岸流は寄せ波の海域から離脱するためには好適な経路になる場合がある。半面、離岸流は水中で人や不自由船を海域から運び去ることがある。離岸流を利用する場合、音響測深器を使って水深を慎重に確認しなければならない。クルーはこうした海域に集まってくる浮遊物に注意を払う。

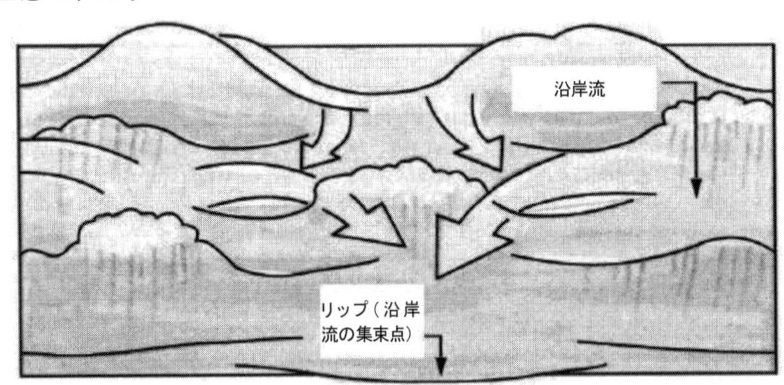

Figure 20-10 離岸流

荒天時のパイロッティング【USCG】

A.16. 概 要

「パイロッティング」と「航海（ナビゲーション）」の区別は、ダットンやボウディッチなど、多くの書物に述べられている。本章では、荒天時に必要とされる技術について述べる。正しいパイロッティングの重要性は、ダットンが次のように述べている。「パイロッティングは、航海の長い経験と優れた判断を必要とする。見張りと警戒を怠らず、深い理論と知識が不可欠である。パイロッティング中は誤りを修正できる猶予は少ない。少しの怠慢が事故につながり、人命を失うことがある」。荒天下の海岸近くや浅海域で運用しているとき、誤って寄せ波が発生する海域や浅い海域に入り込んだり、遭難船への到着が遅れたりしないようにするため、小型ボートでは位置の把握が非常に重要である。荒天時の航海とパイロッティングは心身ともに疲労して過ちを犯す危険が増大する。

A.17. 海図の準備

海図は、海岸線と海底の様子を知ることができる最も重要な航海の用具である。出港前に海図を冊子状に整理したり、使いやすく折りたたんで防水したりすると便利である。航路と針路、レーダーレンジ、避険線、変針点、それらの方位などを記入しておき、安全なパイロッティングに備える。こうして準備した海図は、荒天で使用する前の平穏時に試用しておくとよい。細かいことではあるが、海図は適切に折りたたむ。海図はすべての位置を事前に記入することはできず、航海中に位置を入れなくてはならない場合が頻繁にある。毎回開いて作業することはできないので、距離尺やコンパスローズは使用するエリアと同じ面に来るように折りたたんでおかなければならない。推定所在位置も折りたたんだ同じ面に来るようにするなど、出港前にできるだけの海図作業を終えておく。誰もが出港を急ぐが、クルーには安全な航海の責任があり、急いでいたことは事故の言い訳にはならない。

A.18. 経 験

周到な準備は船の装備だけに限らない。荒天でのパイロッティングの準備は何カ月も前に始まっている。パイロッティングに必要なツールは地域の特性に関する知識である。目視やレーダーで認識した物標を海図上の物標と迅速に照合一致させるのは、艇長の重要な能力である。静穏時は海域の状況を良好に把握でき、荒天時にも海域を陸や海から観察することで、危険を発見できる。ツールは使用法を知らなければ便利に活用することはできず、机上の学習で実地訓練に代えることはできない。あらゆる状況をパイロッティングに活用すべきで、賢明な艇長は、平常時のボート運用を通じて荒天時の対応を学ぶ。

A.19. 電子的手段によるパイロッティング

海図とコンパスと見張りがいれば、基本の航海は可能だが、これだけでは方位から位置を入れるほかには推測航法しかできない。荒天では視界は制限され、携帯コンパスも装備しておらず、目視で方位を出す方法がない小型ボートでは、電子的な手段が有用である。

A.19.a. レーダーレンジ

パイロッティングでは、レーダーのが十分に活用されていないことが多い。レーダーにより側方の距離を確認すれば、推測航法（DR）の精度が大きく上がる。事前に求めたレンジがあれば、DR の位置に向けたコースに乗っているかどうかが簡単にわかり、細かく針路を修正して大きな変針を避けられる。前方と後方の距離も記入しておくと便利である。常に船首尾方向に固定物標を見出すことは難しく、船首尾線に対して 10〜30°方向の物標でおおよその航路上の位置を推定できる。これらのレンジから、3 分間法を使って対地速力を計算することもできる。

(注釈) 3 分間法とは、速力（ノット）と距離（ヤード）を計算する方法である。
3 分間で航海した距離を 100 で割る。3 分間で 1,000 ヤード進めば速力は 10 ノットである。

A.19.b. 所在公算位置(データム)

データムに向けて航行する場合、既知の陸上物標やブイなどからそこまでに至る航路上のレンジを決めておく。レンジはできる限り正船首尾または正横に選ぶのがよい。ボートが目的地に近づくにつれ、航路からのずれがわかりやすく、針路の修正が容易である。

A.19.c. GPS

GPS はきわめて高精度の航海計器で、パイロッティングを補助する有効なツールである。変針点入力機能や針路のずれ表示（Course Deviation Indicator : CDI）は大変便利だが、周囲の状況を確認しながら使わなくてはならない。状況の把握は常に維持する。

A.19.d. 音響測深儀

海面が泡立った荒天下では、測深儀の表示が不正確になるので、測深と海図水深から位置を確認する方法は難しい場合が多い。

Section B. 荒天時の操船【安全:運用】

荒天では、艇長の役割がボートの性能と同様に重要である。艇長は周囲の状況を把握して舵やリモコンレバーなどをコントロールして安全に航海しなくてはならず、業務には高度の集中が要求される。大波は突然到来して崩れ、急速に危険な状況が生じる。視界の悪い夜間は一層危険である。荒天では艇長もクルーも緊張を維持し、できることはすべて行わなければならない。低体温を防ぎ、合間に休息することでクルーの緊張を和らげることができる。荒天時の運用では、負傷や損傷が発生する危険が高まる。

ボートの操船に影響する力

B.1. 概 要

荒天ではローリング、ピッチング、ヨーイングがボートの操船に影響する。動揺が激しくなると、不快で危険になる。強風が操船に影響し、操縦が難しくなる。

B.2. ローリング

ローリングはボートが波を横に受けて走るときに発生する。大波を横に受ける針路をとると、ボートは大きなローリングにより危険な状態となるので、セールボートのようにタッキングして針路を変え、風浪を 45°に受けて走るのがよい。

波が崩れると、風下の海水との間に挟まれて船側に大きな圧力が加わり、これが復原力を超えると転覆する。波を横に受けて回頭するときは、いったん減速してから舵をいっぱいに取り、そののちに増速する。2 軸船では左右舷機の独立操作で効率的に回頭できる。

B.3. ピッチング

ピッチングは、船首に波を受けて走るときに起こる。ボートの船首は波で持ち上げられたあと、急速に谷間に落ちる。波の傾斜が急な場合は減速して波の動きに合わせる。ボートとクルーへの緊張を低減させるには針路を変えるのもよい。うねりを 45°方向に受ければ、波に乗って操船しやすい。過度に危険な状態では、大きく減速して波を正面に受けるよう操船する。繰り返しになるが、ボートが波の背に打ち上げられないよう、波の状態に合わせてエンジンを調節する。

B.4. ヨーイング

ヨーイングは、波に追われて航走するときに左右いずれかに振られて起こる。ボートは波を滑り降りて船首を波の谷間に突っ込んで減速する。舵は効かなくなり、船尾に波が打ち込んでくる。ボートは激しいヨーイングを起こし、波の谷間でブローチング状態になる。波が通過すると、船首が持ち上げられて船尾が波の背を落下し、舵効きが戻ってボートは真っすぐになる。

激しいヨーイングでボートが転覆することがある。追い波が強いときは常に後方に注意して慎重に操船する。減速して針路を変えるとヨーイングを抑えることができる。

B.5. 強 風

強風により、条件は一層厳しくなる。曳航のための接近など、通常の操船も荒天下では非常に困難になる。風の影響を克服するには訓練と経験が必要である。

荒天時の曳航

B.6. 概 要

荒天時の曳航は最も困難な任務の一つである。曳航索を渡すためにほかの船への接近することや曳航操船は、クルーとボートの両方にとって危険な作業である。

B.7. 被曳航船

状態の悪い船は、荒天下で曳航すると損傷することがある。曳航を開始する前に、復原性、遭難の種類、乗員の状態、甲板用具の種類と状態、浸水の有無、波の影響など、船の状態を観察する。

(注釈)可能であれば、曳航を開始する前に、ポンプ、無線機などの非常用器具を渡しておく。

B.8. 接近準備

遭難船に接近する前に、艇長はクルーが以下を実施していることを確認する。

手順	要 領
1	機関室の巡回点検
2	自動操舵の手動への切り替え
3	リモコンレバーの機能の確認
4	クルーへのブリーフィングと任務の割り当て
5	曳航索の点検
6	危険ゾーンの設定
7	周囲の状況の観察と、ボートへの影響の評価

荒天では、クルーの安全と快適性のため、減速して航行するのがよい。

B.9. 曳航のための接近

曳航のために接近するときは、ボートを遭難船の至近まで安全に接近させて安全に曳航索を渡さなくてはならない。荒天下での接近とは、うねりを滑り降りて船首を波に突っ込んだ遭難船に近づくことである。クルーが準備でき次第、艇長は最適位置に向けて操船する。舵効きをよくして直線で接近するため、通常よりもエンジンを増速する。状況によっては直前で停止し、ヒービングラインを渡す。

(注釈)最適位置とは、クルーが余裕をもって確実にヒービングラインと曳航索を渡すことができる位置である。この位置からは、艇長が曳航索の取り付け位置と、クルーの作業状況を目視で把握できる。

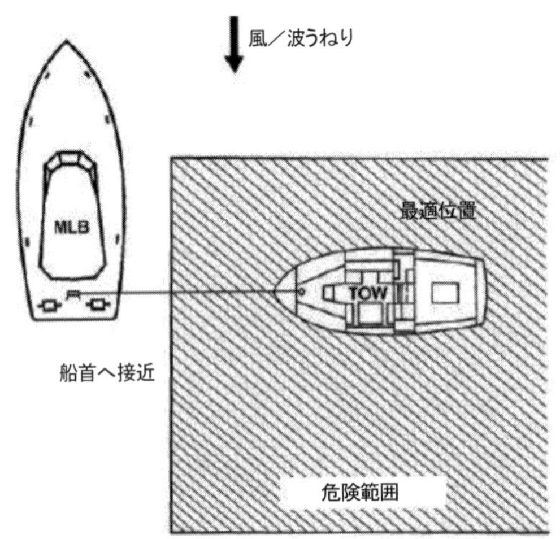

Figure 20-11 アプローチの最適位置

(警告) 曳航索を延ばす作業は、荒天時は危険を伴う。ボートが離れて波に押され、曳航索でビットに過大な力が加わらないよう慎重に操船する。寄せ波の中での曳航は高い技術が必要で、遭難船からクルーを収容するほうが曳航よりも危険である場合にのみ行う。

B.10. 曳航状態への移行

曳航索が取り付けられて所要の長さの繰り出し準備ができたら、船尾で曳航を開始するように占位するが、これは荒天では危険な操船局面である。艇長は安全な位置から曳航索を船尾に伸ばした状態で操船しなくてはならない。位置を変更するときは以下に注意する。

- クルーとの意思疎通を図る
- 最適位置から移動を開始する（Figure 20-11 参照）
- 必要な時間をかけて慎重に行う
- 曳航船、被曳航船の間の距離を十分に取る
- 必要な長さの曳航索を繰り出すまで曳かない
- 曳航索は波の谷間などの安定した状態のときに繰り出す

(警告) 曳航中は被曳航船の状態を監視し、トリムや波の乗り方が変わったらただちに原因を調べる。

B.11. 船尾での曳航

荒天では、曳航目的地への直行最短距離が常に最適とは限らない。衝撃負荷を抑え、波にうまく乗る針路を選択するべきである。Chapter 17 で船尾での曳航の際に作用する力と衝撃負荷について述べている。

(警告) 荒天での曳航は困難な作業で、訓練と経験が必要である。スロットルの操作（増減速）を曳航速力と調和させなくてはならない。

B.11.a. 追い波での曳航

開放水面での曳航では、波の影響を小さくするため針路を調節するのが安全である。これにより、被曳航船のヨーイングと波に乗り上げることを防げる。両船の上下動をそろえることで、被曳航船に加わる力を大きく低減できる。減速と曳航索の長さ調整によっても同様の効果が得られる。

沿岸への接近や、入り江、沿岸砂洲付近での航行では、水深が変化して上下動の同期は難しくなる。このような場合、波を斜め後方から受けて衝撃負荷を軽くする。コントロールを維持しつつ、船に影響する力を軽減するため、以下に注意して操船する。

・ 曳航速力を細かく調整し、被曳航船が波に乗り上げブローチングを起こさないようにする
・ 大波が後方から接近する場合、増速してうねりに押されないようにする
・ 被曳航船がうねりの頂点に乗ったら減速する
・ 曳航索に衝撃負荷が加わらないようにして張力を維持する
・ 安全海域に到着するか、波の影響を避けて針路を変えるまで後方の波と被曳航船の状態に注意する
・ ドローグを投入する

安全な曳航ができない場合は、沖合で待機し、海象の回復を待つのが安全である。

B.11.b. 波に向かっての曳航

波に向かっての曳航は両船と設備に大きな負担が加わるので、減速するのが効果的である。曳航索を延ばしてカテナリーを大きくするのも衝撃負荷の軽減に有効である。船首を曳航される船は、波に乗り上げて船首が洗われ、不安定になる。減速することで遭難船の船首が高くなり、すくう海水の量が減少する。

B.11.c. 波を横に受ける曳航

波を横に受けて曳航する場合、衝撃負荷と船体に加わる緊張は小さいが、両船に大きなローリングが発生する。幅が狭く転覆しやすい船や、液体が移動する不安定な大型液体貨物のタンクを持つ船の曳航は慎重に行う。

B.11.d. 曳航索の縮索

縮索は、十分な操船水域がある広い場所で、港や河口に接近する前に行う。縮索により、回頭などの操船が容易になる。縮索の前に、船首を風上方向に 10～15°程度ずらし、風でボートがロープから遠ざかるようにする。両船が停船するまで減速すると、船首が風に立って曳航索が斜め後方に伸びる。船首が波に立ったら、曳航索をビットから外し、そのまま曳航索を必要な量だけ引き入れる。ロープの取り込みは必要に応じて数段階で行い。プロペラにロープが絡まないよう細心の注意を払う。

Section C. 寄せ波の中での操船【参考:運用】

USCG の MLB 型艇と SPC 型艇のクルーは、寄せ波の中での運用について特別の訓練を受けている。これら以外は、制限事項により寄せ波の中では運用できない。寄せ波の状態での運用は、クルーに優れた技能とリスク管理、迅速な反応および不断の注意力が必要とされる。寄せ波の動きと特性を理解することが重要で、艇長は、寄せ波海域に入る前に、ボートとクルーの能力が任務の遂行に十分かを検討する。

操船の特性はボートの形式ごとに異なるので、記述する内容は一般的なものにとどまる。安全運航のためには、ボートの特性と地域の特徴の十分な理解が重要である。

寄せ波での操船の準備

C.1. 制限事項と条件

運用やトレーニングの上限となる条件は、ボートの実際の性能とリスクのバランスを考慮して設定されているので、それらを超えて運用してはならない。寄せ波海域の特性も慎重に考慮しなくてはならない。寄せ波の高さが制限以下であっても、短い波長や大きな反射波、屈折、浅海域などの条件は運用上危険である。

C.2. 生存用具

寄せ波海域での運用時、クルーは以下の用具を適切に着用する。

- 低体温症保護具
- ヘルメット（ストラップを調整して確実に着用する）
- 信号用具（通常、サバイバルベストに付いている）
- ボートクルー用安全ベルトの装着と適切な調整
- 眼球・眼鏡保護具
- 防水靴と防水グローブ

艇長はこれらをクルーが確実に着用していることを確認する。

C.3. クルーの作業手順

クルーは安全ベルトを取り付けて、波の力を避けられる場所に配置しなくてはならない。大波を受けると窓や操舵室が損傷し、クルーが負傷する危険がある。寄せ波の力は大きく、クルーには注意が必要である。脚を肩幅に開き、膝を柔らかくする安全な姿勢をとる。クルーはボートの動揺を読んで逆らわないようにする。

(警告) ボートの重要な装備が正常に機能しない場合、寄せ波の海域に入ってはならない。寄せ波での運用ではボートとクルーに連続して負担が加わり、不具合は事故につながる。

C.4. 寄せ波に入る前の点検

寄せ波に入る前には、次のことをひと通り完全に行っておかなければならない。

手順	要　領
1	移動物件（特に大型）の格納。固縛していないものはミサイルのように飛んでくる
2	機関室とエンジンの作動状況、水密措置
3	エンジンの最大出力運転
4	前進と後進双方でのリモコンレバーと減速ギアの動作
5	舵の左右いっぱいの操作
6	クルー総員が生存用具を適切に着用していること
7	クルーへのブリーフィング
8	クルーの配置と安全ベルトの取り付け

寄せ波がボートの操船に影響する力

C.5. 気泡の混じった海水

寄せ波の海域では、崩れる波で海面が白く泡立つ。崩れる波が移動すると、後方に泡立った海面がしばらく残る。この泡立った海水がボートの操船に影響することを認識しておく。

C.5.a. プロペラへの影響

泡立った海水中ではボートのプロペラの推力が減少し、反応が大きく低下する。これは以下の現象で知ることができる。

- 加速の悪化、リモコンレバー操作への反応の低下
- キャビテーションとエンジンの過回転
- （特に２軸船の）回頭性能の低下

C.5.b. 舵への影響

ボートの舵は泡立った海水中では効率が低下する。これは以下の現象で知ることができる。

- 回頭反応の低下
- 舵が軽くなり、小さい力で舵が動く

C.6. 浅い海域

浅海域での運用では、船首の波が海底に抵抗を生じ、船体やプロペラが海底に近いために発生する抗力の作用により、ボートの操船性が大きく変わる。こうした影響は以下のような現象から知ることができる。

- 対地速力が低下する
- リモコンレバーを倒してもエンジンの回転数が規定値に上がらない
- リモコンレバーと舵の操作に対する反応が低下し、加速と舵効きが悪くなる
- 通常より大きな航走波を引く
- 船首が圧力波に乗り、船尾が吸引で下がるため、トリムが変化する。海域が浅いと座礁する

(注釈) 浅海域での運用で生じる現象は、エンジン、減速ギア、操舵系統の故障の場合と類似しているので、安全な海域に出たらただちに点検を行う。

C.7. 重心とトリムの変化

重心とトリムの変化は、安定性と操縦性能に大きく影響する。これらの変化は内外から作用する力によって生じ、周囲の状況やボートの種類などによって変わる。

C.8. 外 力

外力は寄せ波そのものの力である。ボートの位置、速力および波に対する船首方位が、復原性と操船に影響する。これらの影響は多岐にわたるが、主なものは以下の通りである。

C.8.a. スターントゥでの航走

接近する波が船尾に達すると、船尾が持ち上げられて重心と転心が前方に移動する。さらに船尾が上がると、トリムが変化してプロペラと舵が効かなくなり、操縦性が悪くなるか不能になる。これは傾斜が急なうねりなどではよくある現象である。このとき減速すると、さらに重心が前に移動して現象が一層顕著になる。

C.8.b. ブローチングまたはビームトゥでの航走

接近する波がボートに到達すると、船体が傾斜し、傾いた側に重心が移動する。これにより、高くなった側のプロペラと舵の効きが悪くなり、操縦性が低下する。

C.8.c. 寄せ波に船首が突っ込む場合

接近する波が船首に当たると、重心と転心は後方に移る。ボートに十分な行き足がなく、波に正対していない場合、船首が片方に落ち込み、新たな転心に波の力が作用する。

C.9. 内部の力

内部からも多くの力が働き、復原性と操船に影響するが、その多くは設計に起因するもので、操船者はあらかじめその特性を知っておく必要がある。

C.9.a. 自由表面効果

満載していないタンク内の液体が動揺することで働く力。復原性と操船に大きく影響する。

C.9.b. 適切に格納や固定されていない物件による力

移動した物件により重心が偏って復原性に影響する。窓の破損や水密機構の損傷で水密にも影響する。

C.9.c. リモコンレバーや舵の効き具合の変化

急減速すると重心は前方に移動し、急加速では逆になる。大きく舵を取ると船体が傾斜し、重心は低い側に移動する。

C.10. ノックダウンやロールオーバーの原因

ノックダウンやロールオーバーが発生する状況は、毎回異なる。ローリングは横からの波やブローチングによって発生し、そのときの操船の対応でボートの動きが決まる。ノックダウンやロールオーバーは、外洋ではさほど時化ていない状況でも発生が記録されている。波の傾斜は、その高さと同様に危険である。重心が浮心よりも上に移動すると、ノックダウンやロールオーバーが発生する。救助艇の操船者は海の状況に常に注意し、ビームトゥの状態になったり、ブローチングしたりしないように注意する。

(注釈)「ノックダウン」や「ロールオーバー」はボートの自己復原に関する用語である。ノックダウンは船が片側に 90º 以上傾斜するが、それ以上傾斜が進行せずに元に戻ることをいう（120º 傾斜したあと、元に戻るような場合)。ロールオーバーはそのまま傾斜し続け、360º 回転して元に戻ることをいう。

C.11. ピッチポールの原因

ピッチポールはボートが縦にひっくり返ることである。これは非常に傾斜のきつい波に後ろから押されたときに起こる。船尾が持ち上げられて波の斜面を滑り落ち、重心が前方に移動して船首が波に突っ込み、そこを中心として船が縦方向に転覆する。船首が大波に乗り上げて逆方向のピッチポールが起こることもある。ピッチポールはまれにしか起こらないが、小型ボートでは発生することがある。ピッチポールが起きそうな状態から、ノックダウンやロールオーバーになることのほうが多い。ピッチポールは、ノックダウンやロールオーバーに比べきわめて衝撃が大きく、操船者はこれを避けなくてはならない。

寄せ波での基本操船

C.12. 実地訓練

個別の船型に関する特性や操船方法は別にして、一般的な要領を述べる。地域特性が各種異なるため、実地に勝る訓練はなく、有資格者による正式な訓練を反復するべきである。操船者は訓練を通じて波を読む技能を身に付け、ボートの能力と限界を確実に把握するべきである。ただし、規定されている限界事項を合理的な理由なしに越えてはならない。寄せ波での事故の大半は、実働中ではなく訓練中に発生している。

(警告) ボートは崩れる波の下に入ってはならない。波がボートの手前で崩れる位置を航行するか、波が崩れる前にその頂点に乗るようにする。1 立方ヤード（約 0.77m^3）の海水の重量は約 1 トンである。20 フィートの波が崩れると、1,500 トンの海水がボートに打ち込み、6,000PSI（重量ポンド／平方インチ＝約 421.8kgf/cm^2）の圧力が加わる。

C.13. 細かい操船

寄せ波や高い波の中では細かい操船が必要である。波は最大 35 ノットで伝わり、追いつける船は少なく、波の後方に位置を保持することは難しい。

波の接近を全周にわたって監視することが重要である。寄せ波の海域は常に変化し、5～6 個前方の波が直前のものよりも重要な場合がある。クルーは寄せ波の特性を知り、高いレベルの意思疎通を確保する必要がある。操船者は崩れる波の下に入らないよう船位の保持に集中し、波に向かう角度に注意する。崩れる波を避ける操船が望ましいが、避けることができない場合は正面（バウオン：bow on）に受ける。

C.14. 操船技術

寄せ波海域への進入、船尾に波を受けての沿岸砂洲や入り江の横断など、実際の操船の要領を以下に述べる。

C.15. 後方から寄せ波を受ける場合の海岸付近への進入や沿岸砂洲、入り江などの通過

C.15.a. 準 備

手順	要　領
1	基地に行動の意図を連絡する
2	海域の状況に関する情報をビーチや付近の他船、そのほかの関連先から得る。海上からの観測では実際の状況は把握しにくい
3	クルーにブリーフィングを行い、役目を指示する
4	機関室の点検や移動物の固縛、水密確認、救命具着用などの確認を完全に行う
5	エンジンと舵の正常なコントロールを確認する
6	利用できる自然のレンジと著名物標を確認する
7	安全に操船できる海域と危険な障害などを確認する。寄せ波の状態を観察し、ほかの安全経路がないかを検討する
8	連続で寄せる波の状況とパターンを離れて観察し、波の収まる部分を探す

(警告) 波に捕まってから減速すると制御を失いブローチングを起こす。波が来る前に減速しておく。

C.15.b. 実際の操船

寄せ波の海域は、波が収まっている間に通過するのがよい。操船者は大きい連続波の最後が通過したあとを安全な最大速力で通過し、波が追いつくまで時間を稼いで迅速に通過する。これにより、操船も容易になる。寄せ波の海域は波の鞍部または波の合間を狙い、崩れる波を避けて通航するのがよい。速力の優れたボートは、波の後方に位置を保持して走ることができるが、追いつかれるものもある。

入り江や沿岸砂洲など、操船が難しい海域を航行する場合、操船者は波のタイミングを正確に読み、収まっているときを狙って航行する。追ってくる波やうねりの頂点を避ける操船方法は状況や船型によって異なり、船の特性を理解した上で、訓練と経験を通じて身に付ける。後方からの寄せ波を受ける場合の安全な操船方法を効果の順に列挙する。

- 波の横方向に操船し、鞍部や波の合間を利用して、崩れる波を完全に回避する
- 十分な余裕をもって崩れる波を船首に受ける
- 傾斜が急な波を減速してやり過ごし、通過した波が前方で崩れたあと、加速して波に追いつく
- 波が接近したら後進して真っすぐに受け、波が崩れる前に後進で波の斜面を上がる。崩れた波をボートの上に受けてはならない。白く泡立つ海面上を後進する場合、白濁海水がプロペラと舵に達する前に後進速力を付ける。後進で船尾から滑らかに波に乗ってボートの惰力で波を割り、その後、シフトを切り替えて前進に移る
- ボートが崩れた波の白濁海水に追いつかれたら、機関全速で波の低い側に離脱し、波の後方に回り込む。そのままの針路で乗り切ろうとしないこと。なんとか操船して離脱する方法を試みる
- 最後の手段は、船首を波に向け、後進で寄せ波海域を通過することだが、これは難しく時間もかかる方法で、優れた後進操船の技術が求められる。後方からの強い流れで後進できない場合もある。また、浅い海域では舵やプロペラが底触することがあるので細心の注意が必要である

(注釈) 波の収まる部分が不明な場合、状況が好転するまで待つほうが賢明である（満潮による潮流変化）

C.16. 横から波を受ける場合の寄せ波海域の通過

C.16.a. 準 備

横から波を受ける場合の一般的な通航方法は以下の通り。

手順	要 領
1	ブリーフィングを行い、クルーに任務を割り当てる
2	安全な水域と危険を認識する。寄せ波の状況を判断し、波の少ない安全なコースを設定する
3	行動の意図を基地に連絡する

(警告) 前方見張り中に側方で波が崩れても狼狽しないこと。低速で横波を受けても復原する可能性がある。この操船は波が比較的小さい場合に可能で、操船者が疑問に思う場合は実行しない。波を避けるのが最善の操船方法である。

C.16.b. 操船方法

波が収まったときをねらって通過するのが望ましい。連続した波の最後が通過したら航走を開始する。波が収まる時間帯がない場合、横から連続して波を受けるボートは脆弱なので、慎重に対応する。操船者は、横から波を受ける時間を最小限にするため、安全な最大速力で通過する。減速して波がボートの前方

を通過するようにするか、崩れる波を避けるため増速する。タイミングと、後方の波を読むことが重要である。避けられない大波は船首正面で受ける。横で崩れる波に対応する方法はいくつかあるが、選択はボートの種類と周囲の条件による。ボートの種類によってはできないものもあるので、操船者はボートの能力を把握しておく必要がある。それらの方法を、安全上好ましい順に列挙する。

- 崩れる波がボートに追いつきそうな場合、増速して回頭し、波を正面に受ける。波に正対したら舵を中央に戻し、エンジン回転数を下げて波頭をやり過ごす。船位を保持して元の針路に戻る用意をする
- 崩れる波に追いつきそうな場合、減速してやり過ごす。操船のタイミングを見計らい、波が前方を通過したら波の後方の肩に向ける。これにより、迅速に波の後方に出て次の波も避けることができる。クルーはほかの波が横に発生するのに注意する
- 波が横方向の遠くにあるとき、増速して回避するか、針路を変えて逃げる方法もある
- 時間と場所に余裕があれば、波を斜め後方に見て逃げ、波の合間に入ることができる場合もある。この方法にはスターントゥのリスクが伴い、元の針路から外れて時間を浪費する欠点もあり、最善の方法ではないが、状況によっては選択の余地がある
- ボートの大きさに比べて小さい寄せ波を通過する場合、速力を維持するかやや減速し、変針して波を45°方向から受けて航行し、寄せ波を抜けてから元の針路に戻す

C.17. 船位の保持(船首を寄せ波に向ける)

寄せ波の中で船位を保持する技術は、波が収まるタイミングの見計らうときや、海中転落者を回収するときに必要である。波や風波で船位の保持は難しいことがあり、後進の操船技術やエンジン回転数の調整が求められる。船位を保持するためのガイドラインを示す。

- 波や風に対抗して船位を保持するのに必要な最小限の出力を使う。波が小さいときは船首を波と直角に向け、アイドリングスピードにするだけで十分だが、波が大きい場合はエンジン出力を大きく上げる必要がある
- エンジン出力を上げすぎると、船位がずれる。エンジン出力が小さすぎると、ボートが後退してブローチングを起こすことがある
- 船首をできるだけ波に正対させる
- ボートが風や流れによって波がある方向に流れているとき、頻繁に後進を使って位置を保持する必要がある。前方からの波には最小限の前進で支える。波頭が通り過ぎるのを待ってから後進をかける。波が正面に迫っているときに後進しない
- エンジン出力を調整し、波の力で後退して船位を保持することも可能だが、この方法は熟練を要し、操船者は常に調整し続けなくてはならない
- 船首を少し風に落として横に移動し、その後、エンジンと舵を使って船首を真っすぐに戻して船位を保持する方法もある。例えば、船首を左に落として左方に横移動し、波で船首が押されたら出力を上げて右舵を取り、再度船首を波に立てて位置を保つ。この操船は波が高いときに行ってはならない。また、船首が落とされすぎないようにすることが重要である

(警告)寄せ波の海域から外に向けて航行するとき、波が船首の上に崩れないように注意する。このような場合、崩れる前に波の頂部に乗るか、減速または停船して波が前方で崩れるのを待ち、その後、

白濁海水に入る前に増速前進する。

C.18. 寄せ波海域の通過(船首を寄せ波に向ける)

沿岸砂洲や入り江を横切って外海に出るときや、寄せ波海域を離れるとき、操船者は波の鞍部や波の合間を通過する針路を設定して波を避けることで、ボートやクルーのリスクを最も小さくできる。通過時は安全が確保できる範囲内で最大の速力とし、波の作用を避ける。沖合への航行時の指針を以下に示す。

- できる限り波の合間を通過するように針路を選び、必要があればジグザグ航行で崩れる波を避ける。波の肩に近い部分を航行し、波が通過したあとにできる波の合間を利用する
- 崩れる波を避けられない場合、波の鞍部を狙って航行する。波が両側から鞍部に向けて崩れる場合、ボートはクローズアウトに挟まれるので、その前に鞍部から抜けるか、減速してクローズアウトを前方に見てやり過ごす
- 崩れる波を避けられない場合、船首正面で受ける。減速してボートに加わる惰力をかわす。崩れる波に高速でぶつかると、波に乗り上げて後方に放り出され、負傷や損傷の危険がある

C.19. 非常時の手順:ノックダウン、ロールオーバー、海岸への座礁

ノックダウン、ロールオーバー、座礁は、クルーの訓練と経験でリスクを減らしたとしても、海域の条件次第でいつでも発生しうる事態として備える必要がある。以下のリスク管理を実行する。

- クルー総員が適切な PPE(個人用保護具)を着用する
- クルー総員がノックダウンやロールオーバー、ピッチポールの原因と兆候を理解する
- クルー総員がノックダウン、ロールオーバー、座礁の際の対応手順の訓練を受ける。クルーは非常投錨やドローグの投入手順、応急機材の所在などを熟知しておく。寄せ波の海域に入るときはクルーに事前周知する
- クルーは、操船者が負傷や転落した場合に交代できる準備をし、海中転落者を揚収するための操船ができるようにしておく
- 寄せ波に対応できる船や航空機の支援を準備し、ボートの状況を監視できる位置に配置する
- 主無線装置の故障やアンテナの脱落に備え、携帯用 VHF 無線機など予備の通信装置を搭載する

リスクと成果を常に比較検討する。緊急事態に慌てて判断を誤ったり、状況把握がおろそかになったりしてはならない。

(警告) 安全ベルトの離脱や、海上に泳いで脱出しようとしてはならない。プロペラは回転を続けており、ボートはすぐに復原するように設計されている。

C.19.a. ノックダウンやロールオーバーの際の対応手順

ノックダウンやロールオーバーの際の対応手順は以下の通りである。

手順	要　領
1	ノックダウンやロールオーバーは激しいブローチングで発生する。下側の舷が水中に没している場合、ロールに備える。ボートの通常の動きを知っていれば、傾斜時の異常な感覚は経験でわかる
2	時間があれば、クルーに呼吸停止を指示し、固定箇所につかまって保持する。上下が逆さまの間はクルーの方向感覚がなくなり、視界も失われる。エンジンの音は聞くことができる

3	復原したらただちに状況を確認する。ボートは寄せ波の中にあり、クルーは次の波に備えないと再びロールが発生する
4	クルーに怪我人や行方不明者がいないことを確認する
5	甲板や周辺の海面を確認し、絡まるロープなどが浮遊していないか確認する
6	エンジンが作動していれば、安全な海域に退避する
7	安全な海域に到着したら、機関士は甲板下区画の損傷点検を行う。重要でない電路を遮断する。機関室は水と油にまみれており、火災の危険がある。火災が発生していなければ、機関室を排水してオイルを点検する
8	ボートの状態を点検する。燃料が外向けの空気抜きから漏れている可能性があり、上部構造物の損傷、窓の破損、マストやアンカー、ポンプ、ロープのリール、操舵席の椅子などが損傷や流失している可能性がある。電子機器は使用不能になっている可能性が高い

C.19.b.　継続と撤収の判断

損傷と負傷の有無を確認したら、艇長は以下を検討して任務を継続するか、基地に撤収するかを判断する。

- クルーの状態
- エンジンと船体の状況
- 電子機器、特に通信機器の状態
- 任務の緊急度と待機勢力の状況

基地帰還の際は、船型ごとのハンドブックに従いノックダウンおよびロールオーバー後の対処手順を実行する。

(警告) 激しい寄せ波の中でクルーを船首に配置し、負傷や行方不明の危険にさらしてはならない。波が収まるのを待ちつつ、ロールに耐えるほうが安全である。重要な判断が求められる。

C.19.c.　座礁の際の手順

ボートが寄せ波の中や付近で動けなくなったら、海岸に打ち寄せられる。基地や待機勢力にただちに連絡する。以下の手順を実行し、ノックダウンやロールオーバー、クルーの負傷などの危険性を低下させる。

手順	要　領
1	できるだけ長い錨索で投錨する。錨索が足りない場合、曳航索をつないで延長する
2	投錨できない場合、ドローグを船尾に投入し、ローリングを回避して船首から浜に着ける
3	船上にとどまる。ボートは浜に着くまでに何度かノックダウンやロールオーバーを繰り返す
4	ボートが浜に乗り揚げたら様子を見る。波でボートはさらに打ち上げられるので、脱出を急がない

C.20.　遭難船の寄せ波からの緊急曳き出し

激しい寄せ波の中での曳航は非常に危険である。放棄されたボートのためにコーストガードの職員やボートが危険を冒すことはできない（本章 A.2.b.）。寄せ波の中での曳航は、慎重に行う必要がある。

(警告) 寄せ波での曳航は非常時の手順で、大変危険である。両方の船の乗員に負傷のおそれがある。

C.20.a. 寄せ波の中での非常曳航手順

手順	要 領
1	ボートの救助が可能か判断する。可能でなければ乗員のみを救助する。判断は接近中迅速に行う
2	ボートを曳航できれば、風上から接近し、岸側から曳航索を渡す。岸に近すぎて岸側から接近できない場合、回頭して後進により接近するが、崩れる波の接近に注意する
3	遭難船に接近したら、船首を寄せ波に向けたままクルーを作業甲板に配置する
4	慎重にヒービングラインを渡す
5	遭難船に曳航索を渡す。曳航索を保持するクルーは、曳航ビットの付近でロープを繰り出す
6	曳航索を遭難船につないだらビットに8の字で仮巻きする。寄せ波で遭難船が押されると曳航索が急張するので、リールをゆるめておく
7	曳航を開始したら海側に曳く。被曳航船と周囲の状況を監視する。相手が小型ボートであれば、乗員を船尾に移動させて船首を軽くする。ボートが大型の場合、数個の崩れる波に当てて後退させる。被曳航船が崩れる波に当たったらエンジンを増速し、波の頭に乗り上げるようなら減速する。曳航索は十分な長さをとる
8	寄せ波海域を抜けたら縮索し、負傷者の支援と排水に当たる。ボートが曳航に耐えることを確認すること

Section D. 荒天での落水者救助【参考:運用】

荒天下での落水者救助は、通常の手順よりも困難が伴う。艇長とクルーが落水者救助に緊張を持って対応するのは当然だが、荒天下でのボート運用はリスクも高いので、クルーの経験と技術およびボートの性能に特別の配慮が必要であり、多くの場合、実行可否の判断は艇長に委ねられる。

(注釈)ボートの性能とクルーの経験や技量を超えた状況で救助を試みてはならない。

D.1. 海中転落

海中転落の知らせにより、通常の対応手順を発動するが、荒天時は状況がより複雑である。転覆船内の生存者の救助は海中転落時の対応とおおむね同様だが、艇長はSection BやSection Cで論じた高度な操船技術を駆使して波やうねりに対応する必要がある。艇長は、うねりの下側から落水者に接近する。

D.1.a. うねりを降りる航走

荒天時の落水者に向けた回頭接近は、通常とは異なる。荒天時は、海中転落の知らせがあってもすぐには回頭できない。無理に回頭すると船首を波に突っ込み、操船の回復が非常に困難になる。艇長は落水者から安全な距離を保って前進し、位置を保持しながら回頭できるタイミングを待つ。波が収まるタイミングを読み、船側を崩れる波や大きいうねりにさらさずに、可能なタイミングで回頭を行う。波の合間を発見したら、左右どちらかに舵を取り、本章のSection BまたはSection Cで述べた操船方法で回頭する。十分な水深があれば、ボートは落水者をいったん通り過ぎる。安全距離まで離れたら、落水者の状況（顔の上下の向きによる意識の有無）を確認し、最終接近の準備をする。

(警告)作業中にクルーを船首に移動させてはならない。危険にさらし、意思疎通が損なわれる。

D.1.b. 接 近

いったんうねりが落ち着いたら、反転して接近を開始する。回頭は、風の影響と旋回径を考慮しつつ、船首をうねりに向けると同時に落水者を船首方向に見るようにして行う。これには多少の横移動が必要である。ポインターは常に艇長と意思疎通できる必要があり、ポインターは外のブリッジに立つのがよい。反転は、船側をうねりに押されないよう迅速に行う。船側で波が崩れると、ボートはロールの恐れがある。回頭を終えたら前進惰力を止め、浜や突堤などを目標に船位を保持し、以下の状況判断を行う。

・ 落水者とボートとの位置関係
・ 両者の漂流状況
・ 風 向
・ 落水者付近で波の収まる周期
・ クルーへの作業割り当て
・ 救助作業位置へのクルーの配置

(警告)崩れる波や傾斜が急なうねりで落水者が流され、舷側を通過し、船尾に流れてしまうことがある。

D.1.c. 揚 収

最終接近の際、艇長は速力を調節して波の後ろに乗らないように注意する。艇長は、ビットなどの甲板上の固定物を目安にして船を落水者に向ける。舵が効く速力を維持して落水者に接近し、接触しないように気をつける。タイミングが重要で、艇長は波が静まるタイミングを狙う。クルーは随時、甲板上の基準点を利用して艇長に落水者との相対位置を報告する。

D.1.c.1. 意識のある落水者の救助

ボートは落水者に手が届く距離で停止するのが理想である。手を伸ばして救助するには遠すぎる場合、泳いで救助に向かうか、救助用のヒービングラインを投げて引き寄せる。低体温症や疲労の激しい生存者は、水中から出るときにほとんど動けないことを念頭に置く。また、寄せ波の中で救助用ヒービングラインを使用するのは大きなリスクが伴う。ロープを保持するクルーは、常にロープをコントロールできる態勢を取り、ロープが水中に入ったら艇長に報告する。

(警告)後進停止は落水者が救助作業甲板付近に来る前に完了し、行き足を止めておく。

D.1.c.2. 意識不明の落水者救助

寄せ波の中から意識のない落水者を救助するのは一層難しい。落水者は泳ぐことも救助ロープをつかむこともできないので、艇長はボートを最接近させなくてはならない。クルーの意思疎通が一層重要である。艇長はボートを真っすぐ落水者に向け、船首に隠れて見えなくなったら、どちらが救助作業を行う舷として適しているかに応じて右舷または左舷に転舵し、可能であれば落水者の風上側に船を持ってくる。この時点で艇長から落水者は見えない。ポインターは艇長に、落水者の位置、船からの距離、動きなどを随時報告する。ポインターから「作業甲板付近に接近」の報告があったら、艇長は水面に視線を移し、落水者が見えたら最後の速力調整を行う。海面の泡などをボートの速力の目安にし、最後は行き足を完全に止める。これは、行き足があると落水者をつかむのが非常に難しいこと、および、後進をかけると作業甲板付近の落水者が危険で、かつ水流で遠くに押し流してしまう恐れがあるためである。

両舷または落水者と反対側のエンジンを使って後進し、十分前もって減速しておく。反対側のエンジンのみで後進することで、船尾が落水者側に振れて接近するが、艇長は船首をうねりから落としてはならない。落水者が遠くて手が届かない場合、ボートフックの使用も考慮する。接近をやり直すため、うねりに向かって再度後進するより、ボートフックで引き寄せるほうがよい。救助のチャンスは一度しかなく、一発で成功させなければならない。

D.2. 海面泳者の投入

荒天下や寄せ波の中で海面泳者を使うのはきわめて危険で、最終手段としてのみ行うべきである。クルーの１人を入水させると、別の問題も生じる。

・ 所要人数ぎりぎりのクルーがさらに減ると、落水者の救助が難しくなる
・ 命綱をプロペラなどに絡める危険が増大する

D.3. 複数の落水者

複数落水者の場合、救助の順番が問題となるので、現場の状況判断が艇長の行動を左右する。こうした場合、以下の基準により艇長は困難な判断を下すことになる。

・ 負傷者はいるか？
・ PFD を着用していない者はいないか？
・ 落水者は浜や突堤にどれくらい近いか？
・ 年齢はどの程度で体調はどうか？

上記の基準を使用すると、艇長がこの難しい決定を下すのに役立つことがある。

付録 用語集

（英文のまま掲載）

TERM	DEFINITION
Abaft	Behind, toward the stern of a vessel.
Abeam	To one side of a vessel, at a right angle to the fore-and-aft centerline.
Advection Fog	A type of fog that occurs when warm air moves over colder land or water surfaces; the greater the difference between the air temperature and the underlying surface temperature, the denser the fog, which is hardly affected by sunlight.
Aft	Near or toward the stern.
Aground	With the keel or bottom of a vessel fast on the sea floor.
Aids to Navigation (AtoN)	Lighthouses, lights, buoys, sound signals, racon, radiobeacons, electronic aids, and other markers on land or sea established to help navigators determine position or safe course, dangers, or obstructions to navigation.
Allision	The running of one vessel into or against another, as distinguished from a collision, i.e., the running of two vessel against each other. This distinction is not very carefully observed. Also used to refer to a vessel striking a fixed structure (i.e. bridge, pier, moored vessel, etc.) per marine inspection.
Amidships	In or towards center portion of the vessel, sometimes referred to as "midships."
Anchorage Area	A customary, suitable, and generally designated area in which vessels may anchor.
Astern	The direction toward or beyond the back of a vessel.
Athwartships	Crosswise of a ship; bisecting the fore-and-aft line above the keel.
Attitude	A vessel's position relative to the wind, sea, hazard, or other vessel.
Back and Fill	A technique where one relies on the tendency of a vessel to back to port, then uses the rudder to direct thrust when powering ahead. Also known as *casting*.
Backing Plate	A reinforcement plate below a deck or behind a bulkhead used to back a deck fitting. It is usually made of wood or steel and distributes stress on a fitting over a larger area and prevents bolts from pulling through the deck.
Backing Spring (Line)	Line used when towing a vessel alongside which may be secured near the towing vessel's stern and the towed vessel's bow.
Ballast	Weight placed in a vessel to maintain its stability.
Beacon	Any fixed aid to navigation placed ashore or on marine sites. If lighted, they are referred to as minor lights.
Beam	The widest point of a vessel on a line perpendicular to the keel, the fore-and-aft centerline.

TERM	DEFINITION
Beaufort Wind Scale	A scale whose numbers define a particular state of wind and wave, allowing mariners to estimate the wind speed based on the sea state.
Bell Buoy	A floating aid to navigation with a short tower in which there are several clappers that strike the bell as it rocks with the motion of the sea.
Below	The space or spaces that are underneath a vessel's main deck.
Bilge	The lowest point of a vessel's inner hull, which is underwater.
Bilge Alarm System	An alarm for warning of excessive water or liquid in the bilge.
Bilge Drain	A drain used for removing water or liquid from the bilge.
Bilge Pump	A pump used to clear water or liquid from the bilge.
Bitt	A strong post of wood or metal, on deck in the bow or stern, to which anchor, mooring, or towing lines may be fastened.
Boat hook	A hook on a pole with a pushing surface at the end used to retrieve or pick up objects, or for pushing objects away.
Bollard	A single strong vertical fitting, usually iron, on a deck, pier, or wharf, to which mooring lines or a hawser may be fastened.
Bolo Line	A nylon line with a padded or wrapped weight thrown from vessel to vessel or between vessels and shore which is used for passing a larger line (see heaving line).
Boom	A spar used to spread a fore-and-aft sail, especially its foot; without a sail and with a suitable lift attached; it can be used as a lifting device or derrick.
Boundary Layer	A layer of water carried along the hull of a vessel varying in thickness from the bow to stern.
Bow	The forward end of the vessel.
Bow Line	A line secured from the bow of a vessel. In an alongside towing operation, the bow line is secured on both the towing and the towed vessel at or near the bow and may act as breast line of each.
Bowline	A classic knot that forms an eye that will not slip, come loose or jam, and is not difficult to untie after it has been under strain.
Breakaway	Command given by coxswain, conning officer, or pilot when a helicopter hoisting operation, towing, or alongside evolution has to be terminated due to unsafe conditions.
Breaker	A wave cresting with the top breaking down over its face.

TERM	DEFINITION
Breaker Line	The outer limit of the surf.
Breaking Strength (BS)	The force needed to break or part a line. BS is measured in pounds. More specifically, it is the number of pounds of stress a line can hold before it parts.
Breast Line	Mooring or dock line extended laterally from a vessel to a pier or float as distinguished from a spring line.
Bridge Markings	Lights or signs which provide mariners information for safely passing a bridge over a waterway.
Bridle	A device attached to a vessel or aircraft (in the water) in order for another vessel to tow it. Its use can reduce the effects of yawing, stress on towed vessel fittings, and generally gives the towing vessel greater control over the tow.
Broach	To be thrown broadside to surf or heavy sea.
Broadcast Notice to Mariners	A radio broadcast that provides important marine information.
Broadside to the Sea	A vessel being positioned so that the sea is hitting either the starboard or port side of the vessel.
Bulkhead	Walls or partitions within a vessel with structural functions such as providing strength or watertightness. Light partitions are sometimes called partition bulkheads.
Bullnose	A round opening at the forwardmost part of the bow through which a towline, mooring line or anchor line passes.
Buoy	A floating aid to navigation anchored to the bottom that conveys information to navigators by their shape or color, by their visible or audible signals, or both.
Buoy Moorings	Chain or synthetic rope used to attach buoys to sinkers.
Buoy Station	Established (charted) location of a buoy.
Buoyage	A system of buoys with assigned shapes, colors, or numbers.
Buoyancy	The tendency or capacity of a vessel to remain afloat.
Can Buoy (Cylindrical)	A cylindrical buoy, generally green, marking the left side of a channel or safe passage as seen entering from seaward, or from the north or east proceeding south or west.
Capsize	To turn a vessel bottom side up.
Cardinal Marks	Indicate the location of navigable waters by reference to the cardinal directions (N,E,S,W) on a compass.
Casting	See back and fill.

TERM	DEFINITION
Catenary	The sag in a length of chain, cable, or line because of its own weight and which provides a spring or elastic effect in towing, anchoring, or securing to a buoy.
Cavitation	The formation of a partial vacuum around the propeller blades of a vessel.
Center of Gravity	Point in a ship where the sum of all moments of weight is zero. With the ship at rest, the center of gravity and the center of buoyancy are always in a direct vertical line. For surface ships, center of buoyancy is usually below center of gravity, and the ship is prevented from capsizing by the additional displacement on the low side during a roll. Thus the point at which the deck edge enters the water is critical because from here onward, increased roll will not produce corresponding increased righting force.
Center Point Method (Circle)	In SAR, one of several methods to define a search area, in which the latitude and longitude of datum are given along with a radius around datum.
Center Point Method (Rectangle)	In SAR, one of several methods to define a search area, in which the latitude and longitude of datum are given with the direction of major (longer) axis plus the length and width of the area.
Center Point Method (Landmark)	In SAR, one of several methods to define a search area, in which the datum may be designated by a bearing and distance from some geographic landmark.
Centerline	An imaginary line down the middle of a vessel from bow to stern.
Chafe	To wear away by friction.
Chafing Gear	Material used to prevent chafing or wearing of a line or other surface.
Characteristic	The audible, visual, or electronic signal displayed by an aid to navigation to assist in the identification of an aid to navigation. Characteristic refers to lights, sound signals, racons, radiobeacons, and daybeacons.
Chart	A printed or electronic geographic representation generally showing depths of water, aids to navigation, dangers, and adjacent land features useful to mariners (See *Nautical Chart*).
Chine	The intersection of the bottom and the sides of a flat bottom or "V" hull boat.
Chock	A metal fitting through which hawsers and lines are passed. May be open or closed. Blocks used to prevent aircraft or vehicles from rolling. Also, blocks used to support a boat under repair.
Chop	Short steep waves usually generated by local winds and/or tidal changes. Change of operational control. The date and time at which the responsibility for operational control of a ship or convoy passes from one operational control authority to another.
Cleat	An anvil-shaped deck fitting for securing or belaying lines. Wedge cleats are used in yachting to hold sheets ready for instant release.

TERM	DEFINITION
Closeout	The result of a wave breaking, from the ends toward the middle, or two waves breaking toward each other; should be avoided because they can create more energy than a single break.
Closing	The act of one vessel reducing the distance between itself and another vessel, structure, or object.
Clove Hitch	A hitch often used for fastening a line to a spar, ring, stanchion, or other larger lines or cables.
Coast Guard-Approved	Label denoting compliance with Coast Guard specifications and regulations relating to performance, construction, and materials.
Coastal	At or near a coast.
Coil Down	To lay out a line in a circle with coils loosely on top on one anther. (see fake down, flemish down)
Comber	A wave at the point of breaking.
Combination Buoy	A buoy that combines the characteristics of both sound and light.
Combustion	Rapid oxidation of combustible material accompanied by a release of energy in the form of heat and light.
Compartment	A room or space onboard ship. Usually lettered and numbered according to location and use.
Compass	An instrument for determining direction: magnetic, depending on the earth's magnetic field for its force; gyroscopic, depending on the tendency of a free-spinning body to seek to align its axis with that of the earth.
Conventional Direction of Buoyage	The general direction taken by the mariner when approaching a harbor, river, estuary, or other waterway from seaward; or proceeding upstream or in the direction of the main stream of flood tide, or in the direction indicated in appropriate nautical documents (normally, following a clockwise direction around land masses).
Corner Method	In SAR, one of several methods to define a search area. Latitude and longitude or geographic features of corners of search area are identified.
Cospas-Sarsat System	A satellite system designed to detect distress beacons transmitting on the frequencies 121.5 MHz and 406 MHz.
Course (C)	The horizontal direction in which a vessel is steered or intended to be steered, expressed as angular distance from north, usually from 000° at north, clockwise through 360°.
Coverage Factor (C)	In SAR, a measure of search effectiveness; ration of sweep width to track spacing: C = W/S.

TERM	DEFINITION
Coxswain	Person in charge of a boat, pronounced "COX-un."
Crab	To move sidewise through the water.
Craft	Any air or sea-surface vehicle, or submersible of any kind or size.
Crash Stop	Immediately going from full speed ahead to full reverse throttle; this is an emergency maneuver. It is extremely harsh on the drive train and may cause engine stall.
Crest	The top of a wave, breaker, or swell.
Crucifix	Type of deck or boat fitting that resembles a cross, used to secure a line to (e.g., sampson post).
Current (Ocean)	Continuous movement of the sea, sometimes caused by prevailing winds, as well as large constant forces, such as the rotation of the earth, or the apparent rotation of the sun and moon. Example is the Gulf Stream.
Damage Control	Measures necessary to preserve and reestablish shipboard watertight integrity, stability, and maneuverability; to control list and trim; to make rapid repairs of material. Inspection of damage caused by fire, flooding, and/or collision and the subsequent control and corrective measures.
Datum	In SAR, refers to the probable location of a distressed vessel, downed aircraft, or PIW, which is corrected for drift at any moment in time. Depending on the information received this may be represented as a point, a line or an area.
Day Mark	The daytime identifier of an aid to navigation (see *Daybeacon, Dayboard*).
Daybeacon	An unlighted fixed structure which is equipped with a highly visible dayboard for daytime identification.
Dayboard	The daytime identifier of an aid to navigation presenting one of several standard shapes (square, triangle, rectangle) and colors (red, green, white, orange, yellow or black).
Dewatering	The act of removing water from inside compartments of a vessel. Water located high in the vessel, or sufficiently off-center should be removed first to restore the vessel's stability. Used to prevent sinking, capsizing or listing.
Dead-in-the-Water (DIW)	A vessel that has no means to maneuver, normally due to engine casualty. A vessel that is adrift or no means of propulsion.
Dead Reckoning (DR)	Determination of estimated position of a craft by adding to the last fix the craft's course and speed for a given time.
Deadman's Stick	See *static discharge wand*.
Deck	The horizontal plating or planking on a ship or boat.

TERM	DEFINITION
Deck Fitting	Permanently installed fittings on the deck of a vessel which can be attached to machinery or equipment.
Deck Scuttle	A small, quick-closing access hole located on the deck of a vessel.
Deep "V" Hull	A hull design generally used for faster seagoing types of boats.
Desmoking	The natural or forced ventilation of a vessel's compartment to remove smoke.
Destroyer Turn	Used during person overboard situations. The boat is turned in the direction the individual fell overboard, to get the stern of the boat (and the screws) away from the person overboard.
Digital Selective Calling (DSC)	A technique using digital codes which enables a radio station to establish contact with, and transfer information to, another Station or group of Stations.
Direction of Current	The direction toward which a current is flowing. See *set*.
Direction of Waves, Swells, or Seas	The direction to which the waves, swells, or seas are moving.
Direction of Wind	The direction from which the wind is blowing.
Displacement Hull	A hull that achieves its buoyancy or flotation capability by displacing a volume of water equal in weight to the hull and its load.
Distress	As used in the Coast Guard, when a craft or person is threatened by grave or imminent danger requiring immediate assistance.
Ditching	The forced landing of an aircraft on water.
Dolphin	A structure consisting of a number of piles driven into the seabed or river bed in a circular pattern and drawn together with wire rope. May be used as part of a dock structure or a minor aid to navigation. Commonly used when a single pile would not provide the desired strength.
Downwash	The resulting force of the movement of air in a downward motion from a helicopter in flight or hovering.
Draft	The point on a vessel's underwater body, measured from the waterline, that reaches the greatest depth.
Drag	Forces opposing direction of motion due to friction, profile and other components. The amount that a ship is down by the stern.
Drift	The rate/speed at which a vessel moves due to the effects of wind, wave, current, or the accumulative effects of each. Usually expressed in knots.

TERM	DEFINITION
Drogue	A device used to slow rate of movement. Commonly rigged off the stern of a boat while under tow to reduce the effects of following seas. May prevent yawing and/or broaching. (see *sea anchor*)
Drop Pump	A portable, gasoline-powered pump that is transported in a water tight container. Used for de-watering a vessel.
Dry Suit	A coverall type garment made of waterproof material having a rubber or neoprene seal around the neck and wrist cuffs. Allows the wearer to work in the water or in a marine environment without getting wet.
Dynamic Forces	Forces associated with the changing environment e.g., the wind, current, weather.
Ebb	A tidal effect caused by the loss of water in a river, bay, or estuary resulting in discharge currents immediately followed by a low tidal condition.
Ebb Current	The horizontal motion away from the land caused by a falling tide.
Ebb Direction	The approximate true direction toward which the ebbing current flows; generally close to the reciprocal of the flood direction.
Eddy	A circular current.
Eductor	A siphon device that contains no moving parts. It moves water from one place to another by forcing the pumped liquid into a rapidly flowing stream. This is known as the venturi effect. Dewatering equipment used to remove fire fighting and flooding water from a compartment in a vessel.
Emergency Locator Transmitter (ELT)	Aeronautical radio distress beacon for alerting and transmitting homing signals.
Emergency Position-Indicating Radio Beacon (EPIRB)	A device, usually carried aboard a maritime craft, that transmits a signal that alerts search and rescue authorities and enables rescue units to locate the scene of the distress.
Emergency Signal Mirror	A mirror used to attract attention of passing aircraft or boats by reflecting light at them. Such reflected light may be seen up to five miles or more from the point of origin.
Environmental Forces	Forces that affect the horizontal motion of a vessel; they include wind, seas and current.
Eye	The permanently fixed loop at the end of a line.
Eye Splice	The splice needed to make a permanently fixed loop at the end of a line.
Fairlead	A point, usually a specialized fitting, such as a block, chock, or roller used to change the direction and increase effectiveness of a line or cable. It will, in most cases, reduce the effects of chafing.

TERM	DEFINITION
Fairways (Mid-Channel)	A channel that is marked by safemarks that indicate that the water is safe to travel around either side of the red and white vertically striped buoy.
Fake Down	To lay out a line in long, flat bights that will pay out freely without bights or kinks. A coiled or flemished line cannot do this unless the coil of the line is able to turn, as on a reel. Otherwise, a twist results in the line which will produce a kink or jam (see *coil down* and *flemish down*).
Fatigue	Physical or mental weariness due to exertion. Exhausting effort or activity. Weakness in material, such as metal or wood, resulting from prolonged stress.
Fender	A device of canvas, wood, line, cork, rubber, wicker, or plastic slung over the side of a boat/ship in position to absorb the shock of contact between vessels or between a vessel and pier.
Fender Board	A board that is hung outboard of the vessel's fenders. Used to protect the side of a vessel.
Ferry	To transport a boat, people or goods across a body of water.
Fetch	The unobstructed distance over which the wind blows across the surface of the water.
Fitting	Generic term for any part or piece of machinery or installed equipment.
Fix	A geographical position determined by visual reference to the surface, referencing to one or more radio navigation aids, celestial plotting, or other navigation device.
Fixed Light	A light showing continuously and steadily, as opposed to a rhythmic light.
Flash	A relatively brief appearance of light, in comparison with the longest interval of darkness in the same character.
Flashing Light	A light in which the total duration of light in each period is clearly shorter than the total duration of darkness and in which the flashes of light are all of equal duration. Commonly used for a single-flashing light which exhibits only single flashes which are repeated at regular intervals.
Flemish down	To coil down a line on deck in a flat, circular, tight arrangement. Useful for appearance only. Since unless the twists in the line are removed, it will kink when taken up or used. (see *fake down* and *coil down*).
Floating Aid to Navigation	A buoy.
Flood	A tidal effect caused by the rise in water level in a river, bay, or estuary immediately followed by a high tidal condition.
Flood Current	The horizontal motion of water toward the land caused by a rising tide.

TERM	DEFINITION
Flood Direction	The approximate true direction toward which the flooding current flows; generally close to the reciprocal of the ebb direction.
Foam Crest	The top of the foaming water that speeds toward the beach after the wave has broken; also known as white water.
Fore	Something situated at or near the front. The front part, at, toward, or near the front; as in the forward part of a vessel.
Forward	Towards the bow of a vessel.
Foul	To entangle, confuse, or obstruct. Jammed or entangled; not clear for running. Covered with barnacles, as foul bottom.
Frames	Any of the members of the skeletal structure of a vessel to which the exterior planking or plating is secured.
Free Communication with the Sea	Movement of water in and out of a vessel through an opening in the hull.
Freeboard	Distance from the weather deck to the waterline on a vessel.
Furl	To make up in a bundle, as in furl the sail.
Global Positioning System (GPS)	A satellite-based radio navigation system that provides precise, continuous, worldwide, all-weather three-dimensional navigation for land, sea and air applications.
Gong Buoy	A wave actuated sound signal on buoys which uses a group of saucer-shaped bells to produce different tones. Found inside harbors and on inland waterways. Sound range about one mile.
Grabline	A line hung along a vessel's side near the waterline used for the recovery of persons in the water or to assist in the boarding of the vessel.
Grommet	A round attaching point, of metal or plastic, normally found on fenders, tarps, etc.
Ground Fog	See *radiation fog*.
Group-Flashing Light	A flashing light in which a group of flashes, specified in number, is regularly repeated.
Group-Occulting Light	An occulting light in which a group of eclipses, specified in number, is regularly repeated.
Gunwale	The upper edge of a boat's side. Pronounced "gun-ul."
Half Hitch	A hitch used for securing a line to a post; usually seen as two half hitches.

TERM	DEFINITION
Harbor	Anchorage and protection for ships. A shelter or refuge.
Hatch	The covering, often watertight, placed over an opening on the horizontal surface of a boat/ship.
Hawsepipe	A through deck fitting normally found above a line locker/hold which allows for the removal of line without accessing the compartment from below deck. Normally only slightly larger in diameter than the line itself.
Head Up (Heads Up)	A warning given before throwing a messenger, heaving, or towline to alert people to be ready for receipt of line and to avoid being hit by the object being thrown. Potential danger warning.
Heads Up Display	Setting for radar display to show the vessel's course vice North at the top of the screen.
Heading	The direction in which a ship or aircraft is pointed.
Heaving Line	Light, weighted line thrown across to a ship or pier when coming along side to act as a messenger for a mooring line. The weight is called a monkey fist.
Heavy Weather	Seas, swell, and wind conditions combining to exceed 8 feet and/or winds are exceeding than 30 knots.
	NOTE This definition of heavy weather is not intended to define a heavy weather situation for a specific boat type. Heavy weather for each specific boat type may be determined by the coxswain at any time.
Heel	Temporary leaning of a vessel to port or starboard caused by the wind and sea or by a high speed turn.
Helm	The apparatus by which a vessel is steered; usually a wheel or tiller.
High Seas	That body of water extending seaward of a country's territorial sea to the territorial sea of another country.
Hoist	To lift. Display of signal flags at yardarm. The vertical portion of a flag alongside its staff.
Hoisting Cable	The cable used to perform a boat/helo hoisting evolution.
Holed	A hole or opening in the hull of a damaged vessel.
Hull	The body or shell of a ship or seaplane.
Hull Integrity	The hull's soundness.
Hypothermia	A lowering of the core body temperature due to exposure of cold (water or air) resulting in a subnormal body temperature that can be dangerous or fatal. The word literally means "under heated."

TERM	DEFINITION
Impeller	A propulsion device that draws water in and forces it out through a nozzle.
In Step (Position)	The towing boat keeping the proper position with the towed boat. For example; the proper distance in relation to sea/swell patterns so that both boats ride over the seas in the same relative position wave crest to wave crest.
Inboard	Toward the center of a ship or a group of ships, as opposed to outboard.
Inboard/Outdrive (I/O)	An inboard engine attached through the transom to the outdrive.
Incident Command System (ICS)	A management system for responding to major emergency events involving multiple jurisdictions and agencies. Coast Guard facilities may conduct simultaneous operations along with other types of responders under ICS management.
Information Marks	Aids to navigation that inform the mariner of dangers, restriction, or other information. Also referred to as regulatory marks.
Inlet	A recess, as a bay or cove, along a coastline. A stream or bay leading inland, as from the ocean. A narrow passage of water, as between two islands.
Isolated Danger Mark	A mark erected on, or moored above or very near, an isolated danger which has navigable water all around it.
Junction	The point where a channel divides when proceeding seaward. The place where a branch of a river departs from the main stream.
Junction Aid (Obstruction Aid)	Horizontally striped aids that indicate the preferred channel with the top color on the aid. They may also mark an obstruction.
Kapok	A silky fiber obtained from the fruit of the silk-cotton tree and used for buoyancy, insulation and as padding in seat cushions and life preservers.
Keel	The central, longitudinal beam or timber of a ship from which the frames and hull plating rise.
Kicker Hook	See *skiff hook*.
Knockdown	When a boat has rolled in one direction 90° or greater but does not completely rollover (360°) to right itself. (Example: Boat rolls to port 120° and rights itself by rolling back to starboard.)
Knot (kn or kt)	A unit of speed equivalent to one nautical mile (6,080 feet) per hour. A measurement of a ship's speed through water. A collective term for hitches and bends.
Landmark Boundaries Method	In SAR, one of several methods to define a search area, in which datum may be assigned by a bearing and distance from some geographic landmark.

TERM	DEFINITION
Lateral Marks	Buoys or beacons that indicate port and starboard sides of a route and are used in conjunction with a "Conventional direction of buoyage."
Lateral System	A system of aids to navigation in which characteristics of buoys and beacons indicate the sides of the channel or route relative to a conventional direction of buoyage (usually upstream).
Lateral System of Buoyage	See *lateral system*.
Latitude	The measure of angular distance in degrees, minutes, and seconds of arc from 0° to 90° north or south of the equator.
Lazarette	A compartment in the extreme after part of the boat generally used for storage.
Leeward	The side or direction away from the wind, the lee side.
Leeway	The drift of an object with the wind, on the surface of the sea. The sideward motion of a ship because of wind and current, the difference between her heading (course steered) and her track (course made good). Sometimes called drift. In SAR, movement of search object through water caused by local winds blowing against that object.
Life Jacket	See *personal flotation device*.
Life Ring (Ring Buoy)	A buoyant device, usually fitted with a light and smoke marker, for throwing to a person-in-the-water.
Lifeline	Line secured along the deck to lay hold of in heavy weather; any line used to assist personnel; knotted line secured to the span of lifeboat davits(manropes or monkey lines) for the use of the crew when hoisting and lowering. The lines between stanchions along the outboard edges of a ship's weather decks are all loosely referred to as lifelines, but specifically the top line is the lifeline, middle is the housing line, and bottom is the footline. Any line attached to a lifeboat or life raft to assist people in the water. Also called a grab rope.
Light	The signal emitted by a lighted aid to navigation. The illuminating apparatus used to emit the light signal. A lighted aid to navigation on a fixed structure.
Light Buoy	A floating framework aid to navigation, supporting a light, usually powered by battery.
Light List	A United States Coast Guard publication (multiple volumes) that gives detailed information on aids to navigation.
Light Rhythms	Different patterns of lights, and flashing combinations that indicate to the mariner the purpose of the aid to navigation on which it is installed.
Light Sector	The arc over which a light is visible, described in degrees true, as observed from seaward towards the light. May be used to define distinctive color difference of two adjoining sectors, or an obscured sector.

TERM	DEFINITION
Lighthouse	A lighted beacon of major importance. Fixed structures ranging in size from the typical major seacoast lighthouse to much smaller, single pile structures. Placed onshore or on marine sites and most often do not show lateral aid to navigation markings. They assist the mariner in determining his position or safe course, or warn of obstructions or dangers to navigation. Lighthouses with no lateral significance usually exhibit a white light, but can use sectored lights to mark shoals or warn mariners of other dangers.
List	The static, fixed inclination or leaning of a ship to port or starboard due to an unbalance of weight.
Local Notice to Mariners	A written document issued by each U.S. Coast Guard District to disseminate important information affecting aids to navigation, dredging, marine construction, special marine activities, and bridge construction on the waterways with that district.
Log	A device for measuring a ship's speed and distance traveled through the water. To record something is to log it. Short for logbook.
Logbook	Any chronological record of events, as an engineering watch log.
Longitude	A measure of angular distance in degrees, minutes, and seconds east or west of the Prime Meridian at Greenwich.
Longitudinal	A structural member laid parallel to the keel upon which the plating or planking is secured. Longitudinals usually intersect frames to complete the skeletal framework of a vessel.
Longshore Current	A currents that runs parallel to the shore and inside the breakers as a result of the water transported to the beach by the waves.
Lookout	A person stationed as a visual watch.
LORAN-C	An acronym for long-range aid to navigation; an electronic aid to navigation consisting of shore-based radio transmitters
Loudhailer	A loudspeaker; public address system.
Magnetic Compass	A compass using the earth's magnetic field to align the compass card. (see *compass*)
Magnetic Course (M)	Course relative to magnetic north; compass course corrected for deviation.
Maritime	Located on or close to the sea; of or concerned with shipping or navigation.
Mark	A visual aid to navigation. Often called navigation mark, includes floating marks (buoys) and fixed marks (beacons).
Marline	Small stuff usually made of two-strand tarred hemp. Used for lashings, mousing, and seizing.

TERM	DEFINITION
Mast	A spar located above the keel and rising above the main deck to which may be attached sails, navigation lights, and/or various electronic hardware. The mast will vary in height depending on vessel type or use.
Mayday	The spoken international distress signal, repeated three times. Derived from the French *M'aider* (help me).
Medevac	"Medical Evacuation". Evacuation of a person for medical reasons.
Messenger	Light line used to carry across a larger line or hawser. Person who carries messages for OOD or other officers of the watch.
Mid-Channel	Center of a navigable channel. May be marked by safemarks.
Modified U.S. Aid System	Used on the Intracoastal Waterway, these aids are also equipped with special yellow strips, triangles, or squares. When used on the western rivers (Mississippi River System), these aids are not numbered (Mississippi River System above Baton Rouge and Alabama Rivers).
Mooring	A chain or synthetic line that attaches a floating object to a stationary object. (e.g., dock, sinker)
Mooring Buoy	A white buoy with a blue stripe, used for a vessel to tie up to, also designates an anchorage area.
Motor Lifeboat (MLB)	Coast Guard boat designed to perform SAR missions, including surf and bar operations, in adverse weather and sea conditions. They are self-righting and self-bailing.
Mousing	The use of small stuff or wire to hold together components that would otherwise work loose due to friction (i.e., mousing the screw pin of a shackle into place).
N-dura Hose	Double-synthetic jacketed and impregnated rubber-lined hose, orange in color, used in the Coast Guard for fire fighting.
Nautical Chart	Printed or electronic geographic representation of waterways showing positions of aids to navigation and other fixed points and references to guide the mariner.
Nautical Mile (NM)	2000 yards; Length of one minute of arc of the great circle of the earth; 6,076 feet compared to 5,280 feet per a statute (land) mile.
Nautical Slide Rule	An instrument used to solve time, speed, and distance problems.
Navigable Channel	A channel that has sufficient depth to be safely navigated by a vessel.
Navigable Waters	Coastal waters, including bays, sounds, rivers, and lakes, that are navigable from the sea.
Navigation	The art and science of locating the position and plotting the course of a ship or aircraft
Night Sun	A helicopter's light that is an effective search tool at night in a clear atmosphere with no moisture in the air.

TERM	DEFINITION
Noise	The result of the propeller blade at the top of the arc ransferring energy to the hull.
Normal Endurance	The average length of time (i.e., the average length of time to expect a boat crew to remain on a mission).
Nun Buoy (Conical)	A buoy that is cylindrical at the waterline, tapering to a blunt point at the top. Lateral mark that is red, even numbered, and usually marks the port hand side proceeding to seaward.
Obstruction Aid	See *junction aid*.
Occulting Light	A light in which the total duration of light in each period is clearly longer than the total duration of darkness and in which the intervals of darkness are all of equal duration. (Commonly used for single-occulting light which exhibits only single occulations that are repeated at regular intervals.)
Officer of the Deck (Day) (OOD)	The direct representative of the Commanding Officer or Officer-in-Charge. Officer of the Deck is a shipboard term, Officer of the Day is used ahore.
Offshore	The region seaward of a specified depth. Opposite is inshore or near-shore.
On Scene	The search area or the actual distress site.
On Scene Commander (OSC)	A person designated to coordinate search and rescue operations within a specified area associated with a distress incident.
Opening	The increasing of distance between two vessels.
Out of Step	The position of two boats (i.e., towing operations) where one boat is on the top of the crest of a wave and the other is in the trough between the waves.
Outboard	In the direction away from the center line of the ship. Opposite is inboard. Also, an engine which is attached to the transom of a vessel.
Outdrive	A transmission and propeller or jet drive attached to the transom of a vessel.
Overdue	When a vessel or person has not arrived at the time and place expected.
Overhauling the Fire	The general procedures performed after a fire has been extinguished. They include breaking up combustible material with a fire axe or a fire rake, and cooling the fire area with water or fog.
Overload	Exceeding the designed load limits of a vessel; exceeding the recommended work load of line or wire rope.
Pacing	Two vessels matching speed and course.
Pad-Eye	A metal ring welded to the deck or bulkhead.

TERM	DEFINITION
Painter Line (Painter)	A line at the bow or stern of a boat which is used for making fast; a single line used to take a vessel in tow alongside, commonly used with ships and their boats when placing the boat into use over the side.
Parallel Approach	An arc approach used where one vessel is approached parallel to another.
Parallel Track Pattern	In SAR, one of several types of search patterns. There are two parallel track patterns; they are (1) single unit (PS) (2) and multi-unit (PM).
Passenger Space	A space aboard a vessel that is designated for passengers.
Persons Onboard (POB)	The number of people aboard a craft.
Personal Flotation Device (PFD)	A general name for various types of devices designed to keep a person afloat in water (e.g., life preserver, vest, cushion, ring, and other throwable items).
Personnel Marker Light (PML)	A device that uses either a battery or chemical action to provide light for the wearer to be seen during darkness.
Piling	A long, heavy timber driven into the seabed or river bed to serve as a support for an aid to navigation or dock.
Pitch	The vertical motion of a ship's bow or stern in a seaway about the athwartships axis. Of a propeller, the axial advance during one revolution. (see *roll*, *yaw*)
Pitchpole	A vessel going end-over-end, caused by large waves or heavy surf. The bow buries itself in the wave and the stern pitches over the bow, capsizing the vessel.
Planing Hull	A boat design that allows the vessel to ride with the majority of its hull out of the water once its cruising speed is reached (e.g., 8-meter RHI).
Polyethylene Float Line	A line that floats, used with rescue devices, life rings.
Port	The left side of the vessel looking forward toward the bow.
Port Hole	An opening in the hull, door, or superstructure of a boat/ship often covered with a watertight closure made of metal or wood.
Port Light	A port hole closure or covering having a glass lens through which light may pass.
Preferred Channel Mark	A lateral mark indicating a channel junction, or a wreck or other obstruction which, after consulting a chart, may be passed on either side.
Preventer Line (Preventer)	Any line used for additional safety or security or to keep something from falling or running free.

TERM	DEFINITION
Primary Aid to Navigation	An aid to navigation established for the purpose of making landfalls and coastwise passages from headland to headland.
Probability of Detection (POD)	The probability of the search object being detected, assuming it was in the areas searched.
Probability of Success (POS)	The probability of finding the search object with a particular search.
Proceeding From Seaward	Following the Atlantic coast in a southerly direction, northerly and westerly along the Gulf coast and in a northerly direction on the Pacific coast. On the Great Lakes proceeding from seaward means following a generally westerly and northerly direction, except on Lake Michigan where the direction is southerly. On the Mississippi and Ohio Rivers and their tributaries, proceeding from seaward means from the Gulf of Mexico toward the headwaters of the rivers (upstream).
Prop Wash	The result of the propeller blade at the top of the arc transferring energy to the water surface.
Propeller	A device consisting of a central hub with radiating blades forming a helical pattern and when turned in the water, creates a discharge that drives a boat.
Pyrotechnics	Ammunition, flares, or fireworks used for signaling, illuminating, or marking targets.
Quarantine Anchorage Buoy	A yellow special purpose buoy indicating a vessel is under quarantine.
Quarter	One side or the other of the stern of a ship. To be broad on the quarter means to be 45° away from dead astern; starboard or port quarter is used to indicate a specific side.
RACON	See *radar beacon*.
Radar	Radio detecting and ranging . An electronic system designed to transmit radio signals and receive reflected images of those signals from a "target" in order to determine the bearing and distance to the 'target."
Radar Beacon (RACON)	A radar beacon that produces a coded response, or radar paint, when triggered by a radar signal.
Radar Reflector	A special fixture fitted to or incorporated into the design of certain aids to navigation to enhance their ability to reflect radar energy. In general, these fixtures will materially improve the aid to navigation for use by vessels with radar. They help radar equipped vessels to detect buoys and beacons. They do not positively identify a radar target as an aid to navigation. Also used on small craft with low radar profiles.
Radiation Fog	A type of fog that occurs mainly at night with the cooling of the earth's surface and the air, which is then cooled below its dew point as it touches the ground; most common in middle and high latitudes, near the inland lakes and rivers; burns off with sunlight.

TERM	DEFINITION
Radio Watch	The person assigned to stand by and monitor the radios. Responsible for routine communication and logging, as well as properly handling responses to emergency radio communications.
Radiobeacon	An electronic apparatus which transmits a radio signal for use in providing a mariner a line of position. First electronic system of navigation. Provided offshore coverage and became the first all-weather electronic aid to navigation.
Range	A measurement of distance usually given in yards. Also, a line formed by the extension of a line connecting two charted points.
Range Lights	Two lights associated to form a range which often, but not necessarily, indicates a channel centerline. The front range light is the lower of the two, and nearer to the mariner using the range. The rear range light is higher and further from the mariner.
Range Line	The lining up of range lights and markers to determine the safe and correct line of travel, the specific course to steer to remain in the center of the channel.
Range Marker	High visibility markers that have no lights. (see *range lights*)
Re-Flash Watch	A watch established to prevent a possible re-flash or rekindle of a fire after a fire has been put out.
Re-Float	The act of ungrounding a boat.
Red, Right, Returning	A saying to remember which aids a crewmember should be seeing off vessel's starboard side when returning from seaward.
Regulatory Marks	A white and orange aid to navigation with no lateral significance. Used to indicate a special meaning to the mariner, such as danger, restricted operations, or exclusion area.
Rescue Basket	A device for lifting an injured or exhausted person out of the water.
Rescue Swimmer	A specially trained individual that is deployed from a helicopters, boats, or cutters to recover an incapacitated victim from the water, day or night.
Retroreflective Material	Material that reflects light. Can be found on equipment such as PFDs or hypothermia protective clothing.
Rig	To devise, set up, arrange. An arrangement or contrivance. General description of a ship's upper works; to set up spars or to fit out. A distinctive arrangement of sails (rigging), as in a schooner rig. An arrangement of equipment and machinery, as an oil rig.
Rigging	The ropes, lines, wires, turnbuckles, and other gear supporting and attached to stacks, masts and topside structures. Standing rigging more or less permanently fixed. Running rigging is adjustable, (e.g., cargo handling gear).

TERM	DEFINITION
Rip Current	A current created along a long beach or reef surf zone due to water from waves hitting the beach and traveling out to the sides and parallel to the shore line, creating a longshore current that eventually returns to sea.
Riprap	Stone or broken rock thrown together without order to form a protective wall around a navigation aid.
River Current	The flow of water in a river.
Rode	The line to which a small boat rides when anchored. Also called an anchor line.
Roll	Vessel motion caused by a wave lifting up one side of the vessel, rolling under the vessel and dropping that side, then lifting the other side and dropping it in turn.
Roller	A long usually non-breaking wave generated by distant winds and a source of big surf, which is a hazard to boats.
Rollover	When a boat rolls in one direction and rights itself by completing a 360° revolution.
Rooster Tail	A pronounced aerated-water discharge astern of a craft; an indicator of waterjet propulsion.
Rough Bar	Rough bar is determined to exist when breaking seas exceed 8 feet and/or when, in the judgment of the CO/OIC, rough bar/surf conditions exist, and/or whenever there is doubt in the judgment of the coxswain as to the present conditions.
RTV	Silicone rubber used for plugging holes and seams. Sticks to wet surfaces and will set up under water. Used in damage control for temporary repairs.
Rubrail	A permanent fixture, often running the length of a boat, made of rubber that provides protection much as a fender would.
Rudder	A flat surface rigged vertically astern used to steer a ship, boat, or aircraft.
Safe Water Marks (Fairways, Mid-Channels)	Used to mark fairways, mid-channels, and offshore approach points, and have unobstructed water on all sides. They may have a red spherical shape, or a red spherical topmark, are red and white vertically striped, and if lighted, display a white light with Morse code "A" (short-long flash).
Sail Area	On a vessel, the amount of surface upon which the wind acts.
Sampson Post	Vertical timber or metal post on the forward deck of a boat used in towing and securing. Sometimes used as synonym for king post.
SAR Emergency Phases	Three phases of SAR levels and responses. These are: (1) uncertainty (key word: "doubt"); (2) alert (key word: "apprehension"); and (3) distress (key words: "grave and imminent danger" requiring "immediate assistance").

TERM	DEFINITION
SAR Incident Folder/Form	A form to record essential elements of a case. Information needed is outlined with blanks left to fill in necessary information as case progresses.
SAR Mission Coordinator (SMC)	The official temporarily assigned to coordinate response to an actual or apparent distress situation.
SARSAT	Search and rescue satellite aided tracking. See *Cospas-Sarsat System*.
Scope	The length of anchor line or chain. Number of fathoms of chain out to anchor or mooring buoy. If to anchor, scope is increased in strong winds for more holding power. Also, the length of towline or distance from the stern of the towing vessel to the bow of the tow.
Scouring	A method to refloat a stranded boat using the current from the assisting boat's screw to "scour" or create a channel for the grounded boat, in the sand, mud or gravel bottom when the water depth allows the assisting boat access.
Screw	A vessel's propeller.
Scupper	An opening in the gunwale or deck of a boat which allows water taken over the side to exit. Common to most self-bailing boats.
Scuttle	A small, quick-closing access hole; to sink a ship deliberately.
Sea Anchor	A device, usually of wood and/or canvas, streamed by a vessel in heavy weather to hold the bow up to the sea. Its effect is similar to a drogue in that it slows the vessel's rate of drift. However, it is usually made off to the bow opposed to the stern as in the use of a drogue.
Sea Chest	Intake between ship's side and sea valve or seacock. Sailor's trunk. A through-hull fitting used in the vessels engine cooling systems. It allows the vessel to take on seawater through a closed piping system.
Sea Chest Gate Valve	A gate valve used in between the sea chest and the fire pump or engine cooling system.
Sea Cock	A valve in the ship's hull through which seawater may pass.
Sea Current	Movement of water in the open sea.
Sea Drogue	See *sea anchor*.
Seabed	The ocean floor.
Search and Rescue Unit (SRU)	A unit composed of trained personnel and provided with equipment suitable for the expeditious conduct of search and rescue operations.
Search Pattern	A track line or procedure assigned to an SRU for searching a specified area.

TERM	DEFINITION
Seaward	Toward the main body of water, ocean. On the Intracoastal Waterway, returning from seaward is from north to south on the eastern U.S. coast, east to west across the Gulf of Mexico, and south to north along the western seacoast.
Seaworthy	A vessel capable of putting to sea and meeting any usual sea condition. A seagoing ship may for some reason not be seaworthy, such as when damaged.
Set (of a Current)	The direction toward which the water is flowing. A ship is set by the current. A southerly current and a north wind are going in the same direction. Measured in degrees (usually true).
Shackle	A U-shaped metal fitting, closed at the open end with a pin, used to connect wire, chain, or line.
Shaft	A cylindrical bar that transmits energy from the engine to the propeller.
Ship	Any vessel of considerable size navigating deepwater, especially one powered by engines and larger than a boat. Also, to set up, to secure in place. To take something aboard.
Shock Load	Resistance forces caused by intermittent and varying forces of waves or sea conditions encounter by a towing boat on its towing lines and equipment.
Short-Range Aids to Navigation	Aids to navigation limited in visibility to the mariner (e.g., lighthouses, sector lights, ranges, LNBs, buoys, daymarks, etc.)
Signal Kit/MK-79	A signal kit used to signal aircraft and vessels. Each cartridge flare burns red, has a minimum duration of 4.5 seconds, and reaches a height of 250' to 600'.
Sinkers	Concrete anchors in various sizes and shapes on the seabed that buoy bodies are attached to by chain or synthetic rope moorings.
Siren	A sound signal which uses electricity or compressed air to actuate either a disc or a cup-shaped rotor.
Situation Report (SITREP)	Reports to interested agencies to keep them informed of on-scene conditions and mission progress.
Skeg	The continuation of the keel aft under the propeller; in some cases, supports the rudder post.
Skiff Hook (Kicker Hook)	A ladder hook or a stainless steel safety hook to which a six inch length of stainless steel round stock has been welded. A hook that is used in attaching a tow line to a small trailerable boat, using the trailer eyebolt on the boat.
Slack Water	The period that occurs while the current is changing direction and has no horizontal motion.
Sling	A type of rescue device used by a helicopter to hoist uninjured personnel; a lifting device for hoisting cargo.

TERM	DEFINITION
Slip Clove Hitch	A hitch used when it may be necessary to release a piece of equipment quickly (i.e., fenders or fender board).
Small Stuff	Any line up to 1.5" in circumference.
Smoke and Illumination Signal	A signal used to attract vessels and aircraft. It has a night end and a day end. The night end produces a red flame, the day end has an orange smoke.
Sound Buoys	Buoys that warn of danger; they are distinguished by their tone and phase characteristics.
Sound Signal	A device that transmits sound, intended to provide information to mariners during periods of restricted visibility and foul weather; a signal used to communicate a maneuver between vessels in sight of each other.
Special Purpose Buoys	Also called special marks, they are yellow and are not intended to assist in navigation, but to alert the mariner to a special feature or area.
Spring Line	A mooring line that makes an acute angle with the ship and the pier to which moored, as opposed to a breast line, which is perpendicular, or nearly so, to the pier face; a line used in towing alongside that enables the towing vessel to move the tow forward and/or back the tow (i.e., tow spring and backing spring).
Square Daymarks	Seen entering from seaward or from north or east proceeding south or west on port hand side of channel (lateral system of buoyage). Green, odd numbered.
Stanchion	A vertical metal or wood post aboard a vessel.
Standard Navy Preserver (Vest Type with Collar)	A Navy PFD vest used by the Coast Guard onboard cutters. Allows user to relax, save energy, increase survival time and will keep users head out of water, even if user is unconscious. Not found as part of a boat outfit.
Starboard	The right side of the vessel looking forward toward the bow.
Starboard Hand Mark	A buoy or beacon which is left to the starboard hand when proceeding in the "conventional direction of buoyage." Lateral marks positioned on the right side of the channel returning from seaward. Nun buoys are red, daybeacons are red, bordered with dark red and triangular shaped.
Static Discharge Wand	A pole-like device used to discharge the static electricity during helicopter hoisting/rescue operations. Also known as a deadman's stick.
Static Electricity	A quantity of electricity that builds up in an object and does not discharge until provided a path of flow.
Static Forces	Constant or internal forces.
Station Buoy	An unlighted buoy set near a large navigation buoy or an important buoy as a reference point should the primary aid to navigation be moved from its assigned position.

TERM	**DEFINITION**
Station Keeping	The art of keeping a boat in position, relative to another boat, aid, or object with regard to current, sea, and/or weather conditions.
Steerage	The act or practice of steering. A ship's steering mechanism.
Steerageway	The lowest speed at which a vessel can be steered.
Stem	The principal timber at the bow of a wooden ship, to which the bow planks are rabbeted. Its lower end is scarfed to the keel, and the bowsprit rests on the upper end. The cutwater, or false stem (analogous to false keel), is attached to the fore part of the stem and may be carved or otherwise embellished, especially in the vicinity of the head, which usually rests upon it. In steel ships, the stem is the foremost vertical or near-vertical strength member, around which or to which the plating of the bow is welded or riveted. Compare stern-post.
Stem Pad-Eye (Trailer Eye Bolt)	An attaching point available on most trailerized small boats.
Stem the Forces	To keep the current or wind directly on the bow or stern and hold position by setting boat speed to equally oppose the speed of drift.
Stern	The extreme after end of a vessel.
Stokes Litter	A rescue device generally used to transport non-ambulatory persons or persons who have injuries that might be aggravated by other means of transportation.
Strobe Light	A device that emits a high intensity flashing light visible for great distances. Used to attract the attention of aircraft, ships, or ground parties, it flashes white light at 50 plus or minus 10 times per minute.
Strut	An external support for the propeller shaft integral to the hull/under water body.
Superstructure	Any raised portion of a vessel's hull above a continuous deck (e.g., pilot house).
Surf	In the Coast Guard, surf is determined to exist when breaking seas exceed 8 feet and/or when, in the judgment of the CO/OICS, rough bar/surf conditions exist, and/or whenever there is doubt in the mind of the coxswain as to the present conditions.
Surf Line	The outermost line of waves that break near shore, over a reef, or shoal. Generally refers to the outermost line of consistent surf.
Surf Zone	The area where waves steepen and break upon a reef, bar or beach.
Surface Swimmer	In the Coast Guard, a specially trained individual that is deployed from floating units, piers, or the shore to help people in the water.
Survival Kit	A kit designed to aid a person-in-the-water to survive. Consists of a belt attached around the waist. A personal signal kit is also attached. Boat crews are provided with a vest containing the items found in the signal kit as prescribed in the *Rescue and Survival Systems Manual*, COMDTINST M10470.10 (series).

TERM	DEFINITION
Sweep Width (W)	A measure of the detection capability, or distance on both sides of the SRU, based on target characteristics, weather, and other factors.
Swell	Wind-generated waves which have advanced into a calmer area and are decreased in height and gaining a more rounded form. The heave of the sea. See *roller*.
Swimmer's Harness	A harness used to tether and retrieve surface swimmers during rescue/recovery operations.
Tactical Diameter	The distance made to the right or left of the original course when a turn of 180° has been completed with the rudder at a constant angle.
Taffrail	A rail around a vessel's stern over which a towline is passed. Used to reduce the effects of chafing on the towline.
Tag Line	Line used to steady a load being swung in or out.
Tandem	An arrangement of two or more persons, vessels or objects placed one behind the other.
Thimble	A metal ring grooved to fit inside a grommet or eye splice.
Through Bolt	A bolt that is used to fasten a fitting to the deck. It goes through the deck and backing plate (located below deck).
Thumbs Up	A signal given by the designated crewmember to indicate hoisting operation is to begin.
Tidal Current	The horizontal motion of water caused by the vertical rise and fall of the tide.
Tide	The periodic vertical rise and fall of the water resulting from the gravitational interactions between the sun, moon, and earth.
Tie Down	A fitting that can be used to secure lines on a deck or dock.
Toed ("Toed In")	In a side-by-side towing operation, "toed" refers to the bow of the towed boat slightly angled toward the bow of the towing boat.
Topmarks	One or more relatively small objects of characteristic shape and color placed on an aid to identify its purpose. (i.e., pillar buoys surmounted with colored shapes).
Topside	The area above the main deck on a vessel; weather deck.
Tow Line	A line, cable, or chain used in towing a vessel.
Tow Strap	When towing alongside, the tow strap is secured near the towing vessel's bow and the towed vessel's stern (see *spring line*).
Towing Bridle	See *bridle*.
Towing Hardware	Hardware used in towing (i.e., towing bitt, various cleats, bitts, deck fittings, or trailer eyebolts).

TERM	DEFINITION
Towing Watch	A crewmember who monitors the safety of a towing operation. Responsible to the coxswain.
Track Spacing (S)	The distance between adjacent parallel search tracks (legs).
Trail Line	A weighted line that is lowered from a helo before the rescue device. Its purpose is to allow the personnel below to guide and control the rescue device as it is lowered.
Transom	Planking across the stern of a vessel.
Triage	The process of assessing survivors according to medical condition and assigning them priorities for emergency care, treatment, and evacuation.
Triangular Daymark	Entering from seaward, or from the north or east proceeding south or west on starboard hand side of channel (lateral system of buoyage). Red, even numbered.
Trim	The fore-and-aft inclination of a ship, down by the head or down by the stern. Sometimes used to include list. Also means shipshape, neat.
Trim Control	A control that adjusts the propeller axis angle with horizontal.
Tripping Line	Small line attached to the small end of a drogue, so the device can be turned around to be retrieved.
Trough	The valley between waves.
U.S. Aids to Navigation System	A system that encompasses buoys and beacons conforming to (or being converted to) the IALA buoyage guidelines and other short-range aids to navigation not covered by these guidelines. These other aids to navigation are lighthouses, sector lights, ranges, and large navigation buoys (LNBs).
Uniform State Waterway Marking System (USWMS)	Designed for use on lakes and other inland waterways that are not portrayed on nautical charts. Authorized for use on other waters as well. Supplemented the existing federal marking system and is generally compatible with it.
Utility Boat (UTB)	41' UTB, Coast Guard Utility boat is lightweight and possesses a deep "V" planing hull constructed of aluminum. It is fast, powerful, maneuverable and designed to operate in moderate weather and sea conditions. It normally carries a crew of three, a coxswain, boat engineer, and crewmember.
Vari-Nozzle	A fire-fighting nozzle having a fully adjustable spray head that allows the operator to deliver a wide range of spray patterns (from stream to low velocity fog).
Venturi Effect	To move water from one place to another by entraining the pumped liquid in a rapidly flowing stream. It is the principle used by the eductor in dewatering a vessel.
Vessel	By U.S. statutes, includes every description of craft, ship or other contrivance used as a means of transportation on water. "Any vehicle in which man or goods are carried on water." (see *ship*)

TERM	DEFINITION
Waist and/or Tag Line	Lines used to secure the hull or cabin bridles in position for towing.
Wake	The disturbed water astern of a moving vessel.
Watch Circle	The circle in which an anchored buoy or object moves on the surface in relationship to tides, currents and wind.
Watertight Integrity	The closing down of openings to prevent entrance of water into vessel.
Wave	A periodic disturbance of the sea surface, caused by wind (and sometimes by earthquakes).
Wave Frequency	The number of crests passing a fixed point in a given time.
Wave Height	The height from the bottom of a wave's trough to the top of its crest; measured in the vertical, not diagonal.
Wave Interference	Caused by waves, refracted or reflected, interacting with other waves, often increasing or decreasing wave height.
Wave Length	The distance from one wave crest to the next in the same wave group or series.
Wave Period	The time, in seconds, it takes for two successive crests to pass a fixed point.
Wave Reflection	The tendency of a wave to move back towards the incoming waves in response to interaction with any obstacle.
Wave Refraction	The tendency of a wave to bend in response to interaction with the bottom and slows in shoal areas. Refraction also occurs when a wave passes around a point of land, jetty, or an island.
Wave Saddle	The lowest part of a wave, bordered on both sides by higher ones; often small, unbroken section of a wave that is breaking.
Wave Series	A group of waves that seem to travel together, at the same speed.
Wave Shoulder	The edge of a wave. It may be the very edge of the whitewater on a breaker, or the edge of a high peaking wave that is about to break.
Wedge	Used as temporary repair in event of damage aboard vessel. Made of soft wood, they are forced into holes or damaged areas to stop leaking, to plug damaged structures, or to reinforce shoving. Part of a damage control kit.
Well Deck	Part of the weather deck having some sort of superstructure both forward and aft of it. A vertically recessed area in the main deck that allows the crewmember to work low to the water.

TERM	DEFINITION
Wet Suit	A tight-fitting rubber suit worn by a skin diver in order to retain body heat. Designed to protect wearer from exposure to cold, wind, and spray. Constructed of foam neoprene, a durable and elastic material with excellent flotation characteristics. These buoyancy characteristics, which affect the entire body, will cause floating horizontally, either face up or face down.
Whistle	A piece of survival equipment used to produce a shrill sound by blowing on or through it. To summon, signal or direct by whistling. A device for making whistling sounds by means of forced air or steam. A whistling sound used to summon or command. It is attached to some PFDs and is an optional item for the personal signal kit. It has proven very useful in locating survivors in inclement weather and can be heard up to 1,000 yards.
Whistle Buoy	A wave actuated sound signal on buoys which produces sound by emitting compressed air through a circumferential slot into a cylindrical bell chamber. Found outside harbors. Sound range greater than 1 mile.
White Water	See *foam crest*.
Williamson Turn	Used if an individual or object falls overboard during periods of darkness or restricted visibility and the exact time of the incident is unknown. Done by turning 60° to port or starboard from the original course, there shifting rubber until vessel comes about on a reverse course. May be of little value to boats having a small turning radius.
Wind-Chill Factor	An estimated measurement of the cooling effect of a combination of air temperature and wind speed in relation to the loss of body heat from exposed skin.
Wind Direction	The true heading from which the wind blows.
Wind-Driven Current	The effect of wind pushing water in the direction of the wind.
Window	An area where the waves have momentarily stopped breaking, opening up a safer area of operation for a vessel.
Wind Shadow	When an object blocks the wind, creating an area of no wind.
Windward	Towards the wind.
Yaw	Rotary oscillation about a ship's vertical axis in a seaway. Sheering off alternately to port and starboard.

監修者あとがき

いわゆる「運用術」を意味するシーマンシップであるが、我が国では運用術としての技術的な意味合いだけでなく、スポーツマンシップと同様に精神的なものも含む言葉として理解されている。

長年、練習船の船長を務められた千葉宗男船長は、「シーマンシップは舟で海へ乗り出し、風波にもまれて働くあいだに身につけた生活の知恵であり作法」であるとし、知識・技術だけであれば海上経験がなくともある程度学習できるが、シーマンシップとは海上経験を経てはじめて身につくものだとしている。さらに、「それは狭い場所を広く住みわけ、隅から隅まであます所なく活用し、物は何一つ粗末にせずに役に立てる。そしてすべての物は在るべき所に置かれ、いざという時にはすぐに間に合うように整頓されている。眼は常に自然の変化から離れず、心は変化の機先を制して労を省きながら安全をはかる」と述べている。船乗りは知識・技術を持っているのは当然のこととして、安全運航を達成するため、船乗りが体得しなればならない心構えをシーマンシップという言葉に込めている。精神的な意味合いをシーマンシップという言葉に込めるのは、我が国独特の考え方だといえる。1987 年、日本航海学会は seamanship の和訳として「運用術」では表現しきれないという理由で、片仮名書きの「シーマンシップ」を提唱した。

ここにお届けしたテキスト” BOAT CREW SEAMANSHIP MANUAL“は、我が国の海上保安庁と同じ警備・救難を任務とする米国沿岸警備隊(US Coast Guard)が保有する小型ボートの乗員を対象とした運用マニュアルである。小型ボート運用における豊富な経験と実績と綿密な調査・研究に基づき、あらゆる状況における小型ボートの運用と乗員の管理を含めた、米国沿岸警備隊の知識の集大成であり、現在もアップデートを重ねている。

一般的な小型船舶の運航では、操船、見張り、船位確認あるいはロープワークなど、船長一人が全ての役割を担うことが多い。また負傷者が出た場合の応急措置と言った医療面に至るまで、広範な知識や技能に基づく「自助」あるいは「共助」能力が期待されるが、本書はこれらの基本的な事項が、オーソドックスな船員精神に基づいて実務的にまとめられている。

翻訳・監修に当たっては、小型船舶運用の経験がある方であれば普通に理解できるよう、できるだけ平易な言い回しとした。単位についてはメートル、マイル、ヤードなどが混在しているが、説明内容に応じて、適当なものを使用するように心がけた。また専門用語については最後に付録として英語の説明を掲載したので、こちらを参照いただきたい。本書の意図が読者に正しく伝わらなければ、それは監修者の知識の足りなさによるものなので、ご指摘頂けると幸いである。

2020 年 7 月

監修者
海上保安大学校　名誉教授　　長澤　明
東京海洋大学　教授　竹本　孝弘

JBWSS とは

Japan Boating & Water Safety Summit（JBWSS）は、米国で毎年開催されている水難・海難事故防止を目的とした会議「International Boating & Water Safety Summit（IBWSS)」の日本版として始まったもの。

水上安全と安全運航をテーマとして、舟艇及び水上安全等にかかわる団体が集い、情報の共有や効果的な連携と協働により、さらなる水難及び海難の防止と安全対策の向上を図ることを目的に、2016 年から年に 1 回、このテーマを扱う国内唯一の官民一体となったイベントを開催している。

〈JBWSS 連携協議会〉

水難学会、日本海洋レジャー安全・振興協会、マリンスポーツ財団

共催：国土交通省・海事局、海上保安庁、関東小型船安全協会、舵社

後援：運輸安全委員会

Japan Boating & Water Safety Summit 2019

日本水上安全・安全運航サミット

実施報告書

実施日：令和元年6月7日（金）、8日（土）

場　所：東京海洋大学 越中島キャンパス

共 催：〈JBWSS 連携協議会〉

一般社団法人 水難学会

一般財団法人 日本海洋レジャー安全・振興協会

公益財団法人 マリンスポーツ財団

・国土交通省海事局

・海上保安庁

・公益社団法人 関東小型船安全協会

・株式会社 舵社

後援：運輸安全委員会

参加団体：66団体／ 182名

Boat Crew Seamanship Manual 日本語版

2020 年 8 月 1 日　第 1 版第 1 刷発行

編　　　JBWSS 連携協議会
発行者　植村浩志
発　行　株式会社 舵社
〒105-0013 東京都港区浜松町 1-2-17　ストークベル浜松町 3F
電話：03-3434-5181　FAX：03-3434-2640

定価は裏表紙に表示してあります。

ISBN 978-4-8072-3308-3